华梅 等　著

人类服饰文化学拓展研究　上册

人民日报出版社

图书在版编目（CIP）数据

人类服饰文化学拓展研究／华梅等著．—北京：
人民日报出版社，2019.6
ISBN 978－7－5115－5984－5

Ⅰ.①人… Ⅱ.①华… Ⅲ.①服饰文化—研究 Ⅳ.
①TS941.12

中国版本图书馆 CIP 数据核字（2019）第 070396 号

书　　名：人类服饰文化学拓展研究
　　　　　RENLEI FUSHI WENHUAXUE TUOZHAN YANJIU
著　　者：华 梅 等

出 版 人：董　伟
责任编辑：翟福军　林　薇　梁雪云
封面设计：观止堂_未氓

出版发行：人民日报出版社
社　　址：北京金台西路 2 号
邮政编码：100733
发行热线：（010）65369509　65369512　65363531　65363528
邮购热线：（010）65369530　65363527
编辑热线：（010）65369526
网　　址：www. peopledailypress. com
经　　销：新华书店
印　　刷：三河市华东印刷有限公司

开　　本：710mm×1000mm　1/16
字　　数：1298 千字
印　　张：82
版次印次：2020 年 1 月第 1 版　　2020 年 1 月第 1 次印刷

书　　号：ISBN 978－7－5115－5984－5
定　　价：380.00 元（全三册）

撰　稿

第一章　华　梅　刘　婕　林永莲　郑煦卓
第二章　华　梅　刘　冰　华　欣　刘　文
第三章　华　梅　吴　琼　杜立婷
第四章　华　梅　纪向宏　李　凌　高振宇
第五章　华　梅　王　鹤　刘一品
第六章　华　梅　刘一诺
第七章　华　梅　邢　珺　周　梦
第八章　华　梅　戴　范
第九章　华　梅　贾　潍
第十章　华　梅　王　轩
结　语　华　梅　巴增胜
后　记　华　梅

文图审理

朱振江　王家斌

1995 年，我个人撰写的百万言并配 500 余幅图的学术专著《人类服饰文化学》出版。这部书是我从事服饰史论教学与研究十余年后，依据教学体验和深入学习社会科学，不再局限于工艺美术和服装艺术之后的一部自成体系的学术著作。

作为第一批在美术院校给服装设计专业讲授服装史论的教师，我提出了"人类服饰文化学"的理论体系，即由人类服饰史、服饰社会学、服饰生理学、服饰心理学、服饰民俗学和服饰艺术学构造而成的。该体系既不同于泛泛的服饰文化研究，又区别于就服饰论服饰，显然已脱出了美术或艺术的范畴，向跨学科研究迈出了有价值的一步。

2005 年，我在此立意上进行了拓展性研究，又拟定了八个部分的目录，即服饰政治学、服饰经济学、服饰文艺学、服饰科技学、服饰教育学、服饰军事学、服饰考古学、服饰民族学。从那时开始，说是研究，实际上是进入了一个学习的过程。颠颠簸簸，反反复复，在艰难中走过了八个年头。

2013 年，我以完成全书 85% 的成果申报教育部哲学社科后期资助项目，题为"人类服饰文化学拓展研究"。成功获批后，这部书的定稿就被正式提上议事日程。为了跟上时代的飞速发展，我又在原八个部分之后加了两个部分：服饰传播学和服饰生态学。

查阅 2011 年国家学位授权和人才培养学科目录设置的 13 个门类，110 个一级学科。我如今所写的几个部分基本上都是有关社科的门类或一级学科，只有原想设的"服饰哲学"还不成熟，暂且将一些想法放到这部书的结语里。有关系到宗教学的本来大有可写之处，"服饰宗教学"也是可以成立的，鉴于宗教派别太多，教义也不好理解透彻，还是未敢涉及。有好多想法但在这部书中已来不及添加了。有些原在著作或教材中涉及的内容，还有待从更专业的角度去做学术分析。

通过学习、教学实践和研究历程，再吸收消化社会反馈，我总结了一些心得，权将其作为该书前言的核心。如学术研究必须有创新理念，绝不能人云亦云，重复论证；不能总在前人研究的圈子里打转转。就此，学术研究如何创新可以从以下三个方面奠定基础。

一、学术研究要敢于更新知识体系

无论人们如何评论当今与以往，时代都必然在前进，人类历史总会不间断地打开新的一页。因而，学术研究，包括自然科学和社会科学都必须勇敢并不懈怠地更新社会意识与观察视角。以 21 世纪为例，微电子学、光电子学、计算机科学等，特别是大数据、云计算，都使人们快速进入了信息与智能时代。自然科学已经从分子水平、基因角度和复杂系统去着手研究了，在这种大形势下的社会科学还延续过去模式去研究能行吗？这里不是说研究的对象与内容，史实当然不能变，传统的精华更需要格外珍惜，变的应该是当今社科工作者的研究理念。

从 20 世纪 30 年代起，欧美人类学者开始研究服饰，至 70 年代基本形成服装史的格局与样貌。随之，某个国家或地区的服装发展史频频出现，并被人们认为是标准模式。欧美学者推出分量很重的世界服装史类书籍，多是以西方德、法、意、英为主，上溯至埃及和美索不达米亚。80 年代开始，中国服装史类书籍相继出版，一般都是从原始社会、夏商周至清代、民国为章节排列。也就是说，在这几十年中，发行了多种服装史书，人们已经习惯了以一个国家或地区的朝代与事件来划分。如中国的唐宋元明清，西方的维多利亚时代，日本的桃山时代，等等。

我在《人类服饰文化学》中，提出了人类服饰史的概念，试图打破国家与民族的界限，从全人类共同经历的童年、少年至成年来诠释或分析服饰的发展与演变。因此，我大胆列出了这样一个顺序，从人类共有的草裙时代、兽皮披时代、织物装时代、服饰成形时代、服饰定制时代、服饰互进时代、服饰更新时代、服饰风格化时代、服饰完善化时代到服饰国际化时代。这就等于从概念上打破了惯用的单元思维模式，全方位地反映了人类所走过的服饰之路。为什么要这样分？一是地球村、世界人的时代已不能满足于原有的本国看本国或一国看他国的单纯视角，全人类的文化行为与艺术规律需要我们以整合的高度去加以审视。二是社会科学在新技术革新浪潮的冲击下，正在由常规层向宏观、宇观层拓展，向微观层深化。我们不能再满足于原有的理念与方法，没有理由再墨守成规。

当代新学科研究权威金哲先生说，从静态型科研转为动态型科研，从常规型科研变为创造型科研，从封闭型科研转向开拓型科研，由一般意义上的借鉴移植转向内在联系上的交叉渗透，把经验总结、历史反思与追踪求索、超前意识紧密结合起来是当务之急。2003年，我刚调到天津师范大学任教时召开的"服饰文化学发展战略与前景展望"研讨会上，金哲先生和90多位海峡两岸各界别各年龄段的学者们应邀前来。金哲先生认为，我的《人类服饰文化学》著作对这个新的理论来说是"标志性的巨著"。"在这里首次将服饰文化这个既老又新的课题，升华为学科高度，探索人类服饰文化规律，揭示人类服饰文化的奥秘，开辟新领域、确立新体系，构筑新学科，提法独到见解，在学术上取得新突破。"《人类服饰文化学》出版之初，我曾想，新提出的学术论点就和新生事物一样，不容易一下子被社会所接受，如果到我离开这个世界50年后能够得到承认，也就可以说明这一代人曾经做出的思考了。没有想到，这部著作一出版，就得到社会各界人士的赞许，不仅央视和国家级各大纸质媒体予以采访宣传，同时以及稍后两年，还连续获得中国图书奖和国家优秀图书提名奖等七项大奖。2001年，我所著的另一部40万字的学术专著《服饰与中国文化》出版，亦获得2003年天津市第九届社科成果奖的一等奖。至今我个人撰写和带着年轻学子撰写的著作，已出版59部，其中多部被译成英文、日文、韩文、法文、阿拉伯文、西班牙文、土耳其文和波斯文等在世界各地发行。这还不算我主编的服饰文化学内容的丛书，仅其中一套"人类服饰文化全书"就由20本组成。包括《服饰与爱情》《服饰与战争》《服饰与信仰》《服饰与人生》《服饰与节俗》《服饰与展示》《服饰与传播》《服饰与考证》《服饰与友谊》《服饰与禁忌》《服饰与伦理》《服饰与阶层》

《服饰与理想》《服饰与竞技》《服饰与自然》《服饰与异化》《服饰与风格》《服饰与个性》《服饰与时尚》《服饰与演艺》。当然，这套书属于图文书，是通俗读物，但也在一定程度上探讨了服饰文化学所应包含的研究对象。总之，这是一种前所未有的总结与界定，显示出创新的理念。事实证明，新，体现了健旺的生命力。只有创新，才可能使学术研究为文化事业做出贡献。

二、学术研究要从板块理论向交融理论推进

一般而言，板块理论是由于历史积淀而形成固有研究模式的，在一个基本稳定的领域或范畴之中，有无数人或几代人在数十、数百年间探寻着，及至成熟期获得一致的认可。这在当代往往被称为学科，如美学、社会学，等等。

学术创新的初衷，包括从板块理论向交融理论的推进，因为随着研究向广向深拓展，常常需要不同学科之间的交叉渗透，彼此融合与相互作用。多少年来，人们认为服饰隶属于艺术，进入现当代以后，又总爱将服装设计归为艺术设计。实际上，服饰品是物质，可以说艺术创作的成分多一些，但还绝对涉及经济，很多时候也为政治所左右。如当服饰品被穿戴在身上，与人构成一个完整的服饰形象进入社会生活时，就不是单纯的经济产物和艺术品了。因为人创造了服饰，服饰的材质、色彩、纹样以及款式的形式与采用都不是偶然的，既直接反映了人类的生产力水平，又真切地反映了人类的审美心理和艺术天赋，尤其反映了时代的不同和社会规制的差异。总之，服饰的制作乃至穿着过程是人类文化行为的综合结果。如此说来，怎么能就服饰本身来论述服饰呢？服饰本身既不是轻飘地悬浮在社会之上的，也不是一个由物质到物质的过程，而是由精神至物质然后返回为精神的过程。服饰之精髓恰恰是人类文化精神的相互交融与高度集中。

我在研究中发现，一个婴儿呱呱落地时是赤条条的，给婴儿穿上小袄或围上巾被是人被服饰文化包裹的最初样式。服饰品是艺术的，至于包上什么以遮体，这是由时代、地区、民族或微至村落所决定，显然涉及了民

俗与历史文化，包括民俗传承，也包括地理与气象学。小兜兜要盖上肚脐，以免着凉，这是关于生理的，涉及早期医学的初探。长辈要以手工或礼品形式体现对新生儿的祝福，这是心理的，更是人类学的。中国《诗经》有"乃生男子，载寝之床，载衣之裳，载弄之璋。乃生女子，载寝之地，载衣之裼，载弄之瓦。"也就是说，男孩生下来要放在床上，给他穿上象征礼服的衣裳，并给他玉器（寓意礼器）把玩，而女孩子生下来要围上被子，放在地上给她陶制纺轮玩……这显然是以社会思想为依据的，带着深深的中华文化印迹，并不同于简单的民俗与艺术。服饰文化学为了解决这一类事象的正确运用，故而在此基础上，顺应新思维，即考虑到"结构性跨学科"。

三、学术研究要允许多维型思维的动态发展

毋庸置疑，现代科学技术已形成高度综合与高度分化的态势，纵向深入与横向切入，渐变与突变乃至反弹，巩固传统阵地与开拓新领域彼此交替、共存或齐头并进。

与自然科学同处一个时代的社会科学，必须解放思想，确立新的认识系统和知识理论。因为只有新是不够的，新颖性要伴随着科学性，同时要具有确定性和逻辑性，盲目追求新还不能达到学术创新的水平与目的。巴普洛夫说："科学是随着研究方法所获得的成就前进的。研究方法前进一步，我们就更提高一步，随之在我们面前也就开拓了一个充满着种种新事物的更辽阔的远景。"

具备多维型思维是学术创新的一个基本条件，正因为多维，也正因为新，才使如今的社会科学研究已明显地出现"科学文化"色彩。

新学科研究者认为，新学科与传统学科相比有几个特征，如富有生命力，展现新的逻辑起点，使用新的术语概念，构成新的理论体系等。当然，正因为新，也在成长中显示出不足。金哲先生在《新学科探索印迹》中将其归纳为几点，如新学科含义的非一致性，新学科研究领域的不确定性，新学科研究方法的非同一性。

我在多年研究服饰文化学的过程中体会到，确实是近代各学科划分趋

势越来越细，专业化日益加强，研究对象与研究方法表现为单值对应关系。而至现代乃至当代，社科工作者试图突破原有的格局，力求在学科专门化基础上再探索综合化和整体化。特别是 21 世纪以来，关于自然科学与社会科学之间的相互渗透，成为人们新的议题。

我们在高等院校等单位的科研成果上明确地感受到，社科研究可以运用自然科学的术语、概念、定律、原理、理论模式，而且也开始讲究量化。本来无法计算的，也可以制定出一套规则来进行诸如比率、分数等归纳计算，进而得出结论。这都是中国知识分子以前想都不敢想的。这些思维模式的突然出现和快速发展，应该承认与电子网络、数字化传媒等有着密切关系。特别是进入 2015 年后，云计算、大数据等已在各领域被广泛使用，无疑更加剧了社科界人士向自然科学转移的力度与速度。中国文人那种自古以来的浑然一体的整体含糊模式被打破，数学和横断学科的分析运用为社科研究插上了翅膀。有新学科研究者指出，人们用耗散结构的方法研究经济问题，创立了非平衡系统经济学；用预测方法探索经济发展的前景，建立了预测经济学；用控制论方法探索经济现象，诞生了经济控制论。如此等等，层出不穷，这就为我们展开了一个新的空间。一些原有的、固有的研究方法可以改变，是时代使然。

与此同时，自然科学工作者也提倡多接触文学与社会学。过去文理相轻的现象在新时代有所减弱。自然科学研究者从实践中发现，其研究的前期支撑，不仅需要数据的真实可靠与可观涵盖面，也需要运用社科或说人文的研究理论和观念。例如，天体科学听起来好像远离人们的日常生活，实际上它仍然是为人类社会服务的。再如，电子智能产品，它是纯正科学技术的结晶，但它能够离开人的思想、思维与生活需求吗？

可以这样说，新学科要允许多维型思维的动态发展。除了考虑自然科学和社会科学的同异与互融问题以外，还要敞开胸怀，进一步加强各专门学科或部门学科的交叉与跨越。金哲先生在《上海社会科学院学术季刊》上发表的文章中，将其概括为："交叉学科的内容，不是某门母学科的简单抄袭翻版，而是诸学科的交叉渗透，创造性地建构的新的知识体系，有其独特的学科研究对象。它在学科交叉的空白地带，开拓了新的研究领域，并形成自己独有的术语概念、理论原理、方法原则、范畴规范等学科基本要素"。

按照金哲先生所概括的几个新学科形成路径，一是移植组合，举例为李四光将力学移植于地质学，创立了地质力学。有的科学家将社会学原理移植到法学与政治学，从而产生了法律社会学与政治社会学。还有的经移植后，诞生了管理经济学、心理经济学、教育经济学、人口经济学、城市经济学等新兴交叉学科。

二是交叉融合，如医学与工程技术研究的融合，产生了生物医学工程学。再如，科学法学等，都是把两门不同学科的概念、理论、方法等学科要素交叉融合，从而开拓新的学科。

三是多元综合，如水利工作者根据需要，综合天文学、气象学、水文学等多门学科的有关要素，形成了气象水文学这门新兴交叉学科。还有遗传工程学的提出与设立，即是通过生物学、物理学、化学、医学、数学、工程学等多门学科的长期联合作战，共同探讨生物遗存理论而产生的。

关于1995年出版的《人类服饰文化学》的主旨与立意，已作为附录放在这部书的最后。下面，我着重对《人类服饰文化学拓展研究》10个部分进行梗概阐述。

服饰政治学：这一部分拟研究的宗旨，是服饰学与政治学的交叉融合，不是服饰与政治的简单平行。严格地说，政治学定义在欧洲，亚里士多德为了维护奴隶主的统治，探求挽救希腊城邦制度的策略，提出"政治学"的说法，重点研究政治理论和现实政治问题。而中国孔子的教育理论分配中，有"政事"一门课程，同样是在探讨治国。当然，政治学从其他学科中分离出来，成为一个独立的学科已是20世纪初的事了。无论人们对政治学的确立与范畴存在哪些分歧，政治学多是研究国家问题这一点应该是有所共识的。

谁都不能否认，服饰在统治国家或国家统治上有着不可替代的地位，例如各国政要的服饰，在任何场合均是政治语言，而不是艺术，更不是工艺。它不代表某一种构思的独特，反而是政治宣言。20世纪80年代，中国改革开放伊始，中国国家领导人是穿西服还是中山装，曾被各国记者视为政治"晴雨表"。服装样式在这里是一种政治态度，表明其国家的政治倾向。20世纪下半叶的巴勒斯坦民族解放阵线领导人阿拉法特，在公众场合时不管穿民族服装、西装还是军装，头上始终不变的就是方格围巾。这种民族传统围巾在表明着装者的政治立场和政治决心。由于服饰与人须臾不可分而又鲜明易辨，因而服饰当然地成为政治的一部分。

中国正史中有10部史书专设《舆服志》。舆为车，服即衣服，整体合成为礼仪制度中的车旗服御，或者说车马仪仗，这是政治制度中的重要组成之一。什么身份的人在什么祭祀中穿什么衣服，乘坐什么车子，装饰什么旌旗，配备什么马匹以及兵士如何列队，都要符合政治需求，也就是要从社稷的角度考虑和安排，如庄重的五时衣。在春夏秋冬的郊祀队伍中，首先以颜色来区分季节，为的是强调这一个，即特有的严肃性。中国传统观念中有以"五行"来涵盖宇宙万物的学说并衍化成"五方""五色"等。郊祀仪仗以五色来标识，即春为青，夏为赤，季夏为黄，秋为白，冬为黑。浩浩荡荡的郊祀队伍一色为青，为赤，为黄，为白，为黑，想来也是极壮观的。中国古人在礼仪队列中严格地遵循着五色的意识，即是要与上天一致，这即是东汉董仲舒总结概括的"天人合一"。古人固执地认为，祭祀人的服饰以及旗帜等颜色与天一致，就是遵循"天道"，也就是容易得到一种超自然力量的护佑，从而使社稷安康，国家永远。

细分起来，祭祀、登基、战争等国家大事中，各阶层服饰还有详细的规定，不仅中国有皇帝、皇后以及各品阶大臣的服饰规范，另如古埃及王、古希腊王直至英国女王等均有特定的登基王冠和执政法杖。这些全是政治标志，一丝一毫也疏忽不得，否则直接影响到政治。这时的政治意义既有王位的统治威望，也有国家的稳定象征，还有臣民的服从意识。因此，不能小看了服饰的作用。

无论是中国的"君权神授"，还是西方的"以人为本"，都是在强调"法的精神"，试图让人类摆脱"自然状态"。这就是需要维护的统治秩序，解决政治问题。由于政治是人的政治，而人又离不开衣装，因而形成了服饰学与政治学在某些界缘上必然产生的融合。服饰政治学是可以提出的，只不过现在只是一个开始。

服饰经济学：这一想法是我在1992年撰写《人类服饰文化学》时曾经出现过的，只是那时感觉有些力所不能及，因而将其中一些问题放在服饰社会学中。也可以这样说，既曾设想也曾尝试过。如今已是21世纪的第 17 个年头了，经济学的概念已深入人心，即使不从事相关工作的人，也能对经济学说出个一二来。服饰肯定与经济分不开，甚至可以说，从服饰的最初材质，乃至成型、染色，以及生产、销售，均与经济密切相连。经济学中不可能不涉及服饰，服饰学中也不能脱离经济，这两个学科的交叉乃至互融是必然产生的，尤其在现代社会中。

经济学理论的产生，直接来源于近代生产方式的最早的理论研究，而经济学的涵盖面里，显然包含着人类早期的所谓经济作物。人类所创作的服饰，初期即离不开这些实质上的经济作物。可以这样说，经济学的提出是公元 17 世纪，但经济学所涉及的内容始终与服饰分不开，也可以说从人类童年即开始了这种相互依存的关系。真正的商品社会到来以后，服饰产业集群就有意识地关注服饰材质的来源，关注服饰产业链的构建，进而有计划、有目的地提升服饰品牌竞争力，以各种经济手段促成服饰商品的最佳价值构成。这时候，服饰商品的成本核算迫使有关人士必须以经济学的视角去思考和运作。

商品经济社会确立以后的服饰，不再局限于物质与精神的结合物，而确确实实成了一种"经济作物"和"经济商品"。无论是成批量生产，还是有意手工制作，都不可避免地会涉及价格。价格已经说明，服饰不是仅指长辈为儿女或家庭内自供的生活必需品了，已发展成为一种可以参与商业运作并可为经营者带来经济效益的产品了。以服饰品的定价原则来说，经营者考虑的主要是经济内容，如利润最大化，与合作伙伴的效益双赢，价格是否可行，消费者有何反应，收益与风险的均衡预算等。在此基础上，业内人士还要根据形势的发展，认识到市场竞争中的资本重组问题，行业发展下的商业模式问题以及消费层次所决定的服饰诸方面的差异性问题。

服饰成为经济活动中的大宗商品以后，直接影响着社会经济的正常发展。当然，整体经济态势的改变也必然会影响到服饰品乃至人们着装理念的改变。例如，经济发展繁荣时，服饰品的需求量大，同时花色品种也因之丰富。经济发展迟滞时，如经济萧条时期，人们在无法省去一日三餐时，可以省去的却是添置新衣，这时的服饰品综合水平必然难以快速提高。由于人们看重衣服，喜欢饰品，又离不开整体服饰乃至随件，因而从服饰消费上直接体现出来的就是社会经济的真实状态了。

我相信，随着经济社会在全球的覆盖面越来越大，经济手段也越来越多地出现在人类社会中，服饰学与经济学的相互作用会愈益显示出来，或者说将在更广阔的空间中发挥更大的影响力。

服饰科技学：这部分内容我早就研究过，相应成果也曾在我的著作中呈现过，只是以"科技学"的文字形式出现，遇到很多困难。主要因为学术界只认为有科技史，而在是否有"科技学"一说上存在分歧。现代服饰离不开科学技术的发展，尤其是在服饰功能上，这是有目共睹的，但是如何使服饰学与科技学交叉并加以论述，显然不是很容易。

在这个问题上，我们进行了十余年的探讨，包括遍览有关著作和采访请教科技界人士。后来我们发现，追根溯源，因为"科学""技术""科技学""科技史""科技史学"以及有关于科学技术的"论""学"等，都源于西欧，因而在以汉语去正确翻译英语的过程中，产生了一些歧义。本来就是舶来的词汇，在与中国语句进行交接时很难无缝对接。这也就无关紧要了，毕竟我们是在研究服饰与科技的相互作用，或者说科技对于服饰发展的直接影响，因而也就没必要去强行分辨再去组合了。本来服饰文化学就是创新，所以内含的服饰科技学也就把重点放在二者的交融与交叉上，这就可以达到我们研究的目的了。

事实已经证明，科学技术使服饰发展的思维、理念以及具体操作、实施等诸方面，都发生了翻天覆地的变化。人们不能回避，也不能忽视科技对于服饰的影响。先是服饰材质，科技进步直接导致了棉、麻、动物皮毛和天然矿石不再独领风骚的局面，原来所不敢想象的化学物质元素如今已经不觉新鲜。

进入 21 世纪以来，纳米技术、微胶囊技术，尤其是智能电子技术开始涌入服饰领域，人们已不满足于近代以后发展起来的将天然可成纤的高分子溶解，制成高分子溶液，再经特定成纤工艺成型的纤维，即人造纤维，也不满足于用化工原料聚合制备可成纤的高分子化合物，再经特定成纤工艺使其成型的合成纤维。总之，人类不是仅限于探求可替代植物、动物和矿物等自然物质的新型物质，而是将重点放在如何使人们的服饰穿戴之后更觉舒适，从而更健康上，这是广大科技工作者所孜孜以求的。

于是，人们从科学技术层面下手，去研究吸湿透气的织物，能够保温的织物，甚至具有抗菌、防火阻燃等作用的保健安全织物。当然，"道高一尺，魔高一丈"，就在人们千方百计想创造新型材质的时候，实际上又产生了一些次生灾害，如静电频发、电子辐射、热兵器杀伤等。结果是，人们又在拼命以科技手段去对付由科技发达而带来的新问题。

很多问题接踵而至，所谓"天然彩棉"和"天然彩色蚕丝"就能真正做到"零污染"吗？低碳、节能、寻回人类的蓝天任务怎么办？盘点一下科技在服饰上的功过，我倒觉得现代仿生服饰还是有科技界功劳体现的，仿蜘蛛丝纤维、仿鲨鱼皮织物以及仿珊瑚织物等，确实体现了人类的聪慧。仿生并不是窃取大自然，也不会毁坏大自然，相反却是向自然学习，正如中国古人所提到的"天人合一"。

进入21世纪第17个年头以来，智能服饰火遍全球，这不能不说是科技的发展标志。但是，我们也要问，戴块智能手表就能随时上网是科学的选择吗？它为人类带来便捷的同时，是不是也使人们每时每刻都在受到电磁波的干扰呢？穿上一件智能T恤，就能显示着装者的心跳、血压以及所处的位置，这与人们给动物戴上的定位设置项圈有什么不同？服饰科技学尚有许多值得持续关注并需要商榷的问题。因为对于服饰来说，科技的运用是一把"双刃剑"。

服饰教育学：关于服饰教育学的提出，我想学术界不会有什么异议。服饰是自然的人进入社会所不可或缺的精神与物质结合性包装，因而有关着装的教育肯定也是随之而来的。在这里，教育主要分为两大块，一块是关于人的修养教育，这是每一个人自童年开始接受的教育，诸如什么年龄、什么场合、什么身份应该如何着装等，包括所穿戴的服饰品，也包括人的着装理念与着装行为。当然，标准会因时因国因民族不同而有所差异，其教育内容与方式也是有区别的。不过，作为每一个社会人来说，最初的教育肯定少不了家长，继而是老师，再年长时才会较多地接受社会教育，如来自上级、媒体、环境公众等有意无意地指示、规定和潜在提示。

服饰教育还表现在有关服饰的工艺制作等系列，也就是说，一种是家庭服饰工艺教育，如长辈要让女孩学缝纫，学刺绣，从十来岁就自己动手制作嫁妆。这种教育的存在，无疑保留下一笔可观的非物质文化遗产，怎么裁，怎么缝，怎么织，怎么绣，其中都贯穿着文化的传承。家庭服饰工艺教育是个体的，也是群体的，有纵向的祖孙相传，也有横向的邻里或同村相互学习，其中最独特的一点是有着深深的情感因素。

专业服饰教育可以通过学校的形式，也可以通过师徒等企业内部的形式来完成。这里不能说没有情感，但主要是社会性的，反映的是一种社会需求、社会现象和社会教育特征。最突出的是规范式和技术性。当然，不能排除的是有兴趣爱好在内，可最重要的还是完成任务。教师或师傅教以及学生和徒弟学，都带着明确的目的性，首先是达到预期目的，因而有一定硬性指标。这种专业服饰教育，越到现当代，越显示出其社会性。因为，家庭服饰教育已经退居次要地位或逐渐消失，而专业服饰教育却方兴未艾。目前所显现的迹象表明，专业服饰教育可能会伴随相关人士终身。所谓终身教育，一半是兴趣的，一半是专业的，服饰教育隶属其间。

无论是家庭服饰教育还是专业服饰教育，应该都是有意而为的，还有一种无意的教育是无形的，无章可循而又确实存在的。那就是在一定范围内所接受的"信息"和"标识"教育，如这样穿不对，他这样穿不好看，你不应这么穿，等等，这里没有规范模式，也没有统一教材。于是，就会有一种无法明确表示也不好直接辨别的教育形式和教育效果出现。不要小视了这种服饰教育，它会潜移默化地影响一个人的着装观念和审美水平。因而，由此而产生的效应会出现截然相反的两种结果，即由良性循环和恶性循环构成。一个单位一个科室，有一两个文化素质较高，比较懂得着装艺术的人，可能会带领好几个人的着装趋于高雅，继而在一个单位形成一种风尚，再好的结果是促成一个企业的文化形象，或是由着装者群所表现出的整体文化风貌。这是良性循环的潜性教育历程，反之，则完全或部分相反。如果细分的话，可表现为不同程度，不同走向。服饰教育学是需要大家一起来关注的，因为它在某种程度上是文化素养的一个组成部分和外显形式。

服饰军事学：服饰学与军事学始终是相互交融的，因为军事与其所涉及的服饰，必然是同步推进或提升的。最明显的一点，就是冷兵器时代与热兵器时代对军事服饰有着不同的需求，军事服饰要想适应战争需求，一定要进行质的改变。否则，将不予存在。

冷兵器时代由于作战方式主要是刀劈斧砍，加之远程箭矢，决定了战服需要防御硬质武器的直接伤害，这就需要战服也具有坚固的质地，如金属。即使是人数众多的兵士，也要有纳缝多层的带有相当韧性的棉麻质材，以防止金属箭头直接射入。战服的质地确定之后，还要从造型上保证将士作战动作的有力实施。倘若战服过于笨重，那么是不符合要求的，不利于将士抗击敌人并保护自己。看中国和欧洲各国较成熟时期的军服，均有金属头盔，这意于先护住头部，甚至颈部。身上的铠甲则要分段分体，以保证将士在战场上活动自如。从历史上的战服来看，中国有武将，西方有骑士，其盔甲的锻制工艺虽然不完全相同，其设计宗旨是一致的。

热兵器时代因为武器的彻底改革而迫使军事服饰必然要相应调整。火药的大量使用一下子使战场扩大推远，战服再强调原先的铠甲形式已经不实用。在新的战场形势下，战服中金属部分只保留头盔，因为士兵可以驾着坚固的坦克前行，还需要坐在坦克内的兵士再穿着金属铠甲吗？当然不。

到了信息化作战时代，战服已经成为人与人交换信息的工具，如在战服及其随件上就可以进行视觉接收、听觉接收，并进行动作发送和语言发送。这其中，除了人与人，还要有人与机、机与机的信息传递和力量对抗。于是新的问题也来了，侦视仪等科技水平提高而带来的侦视距离加长，使战服的隐蔽功能显得尤为重要。因为首先要保证自己不被敌方发现，再保证有效杀伤敌方。迷彩服诞生了，并很快进入到第四代、第五代。以色彩以图形来蒙蔽敌方侦察的目的达不到了，必然产生了随着科技水平发展提高提速的数字化迷彩服。21 世纪的战服已经不需要近距离防御敌人，因为一旦被敌方发现目标，距离已不存在问题。在相互双方完全利用电子手段拼杀的时候，武器主要指战机、军舰、导弹、激光子弹等，战服的坚固显然不再重要。这个时候，如果还需要地面作战时，那么军事服饰已然趋向于现代化，即智能化。在这个拼科技的年代里，军事与服饰的关系发生了根本的变化，甚至出现了特定军事服饰本身的智能化已经部分地实现了作战的目的。

服饰军事学应该是一个尚待深入研究的课题，不但需要建立，大有必要发展，而且还要紧跟科技发展的步伐，并密切关注世界军事态势。

服饰文艺学：服饰学与文艺学的交叉交融是再自然不过的了，因为服饰与文艺几乎是孪生姐妹，在人类社会发展中联袂而来。可以说，服饰中部分直接来源于文艺，而文艺又始终离不开服饰。不但服饰与文艺相辅相成、共同发展，服饰学与文艺学也是互通的，有许多一致之处。或许可以这样认为，文艺隶属于艺术，服饰也在一定程度上隶属于艺术，二者本来就撕扯不开。

从遥远的人类童年开始，可能因为某种文艺形式，如狩猎舞衍生了某种服饰，如羽冠和饰尾；也可能因为某种服饰，赋予了文艺的某种形态和特定风格，如长袖和长裙。因为人类分居于世界多个不同区域，因而具体来说是需要细致划分的。不过有一点必须清楚，源于文艺和用于文艺的服饰，肯定都有一定的表演性，这一点是全球共有互通的。

有多少羽毛饰最初用于舞蹈，从而为一个剧目或是一种文艺形式带来了大自然的生机与动感；又有多少舞蹈或原始宗教中的表演剧种创作出数目繁多且意想不到的缤纷服饰，因此为生活增添了缤纷的色彩和奇异的造型。无论哪一类哪一种文艺形式都离不开人，而人又离不开令人眼花缭乱的服饰，就在这种相互依存的过程中，服饰学与文艺学产生了许多相同或相通之处，因而也就为二者的自然融合提供了新学科的生成理由与基础。

服饰民族学：这里首先需要说明的是，民族学有一套自己的研究规程与方法，服饰民族学不等于是服饰套用民族学。服饰民族学是新学科，隶属于人类服饰文化学的研究体系。服饰民族学的确立，基于服饰文化所产生的民族基础。正如百花园中的五彩炫目，争妍斗艳一样，如果只是单一某一种花卉，哪怕再艳丽也难以呈现出千姿百态。人类发展史中很重要的一点就是有多个民族的产生，表现在服饰上尤为壮观，而且直观，以此来形容世界服饰文化之苑中的绚烂实不为过。

这里不是仅仅叙述民族服饰，而是探讨民族服饰生成过程中所出现的同中之异和异中之同，进而从所生成地域的物质文化去剖析民族服饰的区域特色。然后，从精神文化层面去研究各民族人民在服饰文化中所倾注的灵魂之光。其中既有早期信仰遗留下来的印迹，又有传统习俗形成服饰惯制而传承下来的精华。如此说来，服饰民族学所强调的是民族精神在服饰上的体现。

从世界范围来看，有一个鲜明的民族服饰空间分布问题。即某一个区域的民族，经过数千年在一个地方生活所形成的民族习俗、审美情趣、道德标准以及技术工艺，从而形成一种民族服饰的特有风貌。这是立体的，不能以线性思维去理解；也是三维的，不能以图片形式去理解；同时更是动态的，这有必要去专门看待。

从历史长河中可以发现，各民族的空间分布状况不会永远保持稳定状态，它会随着时间的推移而发展。例如，由于天灾人祸而形成的民族迁徙，这种发展从来没有停止过。再如，近代以来的殖民主义现象，殖民者不但掠夺了其原住民的物质资源，更通过文化输入，即文化侵略，将殖民者的文化强行注入被侵略的民族中去。这是殖民者的罪过，但此种罪行不是通过战争就可以将其消除的。我们看到保卫战可以将入侵者赶出家园，但入侵者所带来的文化，包括服饰文化，是很难一时消除殆尽的。

21 世纪前后，全球服饰的一致已经不是西化问题，也不必再追溯到工业革命。交通的便捷，信息的共享，已使民族服饰面临一次大的前所未有的冲击。将来的世界民族服饰会怎么样？如今的人们谁也不敢预言。今天我们提出的服饰民族学，也许在若干年后会成为一块文化性的化石。

服饰考古学：这一部分内容应该说现在就有化石意义，因为它的确立就是从服饰学与考古学的交叉和交融中，进一步为服饰文化学研究提供更多更可靠或更为系统的资料。这些资料本身的价值，不只是说明哪一个时期人类的服饰是什么样的，更重要的是，这里保留的可供我们今日参考或学习的，是人类曾经的智慧与思考。我们要了解的不是当初的服饰是什么样儿？最要得知的是为什么当初要这样做成服饰，并将服饰这样穿戴起来？人们在遥远的过去，是依据什么创造出来的这个样子？它的真正基础和含义是什么？这就是文化的需要。

服饰考古不仅指田野考古中所挖掘出来的服饰文物，还有古洞窟、古岩画、古墓壁画以及古墓中出土的文字书籍和绢质、纸质绘画。有时候，学术界苦苦研究多年都无法解决的问题，就因为一处墓地或一个墓葬群中所获取的点点文化密码，如墓志铭、陪葬方法、散放的随葬佩饰等，就可以找到确切的令人信服的答案。

当然，服饰考古不能只依据考古得来的资料以确定年代或风格，考古还需要与传世文献资料一起研究。很多时候，文献资料的最终确定是需要考古实物来加以佐证的。这样看来，服饰考古学有两条路要走，一条是沿着服饰文化的道路，服饰与考古两个学科有效交叉，从而为服饰文化学贡献力量；另一条则是沿着考古的道路，充实并丰富考古学，进而为人类文化总体建设起到夯实基础的作用。

在这里，我们还牵涉一个技术层面的问题，即考古工作中的修复。由于服饰品中绝大部分质料是难以保存的，不像陶与铜，因而为了保障服饰品的历史价值，首先要有个保持其原貌的任务，以做到真实可靠。也许，在其他部门考古学中，修复并不显得十分重要，但对于服饰品来说，尤其是纺织类面料，首要的就是使其保存完好，保持原貌，否则，将完全失去考古的意义。对于服饰考古学来说，这一技术层面是不得不涉及的。

服饰传播学：20 余年前出版的《人类服饰文化学》中，我写到服饰传播的内容，重点放在流行上，因而在服饰社会学中提及，其中有瀑布式、泉水式几种流行方式，也有由海岸向内地或沿路向两侧浸润的路径。如今专列服饰传播学部分，早已不是过去的概念了。

我们从传播学着手，以服饰视角涉及传播符号学，接触传播学的分类方法以及符合的编码与解码关系，进而进入消费社会，探讨传播媒体对人类的诱导。如今的传播方式完全走出了古代社会人与人直接接触的局限性。印刷媒体甚至已走完了一大段活力四射的路程。问着装者群，你了解的时装新趋势来源于哪种媒体？1990 年以后出生的年轻人已经很少再提到报纸、期刊等纸质媒体，更有甚者，电子媒介中的老大哥——电影，曾经叱咤风云的电影明星着装效应都仅留了一点点。当年一个《欲望号街车》就能让全美国，全西方进而带领全世界人都穿牛仔装的影响力早已不复存在，铺天盖地的电视剧也很难再让全世界人都学着一个明星去打扮。多元化的社会形势，后现代的无权威、无中心、无规律的态势决定了人们的服饰流行不可能再千人争抢独木桥。流行音乐都很难打动众人齐唱一首歌了，T 台走秀更令人目不暇接。服饰多得让人看不过来，还谈什么偶像，什么流行。众口难调的现象已经明显地反映在挑剔的时尚人士身上。

21 世纪走过第 17 个年头，数字媒介独占鳌头，谁能抵挡得了网络的力量。人手一机或两机、三机的低头族们，最多的信息获取都来自手机与平板电脑。服饰品牌网络宣传平台和网络营销平台上满眼是专业品牌、中小品牌和自创品牌，自创品牌中又推出什么"初语""铁血"等网络时尚用语，深深地无时无刻不吸引着年轻人的眼球。服饰搭配兴趣集群中又设立了服饰讨论区、IM 即时通信交互、自媒体推动等。总之，再说服饰传播途径与方式，过去已经不可能再与今天同日而语了。过去是什么时候？不是古代也不是上一个世纪，一个月或几天前，甚至昨天就在迅疾地退为过去，时代发展的脚步太快了，以迅雷不及掩耳来形容，都不显夸张。

服饰传播学的研究，只能说是刚刚开始，我们尚嫌稚嫩，传播方式又转瞬即逝，如果能够跟上就不错了，但恐怕不易。即使我们现在使用的资料是最新的，待等这部书出版的时候，肯定不够新了。

服饰生态学：这部分和服饰传播学都是新想法的衍生物，也就是说，《人类服饰文化学拓展研究》前八个部分是 2005 年构思并着手撰写的，而这后两部分是 2014 年年初我根据新形势而有意添加的。服饰生态学的提出，显然是在低碳环保生态等人类新理念的诞生基础上萌发的。从某个角度来说，它有些地方是与服饰科技学相对的。服饰科技手段是想改变自然，而服饰生态理念却想留住自然。

从人类历史的漫长印迹来看，一方面人们想以人的力量战胜自然、驾驭自然，用中国古人的话说就是"人定胜天"；另一方面人们又觉得自然是难以完全掌握的，所以中国古人也曾提到"天人感应"。在我出生后的 20 世纪 50 年代，所有宣传材料和教科书中重点肯定的都是"人定胜天"，而"天人感应"一直被作为迷信处于被批评行列，我们都认为后者是迂腐的，无能的表现。时隔一个甲子，全人类都在拯救大自然。人类感到向大自然索取的太多了，而今已经受到大自然的报复，在真正的自然灾害面前，人类还是显得渺小，显然力不从心。

服饰品材质本身是自然界的，可是人们永不满足，竭尽全力去改造大自然，又拼尽自己的智慧才能去开发大自然所没有的，人们很得意。宝石可以仿制，裘皮可以自己做，人们想出并弄出好多匪夷所思的物质去向大自然示威，表面上看好像人类胜利了。21 世纪以来，莫名其妙的自然天象开始警告人类，人类自己为之奋斗的科技也明显地显示出其破坏大自然的缺憾。那些牢固度特别高的纺织面料面临无法降解的难度，这就意味着无数人类生活垃圾无法从地球上消失！那些堪比自然生物的奇妙衣服与饰品，其生产过程就会对人类生存空间造成威胁！怎么办？虽然说亡羊补牢，为时未免有些晚，但毕竟省悟还是有利于生态的向好发展。

在这种形势下，我们提出了服饰生态学，路还很长，但我们深信服饰生态学的研究仅是开始，开始即意味着迈出可贵的一步。

人类服饰文化学拓展研究，就是在新形势下的新思考，说不上成熟，但绝对是有益的探索与尝试。随着时代的进步，我们还将付出更大的努力，也将获得更有新意的研究成果！

刚刚在北京听到教育部有关领导的讲话，目前所强调的是要打造高标准的高校智库。高标准是什么？一是要质量和品质；二是要前瞻研究，战略研究。只满足于以前的社科研究状态，显然是跟不上形势发展的。

第一章

服饰政治学

第一节 政治学与服饰政治学

一、政治学概念及研究历程

(一) 政治学的确立与基本内涵

政治学是一门积累了丰厚的知识体系与方法体系的古老学科。它的研究对象是人类社会的政治现象、政治关系或政治实践活动。政治学的出现最早始于阶级与国家的出现。为管理复杂的国家（城邦）事务，需要对这些现象及其规律加以研究，并给予相关的解析说明。

在政治学界，对于"政治"一词的释义并没有明确的定义。尽管当"政治"成为研究对象时，研究涉及的往往是国家、政府、政党、制度、政策、权利、变革、运动等一系列相关议题，但对这些议题的理解和表述可谓众说纷纭，政治学家各自持有不同的观点、立场，研究方法也不尽相同。

在西方，"政治"最早源于古希腊政治语汇中的"Polis"一词，指在高地上构筑的易于防守的堡垒或卫城。时至今日，在雅典城的山头还依旧伫立着傲视众生的古老防御工事雅典卫城（Acro-Polis）。后人则把卫城、市区和与卫城相对的乡郊统称为"Polis"，即城邦之意。在这个由城市控制的区域内，往往拥有独立的主权。

政治学的研究态势恰如"Polis"一词,是具有"建筑式样"的。因此,政治学家也常被比喻为"建筑师",他们居高临下地俯瞰整个"建筑"的外围,将其作为一个整体进行设计布局,即着眼于国家(城邦)这一庞大"建筑"的整体完善,并适时加以调整。

(二)政治学的研究历程

政治学在两千多年的变革中不断发展变化。今天的政治学家通过描述和解释政治现象,力图建立一种经验的理论,以便更准确地解释政治学的范畴。研究范围也从规范和分析活动的政治哲学拓展到了新的研究视野,即政治科学的研究。以现代化的方法对政治的复杂性进行解读。回顾政治学发展研究的历程,有历史的积淀,文化的凝结,也有智慧的碰撞,思想的激荡,无论哪一个篇章都是人类文明的宝贵财富。

1. 中国政治学研究历程

在中国,对政治的研究几乎和中华文明一样源远流长,有悠久的历史和丰富的典籍,最早可以追溯到商、周时期。甲骨文中就有关于战争、方国、军队、监狱、阶级关系以及鬼神崇拜等内容的卜辞。当时的政治主要研究"君权神授"的神权政治观。春秋战国时期,是中国封建制的形成和确立时期,群雄逐鹿、诸侯争霸,在这种社会大变动条件下,出现了"百家争鸣"的繁荣时期。各家各派围绕着治世、治国之道提出了许多不同的见解,产生了深远的影响。其中,影响最大的是以孔孟为代表的儒家政治思想、以老庄为代表的道家政治思想、以韩非为代表的法家政治思想,以及以墨翟为代表的墨家政治思想。

孔子作为春秋时期的思想家、政治家、教育家,其开设的"政事"一门课程,可以说是世界上设立最早的政治学专业。而《论语》更是一部全面阐述治国之道的政治学巨著,古人有"半部《论语》治天下"之说。儒家政治学说强调"礼治""德治"的治国思想,"为国以礼""为政以德",孔子常说:"道之以政,齐之以刑,民免而无耻;道之以德,齐之以礼,有耻且格。"[1] 主张用道德和教化引导人民,以礼教作为行为的规范,主张用宽厚的方法管理人民,反对只靠行政手段和刑罚来治理国家。孔子提出的政治主张

---

[1]　李学勤主编:《十三经注疏·论语注疏·为政》,北京:北京大学出版社1999年版,第15页。

经过孟子的发展，延伸出"仁政""王道"的治国思想，成为中国两千年封建社会政治思想的主流。

韩非子是战国时期的政治思想家，他的著作《韩非子》中把商鞅的"法"治，申不害的"术"治和慎到的"势"治融为一体，即"法、术、势"三者合一，形成一套完整的法治思想体系。以他为代表的法家政治思想，主张"权术、霸道、以法治国"，反对儒家的"王道、仁政"。这种政治思想在国家建立初期具有较强的执行力，秦王朝因采用此项主张，由弱变强进而统一天下，但对于治理国家似乎有些不够仁德，往往出现暴政，秦亡的例子成为后事王朝治理国家的经验教训。而以老庄为代表的道家，主张"无为而治"，希望统治者以退为进消减矛盾，尽量减少对社会生活的干预，希望达到小国寡民，清心寡欲的政治局面。其著作《老子》中说："我无为，民自化，我好静，民自正，我无事，民自富，我无欲，民自朴。"① 这种政治思想在汉初起到了安定民心，恢复国家经济的作用，也确实使汉自秦以来的混乱局面得到了稳定，国家统治得到了巩固。但过于宽松的政治思想，影响了国家意志的统一性，政策的执行力大打折扣，无法形成统一而又规范的统治思想，造成了后来的"七王之乱"，其经验教训成为不同时期国家制度建设的重要参照。

在治国政治中，墨子也提出了自己的主张，他认为人"不应有亲疏贵贱之别"，反对掠夺战争，认为"官无常贵，民无常贱"，"必使饥者得食，寒者得衣，劳者得息，乱则得治。"他的"兼爱""非攻""尚贤""尚同"的政治思想，在当时的社会背景下虽引人注目，但缺乏可行性，所以在治国之道上少有人尝试。

春秋时期的政治思想，各有特点，相互对立，又相互影响，不同程度地被历代统治者所采用。到西汉时期，政治思想家董仲舒以儒家思想为中心，把儒、道、法、阴阳说等思想综合起来，宣扬"天人合一""天人感应"，强调"天子受命于天，天下受命于天子"的君权神授思想。武帝采纳他的建议，"罢黜百家，独尊儒术"，自此后，历代王朝均以儒家思想为统治思想，儒家政治学说占据了中国封建社会的思想统治地位，并限制了其他政治学说的发

---

① 朱谦之撰：《老子校释·第五十七章》，北京：中华书局1984年版，第232页。

展，这正是中国古代政治发展史的一大特点，具有深远的影响。

在漫长的封建社会时期，社会政治生活被限制在中央集权的封建君主专制的框架中，政治研究基本是在前人的基础上，对某些问题做些改造。虽然也有人提出反对君主专制的政治思想，宣扬传统的以民为本，但是在绝对君权的统治下，这些研究仍未摆脱传统政治研究的束缚。

鸦片战争后，西方的政治、文化逐渐涌入中国，儒家政治思想受到西方政治学说的冲击。大批政治家和思想家，如林则徐、魏源、康有为、梁启超、谭嗣同、严复等，不断翻译引进西方的政治学著作，并且提出自己的政治主张，希望运用西方政治学说再次提振行将没落的封建制度，恐怕也只是杯水车薪。不过这一时期的政治学成就还是显而易见的，像严复翻译斯宾塞的《群学肄言》、赫胥黎的《天演论》、甄克思的《社会通诠》、孟德斯鸠的《法意》（《论法的精神》）等很多西方的政治学著作，对中国近代政治研究产生了重要影响。康有为的著作《大同书》，主张建立财产公有，土地公有的"大同世界"，批判封建君主专制制度。梁启超提出中国要变法图强，就要学习西方的政治制度和文化教育制度。他写过许多政治论著，如《论立法权》《变法通议》《论君政与民政相嬗之理》等。中国民主革命的先行者孙中山先生，吸收西方政治思想，结合中国社会特点创立的"三民主义"和行政权、立法权、司法权、考试权、监察权五权分立的"五权宪法"政治思想，形成一套完整的资本主义共和国理论，对中国近代民主革命的发展产生了巨大的影响。

辛亥革命以后，中国的政治学正式建立起来，形成独立的学科体系。西方的政治著作和政治思想被大量的引进来，不少学者也开始研究中国的政治问题，出版了不少著作，如张慰慈编写的《政治学大纲》、杨幼炯的《政治学纲要》、陶希圣的《中国政治思想史》等。许多学校也逐步设立政治学专业，讲授政治学课程。1932年，南京成立了中国政治学会，会员有80多人。

与此同时，俄国十月社会主义革命后，马克思主义政治学在中国得到了广泛传播，出现了一批研究马克思主义的学者和用马克思主义研究政治问题的著作。陈独秀和李大钊率先在《新青年》上介绍马克思主义政治观。1920年《共产党宣言》的翻译出版，对中国先进的知识分子产生了深刻的影响，其中瞿秋白在上海大学主讲《政治学概论》，恽代英在中央军事学校和广州农民运动讲习所，运用马克思主义观点讲授政治学。邓初民的著作《政治科学大纲》和《新政治学大纲》，用马克思主义观点和方法全面阐述了政治学性质、概念、研究方法等方面的内容。以毛泽东为代表的中国共产党人，把马克思主义和中国具体实践相结合，毛泽东的《中国社会各阶级的分析》《新民主主义论》《论联合政府》《论人民民主专政》等著作，丰富了马克思主义政治理论。

1949 年中华人民共和国成立后，中国政治学的发展经历了一个曲折的过程，中华人民共和国成立初期，由于受"左"思想的影响，把政治学看作资产阶级伪科学，1952 年全国高等院校院系调整时，取消了政治学系和政治学专业，中断了政治学教学和研究工作。党的十一届三中全会后，中国政治学得到了恢复和发展。1980 年，中国政治学会在北京成立。在中国社会主义现代化建设和改革开放的推动下，政治学的研究有了迅速的发展。很多院校开设政治学专业，陆续成立政治学研究机构，政治学教学和研究初具规模；各种有关政治学的专著、论文、译著，政治学的各种教材纷纷出版。1984 年中国政治学会正式加入国际政治学会，对外学术交流活动积极展开。21 世纪初，政治学已经发展为一个内容丰富的学科体系，是社会科学的基础性学科，在中国现代化建设事业中发挥着越来越重要的作用。

2. 西方政治学研究历程

在西方，把政治学作为一门独立的学科加以研究，最早始于古希腊时期。公元前 8 世纪至前 6 世纪，古希腊形成城邦式的奴隶制国家。城邦制度对当时的政治研究有着决定性的影响，许多思想家对政治研究都有系统的论述。在古希腊思想家的眼中，政治问题就是去发现每一种人或者每个阶级的人应处于什么样的地位才能构成社会。这一时期政治学研究的显著特点是，人们研究政治问题，都是为了"正义""善"，把政治学和伦理道德紧密结合在一起，政治学研究带有明显的伦理色彩。

柏拉图在《理想国》《政治家篇》《法律篇》等著作中论述了他的政治观点，他设想了一个正义的理想国，认为人与人的本性不同，构成了社会中不平等的世袭等级，各等级各守其职，互不干扰，国家由代表智慧和理性的"哲学王"来统治柏拉图在书中。柏拉图在书中把政治、哲学、伦理道德、教育等各方面内容揉在一起进行论述。

亚里士多德是柏拉图的学生，他的《政治学》是第一部系统论述政治学的著作，是公认的政治学的开创之作。亚里士多德生活在古希腊城邦制度逐渐衰落的时代。他为了维护奴隶主的统治制度，找到挽救希腊城邦制度的方法，研究了古希腊150多个城邦国家的经验，写出了《政治学》一书。书中着重探讨政治理论和现实政治问题，认为国家以最高的"善"为目的，是人们为了实现"善"而进行的道德性结合，以实现人的美满生活为目的。《政治学》系统地论述了他关于国家的产生、性质、目的、任务、活动方式、治理国家的原则、国家权力的划分以及政体类型的观点。亚里士多德的政治学说及其研究内容，为西方政治学研究奠定了基础，对西方近现代政治学的发展产生了深远的影响。

西方的中世纪是基督教神学思想占统治地位的时代，所有科学都是"神学的婢女"，政治学研究也带有浓厚的宗教神学色彩，成为维护教会统治的神权政治学，《圣经》、上帝、教会成为政治学研究的主要对象。这一时期神权政治观的著名代表人物是圣·奥古斯丁和托马斯·阿奎那。圣·奥古斯丁在他的著作《上帝之城》中提出了系统的神权政治思想，宣扬世间的一切权力都来自上帝，教权至上的观点。托马斯·阿奎那是经院哲学的代表人物，他的主要著作有《论君主政治》和《神学大全》。他根据基督教信仰重新阐释亚里士多德的政治哲学，宣称上帝是一切权力的来源，政治必须从属于宗教，国家必须从属于教会，教权高于王权。

15世纪和16世纪是欧洲封建社会衰落，资本主义制度产生的萌芽时期，资产阶级逐渐成为新的政治力量。新兴的资产阶级迫切要求拥有自己的政治权利，摆脱宗教束缚，打破神权政治。以人文主义为主要内容的"文艺复兴"运动，是资产阶级思想解放运动的突出表现。在这样的历史潮流中，一些资产阶级思想家开始从"以人为本"的角度出发，以理性现实的眼光研究政治现象，把政治权力作为政治研究的主要内容。意大利文艺复兴时期著名的政治思想家马基亚维利，是第一个彻底分离政治学和伦理学的人，在他的著作《君主论》中表述了自己的政治观点。他认为政治就是权力，统治者应以夺取权力和保持权力为目的，为了这一目的可以不择手段，使用各种阴谋诡计。他摆脱了伦理和宗教的制约，他的学说是近代资产阶级政治学的开端。

让·布丹是欧洲政治思想史上国家主权学说的创始人，他的主要著作是《共和六论》。在这部著作中，他以国家主权学说为中心，阐述自己维护君主专制制度，反对封建贵族势力，维护资产阶级利益的政治观点。他认为国家是从家庭发展而来的，把国家最高权力和家长权力等同起来，一家之中家长占统治地位，同样，一个国家必须有至高无上的主权。主权是不受任何限制，不可分割是至高无上的，主权者可以完全支配国家的一切权力。

17 世纪与 18 世纪随着资本主义的发展，欧洲各国资本主义关系逐渐发展成熟，资产阶级革命轰轰烈烈地开展起来。资产阶级推翻封建专制统治，建立起新兴的资产阶级国家政权，形成新的政治关系。政治制度和国际政治关系，资产阶级政治思想提出一套完整的适用于资产阶级统治的政治理论，西方政治学的发展出现一个十分繁荣的局面，涌现出一大批重要的政治思想家。这一时期的政治研究主要从天赋人权、社会契约、分权等方面体现自然法、主权、自由、平等、幸福等观念。主要代表人物有荷兰政治思想家斯宾诺莎，英国政治思想家霍布斯和洛克，法国启蒙思想家孟德斯鸠和卢梭以及美国的杰弗逊等人。他们提出的各种政治理论，对资产阶级国家的建立和巩固起到了巨大的作用，成为近代乃至现当代西方资产阶级政治学研究的主要框架。

斯宾诺莎是 17 世纪著名的资产阶级唯物主义哲学家和政治思想家。在他的代表作《神学政治论》中，大胆批判神学经典，宣扬无神论，从人的本性出发，认为人天生就有自我保存和发展的生存权利，人们自然权力的大小是由人们欲望和力量的大小来决定的。他用这种观点来解释国家学说，提出"社会契约论"，主张国家权力一定要强而有力，国家统治权以人们缔结契约时转交的权力为基础，有随意发布命令之权。

英国的政治思想家霍布斯，在他的著作《论公民》《利维坦》中把国家看作由契约产生的，并从抽象的人性原则出发，认为人在国家成立以前的自然状态中，为了自己的利益相互争斗。人们为了摆脱"自然状态"，共同约定放弃自己的全部权力，并把它交给一个人或一些人，组成国家。统治者掌握一切权力，强调人们对统治者的绝对服从。

洛克的政治思想集中在他的著作《政府论》中。他同样是以自然法、社会契约论为基础来论述国家权力。但和霍布斯不同，他第一次从理论上论证了资产阶级"天赋人权"的基本原则，明确提出了生命、自由、财产是人人都享有的平等，不可剥夺的自然权利，在社会契约基础上建立的国家，必须保护人民的这些权利，否则人民有权运用革命手段建立新的政府。他还提出分权理论，把国家权力分为立法权、执行权和对外权，立法权高于其他两种权力，立法权应归资产阶级掌握的议会掌握，其他两种权力由君主来执行。洛克的分权学说为资产阶级用民主形式组织国家提供了理论根据，并为后来的资产阶级自由主义思想的发展提供了理论基础。

孟德斯鸠是法国启蒙运动的著名政治思想家。在他的著作《论法的精神》中，主要讨论了"法的精神"，一个国家的法律应该和这个国家的政体、自然环境、人民的生活方式、宗教、风俗习惯有关系，法律和法律之间也有关系。所有这些关系综合起来，就构成"法的精神"。法的精神构成孟德斯鸠全部政治理论的核心。他把国家权力分为立法、行政、司法三种，首创三权分立学说，三种权力相互分立，相互制约，强调实行法制，保护私有财产。他的思想对西方政治思想的发展影响很大。

法国的另一位思想家卢梭，出身于工人家庭，他的政治思想反映了广大小资产阶级的利益，主要著作有《论人类不平等的起源和基础》《社会契约论》等。平等思想是卢梭政治思想的核心。他认为人生来就是自由平等的，但是由于私有制的出现，出现了财产上的不平等，便产生了统治和奴役，于是人们订立社会契约，把一切权力交给国家。为了解决自己学说中个人自由和服从统治的矛盾，提出了公意理论。在他看来，公意构成主权，也是法律和政府的根据。公意是人民整体的意志，自然也包含个人的意志，个人服从公意、服从主权，也就是服从自己的意志，就等于自由。卢梭的政治学说对后世产生了巨大的影响。

杰弗逊是美国独立战争时期和战后初期杰出的资产阶级政治家和启蒙思想家。在他的著作《独立宣言》中，阐述了天赋人权理论。杰弗逊的理论继承了欧洲启蒙思想家洛克等人的天赋人权思想，但是他用"追求幸福"的权利代替了财产权利。他第一次用简明的语言，将天赋人权的革命原则载入《独立宣言》这一宪法性的文件中，表达了美国资产阶级和人民的革命要求，而且将资产阶级要求的权利用法律的形式肯定下来。

进入19世纪，西方的资本主义制度确立，资产阶级掌握了政权，社会关系发生了变化。随着无产阶级的成长壮大，无产阶级和资产阶级的矛盾越发尖锐，资产阶级政治思想家开始从现实的角度出发，改良具体的政治制度和政治活动。这时的政治学说主要和如何巩固资产阶级国家政权和政治秩序有关。在政治学研究方面，出现了以孔斯坦、边沁、密尔为代表的自由主义政治思想和以孔德、斯宾塞为代表的实证主义政治思想。自由主义思想突出个人自由，在政治上主张妥协和改良，反对任何革命性的变革，反对政府干涉个人生活。实证主义者主张将政治学包含在社会学中，用根据观察和经验建立起来的实证科学来认识和把握社会政治现象，解决社会问题，维护资本主义统治秩序，为巩固资产阶级统治服务。这种思想在资产阶级政治思想发展中有具体作用。

从资本主义发展的早期阶段起，就有一些学者意识到社会发展中如贫富不均，人民生活困苦等方面的问题，认为资本主义制度不合理，幻想建立新的社会。16 世纪初英国的托马斯·莫尔所著的《乌托邦》一书，开始宣传空想社会主义思想；17 世纪意大利康帕内拉的《太阳城》中为人类描绘一幅理想社会的蓝图；18 世纪法国的空想社会主义在形式上有很大变化，社会主义第一次以比较完整的理论形态出现。梅叶、摩来里、马布利是这一时期的代表人物。19 世纪，出现了以圣西门、傅立叶、欧文为代表的空想社会主义学说。他们的学说是对 16 世纪以来空想社会主义的继承和发展，采用理论论证的形式，对资本主义制度的矛盾和弊端进行揭露和批判，对未来的理想社会做了很多天才的预见。这些内容对社会主义学说的发展产生了深刻的影响，是马克思主义政治学的理论来源。

马克思主义的诞生，导致了政治学发展史上的一场革命性变革。马克思主义政治学产生于 19 世纪 40 年代。当时西方各国随着资本主义的发展，社会矛盾日益尖锐，经济危机不断，无产阶级和资产阶级的冲突不断激化。这种社会政治状况为马克思主义政治学提供了丰富的现实资料。马克思、恩格斯通过对社会政治现象的研究，批判的吸收了前人的思想成果，总结工人运动的经验，创立了辩证唯物主义和历史唯物主义、剩余价值学说和科学社会主义理论，写下了很多重要的著作，如《英国工人阶级状况》《神圣家族》《德意志意识形态》等。1848 年发表的《共产党宣言》标志着马克思主义政治学的形成。此后，马克思和恩格斯在理论总结和革命实践中又写了许多著作，《1848 至 1950 年的法兰西阶级斗争》《法兰西内战》《路易·波拿巴的雾月十八日》《家庭、私有制和国家的起源》《哥达纲领批判》《论权威》《资本论》《马克思关于古代社会历史的四篇笔记》等，都包含着丰富的政治学思想。进入 20 世纪后，列宁等各国无产阶级政治思想家，把马克思主义的政治思想和新时代各个国家具体实践相结合，进一步丰富和发展了马克思主义政治学理论，《国家与革命》则是马克思主义政治学理论最集中的表现。

19 世纪末 20 世纪初，西方资本主义由自由主义进入国家垄断主义阶段，人们对政治越来越关心。资产阶级为了维护和巩固其统治，开始加强政治领域问题的研究。1880 年，在美国政治学家 J. W. 伯吉斯的倡导下，哥伦比亚大学建立了政治学院。1903 年，美国政治学会成立。政治学研究在其他西方国家也有新的发展。政治学从其他学科中分离出来，成了一门独立的学科。西方现代政治学的发展，根据研究对象和方法不同，可以分为两个方向。一方面是对 17 至 19 世纪西方近代政治学研究的延续和发展，主要研究国家问题；另一方面是行为主义政治学，把个人和团体的政治行为作为研究对象，强调以经验分析为内容的实证的政治研究，用社会科学和自然科学的研究方法对政治现象展开多方面、多层次的研究。行为主义政治学主张政治学研究应该以不偏不倚的科学态度和方法得到公正的结论，只对客观政治现象做出如实的描述，反对在政治分析中加入其他因素的判断。

20 世纪 60 年代，随着世界政治局势的变化，行为主义政治学逐渐向后行为主义政治学转变。后行为主义政治学强调政治学应该研究现实政治问题，不能只通过科技手段和实践经验来研究政治知识。认为政治学研究不仅是理论上的建设，更要和人类社会重大政治问题相联系才有实际意义。80 年代后，西方政治学又有进一步发展，取得了丰硕的成果。随着西方社会政治、经济、文化各方面发生巨大变化，西方政治学研究也不断地发展变化着，呈现出一派纷繁多样的景象。

二、服饰政治学的学术定位

(一) 服饰政治学的研究背景

政治是一门复合多元的学科，它源于社会实践，又依赖实践推进。全球化趋势以来，传统政治学的研究受到了极大的冲突和挑战，政治内涵不断深化，政治范围不断拓展，政治主体也日趋多元。全球化视域下政治学研究思路最显著的一个变化就是研究所依托和关注的政治主体不再仅仅是国家，而是全球、全人类。从国家政治拓展至非国家政治，这就要求今天的政治学研究要进一步增强现实性，以解决当前人类社会重大政治问题为目标，打破学科领域壁垒，与其他社会科学学科、自然科学学科大胆融合，特别是对其他科学领域进行渗透，形成一个立体、全面的新型政治研究体系。20世纪90年代以来，大量政治学的新兴学科、边缘学科和交叉学科应运而生，如政治社会学、政治心理学、政治地理学、政治传播学、民族政治学、生物政治学、发展政治学等，当然也包括服饰政治学。

服饰政治学的兴起源于政治学的另一门跨学科领域研究分支——身体政治学。在身体政治学语境中，身体成了政治的象征乃至社会阶级身份的符号系统。古希腊哲人亚里士多德在《政治学》中提出的著名命题："人类在本性上，也正是一个政治动物。"① 恰恰是这一政治学领域的根本。无论是人类的政治习性还是社会习性，在人类身体机制中都能有所表现。在美术史上所谓的"权力肖像"就是典型的身体政治化作品。在一些战争题材作品中，被打败的敌人往往衣衫褴褛或者赤身裸体，而国王或者武士的形象则会更为高大，或身穿战甲或衣着华服。征服者往往伟岸地站立着，或者处于画面重要的位置，而失败者往往会仰卧在地，或者被缩小至不合理的比例。这类作品中另一个显著的特点，就是通过服饰的精细程度来表达人物在政治地位上的重要性。政治的素材是人，而作为人类文明中不可或缺的要素之一，服饰与人的关系十分紧密，服饰早已被认定为人的第二肌肤，被赋予特殊的价值。尽管对身体而言，手足是其有机部分，服饰只是附属品，但从"权力肖像"上我们可以看出，很多时候作为"附属"的服饰其政治内涵甚至超越了身体本身，这正是服饰政治学确立的理论契机。

安得烈·贝尔西和凯瑟琳·贝尔西曾在《神圣的偶像：伊丽莎白一世》中对英国女王伊丽莎白一世的肖像画做出过这样的描述"夸张的衣袖和像巨人一样庞大的裙子完全冲淡了藏在衣袖裙裾里人类身体的一切表征……多皱的袖套让女王的肩部显得异常宽大（实际上，她并没有那么粗壮的骨架），使她张开的双臂成为一个在解剖学上不可能的半环形"②。这幅画面让我们看到

① ［古希腊］亚里士多德，吴寿彭译：《政治学》，北京：商务印书局1965年版，第7页。
② ［英］乔安妮·恩特威斯特尔著，郜元宝译：《时髦的身体——时尚、衣着和现代社会理论》，桂林：广西师范大学出版社2005年版，第113页。

由王冠、衣领、衣袖、长袍组成的夸张
几何形态已经取代了伊丽莎白一世娇小
的身体，服饰成了女王神圣身份的象
征。（见图1-1）同样，在西非尼日利
亚的约鲁巴族酋长以王冠代表王朝的精
神和政治统治的力量。但与伊丽莎白一
世女王的王冠不同的是，在约鲁巴人圆
锥形的王冠上围绕着一层镶有珠边的面
纱，当统治者戴上王冠时，面纱遮挡住
他的面容，反倒是王冠上描绘着远古始
祖的图案成了王权的象征。

图1-1　伊丽莎白一世

因此我们可以看到，作为身体上的
服饰，尽管跨越了穿着者的局限，但它
依旧能够被嵌入政治关系中进行实践活
动，这正是我们将服饰政治学作为政治
学一个独立的交叉学科进行研究的理论基础。同时，服饰政治学也是服饰文
化学中必须设立的一个子学科。

（二）服饰政治学的位置

政治学关心的是如何分配经济活动生产出的利益以保证公正，所以政
治学的支点是价值分配。社会价值在不同的个人和不同的群体中的配置可
以通过服饰的外化性得以体现。因此，政治理论家往往愿意强调"角色"
对于政治学语汇中的服饰的重要性，但是我们对服饰政治学的研究绝不仅
仅局限在政治角色的解析，在政治学中诸多问题都与服饰文化有着千丝万
缕的关联。

亚里士多德曾经对批评他锦衣华服的导师柏拉图说："糟糕的服饰不能给
我好的心情啊。"貌似无心的一句话，却让我们明晰亚里士多德对物质世界与
意识世界二者关联的思想。服饰的物质与意识双重属性，使服饰如同物化了
的人；而就人类而言，每一个个体在政治学领域中的身份也被反复洗牌，往
往在不同环境下扮演着不同的角色。服饰作为一定历史时期内社会生活的一
个方面，像一面多棱镜从不同角度反映出当时政治社会的真实面目。这一特

殊性使服饰政治学作为政治学、服饰文化学的一部分，也站在了与社会学科不同的地位，虽然存在与一些学科之间相当范围内的交叉关系，但服饰政治学还是有自己的独立性和系统性。服饰演变透露出领导者政治思想的演变轨迹，服饰制度体现出政治阶级的区别与关联，服饰文化映象出政治文化的千差万别，服饰潮流更是如政治运动的助燃剂，让人类社会在社会运动和斗争政治中不断前行。

第二节　服饰与国体、政体

一、服饰与国体、政体的相关性

（一）国体的基本概念及分类

所谓"国体"是指社会各阶级在国家中的地位，也就是国家的阶级性质。它的实质是讲哪个阶级掌握国家政权。任何国家都是由一定的阶级进行统治的，而不同的阶级在政治、经济上所处的统治地位也各不相同，继而产生了不同的国体。因此，国体的类型是由一定的社会生产方式和这种生产方式产生的在经济上占统治地位的阶级决定的。毛泽东依据政权的阶级性质对全世界国体的类型进行了基本划分，主要包括：资产阶级专政的共和国、无产阶级专政的共和国和几个革命阶级联合专政的共和国。

一般来说，阶级的政治统治的本质产生于社会的经济关系之中。掌握生产资料的阶级往往被认为是国家的统治阶级，而仅凭经济上的统治，占据他们所处的统治地位往往是不稳固的。为了使被统治阶级服从现行的经济制度，还需要有政治上的统治来维护本阶级的地位与利益，这就需要统治阶级建立自己的国家政权、镇压被剥削阶级的种种反抗。因此尽管许多国家采取不同的统治手段和组织管理形式，但其本质都是相同的。马克思曾说"那些决不依个人'意志'为转移的个人的物质生活，即他们的相互制约的生产方式和交往形式，是国家的现实基础，而且在一切还必须有分工和私有制的阶段上，都是完全不依个人的意志为转移的。这些现实的关系绝不是国家政权创造出来的，相反地，它们本身就是创造国家政权的力量"① 因此，不同的生产资料的所有制形式也被当作判断国体的标准。

在人类社会发展的历史中，国体主要有四种类型。奴隶主阶级专政的国家，封建地主阶级专政的国家和资产阶级专政的国家，都属于剥削阶级专政的国家。还有一种由工人阶级和其他劳动者专政的国家，它不属于上面任何一类，而属于无产阶级专政的国家。作为无产阶级专政国体的典型代表，中华人民共和国是工人阶级领导的，以工农联盟为基础的人民民主专政的社会主义国家。

（二）政体的基本概念及分类

所谓"政体"是指国家政权的组织形式，即国家的形式。政体决定了统治阶级采用何种形式和原则，去组织权力机关，反对敌人，保护自己的政权。有关政体的研究同样由来已久，西方政治学界对政体的比较更是源远流长。古希腊先哲柏拉图在《理想国》中将政体分为：平民政体、寡头政体、贵族政体、僭主政体、勋阀政体；另一位古希腊思想家亚里士多德则通过对当时古希腊150多个城邦政体的比较研究，对政体提出了自己的理论。他在书中所讨论的政体可以归结为：一人执政、少数人执政和多数人执政。他认为"政体的分类一旦与利益获取和维系准则联系之后，其所发生的变异是极为繁复多样的。"② 由此可见，政体是具体的、实际的，它体现和决定着政权性质和治理性质的真正制度所在。

如何在复杂多变的政治空间中找到一个"优良政体"？千百年来政治学家一直在不断追问，这不仅是一个理论问题，更是一个现实难题。因为恰如亚里士多德所论："城邦存在的目的，是要使人有能力实践构成良好生活的那些美德。"纵观历史，人类创建出的典型政体主要有君主制、贵族制、共和制、民主制几种基本类型。但是古今中外无论何种政体的形成和演变，都是由特定的政治环境下造成的，所以不同的政治因素也导致了政体类型的多样化。

---

① 中共中央马克思恩格斯列宁斯大林著作编译局编译：《马克思恩格斯全集》第3卷，北京：人民出版社2012年版，第377－378页。

② 许章润主编：《历史法学·优良政体》（第5卷），北京：法律出版社2012年版，第34页。

需要指出的是，很多国家在政权建立之初对政体的选择多倾向于二分法的抉择，非此即彼。但是作为施政纲要的政体，在广大人民与国家活动之间起到了重要的媒介作用，因此政体形式是否健全决定了政权的稳定性，所以基于现实政治的妥协于构建政体的发展最后有不少国家采取了混合政体，这也是政体分类复杂多变的原因之一。

（三）服饰与国体、政体的关系

要了解服饰与国体、政体的关系，首先要来了解一下国体与政体的关系。国体与政体之间是辩证统一的关系，一方面，国体决定着政体，而另一方面，政体又反映出国体。同时，政体也具备一定的独立性，经济、政治、社会、文化、国际环境等各方面关系都会在不同程度上对政体产生影响。因此，尽管国体相同的国家，有可能采取不同的政体；而同一个国家在国体没有发生变化的前提下，政体的形式也有可能在不同历史时期产生相应地改变。

在不同形式国体、政体的影响下人类服饰文化发展也经历了无数的变迁，无数等级森严的服饰制度决定于国体与政体的制定，无数重大的服制改革渊源于国体与政体上的变化调整，无数服饰文化的形成也产生于国体与政体的深远影响。由此可见，国体、政体，这两个政治学中最基本的概念对人类服饰文化所产生的影响是不可小觑的。

二、国体对服饰的影响

国体对人类服饰文化产生的影响是显而易见的，服饰是将身体社会化并赋予其意义与身份的一种手段，而统治阶级恰恰可以轻而易举地通过这种手段向被统治者表明自己的地位、权威与政策，不同的国体对服饰产生的影响也不尽相同。

回顾历史，古今中外资产阶级专政国家在服饰文化的阶层性上都格外严苛。这是由资产阶级专政国家对生产资料和国家政权的独占性决定的。作为统治阶级仅占有生产资料并不足以实现统治，如何将自己的意志转化为国家的政策法令，并贯彻实施，这是决定国体性质的一大要因。因此统治者要想体现、巩固自己的统治地位，言行举止、衣着装饰都必须"约之以礼"。

自古以来，中国君王对服饰制定了大量繁缛的规则。无独有偶，在西方文化中这种统治阶级与被统治阶级在着装上的无形壁垒，也同样可以明确地体现出国体对服饰文化的作用。无论如何改朝换代，无论当权者采取何种政治手段治理国家，其地位的不可撼动是毋庸置疑的，因此尽管随着政权的交接，统治者会发生一定的改变，但只要国体未产生变化，在政体上无论采用何种"包装"，统治者的阶级地位仍然是权威的，其服饰也自然要有别于被统治阶层。

掌握生产资料的统治阶级掌握国家，为了向被统治者标明自己的阶级地位，一些统治者通过服饰加以强调。他们一方面通过珍贵珠宝和华丽服装体现自己的财富和对财富的掌控，另一方面颁布重要的法令，禁止一些名贵或特殊材料有普通人使用，以保障自己所处的统治阶级对这部分资料的独占性。例如，在中世纪的欧洲十分盛行叠加层层褶皱的铠甲，这种古代武士进行战斗时穿着用以护体的服装，在当时成了权贵的象征，而铠甲层叠越多，越厚重，穿着者的地位则越高。这种叠加皱褶的铠甲背后意味着大量的名贵金属，高超的锻造工艺，所以其价值自然也就不菲。正是因此，在当时只有君主和骑士才能允许穿着这种豪华型的铠甲，平民则被明令禁止。

当然，统治阶级对名贵材料的独占只是暂时的，而对权利的独占欲望才是持久的。服饰发展历史源远流长，我们在史料记载中也看到过历朝历代更迭都会给服饰带来一定变化。但作为统治阶级为了标明自己的政治立场不同于前朝，在服饰外观上无论做出何种改变，其服饰内传达的对权力、地位、身份的印证都是不变的。具有讽刺意味的是，有时候服饰反而成了权利的象征亘古不变——国王的王冠、权杖，而相反随着历史的流逝，权利的持有者却在不断发生变化，有些甚至是稍纵即逝。

当然，这样的例子也出现在现代政坛。例如，英国首相和大臣们用于携带机要公文的红色箱包，简称"红箱"。箱体由陈年松木制成，外面包裹着红色的绵羊皮，内有铅衬用于防弹。当然，这些箱子造价昂贵，只成本最高可达750英镑。随着互联网的普及，大部分英国政府公文都已经不再由红箱传递了，但也有部分高官政要将这一传统保留下来。尽管唐宁街的主人如走马灯一样换了又换，可从1860年时任财政大臣的英国前首相格莱斯顿将红箱引入后，这个红色的箱子变成了英国政府的象征，尤其是英国首相和财政大臣需要随身携带红箱，出访或参加官方活动时则要有专人负责拎箱。2013

年 9 月 7 日，英国首相卡梅伦就曾因一
张在红箱旁熟睡的照片引起轩然大波，
被公众斥责置国家机密于不顾。箱子属
于服饰范畴中的随件，这看似可有可无
的随件，正反映出服饰的文化性。（见
图 1 - 2）

　　反观无产阶级专政体制下的国家，
对服饰制度的要求则更趋于平等自由。
因无产阶级的革命政权是由无产阶级对
资产阶级采用强力手段获得，故服饰文
化中鲜明的阶级性体质在逐渐被弱化，
取而代之的则是另一种社会身份地位的
象征。

图 1 - 2　英国大臣的红色公文箱

三、政体对服饰的影响

　　政体服务于国体，受到多种政治因素的影响，如国内外政治环境、历史
文化、民族特点等。同样政体对这些政治因素也起到了相应的反作用，作用
在不同的政治、经济、文化层面。不同政体下的服饰文化千差万别，不同时
期同一政体下的服饰文化也不尽相同。

　　（一）古代社会

　　1. 民主共和制

　　古希腊是西方政治理论的发源地，直到今天政治学界还将古希腊政治思
想当作镜鉴。在当时的城邦中产生了无数政体形式，而奴隶制下的雅典城邦
所采用的民主共和制无疑是极具典型性的伟大创造，即便其有着这样那样的
不完美，但对今天的政治体制依旧有影响。

　　民主一词派生于希腊语中人民和统治或权威，意为由人民进行统治。在
这样一个公民政体中意味着无论出身、地位、职位有何区别都不会影响公民
的平等权利。公元前 6 世纪雅典首席执行官梭伦曾说：“在最好的城市里，一
个公民在有人，无论其人是谁，损害别人而他本人并未受害的情况下，也会

对这个兴讼。”① 这一点在古希腊服饰的风格特点上也同样得以体现。

雅典的民主共和并不是一蹴而就的，它投入民主共和怀抱之前也并非一片祥和，贵族纷争，党派对抗，阶级关系也十分紧张。为了统治雅典，当时的贵族们不仅在政治军事上争权夺势，在文化上同样也不示弱。公元前7世纪末，权贵们纷纷通过公开的炫耀富贵来彼此竞争。他们身着华美的服装和昂贵的盔甲、生活奢靡、奴婢成群。在当时，最为奢侈的服装要算是从丝绸之路进入希腊的中国丝绸，其价值与黄金不相上下。公元前594年，梭伦当选雅典首席执政官，在他看来物质不是衡量人民生活幸福的唯一标准，社会中的每一个阶层都应该拥有自己的权利和义务。面对不可遏止的奢靡化生活，他甚至颁布了禁止奢侈法，锦衣华服之势开始有所收敛。

公元前509年克里斯提尼进一步实行民主改革，雅典最终确立民主制度。这期间平民阶层的民主权利在不断扩大，公民的平等权利成了优良政体的理想。但值得注意的是，城邦小国寡民的“公民”定义和今天大不相同，是有一定局限性的。在当时的公民概念中不包括奴隶、妇女和外国人，这无形中也将公民的身份变成了另一种特权。在一些传世的艺术作品中人们熟知的雅典哲人的形象，除了缠裹的长袍往往还有精心修剪的胡鬓。殊不知在当时这精心修剪的胡鬓正是思想家、哲人的典型标志，也是雅典人用于区别自己与外邦人和奴隶的身份的象征。胡鬓式样和发式是服饰文化的重要组成部分。

受民主平等思想的影响，希腊男性的服装无论阶级、身份都是一样的低调，公民和奴隶可以穿着一样的服装，这体现了他们拥有一样的权力。如果身着过分华丽在公共场合，则会遭到人们在背后的指指点点，认为有贪欲的人可能是专政的拥护者。而在中国同样有“昔者纣为象箸，而箕子怖”② 的说法，由此可见政治无小事，看似不起眼的服饰细节也有见微知著的作用。

2. 贵族制

不同于一人统治和多数人统治，还有一种政体形式，它的政权掌握在少数人手中，其中以希腊时期的斯巴达城邦、古罗马共和国最为著名。

---

① ［美］约翰·麦克里兰，彭淮栋译：《西方政治思想史》，海口：海南出版社2010年版，第12页。

② （战国）韩非子著，张觉译注：《韩非子译注》，贵阳：贵州人民出版社1992年版，第344页。

在古希腊城邦国家中能与雅典分庭抗争的另一个城邦是斯巴达，而它并没有追随雅典民主制的步伐，而是采用了另一种截然相反的政体。斯巴达作为一个内陆国家以农业经济为主，同时十分注重军事训练，采用由少数奴隶主贵族专政的政治形式。在希腊语中"少数"一词作"oligo"，因此这种政权组织形式也称"oligarchy"即"寡头政治"。

寡头政权下的斯巴达采用二王制，两个国王分别来自斯巴达两个最有权势的家族，职位采用世袭制度。但这并不是全部，因为两个国王的实际权力并不大，在斯巴达的国家机构中还有执政官、元老院和国民会议，这些相互颉颃的权威机构共同管理整个国家。斯巴达另一个显著特点就是浓重的军事色彩，在那里全体男性公民必须从军，体弱者则会被贬为奴隶，甚至一出生便会被处死。斯巴达男人从 7 岁就开始参加军事训练，过集体生活，30 岁以后才能结婚过独立生活。斯巴达男性以其威猛骁勇的形象著称于世。令人感到意外的是男性除了拥有高大健壮的身躯外，还拥有一头精心养护的长发，他们认为浓郁的长发能让勇士显得更加高大、威猛。

这种军事化的管理也让斯巴达女性受到感染，斯巴达女性在未成年之前的着装与男子无异。一方面，强悍的军事统治让女性也参与其中，参加体育锻炼，以确保自己体格强健能产下健康的后代；另一方面，婚后的年轻斯巴达女性也依旧身着男装，甚至隐瞒自己的性别，以免当她们的丈夫偷偷从军营中跑回家时引起别人的注意。要知道在尚武精神的统治下，全体斯巴达男性要一直参加集体军事生活，是不允许有自己的自由的，独立行为往往会受到严厉的处罚。所以斯巴达女性直到怀孕后才会换上女装，来标明自己的身份。

尽管有些国家是贵族阶级掌权，但与斯巴达贵族寡头制略有不同的是，古代罗马建国之初采用的是贵族共和制。罗马共和国的政体主要由执政官、元老院和国民会议三部分组成。"三权鼎立"的局面在一定程度上实现了权利的相互制衡，只是元老院在政体中处于核心和领导地位。元老院为常设机构，元老为终身制，这些都决定了元老院在政体中的权威地位和影响力。由于权力机构由贵族掌控，所以古罗马共和国实际上也是贵族政治，体现在服饰上则表现为身份标识的明确性。

吸收了古希腊的服装样式，古罗马的服装更加厚重华丽，更具贵族气质，且等级标识也更加明确。古罗马不同等级的人群在着装上有明确的规定。以古罗马人身份象征的托加长袍（Toga）为例，奴隶和外邦人等没有罗马公民权者是禁止穿着托加的，而女子则只能穿着斯托拉（Stola）。托加是一种典型的古罗马男子服饰，其形为椭圆，缠裹穿着。盛行时期的巨型托加被誉为是世界上最大的服装，需要仆人辅助才能进行穿着，所以也只有贵族才能享用。更有一说，托加对身体的层层包裹能为元老们在议会辩论时，面对潜在的械斗可能造成的伤害起到一定的防御作用。（见图1-3）

这从侧面解释了另一种服装面料——丝绸曾一度在古罗马男性中被禁止穿着的原因。虽然丝绸在罗马也和在其他西方国家一样如同黄金般珍贵，但在罗马人看来它却包含着不同的意义。一方面由于丝绸价格不菲，因此被认为是堕落的代表。罗马元老院和执政官都

图1-3　古罗马托加样式

曾就此发表过演说，反对这种奢华风气，禁止男子穿着丝绸。另一方面对丝绸的谴责来自这种面料本身的特质。丝绸被认为轻薄、飘逸，不像制作男子常服托加的毛织物那样厚重、庄严，不符合当时对男性的社会审美。柔软的丝绸包裹着男性的身体，这在罗马人看来是难登大雅之堂的，因此使丝绸在男子穿用中被禁止。一直到公元3世纪男子不穿丝绸仍是普遍现象。但值得注意的是，丝绸并没有在女性中被禁止。一方面女性通过丝绸可以体现自己的身份地位，另一方面可以通过面料特点展示女性身体，将女性魅力外化正是当时女性服装的审美特点之一。

此外，古罗马对服装的装饰及色彩也有严格的规定，普通公民只能穿着

最简朴没有装饰的托加，只能采用天然羊毛的灰褐色。竞选公职的候选人为了在集会上引人注目，可以穿着漂成白色的托加。贵族的服色则多为大红色、深红色或白色；上层社会的成年男子或高级官员可以穿着镶有紫红色饰边的托加长袍；凯旋将领可穿着紫色的托加并绣以金色镶边。执政官与元老的托加为白色紫条或紫色红条的托加。后古罗马逐步转为帝制，全紫色的服装唯有皇帝或首席执政官才能穿着。

古罗马服装的色彩还体现在对穿着者职业的象征上，哲学家往往身着蓝色，意喻其知识的渊博；占卜官则身着白色，表示他们的正直可靠；黑色是庄严公正的象征，因此由神学家穿着；而医生则穿着绿色长袍，以祈祷病人转危为安。

3. 君主专制

尼科洛·马基雅维里在《君主论》中明确说明："从古至今，统治人类的一切国家，一切政权，不是共和国就是君主国。"[①] 虽然他是一个共和主义的忠实追随者，但为了维系统治采取相应的政治手段，这也是政治统治者必须具备的素质。在马基雅维里看来政治就是权力，君主如何取得权力、维护权力是权术理论的根本，这也是君主专政制政体下，当权者一切政治举措的核心。

君主专制之政治思想不胜枚举，中国古人云"溥天之下，莫非王土。率土之滨，莫非王臣。"[②] 这是中国政治思想中对"天下"的普遍认识。秦灭六国由封建分封制转为郡县制，君主行使专政成为中国政治史之巨变。自此至宋元千余年中，"各派相争雄长，随历史环境之转变而相代起伏。或先盛而后衰，或既废而复兴，或一时熄灭而不再起，或取得独尊之地位而不能垄断全局，或失去显学之势而仍与主潮相抗拒。思想之内容虽然随时代而屡变，其大体则先秦之旧。绝对创新之成分，极为罕见。"[③] 秦汉时期周冕制度的重大变革是毋庸置疑的，其延续性也是有目共睹的。六冕的君臣等级结构，具有一种"君臣通用"的特点，即君主能穿戴的冕服臣下也能穿戴，臣下的冕服

---

①　[意] 尼科洛·马基雅维里，潘汉典译：《君主论》，北京：商务印书馆 1985 年版，第 3 页。

②　周振甫注译：《诗经译注》，北京：中华书局 2010 年版，第 335 页。

③　萧公权著：《中国政治思想史》，北京：商务印书馆 2011 年版，第 13 页。

可以"如王之服"。这是周代政治传统的一种特别折射。专制君主制的确立使这种"同服"的现象不复存在，"法令出一"的制度使"天下之事无论大小皆决与上"。

"秦朝统一中国奠定了一个政治疆域的地理轮廓，此后中华帝国的所有兴衰都在这个疆域之内上演。从这个时候起，中国创立的帝国都把自己理解为'中心帝国'的再生。在这里对中心的强调不仅仅突出世界政治中心诉求，而且也表达了一切满足这一诉求的秩序都必须以此中心为中心思想"①。君主制下皇帝至尊、至贵的意识形态也体现在了服饰文化上。

根据《后汉书·舆服志》中的记载："秦以战国即天子位，灭去礼学，郊祀之服皆以袀玄。汉承秦故。"②"袀玄"即全黑色服装，秦始皇认为秦朝当五德终始中的水德，因而确定："改年始，朝贺皆以十月朔。衣服旄旌节旗，皆上黑；数以六为纪，符、法冠皆六寸，而舆六尺，六尺为步，乘六马。"③秦始皇对冠服同样也做出了严格的规定，《隋书·礼仪志七》："至秦，除六冕，唯留玄冕。"秦尚黑的特点在此同样得以体现。冠服据《秦会要》引《独断》所称有以下几种形制：

"通天冠，天子常服。汉服受之秦，礼无文。

远游冠，傅玄曰：秦冠也。似通天而前无山述，有展筩横于冠前。唯太子及王者后常冠焉。

高山冠，齐冠也，一曰'侧注'。高九寸，铁为卷梁，不展筩，无山。秦制行人使官所冠。

法冠，楚冠也，一曰'柱后惠文冠'，一曰'獬豸冠'。柱高五寸，以纚裹铁柱卷。秦制，执法服之。

武冠，或曰'繁冠'，武官服之。侍中、中常侍，加黄金，附貂蝉鼠尾之饰。

---

① ［德］赫尔佛里德·明克勒，阎振江、孟翰译：《帝国统治世界的逻辑——从古罗马到美国》，北京：中央编译出版社 2008 年版，第 3 页。

② 许嘉璐主编：《二十四史全译·后汉书》，北京：世纪出版集团·汉语大辞典出版社 2004 年版，第 443 页。

③ （汉）司马迁撰：《史记》，北京：中华书局 1959 年版，第 237 页。

古者有冠无帻，秦加其武将首饰为绛帻，以表贵贱，其后稍稍做颜题。"①

与中华帝国平行并置数百年的古罗马帝国同样也是君主专政制的典型代表。公元前44年恺撒遇刺，公元前30年安东尼自杀，屋大维逐步执掌政权，实行一人独裁，罗马共和国最终走向覆灭。由于埃及女王克里奥佩特拉与恺撒和安东尼的关系，埃及与罗马也一直有着千丝万缕的关联，在屋大维掌权期间，他将埃及列为罗马的一个行省，托勒密家族在罗马的历史画上了句号。存世的埃及艺术作品中，有不少身着埃及服饰，以埃及法老形象塑造的屋大维雕像。这一侧面不仅反映了罗马帝国对埃及的统治，更说明对于君主来说想要征服某片土地，除了武力之外，文化的影响同样重要。将自己打扮成埃及人的形象，不仅寓示着屋大维对古老埃及文明的统治，也有利于更好地安抚属地民众，融入他们的文化中。

帝制之初的罗马还极力保持自己共和的外衣，但随着帝国改革的不断推进，罗马帝国的模式迅速建立起自己的扩张性权力中心。扩张与帝国改变了罗马公民的现状，帝国中心的公民权被逐渐扩展到部分行省的人民身上，公民身份的特殊性被逐渐稀释，越来越多的人可以称自己为罗马公民。公元212年卡拉卡拉颁布宪令，授予罗马帝国境内所有自由人罗马帝国的公民权。

政体的变化同样为古罗马服饰也带来了改变。除却前面提及的关于服色的阶层性区别，共和时期"公民权利平等"的理想逐渐演化为君主征服人民的工具。罗马人不再是一个自由共和国的公民，而是皇帝的臣民了。戴克里先的上台更是将"元首"称号彻底废除，改为"君主"，这也标志着古罗马帝国君主制的正式确立。

"他是第一个穿上黄金斗篷的人，真丝鞋子，点缀着无数宝石的紫袍。尽管这超越了对一个公民有益的东西，是傲慢、奢侈精神的体现，不过，这与其他方面相比，微不足道。实际上，他是继卡里古拉和图密善之后第一个允许自己在公共场合被称作'主人'的人，被称为神，受到这样的崇拜……"②

这段话说的就是戴克里先公开采取君主制后，他在宗教仪式、宫廷仪式

---

① （清）孙楷著，杨善群校补：《秦会要》，上海：上海古籍出版社2004年版，第131 – 134页。

② 袁波：试析戴克里先的行政管理模式，《青岛大学师范学院学报》，2009年第3期。

时的场景。这种对波斯君主的仿效，使罗马君主独裁的特质更加明显。

（二）中世纪

1. 贵族君主制

在中世纪欧洲，封建割据局面下无数小的自治体相继成立，这些小的"独立王国"相互依存又彼此独立，集结成一个大的国家。国家的统治者被称为大公或者国王，臣属其下的各个公国、诸侯国或主教国也有大大小小的封建主。这就导致宗主国不能完全掌控属国，且宗主国和属国的社会、政治、文化等多方面的制度都有所区别，妨碍了宗主国的发展，因此在领地内人民和君主的影响下，很多小国被并入了大的自治体中，慢慢形成了更为强大的帝国。贵族君主制就是在这种情况下形成的一致政体。

这种政体形式与传统的君主专政比较，最大的特点就是中央王权的软弱。国家虽然有君主制的形式，但是由于诸侯割据的局面导致地方势力相对强大，且包含着很多不稳定因素。皇帝的有名无实，使这种政体下的国家不是一个独立的个体，而是由成百上千个独立的公国和城邦构成的古怪组合。法国思想家伏尔泰曾这样讽刺贵族君主制的神圣罗马帝国：神圣罗马帝国既不神圣，也不罗马，更不帝国。

的确，公元 800 年法兰克国王查理大帝在统治西罗马时所采用的手段很难称之为神圣。常年的吞并征战，疆域的不断扩大，使罗马人对这个来自法兰克的外邦人一直有所顾虑。在当时曾有一句著名的谚语"法兰克人是好朋友，但是是坏邻居"。当时的查理大帝随四处征战，但因从小就在宗教环境中长大，所以对基督教十分虔诚。查理大帝向罗马的圣彼得教堂进献了大量财物，并将其装饰得富丽堂皇，有时还会去圣彼得教堂诵念祷词。当时的罗马帝国已是四分五裂，贵族和教皇的矛盾愈演愈烈。最终罗马教皇利奥三世遭到罗马贵族的驱逐，跑到查理大帝处寻求庇护，而查理自己也需要这位教派的领袖来证明自己的地位，让基督徒拥护自己。于是他进驻罗马，平息叛乱，将教皇扶回原职。而作为回报，利奥三世在一次去教堂做祷告之时突然为查理大帝戴上了罗马皇帝的皇冠，并宣布："上帝为查理皇帝加冕。"这段历史背后的真相是什么？我们无从得知，毫不知情也好，暗中勾结也罢，这便是罗马帝国"神圣"的由来。直至今天在法国的罗浮宫还有一个和当时查理大帝加冕时一样的皇冠的仿品。而这个仿品的来头同样也不小，这是拿破仑自诩为查理大帝的接班人时让工匠仿制的。

查理大帝平时的穿着与普通人几乎没什么区别，他对奢华的罗马帝国服饰似乎并不感兴趣，这一点着实"也不罗马"。在《查理大帝传》中曾经有这样一段记载："在一个节日里，弥撒仪式举行完毕以后，他向扈从人员说：'我们可不能让闲散把我们引向懒惰的习惯，我们去打猎，去捕杀些东西吧，我们大家就穿着现在这身衣服前去吧。'这天阴雨寒冷，查理身穿一件羊皮衣服，这比起圣马丁用他袒露的双臂向上帝做一次邀得恩准的奉献时所穿的那件披肩也多值不了几文。至于其他的人，由于那是一个节日，他们又刚刚从帕维亚来，那是威尼斯人一向把所有的东方财货从本土隔海运往的地方。因之，他们都穿着用山鸡皮和绸缎，或者用孔雀的颈、背和尾巴上初生的羽毛制成的袍服，趾高气扬地走着。有的人缀着紫红色和柠檬色的丝带，有的人围着毯子，有的人穿着貂皮袍子。他们出没在丛林中，遭到树枝、荆棘、蒺藜的撕挂，挨到雨水的淋浇，受到野兽血水和皮毛秽物的沾污；然后就在这种狼狈的境况中回去了。于是最诡诈的查理说：'临睡之前，谁也不得脱去皮衣；穿在身上，它们会干得透一些。'每个人对自己的身体总比对衣服更加关切，于是便去找火，设法暖和一下自己。然后他们回来，继续伺候查理，直到夜深才散值回寓。他们开始脱下皮制服装，解开纤细的皮带的时候，这些抽缩皱褶的衣服发出了像干柴折断那样的噼啪的声音，甚至从老远的地方都能听到。这些廷臣们长吁短叹，惋惜他们在一天之内损失了这么多的钱。然而，他们又从皇帝那里接到一道命令，要求在第二天穿着原来的皮衣去见他。等他们来到的时候，已经不复是前一天的华丽的外观了，他们穿着褪色而绽破的服装，显得又肮脏、又邋遢。于是满腹诡诈的查理对他的管事人员说：'把我的羊皮擦一擦，替我拿来。'它十分洁白，完好无缺。查理拿过它来，让所有在场的人观看，并且说了以下的话：'世上最糊涂的人，我的这件是用一个银币买来的，你们的那些件是用好多磅，不然就是好多塔兰特的银子买来的，这些衣服，到底是哪一件最值钱，最有用呢？'他们的眼睛垂向地面，因为他们承受不了他的最可怕的谴责。"①

尽管查理大帝将自己的疆域称为神圣罗马帝国，但这毕竟是一个典型的贵

---

① [法兰克] 艾因哈德，圣高尔修道院僧侣著，戚国淦译，《查理曼大帝》，北京：商务印书馆 1979 年版，第 100 页。

族君主制大公国，在其境内有十多个大诸
侯，二百多小诸侯，上千个独立的帝国骑
士、公爵、伯爵、教会主教等大大小小的
势力，各据一方。多种文化的杂糅环境下，
作为帝国领袖的查理大帝大多情况下干脆
就保持自己法兰克人的特点，穿着本族短
服，也就是法兰克人的服装。尽管他的衣
着也还称得上华美，且充满着浓郁的法兰
克传统文化，但这看起来着实不像一个
"帝国"首领应穿的服装。（见图1-4）

古代法兰克人的服装和装备是这样
的："他们的长筒靴子外面是涂金的，饰
有三腕尺（约52.4英寸）长的花绦。缠
在小腿上的皮带是红颜色的，他们腿上穿
的缠在带子里面的亚麻布裤也是同一颜色
的，镶边很艺术。花绦绷在麻布衣服的上
面，也绷在十字交叉的系腿带子的上面，

图1-4 查理大帝

时而在带子之外，时而在带子之内，时而在小腿之前，时而在小腿之后。除
此之外，则是一件华美的亚麻布衬衫，再就是一条带扣环的剑带。长剑装在
剑鞘里面，剑鞘外面有一层皮套，皮套外面还有一层用亮闪闪的蜡涂硬了的
亚麻布套。服装的最后部分是一件白色或蓝色的斗篷，形状像是连在一起的
两个方块；因此把它披在肩上的时候前后两段可达脚面，而旁边却几乎不到
膝盖。"① 只有在重大节庆或者接见外国使臣的时候，查理大帝才会佩带镶有
宝石的剑。

2. 君主专制

君主专制也是封建社会时期又一典型的政体，大多数封建制度国家都经
历过这一政体形式。由于生产资料主要为封建主阶级所有，因此统治阶级就
更加需要通过非经济手段实现自己的统治，如君权的至上统治。君主专制国

———————

① ［法兰克］艾因哈德，圣高尔修道院僧侣著，威国淦译，《查理曼大帝》，北京：商务印
书馆1979年版，第68页。

家由于最高权力掌控于一人之手，因此统治者往往会通过强硬的政策手段维护个人地位和权力。这在很多皇帝、国王的身上都有所体现。

都铎王朝是英国封建社会向资本主义社会过渡时期产生的，也是在这一时期，英格兰成为真正完整意义上的国家，君主成了国家的最高首脑，成了政教合一的集权者。在此之前都铎王朝经历了腥风血雨，建立者亨利·都铎，即亨利七世平复了叛乱、巩固了王权，而他的继任者亨利八世更是发起了宗教改革，使国王同时扮演着国家元首和宗教领袖的双重身份。

为保持君主统治的权威性，作为一国之君的服饰自然也包含着浓重的政治色彩。亨利八世在位期间，十分喜欢用自己的肖像画馈赠给臣属及贵族，以此来感谢他们对自己的忠心，为此他雇用了大量皇家画师。当然，也只是拥有可观财富的贵族才能拥有一幅君主的巨大画像，并将其挂在厅堂内。同时，他还经常将自己的肖像画作为外交礼物馈赠给政治同盟，他认为这是一种彼此关系稳固的政治象征。这些肖像画不仅用珠宝和服饰体现了自己王朝的殷实富足，更体现了皇者的权威，因此接受自己的肖像画无异于承认了都铎王朝的地位。

图 1-5　亨利八世

在亨利八世的肖像中，主人公大多身着华服、孔武威严，尤其是德国著名画家荷尔拜因在 1537 年为他创作的肖像画几乎成了亨利八世的政治名片。亨利八世以后的无数肖像画作均以这张为蓝本，直到 21 世纪人们对他的印象仿佛还停留在那张画作的形象中。（见图 1-5）

与其他皇室肖像不同的是，画面中的亨利八世大多没有佩戴王冠，而是戴一顶叫作博内特的软帽，它不仅体现了当时的男装风格，更反映了国王自己的着装品位。这种扁平、宽大的帽子因此在当年风靡一时，成了都铎时期男装首服的典型样式，且随着都铎王朝的兴盛而变得越发华丽，不但饰有精细的刺绣，还以贵重的动物皮毛镶边。亨利八世还曾经将自己的帽子赐予赏识的臣子，以示嘉奖。一顶他在 1536 年送给儿时好友爱尔兰沃特福德市长的帽子一直收藏在博物馆中。这是一顶由来自意大利卢卡的天鹅绒制成的红色帽子，帽子中有鲸须用以支撑，帽子顶上绣有象征都铎家族的红玫瑰。这也体现了都铎王朝的专政王权的强大。而在帽子边缘则饰有菊花图案，表达了亨利八世对祖母玛格丽特·博福特的敬意。在法语中，玛格丽特即法兰西菊之意。所有刺绣图案均饰以金线，这同样也是皇族才能享有的待遇。

（三）近现代君主立宪制

君主立宪制国家在西方以多种形式出现，这是一种君主权力受宪法限制的政权组织形式，其中最主要的有两种：二元君主立宪制和议会君主立宪制。

二元君主立宪制主要特征是君主虽然受到宪法和议会的限制，但君主掌握行政权。君主任命内阁，内阁则对君主负责，议会确立的各种主要法律均需要君主的签署，且有否决权，因此可以说二元君主立宪制是资产阶级与封建阶级妥协的结果。

1871 年后的德意志帝国便是典型的二元君主立宪制国家。在此之前德国已经四分五裂，1848 年民族主义与自由主义蔓延导致的欧洲武装革命也对当时的封建专制制度产生了巨大的冲击，但最终在"铁血首相"俾斯麦执掌下通过三次战争，德意志联邦实现了统一。这个延续了查理曼创立的"帝国"称谓的第二帝国同样是建立在强权政治的基础之上的。帝国皇帝威廉一世执掌皇权，任免首相，帝国议会则享有部分权利。这一点即便是在几乎功高盖主的俾斯麦首相身上同样没有例外，使他最终被威廉一世的孙子，当时的德意志帝国皇帝威廉二世罢免。

刚愎自用的新君自幼便表现出强烈的政治野心，在他看来像俾斯麦这样的政治老手权倾朝野，阻碍了自己对帝国的个人统治，因此在几经交锋之后，盲目与疏忽最终使俾斯麦在这场君权与相权的角力中败下阵来，走下了铁血的神坛。而大权独揽的威廉二世却并非像想象中那样，使德意志帝国平稳运作，反而成为第二帝国最终走向覆灭的根源。

作为一个充满野心的统治者，威廉二世有很多备受争议的爱好，其中他对制服的迷恋可谓十分狂热。他从年轻时就收藏了大量的制服，并时常更换，有时候一天就会更换十几套。在人们眼中，这位皇帝身着制服的形象成了对政治权利无比狂热的象征。甚至有人说他对海军的醉心建设，也来自对海军制服的痴迷爱好。而他与俾斯麦矛盾的爆发也是制服惹的祸。因为出生造成的手部残疾使威廉二世在心理上存在一定的自卑情绪。他总是喜欢通过虚张声势、引人注目来遮掩自己的缺陷。他几乎每天都开舞会，到处演说，抛头露面。并多次为自己的卫队更换制服，据说在 16 年间更换了 37 次之多。一次他又要求卫队更换制服，引来了俾斯麦的强烈不满，二人大吵起来，继而引发了后来的一系列变故。

在此之前尽管对威廉二世的统治就有过堪忧，但俾斯麦最终没能阻止他向个人统治的过度，也没能阻止君主专制的种种弊端最终导致帝国瓦解。一方面，二元制的君主立宪制核心结构使首相、议会等政府权力机关最终只能依靠君主的良好愿望来实现自己的权威，而无法反抗君权。另一方面，决定皇帝"个人统治"成败的是对其负责的首相及议会，而首相作为为君主提供有效决策的关键人物则尤为重要。在这一点上，俾斯麦的继任者们却没有继承他的雄才伟略，相反他们没能阻止，甚至放大了威廉二世的虚荣、冲动以及极端主义的行事方式，最终将帝国拖入"一战"的泥沼。

现代，只有少数国家还在沿用这种制度，如非洲南部内陆国家莱索托。这是一个被南非完全包围的国家，1966 年从英联邦独立，故被称为国中之国。莱索托采用二元君主立宪制政体，国王为国家元首和立宪君主，不享有立法权和执政权；内阁为执行机构，首相为政府首脑；立法权由国民议会行使，议员由多党制普选产生。自从 1966 年宣布独立，21 世纪莱索托的政局并不稳定，君主莱齐耶三世也是经过了军事政变、夺权、选举等一番波动才得以执掌大权。

由于莱索托地处非洲内陆，早晚温差大，在莱索托人的传统服饰中毛毯成了必不可少的要素。莱索托有这样一种说法：无论去何处你都要带一条毛毯和一把刀子，这样你永远都能"有觉可睡，有饭可吃"。莱索托地区的毛毯图案独特，颜色鲜明，具有自己强烈的民族特点，在南部非洲广袤的土地上也是独树一帜的。这种毛毯在君主制的莱索托不仅是日常生活的必需品，也常在礼仪庆典场合出现，更是莱索托人身份、地位的象征。品质优良的毛毯是富贵的象征，如果一个人身着质地上好的毛毯，却被磨损脏污，那便是他家道败落的象征。莱索托毛毯最初是以牛皮和羊皮制成，当人们参加重要决策会议时经常穿着它，而酋长首脑的毛毯则更为珍贵，往往是由豹皮等珍稀皮毛制成的，象征其神圣不可侵犯的地位。1869年身处战争的莱索托曾向英国殖民当局寻求庇护，当时的国王莫舒舒一世向英女王维多利亚一世进献的，就是只有国王才能享有的一张豹皮毛毯。同样，当代莱索托国王莱齐耶三世参加重大仪式的时候依旧是身着兽皮毯以体现自己的君主地位。（见图1-6）

图1-6　莱索托毛毯

另一种君主制则是议会君主立宪制，其最主要特点是由议会作为国家最高立法机关，而君主则只是国家的象征，他（她）作为一个国家的黏合剂而存在，并不担任政府的重要官员。在当代君主立宪制国家中大部分采取这种方式，英国是实行议会制君主立宪制政体的典型。在英国，"王权"一词内涵格外丰富，最初指的是国王，但随着英国政体的改变其概念则不断扩展，皇室、议会、内阁等，每个政府的权力机构都包含其中。统而不治，这样做的益处就是解决了围绕主权的政治斗争。因为在英国的政府首脑是首相，但当首相因错误的政治领导对公众产生影响时，承担责任的将是首相自己，而非国家的君王，以此来保证了国家的威严。一位外交官说："英国人不需要爱戴他们的首相，他们爱女王。"① 这也是为什么英国皇室一直对自己所代表的形象如此在意的原因。

---

① ［美］迈克尔·罗斯金著，夏维勇、杨勇译：《国家的常识：政权·地理·文化》，北京：世界图书出版公司北京公司2013年版，第36页。

　　时至 21 世纪，英国仍有很多人对当年英国女王伊丽莎白二世在加冕仪式上的场景念念不忘。1953 年伊丽莎白二世的加冕仪式在威斯敏斯特教堂举行，几百万英国人挤在有限的电视机前观看了直播。吟唱过赞美诗之后身着白色加冕礼服的女王在两位主教的陪伴下缓缓进入，礼服上面是由 18 种不同金线刺绣而成的英联邦国花图案。礼服外披着一件 6.5 米长紫红色拖地斗篷，由六名仆从拖拽随行。斗篷边缘刺绣有代表和平和繁荣的橄榄枝与麦穗，并饰有貂皮。在与她的子民见面后，女王以圣经之名宣誓，接下来在涂膏礼仪式上她又换上了一件朴素的长袍。授冕仪式上由两位主教为女王穿上祭袍，扎上腰带，外面再罩上一件更为华丽的斗篷，并最终为她戴上了象征大英帝国皇权的王冠。从那时起，女王为皇室塑造的形象就一直延续着未曾改变。

第三节　服饰与政治制度

一、政治制度与服饰

（一）政治制度的概念

　　研究政治学总会考虑到一个问题："为什么任何一个人都应服从其他任何人或群体？"，或者说"为什么任何人或群体总是要干涉其他人"。而这其中最主要的"干涉手段"就是政治制度。政治制度是政治生活中人类政治行为的基本规则，是政治生活内容的重要组成部分。如同一个持久的关系网，政治制度是一种权力的既成结构，它能够调节人们的行为规范，使人与人的政治关系更加稳固，是社会关系的一种模式。前面探讨国体和政体的时候，我们会思考权力如何产生，如何组织和分配，而政治制度就是权力的运行方式，它是既成的规则和权力关系。亚当·斯密是这样解释制度的："在人类社会这个大棋盘上每个棋子都有它自己的行动原则，它完全不同于立法机关可能选用来指导它的那种行动原则。如果这两种原则一致、行动方向也相同，人类社会这盘棋就可以顺利和谐地走下去，并且很可能是巧妙的和结局良好的。如果这两种原则彼此抵触或不一致，这盘棋就会下得很艰苦，而人类社会必然时刻处在高度的混乱之中。"① 的确，在不和谐的社会环境中建立秩序是不可能的，而政治制度的建立也只有在不同社会力量协调统一的情况下才能顺利发挥作用。

需要注意的是，"从历史上看，政治制度的出现是由各种社会力量的相互作用与相互分歧，以及为解决这些分歧而采用的程序和组织手段的逐步发展。规模小，成分划一的统治阶级的解体、社会力量的多样化，以及这些社会力量相互作用的增强，是政治组织手段和程序的出现，继而最终建立阶级体制的先决条件。"② 因此政治制度的产生不仅是为了维护冲突中的政治秩序，同样也通过一系列政治规则对整个社会制度起到了一定的作用，如对政治组织的定位，对政治活动的组织，对政治资源的分配，对政治文化的支撑，等等。

（二）服饰在政治制度中的位置

无数的神话传说中，服饰都被赋予了一种特殊的力量，这种力量往往超出其本身的真正价值。古希腊神话中英雄柏修斯（Perseus），他因为穿了长有翅膀的鞋而善飞翔，飞翔赋予了这位英雄对抗女妖美杜莎的能力，让其顺利取下她的首级。于是这双长翅膀的鞋子所承载的意义变了，不仅仅是一件日常穿着的服饰品，它还决定了穿着者的行为活动、穿着者与他人的关系，所以它成了英雄形象的象征，一种外在的、可见的标识。在政治制度中，服饰起到的就是这样的一种作用，一种外化的表现，它的政治属性主要表现在三个方面：权力结构、社会秩序和公共政策。

首先，权力是透析政治制度的本质要素，因此权力结构的合理排序是政治结构稳定存续的保障。服饰作为个人角色的显性因素，在政治制度中与权利结构有着密不可分的逻辑关联。一方面，作为社会活动的重要组成，它体现着人们的政治观点、政治立场；另一方面，服饰在政治制度本身的层次框架中也起到了强调、维系政治角色的重要作用。纵观古今中外，任何一个国家、地区的君主、领袖均会用服饰来表达自己的政治观点、政治立场与政治角色，应该说这是服饰对政治制度最直接的表达。在非洲加纳共和国的阿散

① ［英］亚当·斯密著，蒋自强等译：《道德情操论》，北京：商务印书馆1997年版，第302页。

② 塞缪尔·P. 亨廷顿著，王冠华、刘为等译：《变化社会中的政治秩序》，北京：三联书店1989年版，第11页。

蒂人，自 17 世纪就有皇室、贵族成员身着名贵珠宝和大量黄金饰品，显示自己身份地位的习俗。在当地有一句俗语记载着这古老而严格的服饰制度：伟人走得慢。一方面说明只有伟人、领袖才能佩以金饰品，另一方面也暗示了其身上装饰的金饰品的数量之多，分量之重。

其次，对应政治制度中的社会秩序层面，依旧能发现服饰在其中的重要位置。生活在现代社会中，政治体系的掌控往往是潜移默化的，有时候人们甚至无法察觉。但这无法掩盖社会结构本身的复杂性，作为一个有机联系在一起的、不同社会领域的构成体，每一个人在这些领域中身处不同角色。就是这些形形色色的角色搭建了一个立体的社会秩序框架，服饰则是维护这些秩序的规则符号。从"黄帝、尧、舜垂衣裳而天下治"到"一枚胸针中的政治寓意"，古今中外的服饰制度中都打下了明显的政治烙印，对社会秩序的投射也不仅体现在国家的制度中，对国际政治秩序同样也有所指示。

在美国前国务卿玛德琳·奥尔布赖特的胸前，永远都别着一枚精致的胸针。这不是一个简单的饰品，而是她强有力的外交工具。当她在克林顿第一个任期担任美国驻联合国代表时，第一次海湾战争刚刚结束。作为战后协议，联合国要求伊拉克接受核武器检查，当时的伊拉克总统萨达姆·侯赛因拒绝合作。这一举措遭到了美国的批评，这批评的声音就是从奥尔布赖特口中发出

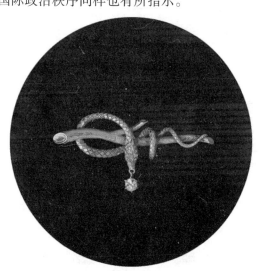

图 1-7 奥尔布赖特佩戴的蛇形胸针

的。因此伊拉克国内很快流行起了一首讽刺奥尔布赖特的诗作，在诗中她被描述成了一条阴险丑恶的毒蛇。没想到，在接下来与伊拉克官员的会面中，奥尔布赖特就佩戴了一枚蛇形胸针，传达了自己的信息：别惹我。在她看来"外交政策的目的就是说服对方为我所用，或者，更高明的是得偿所愿"。①

---

① [美]玛德琳·奥尔布赖特著：《读我的胸针》，桂林：广西师范大学出版社 2011 年版，第 20 页。

在世界政治的秩序体系中，外交官用胸针向对方标明自己的立场、态度，有时候甚至胜过了高谈阔论。（见图 1-7）

最后，公共政策主要是基于公共选择基础上的政策，是政府作为权力机关分析国家、地方和团体各个层面的政策和行为准则，在对社会公共利益进行选择、综合、分配和落实的过程中依据特定时期的目标、经由政治过程所选择和制定的。其制定的目的是确保国家、社会和公民之间的利益平衡。然而社会环境的复杂多变，令最完美的政策也难免受到各种影响，因而对公共政策的分析不能停留在政策本身、政策执行者，更要从影响政策的各个方面进行深入。值得一提的是，公共政策的主体一般是政党和国家，因此这也显示出这种行为准则的权威性和倾向性。后 9·11 时期，伊斯兰妇女的长袍及面纱成了在欧洲饱受争议的话题。法国是欧洲第一个颁布"禁止在公共场合佩戴遮挡全部面部的面纱"政策的国家。禁令规定在家庭之外的地方佩戴全脸面纱将处以罚款，而法国一名妇女因违反禁令且拒不摘下面纱，不仅受到了罚款，还被处以两年的监禁。这一举措在伊斯兰界引起了轩然大波。有人向欧洲人权法庭提起公诉，但在欧洲人权法庭裁判认为，法国政府此举并非针对穆斯林，而是为了鼓励不同宗教信仰和背景的社会民众共同生活在一起。因此在信仰自由和平衡全体公民权利之间，决策者最终选择了后者。

二、政治制度对服饰的影响

千百年来，人类服饰文化受政治制度的影响而产生的变革发展不胜枚。政治制度的本质是保障和限制，凡是逾越了政治制度的所有行为、活动、事物都会受到限制，而相反符合政治制度的行为、活动和事物则都会有所保障。因此政治制度可以说既是一种权利资源，又是一种利益资源。这种双重的作用在服饰上产生的影响是多方面的，政治制度通过服饰文化整合社会资源，调整社会角色，引导社会行为。一般地说，一个人生活其中的政治制度体系规定了能穿什么、不能穿什么。尤其是服饰制度作为一种社会共有产物，它对不同集团、不同阶层、不同个体所带来的权益是不同的。政治制度对于行为人的权利、权力具有的功能保护，同时也划定权利和权力的边界。还可以通过对其他制度的安排来间接影响各种非政治价值的生产和分配，为共同体选定集体价值目标。所以说行为人所能使用的资源尽管不可能完全被政治制度覆盖，或由政治制度做出全盘规定，但声望、财富、人际关系等非制度性资源同样会受到相应制度的影响，而这也是行为人权衡自己资源价值如何最大化的选择方式。

（一）对衣服材质的影响

从实用角度来讲，衣服材质主要用于制作服装，并给人带来温暖和保护。但在社会生活中服装材质还起着表示穿着者身份的作用，这一点也受到了多种政治制度的影响。其材质除却自己本身材质所包含的价值外，还代表着穿着者的身份，所以穿着上乘面料制作的衣服往往是地位的象征。

例如，在今天价格不菲的名贵裘皮服装，在古代同样是富贵的象征，穿着上也有十分严格的等级制度。《礼记·玉藻》中明确规定"唯君有黼裘以誓省，大裘非古也"。① 由此可见，只有君王才能穿着带有黑白花纹的裘皮参加祭祀，更不用说有人居然身着天子祀天才穿的黑色羔裘，是十分不合礼法的。此外，《礼记》中对君主、卫士、士大夫、诸侯的着裘等级进行了明确的划分，"君衣狐白裘，锦衣以裼之。君之右虎裘，厥左狼裘。士不衣狐白。君子狐青裘豹褎，玄绡衣以裼之。麛裘青豻褎，绞衣以裼之。羔裘豹饰，缁衣以裼之。狐裘，黄衣以裼之。锦衣狐裘，诸侯之服也。""褎"指衣袖。在书中着裘的材质、颜色等级分明，配穿的中衣也各有讲究，就连袭衣也要分清时机和场合才能合乎礼法。至于百姓着裘，则一样受到森严的等级限制，"犬羊之裘，不裼"，也就是说，只能穿着普通的狗皮或羊皮之衣，至于中衣根本没有穿着的必要。

除却对阶级等级的严格区分，服装面料作为政制因素的表现还体现在对当时政治制度、政治环境的反射上。就明代政治制度而言，前朝诸代虽说都是君主专政，但中央政府组织、皇权、相权却是划分的。而洪武十三年（1380 年），明太祖因宰相胡惟庸造反而废止宰相，使中国的传统政治制度产生了极大改变。

为加强君权统治，明太祖推行重农抑商的政治制度，以期通过限制官商勾结对平民工商权利的侵害，维护社会合理分配等举措来巩固自己的统治地位。他不仅要求百姓们各司其职，恳实劳作，还要求作为下层社会的商人之

① 王云五主编，王梦鸥注译：《古籍今注今译系列：礼记今注今译》，北京：新世界出版社 2011 年版，第 268 页。

家在日常不能穿着丝绸制的衣服。"洪武十四年（1381 年），令农衣绸、纱、绢、布，商贾止衣绢、布。"① 此外，接受了前朝的教训，明太祖还大力整顿吏治，他认为施仁政关键要使老百姓丰衣足食，因此自己也是身体力行。洪武元年（1368 年）太祖登基之时，官吏曾建议他天子乘坐的车子应以黄金制成，被他断然否决。太祖曰："朕富有四海，岂吝乎此？第俭约非身先无以率下。且奢泰之习未有不由小而至大者也。"② 太祖不仅躬行节俭，更要求官吏克己清廉，轻徭薄赋，针对很多方面都提出了严苛的制度，甚至过于奢华的纺织品都在禁止之列。在《存素堂丝绣录》中就有过这样的记载："明太祖鉴于元制之繁缛，诏罢岁织缎匹，禁用缂丝，而敕制诰敕船符，其透织工作，仍与缂丝相似。"③

（二）对服饰色彩与图案的影响

服饰文化对政治制度的反馈也体现在色彩及图案的深层含意上。在中国古代染色法发明之初，并非人人都能享用，故先享受染色服装的为王公贵族，也正是因此服色承载了明显的阶级色彩。《礼记·玉藻》有"衣正色、裳间色"的说法，孙希旦在《礼记集解》中是这样解释的："皇氏云：正，谓青、赤、黄、白、黑，五方正色也，不正，谓五方间色，绿、红、碧、紫、骝黄是也。……愚谓正色，五方之纯色。衣在上为阳，故用正色，所以法阳之奇也。间犹杂也，谓兼杂二色。裳在下为阴，故用间色，所以法阴之耦也。"④ 可见在早先染色技术刚刚发展起步之时，正色贵，间色贱，其间的等级差异自不言而喻。

古代社会任何一个王朝政权的更迭，都意味着要对前朝的制度进行革新，这里即包括服装制度，正所谓"改正朔、易服色"。秦大一统后依据王德终始说认为自己属水，水德尚黑，所以有了"郊社服用，皆以䄂玄"的规定。"䄂，皂也"⑤，可见秦制的通身黑色与周礼中玄上纁下的服制有了明显改变。

① （清）张廷玉等撰，许嘉璐主编：《二十四史·明史》，北京：世纪出版集团汉语大词典出版社 2004 年版，第 1279 页。

② （清）张廷玉等撰，许嘉璐主编：《二十四史·明史》，北京：世纪出版集团，汉语大词典出版社 2004 年版，第 1232 页。

③ （民国）朱启钤著：《存素堂丝绣录》石印本，1928 年刊印，第 2－3 页。

④ （清）孙希旦撰，沈啸寰、王星贤点校：《十三经清人注疏：礼记集解》，北京：中华书局 1989 年版，第 801 页。

⑤ （唐）杜佑：《通典》，北京：中华书局 1988 年版，第 1602 页。

随着染色技术日趋成熟，被轻鄙的间色也悄然改变了它的地位，有一些甚至成了贵色。隋唐帝国的统一之势就为它的服制带来了新的变化。《隋书·礼仪志》中就有所记载：“隐居道素之士，被召入谒见者，黑介帻，白单衣，革带，乌皮履。……贵贱异等，杂用五色。五品已上，通着紫袍，六品已下，兼用绯绿，胥吏以青，庶人以白，屠商以皂，士卒以黄。”① 唐代由于黄色为帝王之色，紫色为贵族之色，故这些颜色也非寻常百姓能够穿着的。无独有偶的是在西方服饰文化中紫色同为贵族之色，也非平民能够享用的颜色。英语中紫色一词 purple 源自 purpura——意思是一种贝类生物。古罗马时期工匠们从这种贝类中提取罕有的紫色染料。君士坦丁大帝也曾称自己为“从紫色中诞生的人”，以示荣耀。

现代政治制度中用颜色来区别政治观点的例子屡见不鲜，泰国便是一个重视色彩的国度。在这里通过着装的颜色可以判断出一个人的一切，从出生时间到他支撑的党派。泰国人将一周七天都赋予了不同色彩，穿着什么颜色就意味着在星期几出生。周一由黄色代表，也是泰国国王出生的日子，因此许多保皇党的泰国人都喜爱穿着黄色，以表达对皇室的崇敬。而泰国的王后则出生在星期五，象征着星期五的幸运色是蓝色，于是每到母亲节泰国就变成了一片蓝色的海洋。

除了色彩，政治制度还对服饰图案有着巨大的影响。周朝六冕之上饰有服章，这也是区别等级的元素。它的排列与爵命一致，秉循“宫室、车旗、衣服、礼仪各视其命之数”②。据《尚书大传》所载：“天子衣服，其文华虫、作缋、宗彝、山龙；诸侯作缋、宗彝、藻火、山龙；子男宗彝、藻火、山火；大夫藻火、山龙；士山龙。”随着朝代更迭发展更成就了今天我们广为熟知的十二章纹饰：日、月、星辰、龙、山、华虫、火、宗彝、藻、粉米、黼、黻。与政治制度随着朝代改变而相应产生调整一样，从先秦的服章到历史后期的“十二章”同样经过了很多变化与发展。章数有所变化，顺序也发生过改变，其象征等级在各朝各代更是多有不同变化。清朝的服饰制度对汉人有着严苛

---

① 许嘉璐主编：《二十四史全译·隋书》，北京：世纪出版集团·汉语大词典出版社 2004年版，第 250 页。

② 阎步克著，“服周之冕：《周礼》六冕礼制的兴衰变异”，北京：中华书局 2009 年版，第 66 页。

的干预，但尽管他们强令汉人着满服，但汉文化中的"十二章"却仍出现在清廷朝服之上，这使异族在华夏大地的统治被赋予了汉族意味。

除却官阶等级，服饰图案还受政治家的执政制度影响，埃及前总统穆巴拉克就是个鲜明的例子。除了穿着埃及传统服饰，他还喜欢穿一套经典的细条纹西装。这件看似不起眼的西装其实大有讲究。如果将西装面料上的细条纹放大，你就会发现，原来远看一条条的细条纹实际上是由穆巴拉克名字的英文字母组合排列而成的。一件西装将他在政治上的野心与抱负，对政权的极度渴望，和独裁权威的执政制度暴露无遗。

（三）对服饰样式的影响

著名建筑师贝聿铭曾说：风格的产生由解决问题而来。服装样式的起起落落与社会政治问题有着不可割裂的纽带，政治制度的理念影响着服饰样式的风格变化。通过这种微妙的关联，服饰潮流将政治制度编织成一部"服饰的寓言"，服饰成了一种高明的政治。

"朕即国家"，这是路易十四作为将法国推向绝对主义顶峰的一位君主，常被人提及的一句名言。中央集权之下他集皇帝、首相一身，事必躬亲。在他的统治下法国不断地扩张，如同路易十四的太阳徽章将法兰西的光芒照耀着欧洲。短短半个世纪，路易十四在建筑、服装、艺术等领域的成就使欧洲其他各国也争相仿效。而路易十四在服饰上的影响尤为突出。他推行的"战争与辉煌"政策使财政上相应地推行重商主义，这让法国从外部看来一片繁华。这种繁华同样也表现在服饰样式上。法国成为当时最优雅最时尚的欧洲国家，而且这种影响一直延续到今天。

路易十四为时装带来的改变是巨大的，在他的影响下男装也变得奢华起来。他对服饰的关注度带动了整个法国乃至欧洲对奢侈的狂热追求。有两位贵妇人为了她们能随时穿上最华美的衣服，甚至绑架了自己的裁缝。为掩饰自己的身高缺陷，路易十四对一切能使自己外形显得修长的服饰情有独钟。在他展示给世人的造型中大多头顶高大蓬松的假发，身着奢华的长袍披风，脚踏一双奢华无比的高跟鞋。可以说正是太阳王对鞋的痴迷成就了后世无数女性对时尚的梦想。据说路易十四有一双漂亮的腿，因此他不会放弃任何展示自己美腿的机会，当时最流行的男士下装就是长袜和精心装饰的长靴或高跟鞋，国王自己也乐于将这种时尚推而广之。他的御用鞋匠尼古拉斯·莱塔热是当时最受欢迎的人。这位制鞋大师为路易十四制作了一双引起轰动的无缝鞋，据说鞋内甚至为每个脚趾留有空间。这在法国甚至欧洲的时尚界都引起了对制鞋的热情，无数鞋匠模仿、挑战莱塔热的作品。在路易十四的画像中，他的鞋子除了装饰有珠宝的华丽鞋带、金色的纽扣，还有引人注目的红色鞋跟。虽然这并不是路易十四的发明，但红色的鞋跟的确在其执政期间被赋予了特殊的含义。路易十四的名字与红色的鞋跟紧密联系起来，而这种关联不仅是一种奢靡的流行，更象征着身份与地位。在当时的法国，这种红色高跟鞋成

图1-8　路易十四的高跟鞋

了贵族的专属，贫民出身的人是无权享受这种特权的。只要有公开场合，路易十四就会展示自己的新鞋子，这也令法国的制鞋业产生了全新的转变。制鞋商会规定制鞋匠需要将每双鞋子上都做上自己的标识，这可以看作今天品牌鞋业的起源。（见图1-8）

（四）对服饰审美的影响

正如艺术有自己表达的"形式"，即美的形式，政治亦是如此，政治制度便是其表达"形式"。艺术家利用自己的作品将美呈现给大众，而政治家将自己的政治思想包裹在政治制度中传达给大众。这种共通让我们在审视政治制度对服饰美学的影响上更清晰地看到二者的关联。

在很多政治制度中，"巨大"被认为是领袖的象征，同样也左右了人们对服饰的审美。"大即是美"的思想在很多服饰制度中都有所体现。古希腊长袍缠绕包裹下的巨大体量代表了男性的魅力、领袖的地位，这就有了需要他人辅助才能够穿着的巨型托加。这种审美形态在后世依旧被延续着。受伊斯兰教的影响，在西非很多国家的传统服饰中仍采用缠绕包裹式的长袍，当地将其称作"荣誉之袍"。这种服装在人体上构建的体量决定了领导者的地位，地位越高长袍的体积越庞大，从而反映出西非人崇尚"巨大"的领袖服饰的审

美原则。

在文艺复兴时期，男装也同样受到了"大即是美"的审美影响，为了构建伟岸的男性形象，男装的比例曾经夸张无比，不可思议的宽度甚至使当时的男人穿上衣服后变得像一个移动的盒子。无独有偶，深受法国资产阶级文化影响的洛可可时代的女装同样有着类似的形制。女装中庞大的拱形裙撑为女装塑造了一个巨大的裙体，腰部以下向两侧突出，也构成了一个长方形。

当然，服饰中的美学思想并不限定在对于大体量服饰的追求上，不同政治制度下，审美的需求也不尽相同。在有些制度下，"小"反而是人们眼中美的理想表现。南唐便开始流行的三寸金莲之风，在中国服饰制度史上留下了深刻的烙印。五代十国以来专政制度之弊日趋凸显，征战不断，唐后主李煜却无心政治，醉心诗词歌赋，并对佛教痴迷。他对小脚的喜爱始于其妃子歌舞时的装扮，纤纤玉足伴着娇媚的舞姿在潜心礼佛的李煜看来如同踏在莲花之上，故将其称为金莲，并很快从妃子到民间形成缠足之势。一时间"起来玉笋尖尖，放下金莲步步娇。"成了理想的女子形象。很多少女自幼便被强迫缠足，而大脚女人被认为是不守妇道，只有身份卑微的劳动妇女才会有令人侧目的"天足"。当然这种封建恶俗为中国女性带来的不仅是身体上的伤害，更反映出当时女性地位的不平等。"三寸金莲"之风因制度而起，亦因制度而终。清政府统治下，曾多次颁布禁缠足令，但始终屡禁不止。辛亥革命后孙中山颁布《大总统令内务部通饬各省劝禁缠足文》，禁止少女缠足，否则严惩家长，才令得这股风潮逐渐消退。

三、政治制度与服饰制度

（一）中国服饰制度

1. 先秦时期服饰制度

著名人类学家、考古学家张光直先生认为，中国文明形态是"连续性"的，有别于西方的"破裂性文明"。在古代中国，文明形成和国家起源的进程中，血缘关系有效抵制了地缘团体的入侵。其中一个关键的连续性要素即血缘关系的宗族制度。所以中国封建时期政治制度是一种族权与政权相结合的宗族制度。这种制度带有浓重的部落色彩，以宗法制为核心，以血缘关系为纽带，一直贯穿中国古代政治制度的所有时期，在中国古代社会中占据主导地位。吕思勉曾说："古未有今所谓之国家。抟结之最大者，即为宗族。"①这种亲密的血缘关系是宗法家族制度的最显著特点，其他的一切关系皆由此而出。同样，中国古代封建时期的服饰制度也有着强烈的宗族社会色彩。

将统治者拟制为天下之父，将父权悄然移植为君权，这是封建时期政治制度的一大特点。在很多服饰制度中都体现出君权与父权之上，且君权具有至高无上的最高权威。《礼记》中对君权在服饰制度中的权威性就有明确的解释："革制度衣服者，为畔，畔者君讨。②"凡是任意改变服饰制度的人，有冒犯君主之罪，这也是统治者通过服饰制度对君权进行控制的手段。

《礼记·杂记下》载："子贡问丧，子曰：'敬为上，哀次之，瘠为下，颜色称其情，戚容称其服。'"③指的就是在哀悼时应表现出与葬礼相符合的表情，穿着符合自己身份的丧服。在《礼记》中同样记载了作为丧葬礼制中重要的一个环节——五服，依据亲疏等差规定五种规格的丧服系统，丧服穿着对象有明确的身份规定。这五种服饰规制包括斩衰、齐衰、大功、小功、缌麻五个级别。同时又有三年、一年、九月、七月、五月、三月六种丧期。

斩衰是最隆重的一等丧服，由粗重的生麻制成，服丧期也长达三年。因衣缘粗陋而不包边，如刀割斧斩，故称斩衰。采用斩衰服制的有子为父、诸侯为天子、臣为君、父为长子、妻为夫、妾为夫、承重孙为祖等十一种类型。

齐衰为仅次于斩衰的一种丧礼服制，同样由生麻制成。不同的是齐衰的衣缘处进行了包边处理，故称齐衰。齐衰的丧期依据不同情况长短不尽相同。

大功之服由熟麻布制成，分为两种，一种为成人大功，另一种则为殇之大功。"殇"指的是未成年之死。殇者还按照年龄分成不同阶段的服丧期，并为其制定不同等级的丧服。

小功则用比大功更为细密的熟麻布制成，等级自然也次于大功。小功同样也分为殇小功服和成人小功服，丧期均为五月。

缌麻是五服中最低的一个等级，由最细的熟麻布制成，丧期为三个月。

而除五服之外，《仪礼·丧服》还规定有"繐衰"，这是一种由细密轻薄

---

① 吕思勉著：《中国制度史》，北京：中国和平出版社2014年版，第279页。

② 王云五主编，王梦鸥注译：《古籍今注今译系列：礼记今注今译》，北京：新世界出版社2011年版，第110页。

③ 王云五主编，王梦鸥注译：《古籍今注今译系列：礼记今注今译》，北京：新世界出版社2011年版，第366页。

的布制成的丧服，而其穿着对象为"诸侯之大夫为天子"。

由此可见，看似五服制度是关乎家族主义维度的丧服制度，但实则包含着浓重的君权、父权烙印。在制度中父母有别、男女有别、亲疏有别都是父权社会的显著特点；而天子驾崩则臣民着细疏上乘的布匹制成的丧服，亦体现君权不可逾越的地位。《礼记·大传》也有过记载："服术有六：一曰亲亲、二曰尊尊、三曰名、四曰出入、五曰长幼、六曰从服。"① 这同样体现中国封建时期的服饰制度是为巩固和强化宗族制度而服务的，反映出宗族制度的精神所在。

此外，在封建宗族制度中，家国同构是极具代表性的思想。家是国家的基础，国是家的扩大，一切个人和团体都消融在家国之中。在家国同构思想的影响下，通过政治制度对服饰文化加以规范，再通过严格的服制维系家庭的尊卑秩序，这样就将政治权力附着于自然权力，从而维护了社会的稳定。

不过，即使在家国同构思想影响下的封建时期，家的概念依旧有它独特的内涵，从服饰制度中也能体现出细微的差别。例如，在注重家庭观念的中国传统文化中形容一个家族人丁兴旺、和谐美满常会用"四世同堂"这一词来形容，而在《礼记》中则规定："四世"之外便不属于同宗之亲，也便不需制服。

2. 封建时期服饰制度

礼制在中国传统政治制度中的渗透蚀骨入髓，萧公权曾说："孔子所谓礼者故不限于冠婚丧祭，仪文式之末。盖礼既为社会全部之制度，'克己复礼'则'天下归仁'矣。"因此在中国封建时期服装制度中，礼制思想尤为突出。但随着王朝更迭，政治制度对思想文化的影响也越发深远，战国秦汉间古礼出现了一个断裂的时代。随着战国变法运动、秦始皇统一六国最终结束了"等级君主制"的统治，中国彻底迈入专政君主制时期。秦皇专制统治下注重法律，无视古礼，举法家抑百家。《新唐书·礼乐志》中曾有记载："凡民之事，莫不一出于礼""……及三代已亡，遭秦变古，后之有天下者，自天子百官名号位序、国家制度、宫车服器一切用秦……而礼乐为虚名"，这意味着"法"与"礼"的分道扬镳，也意味着中国政治制的蜕变。

---

① 王云五主编，王梦鸥注译：《古籍今注今译系列：礼记今注今译》，北京：新世界出版社 2011 年版，第 301 页。

　　值得注意的是，断裂并不意味着摒弃。因此秦汉之制中尽管已然割裂法与礼，但礼数依旧存在，只不过在专制统治下的礼成了君主之礼。秦政思想之基石为李斯提出的法治思想："尊君权、重集权、禁私学、行督责。"在今天人们研究秦之覆灭时，常常会将其失败全部归结于帝王的暴政，但忽略了暴政后面的法治思想根源。那么难道秦朝政制因法治而衰吗？自然也不是。秦之专制失道才是其早亡的根本，法治与专制之别，在前者以法律为最高之威权，为君臣之所共守，后者为君主最高之威权，可变更法律。① 专制之下礼法皆由皇帝一人掌控，如此看来则始皇之法也只是片面的法治。因此正是二世"得肆意极欲"才葬送了始皇帝打下的江山。

　　在君主专制下的政治制度"独制于天下而无所制"，故传统礼数被改写，特权与身份是改写的焦点，这一点从秦对周冕之制的轻视可见。历史上对冠服之制最大的改变恐怕便是秦始皇将俘获的列王冠服赐给近臣。袁宏曰："自三代服章皆有典礼，周衰而其制渐微。至战国时，各为靡丽之服。秦有天下，收而用之，上以供至尊，下以赐百官，而先王服章于是残毁矣。"② 《后汉书·舆服志》又载："（战国）竞修奇丽之服。……及秦并天下，揽其舆服，上选以供御，其次以锡百官。"③ 国虽小，王之尊严却在。像秦始皇这样把战利品当作礼物或祭品，其独制天下的霸权一览无遗。

　　然而秦始皇对仅仅把列国王冠朝服送给近臣似乎还不满足，他甚至还为这些冕冠重新命名，"先王服章于是全毁"，周礼服制被彻底打破。随后而来的整个专制时期尽管服饰制度被反复改写，而君主之制的独尊地位和服饰之制所传达的等级之制却始终不变。

　　专制时代的最后一个王朝是清朝。尽管这时的古礼之制已经渐行渐远，西方文化开始逐渐被了解，反专制思想此起彼伏，但在专制权威的作用下，统治者为了保护自己的权益还是采取严苛繁缛的服装制度。不过社会发展现状也导致单一的专制思想已经无法稳固其政权了，故影响制度制定与执行的因素体现出复杂性与多样性。满族入关后，立刻在全国强制推行薙发易服，令汉人着满服，剃髭发。这一举措立刻招来汉民不满，其民间阻力之大，是

---

① 萧公权著：《中国政治思想史》，北京：商务印书馆 2011 年版，第 266 页。
② 袁宏撰，周天游校注：《后汉纪校注》，天津：天津古籍出版社 1987 年版。第 243 页。
③ 司马彪著，刘昭注补：《后汉书志》，北京：中华书局 1982 年版，第 3640 页。

当时的清政府没有想到的，于是政令颁布不到一个月的时间，摄政王多尔衮就颁布了另一谕文以缓和局势："予前因分别顺降之民，故以薙发分顺逆，今闻甚拂民愿是反乎予以文教定民之初心。自兹以后，天下臣民照旧束发，悉听其便。"①，这条谕文看似予民自由的，实则缓兵之计。在多尔衮看来清廷基础尚未完全确立，外敌尚未完全征服，因服制阻挠大部分汉人降服是得不偿失之举。

待顺治二年（1645 年）江南纷乱基本平定，薙发之制再次被厉行。这一次多尔衮的诏书则一改原来怀柔的态度，措辞严厉强硬："向来薙发之制，未即划一而姑听其自便者，因欲待天下大定而行使之也。今中外一家，君犹如父，民犹如子，天下一体，岂可违异。若不划一，终属异心，不几为异国之人乎。自今布告之后，京城内外限旬日，直隶个省地方自部文所到之日，亦限旬日。尽使薙发，尊依者为我国之民，迟疑者同逆命之寇，必置重罪，若巧辞争辩，绝不轻贷。该地方文武官员严行察验，若复为此事渎进奏章，致使已定地方之人民，仍存明制，不随本朝之制度者，杀无赦。"② 如此大张旗鼓薙发易服引来的自然是汉人的不满。在抵抗最为严重的南方地区甚至出现了"留头不留发，留发不留头"的口号，江阴、嘉定地区都出现了因拒绝薙发而引发的虐杀屠戮，甚至有人专门修建了用于埋头发的坟冢。自此两百多年来除僧道之外，中国人的典型服制变成了辫发胡服。

然而多尔衮态度的转变并非一时兴起，事实上早在清政府建立政权之初，清太宗就曾召集亲王们对服制之改革有过讨论："先时儒臣大海榜式、库尔缠榜式、屡劝朕改满洲衣冠，效汉人服饰，学汉人制度。见朕不从，辄以朕为不纳谏。然朕试以身喻之，假如尔等宽衣大袖，左佩矢而右挟弓，于此之时，忽突入如劳隆春科落巴图鲁之勇者，我等能御之乎？夫废骑射而学宽衣大袖，侍他人之割肉后食，则兴用左手之人何异哉。且朕之为是言者，非一时记，实恐后世子孙望旧制而废骑射以效汉人，故深有此虑尔。"③ 由此可见，通过

① ［日］稻叶君山著，但焘译：《清朝全史》，上海：上海社会科学院出版社 2006 年版，第 25 章，第 6 页。

② ［日］稻叶君山著，但焘译：《清朝全史》，上海：上海社会科学院出版社 2006 年版，第 25 章，第 8 页。

③ ［日］稻叶君山著，但焘译：《清朝全史》，上海：上海社会科学院出版社 2006 年版，第 23 章，第 109 页。

轻便的胡服维护军事地位，抵御外来者入侵，以服饰制度钳制人们尝试接受更为先进的汉文化的思想，才是他们坚定薙发易服的关键。专制政权通过服饰制度改革一方面巩固统治地位，另一方面将本民族文化不断扩散、发展，最终目的都是为了维护专制统治的权威。

3. 近现代时期服饰制度

服饰制度之变革如水波动，曲折前行。纵观近现代政治制度的风云突变，在其导引下服装制度改变之速度也令人眼花缭乱、应接不暇。

政治涉及的权力，是对人力和物力资源的权力运用，而政治制度决定的是获取、开发和利用这些资源的次序和重点。中国近代化的开始应该说是工业化发展的开始。那时候人们对工业化的认识还停留在"技艺"之上。时任直隶总督李鸿章认为西方力量的源泉就在于此，多次向朝廷建议中国应学会"制器之器"①，以工业之兴盛，促国家之强大。然而众所周知"自强"和"洋务"的范围并不仅限于造船制炮，文化思想上的开明与独立才是抵抗外国的根本。正是基于这样的契机，中国近代的革命步伐逐渐加快了。

这一时期促成中外思想文化交流的力量来自两个方面。一为旅华洋人，他们不仅带来了先进的工业技术，也带来了西方自由民主的先进思想；二为一些受过良好教育，关心西方政治思想的留学生及知识分子。在他们的共同作用下西政西学开始在闭关锁国的中国人中悄然传播开来，维新派与守旧派展开了一场来自各个方面的角力。1894 年中日甲午战争的失败在全国引起了巨大的震动，纵观同治到光绪初年清政府推出的新政，其中有不少旨在富国强兵，可惜几十年过去却仍在战场上输得一败涂地。这使维新变法的呼声越发高涨，最终在康有为、梁启超带领下发起戊戌维新变法。年轻的光绪帝一方面面对国家局势，受维新思想的影响也有所觉醒；另一方面对西太后的禁制早就有所不满，想要借此契机树立自己的权威，故在康有为十年上书努力下，终于召见了他。康有为的上书中包括了经济、政治、文化等多个方面的全面改革，其中也包括对清朝服装的改制，"断发易服"的呼声再一次被叫响。

光绪帝在维新派拥护之下发诏谕，改新政。这就是历史上著名的"百日

---

① ［美］刘广京、朱昌峻著，陈绛译校：《李鸿章评传》，上海：上海古籍出版社 1995 年版，第 7 页。

维新"。从 1898 年 6 月 11 日到 9 月 21 日，短短 103 天维新变法遭到了守旧派凶残的镇压，最终以失败告终，而维新派有的血溅刑场，有的逃遁异国。光绪皇帝在守旧派的压力之下对改服制之说也做出了驳斥："国家制服，等秩分明，习用已久，从未轻易更张。除军服、警服因时制宜，业经各该衙门行外，所有政界、学界以及各色人等，均应恪遵守，不得轻听浮言，致滋误会。"①

戊戌变法的失败一方面来自守旧派的压制，另一方面也来自维新派自身思想中的对君主政权的维护。在康梁思想中维持满洲政权，为富国之动力；保存君主政体，为立宪之基础；参照西国之经验，大事变法，为保国之手段。故这种貌似开明的政治制度实则为一种在孔学基础之上的寓守旧于维新，故被称作"孔子托古改制"。康有为在后来对自己曾经提出的"剪发易服"之制都有所反思。当他看到国人被西化严重，以至于蔑视中国传统时，感慨道"中国颠危，误在全法欧美而尽弃国粹"。故昔之奏请剪发易服者，今遂深悔鲁莽。② 也体现出其保守主义思想的根源。

历史上每一次变革都伴随着服饰制度的革新。传统服饰制度的政治功能对内是一种等级制度、个体定位，而对外则是"天朝上国"华夏中心的象征。但随着国门的打开，西方文化的涌入，中国应该以何种面貌向世人展示自己的政治形象？是当权者们不得不考虑的问题。戊戌维新的失败关键在于它是变法，而非革命。维新派急于让中国以新面貌示人，于是从传统的政治制度中寻找社会诟病的症结之所在，但他们却从未怀疑过儒家礼教下的政治制度秩序是否应该被重新洗牌。这时候一位伟大的政治家孙中山看到了其中的关键所在，变法的要点就是创立新的制度，因此革命也就势在必行了。

早在鸦片战争以后，先进的中国知识分子就开始对救国道路的探索，当时国内一度学会林立，广学会、强学会、桂学会、圣学会、集学会、保国会等，这其中也包括以孙中山等人为首在广东组织的兴中会。起先这些学会为启发民智，学西方先进技术宣传大量工商科技，但慢慢地维新派们意识到仅靠通晓轮船火器知识，不效法西方政治制度，就如同"新其貌，而不新其心"一样。所以这些由留学欧美学生、英美宣教学士、商贾以及领事等人创建的维新组织，纷纷将对西学的研究领域转向人文和社会科学，他们大量著书译

---

① 陈茂同著：《中国历代衣冠服饰制》，天津：百花文艺出版社 2005 年版，第 261 页。
② 萧公权著：《中国政治思想史》，北京：商务印书馆 2011 年版，第 699 页。

传，发行杂志，以期"启发中国之文化，辅翼中国之自强"。① 据不完全统计，在1902年到1904年间共有西学译著533部问世，其中政法社科类有136本，约占25%，而这一数据在三年前只有8%。随着影响的逐渐扩大，越来越多的有识之士认识到中国目前面临的局势不容乐观，纷纷挺身而出、助力革命。1911年由孙中山领导的辛亥革命，推翻了清王朝，废除了封建帝制，建立了中华民国。

针对已经统治中国数千年的君政，孙中山以三民主义、五权宪法为思想核心打出了一系列政治制度改革的组合拳。凭借多年从事政治革命运动取得的经验，加之对中西文化的融会贯通，且极具"慎思明辨，集成综合之创造能力"②，孙中山大部分对封建政治制度进行融旧铸新。这对被清政府挤压二百多年的劳苦民众来说都是甘之如饴。但自民国政府建立伊始，唯独服饰制度的改革却一直是政治改革中一块难啃的骨头。二百多年已经积习难改，更主要的是传统思想的根深蒂固令西式服装在民间一时难以被接受，其中剪发、放足、易服等制度都是在革命党人的多次推进和倡导下才完成的，也成了这一时期最具代表性、革命性的服饰制度改革。

清政府统治下对汉人"剃发易服"的血腥历史还历历在目，故当民国政府成立后，孙中山立刻颁布了《剪辫通令》，令全国人民剪去辫发。1911年3月孙中山颁布《大总统令内务部晓示人民一律剪辫文》，令"凡未去辫者，于令到之日，限二十日一律剪除净尽。有不遵者违法论。"口吻之强硬，除却不会掉脑袋，与前面所叙满清政府政令薙发所宣之谕文几乎如出一辙，可依旧是收效甚微。"京都的街头巷尾甚至传唱起'革命党瞎胡闹，一街和尚没有庙'歌谣。还有一些剪去长辫但不剃头发而形成的'马子盖'发式，更不用说还有一些拒不剪辫的遗老遗少了。"③ 由此也可见，服饰制度对人思想的影响之深远。1916年到1928年间民国政府又两次下达政令，措辞严厉，要求剪辫。尽管在20世纪30年代到40年代，如海南这样的偏远地区仍有保留"马子盖"式发型的地主，但辫发之风在实行了近三百年后终于逐渐消退。

① ［日］稻叶君山著，但焘译：《清朝全史》，上海，上海社会科学院出版社2006年版，第83章，第29页。
② 萧公权著：《中国政治思想史》，北京：商务印书馆2011年版，第937页。
③ 华梅著：《中国近现代服装史》，北京：中国纺织出版社2008年版，第44页。

（见图 1 - 9）

同样受到保守思想阻挠的还有放足之风，这种制度甚至比薙发之制还难以推行。一方面，它兴于南唐，其带来的封建影响更为久远，另一方面，这种对小脚的迷恋不仅是制度上的，更是社会审美的需求，而这种畸形的审美建立在男尊女卑的封建主义思想之上。因此用政令打破制度也许容易，但改变人们固守千百年的思想却非易事。为此民国政府一次次的下达政令，但时至 21 世纪仍有耄耋老人小脚示人，可见其影响之深远。

图 1 - 9　革命军剪辫

除此之外，民国政府还多次颁布条例制定服饰制度，打破千百年来服装制度中一直包含的等级地位，而以简便实用为主。1911 年 12 月 27 日，孙中山会见各省会议代表时指出："从前改朝换代，必改正朔，易服色，现在推倒专制政体，改建共和，与从前换朝代不同，必须学习西洋，与世界文明各国从同。"① 随后还多次颁布了如《服装案》（1913 年 10 月）、《民国服制条例》（1929 年）等这样的制度来规范着装要求。同时，孙中山还在西装基础之上结合中国传统服装习惯设计了著名的"中山装"的雏形，并在随后风云突变的几十年中起到了十分重要的作用。中山装先是很快成为国民政府法定的制服，后在国家政令的普及推广下，逐渐在各级学校推广，并很快在民众间得以普。在抗战胜利后集体婚礼盛行，许多地方政府甚至规定"新郎必须穿中山装"。中山装可谓孙中山政治思想的服饰符号，每个细节都折射出三民主义思想的精髓。

新中国服饰发展的起步时期，也是马克思主义的唯物史观在中国广泛传播的时期，中国政治制度的研究渐渐步入共产主义思想的道路，中国服饰制

---

① 吴爱琴："辛亥时期中国服饰的变化"，《华北水利水电学院学报（社科版）》，2011 年 10 月 27 卷，第 5 期。

度中的等级观念影响渐消殆尽。尽管这一时期服饰制度渐渐放开，人们穿衣戴帽有了宣扬自我的自由，可以随意表现自己的个性，但服饰中的政治化色彩始终没有消退。

（二）西方服饰制度

1. 古代西方各国的服饰制度

（1）古埃及的服饰制度

公元前 3500 年，埃及进入阶级社会，但当时还没形成一个统一的国家，全境有十几个州，每个洲都有自己的名称、都城、政权、军队，实际上就是一个个的独立王国。各洲之间由于信仰不同，经常征战不休，在长期的兼并战争中，狭长的尼罗河被分成了北部的下埃及王朝和南部的上埃及王朝两个独立的王国。

埃及远在服饰定制期以前大约 2000 年的时候，就已经有了象征权力的高冠。古埃及早期，国王所戴王冠的形式是红冠和白冠，红冠形象表示蛇神保护王权，白冠形象表示鹰神荷鲁斯保护王权。在涅伽达的 1610 号墓（前 4000—前 3500，涅伽达文化）中的一个黑顶陶器上，发现了象征王权的红冠形象，红冠是最古老的王冠，最受崇拜的王冠形式。最早的白冠形象则是在蝎王权标上看到的，即蝎王所戴的王冠。传统认为红冠代表下埃及，白冠代表上埃及。下埃及王朝，国王头戴红色王冠，以蛇神为保护神，蜜蜂为国徽；上埃及王朝，国王头戴白色王冠，以神鹰为保护神，白色百合花为国徽。上埃及国王美尼斯征服下埃及，实现了埃及的统一，为了更方便地统治整个埃及，把都城迁至上、下埃及之间的孟菲斯，埃及第一王朝统治就这样开始了。埃及统一后，一套专制统治机构便建立起来。国王是全国最高统治者，下设各种官吏治理国家。国王是神圣不可侵犯的，后来被人们尊称为"法老"，是古代埃及专制统治的君主，在法律、行政、财政、军事、宗教等各个方面实行以个人意志为转移的独裁统治。国王有时戴白冠，有时戴红冠，有时两冠全

图 1-10　黑顶陶片上的红冠符号

戴，象征着上下埃及的统一，这是古埃及服饰与国家统治政权相联系的开始。（见图 1-10）

我们从古埃及最早几代王朝所遗留下来的雕像、绘画等古迹看到，早期古埃及王朝服装上已经有了比较明显的自我观念，与之前简单的饰物相比，人们已开始根据不同的身份来装扮自己，服饰已经体现出阶级差异。纳尔莫是传说中的美尼斯，他的权力至高无上，享有两顶王冠，在希拉康波里发现的纳尔莫调色板上面雕刻的内容正是纳尔莫头戴两顶王冠远征的情形。从被认定纳尔莫的画面服饰形象来看，这个身居国王地位的人与百姓相差无几，也是以布料缠身一周，再通过右臂下方，最后在左前方打结固定，腰下部类似胯裙形式。腰部系扎腰带，带有明显的王服特征，腰带有四条念珠连成的向下垂挂的装饰，每条垂饰上端有一个带角的人头，这是埃及女神海瑟的象征。腰后侧方还垂吊一条雄狮的尾巴，一直拖到脚踝。最初这是显示王者的杰出才能和本领的，从纳尔莫开始，以后历代王朝的君王都佩戴这种雄狮长尾，作为最高权力的特有标志，也是等级地位的表现。

埃及的气候温暖宜人，腰衣是古埃及男子最有代表性的服装。最早的腰衣由于所用兜布窄细如绳，又称"绳衣"。绳衣最初是不分贵贱，男女都穿的一种下装。后来，腰衣的布料渐渐加宽，逐步发展到包裹整个臀部，同时腰衣的长度也渐渐加长，有的长至膝盖，造型开始与短裙接近。发展以后的腰衣渐渐地与古埃及的社会制度发生联系，等级观念很强的古埃及人以腰衣的材质、尺寸长短、加工方法以及颜色的不同来区分人们的社会地位和贫富贵贱。

在男子仅穿腰衣裸露上半身时，古埃及的妇女就已经长衣蔽体了。早在古王国时代，有较高社会地位的古埃及女子就穿起一种紧身的及踝筒形长裙。筒形长裙是一种外形平整无褶的连衣裙，虽然在不同时期里有松紧、宽窄的变化，但大体上都是以合体为基本的造型原则。它是埃及历史上流行时间很长，普及面很广的一种服装款式。中王国时期开始，筒形长裙开始普及各个阶层，同时男子也开始穿起了筒形长裙。中王国时期男子的筒形长裙与女子的几乎没有区别。到了新王国时期，女子筒形长裙演变为一种背带式的束腰紧身式样，装饰也显得十分华丽，有的在裙子上面缀珠，有的在裙子上面绣花，这种筒形长裙大多为贵族女子专用。

古埃及的男女因宗教习俗、爱好清洁和当地天气高温的原因，都留短发，只有服丧时才留起头发与胡须。不过，法老和高官贵人戴假发和假须。古埃及人的假发有用真头发做的，也有用羊毛、麻、棕榈叶纤维等材料制成发丝状，编在由黄金等金属材料制成的头形网罩上，假发的颜色有黑色的，也有蓝色与红色双色的。戴假发除了美观之外，最大的功用是减弱和遮蔽户外阳光的直射。富人戴假发，为了防晒，也有人戴厚棉帽、亚麻帽和羊毛帽。帽上都饰有彩条或绣有花纹，装饰品象征着身份或地位，如眼镜蛇和秃鹰象征着皇权，神圣的羽毛是统治者的标志，莲花意味着富有，而穷人只能戴毡毛便帽。

帝国时期古埃及人的服饰装饰品和附属物也得到了相当程度的丰富和发展，服装的佩饰最为奢侈，男女都戴各种饰物，如耳环、耳坠、项链、臂镯、足环、宝石、腰带等。王公贵族的围裙在帝国时期已成为家喻户晓的权力象征，这种围裙由几块狭窄的圆锥形花纹布料做成，底襟另镶一段褶帘饰边。埃及王围裙上的腰带上有黄金、晶石和其他红绿宝石，成为王室成员所独有的服饰装饰品。扇子最初是用来消热避暑、驱赶蚊蝇的，后来成为王室权贵的象征。一种简单而细长的羽毛扇，不仅国王使用，大臣、地方总督也能享用，它是地位高贵的象征。一种鸵鸟羽毛制作的半圆形大扇，只能用于王室朝廷，是王权的重要象征。总的来说，伴随古埃及社会组织的发展，社会阶级划分分明，服饰制度与政治统治、等级地位的关系越来越密切，服饰的政治意义逐渐丰富并明确起来。

（2）古希腊的服饰制度

古代希腊包括巴尔干半岛南部、爱琴海诸岛和小亚细亚西部海岸一带，它分为北希腊、中希腊和南希腊三个部分，形成许多独立的城邦国家。在希腊半岛上，山岭交错，把半岛分成许多彼此隔离的地区，平原面积不大。本土气候温和，多面临海，沿海一带有许多良好的港湾，为发展航海业提供了有利的条件。

希腊建立奴隶制国家，进入文明社会的途径与埃及、西亚不同，希腊是从家族到私产再到国家，国家代替了家族，所以其国家的形式是不一样的，古希腊社会是一个奴隶制的民主共和体制，它的社会中，除了奴隶主与奴隶两个对立阶级之外，还有一个自由民阶层，这个阶层在希腊奴隶制社会的政治和经济生活中起到了很大的作用，使古希腊文化具有显著的民主色彩。

　　古希腊奴隶制的民主共和制政体，造就了希腊空前活跃的政治及文化生活，哲学家、演说家、艺术家人才辈出，希腊人生活在浓厚的哲学思辨的气氛中，造就了洒脱、浪漫而富有诗意的气质，推崇自然、潇洒与和谐之美。在其艺术作品及服饰中，都有充分表现。古希腊服饰中的阶级性和象征意义显得微不足道，更多的展现出服饰艺术无比优雅、无比轻松的整体形象。这种服饰形象成为服饰惯制中整合式长衣的典型代表，被后世称为古典而完美的形式。

　　古希腊人的基本服饰称为"基同"，由于民族的不同而分为多利亚式和爱奥尼亚式，两者在结构和形式上总体相近而又有局部区别。多利亚式基同是由一整块四方正料构成，其长度多于着装者的高度，宽度是着装者两臂平伸时左指尖到右指尖长度的两倍。穿时先在上身处向外做一个大的翻折，翻折的长度随意而定，短的可在腰线以上，长的可至膝部：然后再横向平均对折，包住躯干，两肩处用金属别针别住。对折的一边是敞开的，有时靠腰带固定，随人的行走而随风飘拂；有时在腰际下或腋下缝死，成为宽肥的筒状裙。上身翻折较长的可以系在腰带内，较短的做自然的

图 1-11　古希腊女子基同

悬垂和飘拂，具有装饰感，在翻折和裙摆边缘常装饰有纹样。用以固定服装的金属别针很大，本身就是一件装饰品，式样很多，做工精细，装饰性强。爱奥尼亚式基同的上身没有向外大的翻折，只是用腰带将长衣随意系扎一下，两肩系结处不止一个别针，而是多少不等，形成自然袖状。也有把多利亚式和爱奥尼亚式结合起来的基同样式，不过不是很多见。（见图 1-11）

　　基同是男女都穿的服装，一般来说，女性穿的较长至踝部；男性穿的则较短，到膝部。基同还因穿法和系法的不同而产生外形上的变化，有的穿时

露出所系腰带，显出优美的腰身；或是在腰带系扎处多拉出来一些布料，垂盖在腰带上，形成自然下垂的效果。有时系扎两条腰带，一条系在腰间或乳下，一条系在胯部，两条腰带之间的布料蓬松，出现各种意想不到的变化；或是将衣服尽量上提，同缩短衣服长度，便于活动。一些男子的基同在对折开缝的一边把折角在胸部系结，使一边的肩胸袒露出来，一方面便于活动，另一方面也显示出几分潇洒英武之气。

古希腊的服饰虽然没有明确政令规定的典章制度，但是在服饰惯制的形成过程中起到了非常重要的作用，它的服饰不仅影响了古罗马服饰的式样，而且对整个西方服饰文化的发展都具有不可替代的作用。

（3）古罗马的服饰制度

古代罗马发祥于三面环海的意大利半岛，大约公元前 10 世纪，意大利本土居住着众多种族，其中从小亚细亚迁来的伊特拉里亚人在意大利历史上居于重要地位。伊特拉里亚人创造了罗马文明的先导部分，他们在发展和传播地中海地区的人类文明过程中发挥了重要作用，他们继承了美索不达米亚、古埃及和克里特的文明，并将多种文明传播到整个半岛地区。公元前 9 世纪开始，一些希腊人来到意大利南部和西西里岛，建立殖民点，把希腊文化融入意大利本土的文化中。公元 753 年，特洛伊人的后裔，从小亚细亚来到意大利，在台伯河边建立了罗马城，它逐渐强大起来，公元前 3 世纪早期，罗马统一了意大利半岛，成为地中海的一大强国。

公元前 3 世纪中期到公元前 2 世纪后期，罗马的疆域发展到全盛时期，成为地跨欧、亚、非三洲的庞大帝国。罗马的对外扩张和掠夺促进了奴隶制经济的发展和阶级关系的变化，数以万计的战俘为奴隶制的进一步发展提供了有利的条件。

公元 3 世纪，罗马帝国开始衰落，面临重重危机。从 4 世纪中期开始，奴隶、隶农、贫民起义和外族的入侵，从内部和外部更加猛烈地冲击着帝国的统治。庞大的古罗马帝国于 395 年分裂为东、西罗马两个帝国。西罗马仍以罗马为都城，东罗马建都君士坦丁堡，又称拜占庭帝国。西罗马于公元 476 年被日耳曼人所灭。与此同时，失去了罗马本土的东罗马帝国也开始向封建社会过渡，它延续了近千年的历史。古代奴隶制的罗马实际上随着西罗马的灭亡而消亡，西欧和北非奴隶制社会的历史也随之终结。

罗马文化的辉煌对西方文化的影响巨大。罗马文化受伊特拉里亚文化、古代东方文化，特别是希腊文化的影响很深。罗马文化和希腊文化有着密切的联系，当罗马人征服希腊以后，对希腊的文化艺术大加推崇发扬，与罗马文化融合，服饰文化是如此。但是，与古希腊相比，古罗马是具有严格秩序的阶级社会，古罗马对国家、法律和统一管辖等方面的贡献是非常巨大的，罗马人对权威和安定比对自由或民主表现出更强烈的关注。所以罗马的文化艺术多为帝王将相和贵族服务，服饰也就成为表示穿着者身份地位的标志和象征。

古罗马男子服饰中最有代表性的是"托加"（Toga），是一种宽松式的外衣。最初，托加的形制类似古希腊人的披身长衣希玛申，半截身，缠法简单，男女老少都普遍穿用。到了共和制时期，托加成为男子的主要服饰，形状呈半圆形，面积和量感不断增大，到了帝国时代，托加演变得非常庞大，所用布料为半椭圆形，长6米多，宽2米多，穿衣时需要两三个人帮忙。此时的托加实际上成为有权有势的上层阶级的专用品。帝国末期，随着国力的逐渐衰落，托加也变得窄小，渐渐失去了原有的特色。在古罗马的繁盛时期，托加作为一种礼服，被赋予社会性的象征意义，把它作为阶级等级的标志，分化出许多种类来表示社会各阶层不同的地位、身份和职业。从罗马共和制时代起，托加的色彩、缠法、装饰以及穿着场合就有了严格的规定。

罗马帝国的皇帝大都有华丽的王冠，而且王冠上大都饰有金质月桂树叶制成的花环。讲究奢侈而又好战的罗马人，对于军服的设计也是杰出的。最高统帅即皇帝的铠甲非常华丽，上面有精美的浮雕，铠甲的下摆配有短的褶裙。头盔的雕刻也很精致，盔顶还装饰着羽毛，显得威武潇洒。此外，当时的一些佩饰也成为等级服饰的典型，如罗马执政官有权佩戴含金圆环，这种圆环饰件，是固定服装的饰针造型之一。戒指的佩戴也有等级划分，罗马帝国规定，平民只能戴铁戒，贵族可以戴金戒。

罗马帝国时期的王后和贵妇的等级服饰，主要不在衣服，而在饰品，罗马贵族妇女的衣服样式与民众没有太大区别，可是她们的饰品却是极为奢华的，罗马人在征服了许多地区和民族以后，掠夺来的财富大量投入制作佩饰品上，特别是一些珍贵的金属和珠宝。这样，贵重首饰成了上层妇女的典型等级服饰品，也无形中推动了珠宝饰品制作的工艺和技巧的发展。当时磨制的宝石和金饰的工艺技巧极为精良，可用钻石、红宝石、蓝宝石、翡翠、珍珠等镶嵌戒指、耳环、手镯和臂饰，有的金属制品刻有浮雕，高贵华丽。贵族妇女经常佩戴繁多的贵重首饰，用以显示自己的高贵身份。

2. 中世纪西方各国的服饰制度

中世纪指的是古代奴隶社会到近代资本主义社会之间的封建社会时期。是以 476 年西罗马帝国的灭亡为开端，到 1543 年东罗马灭亡为结束。西方奴隶制伴随着 476 年西罗马帝国的灭亡而消亡，西方的主要地区都进入了封建中世纪，这一时期被称为西方历史上的黑暗时期。整个中世纪，宗教在混乱状态中起着维持社会秩序的作用，并对文化艺术产生了很大的影响。

整个中世纪服饰具有一些共同的特点，它继承了罗马的服饰样式，又融合了拜占庭帝国和后来的各游牧民族所建立的欧洲国家和阿拉伯帝国的繁杂样式，结合了西方和东方的精华，产生了丰富多彩的新颖样式。并且伴随着生产力的发展和科学的进步，纺织业和手工艺技术的提高，服饰在造型、色彩和工艺等方面都有了新的进步。当时盛行的宗教思想也赋予了服饰新的象征意义和审美形态。

（1）法兰克王国的服饰制度

法兰克人是古代日耳曼人的一支，居住在莱茵河下游。公元 3 世纪中叶，法兰克人越过莱茵河向罗马帝国侵袭，逐渐占领了高卢（今法国南部）东北部的大部分地区。公元 5 世纪下半叶，法兰克各个部族中以萨利克法兰克人与里普利安法兰克人两支最为强大。481 年，克洛维（481—511 年在位）成为萨利克部落首领，联合其他法兰克人部落首领，全力向高卢扩张，消灭了法兰克其他部落的力量。486 年，他击溃了西罗马帝国在高卢的残余统治势力，占领高卢大部分地区，建立了法兰克王国，史称墨洛温王朝（481—751）。法兰克王国的版图西南达到西班牙的埃布罗河，北达北海，东到易北河和多瑙河，南至地中海，包括意大利的大片土地，幅员广阔，盛极一时。

在法兰克王国的统治下封建等级制也开始形成，国王之下封公、侯、伯、子、男五等爵位，其下又封骑士，建立严格的国家等级制度。法兰克王国时期的服饰文化从早期的基督教服饰、拜占庭服饰和古希腊、古罗马服饰中汲取养分，并且形成了多样化的服装风格。当时的服装款式有古希腊、古罗马、拜占庭式的衣袍、披风、面纱、宗教服装、仪礼服装，也有日耳曼式的长裤、绑腿、各式靴子等。这些不同风格特色的服装能够在法兰克王国时期并存流行，反映了当时社会兼容并蓄的博大气概。法兰克王国时期是欧洲服装史上的一个重要的过渡转型时期，《维维安圣经》的插画《将圣经献给秃头查理》中的人物服饰反映了加洛林王朝时期服装交融的情形。图中的加洛林的皇帝不仅披着日耳曼式的披风，也穿着传统的丘尼克和东方式的华丽装饰，像这样将不同风格服装集中于一身的穿戴看起来并不协调，但是经过加洛林时期的不断发展、互融，也逐渐被人们所接受。这种服饰风格异彩纷呈的局面到9世纪中期开始有所改变，出现了一种相对成熟的风格样式。

法兰克王国是依靠军事力量建立起来的，在经济、文化和语言上没有统一的牢固基础。查理曼大帝死后，帝位由他的儿子路易（814—840）继承，帝国开始逐步分裂。路易死后，843年，他的三个儿子缔结凡尔登条约，把法兰克帝国分为三个部分，莱茵河左岸的西法兰克王国、莱茵河右岸的东法兰克王国和南部的意大利王国，这也为后来的法国、德国、意大利三国的建立奠定了基础。

（2）法兰西王国的服饰制度

法兰西王国是由西法兰克王国演变来的。987年，法兰西公爵卡佩建立卡佩王朝，取代了加洛林王朝，称为法兰西王国。到11世纪，法兰西完成了封建化的过程。卡佩王朝统治的初期，各地大封建主割据，王国四分五裂。12世纪早期开始，法国国王就不断地极力争取加强王权，经过长期的斗争，到法王腓力三世（1270—1285年在位）和腓力四世（1285—1314年在位）时期，王室的领地大大超过了其他封建主的领地，巴黎成为当时全国的经济中心，这给法国成为统一的中央集权国家创造了条件。

中世纪时期的法国，男女都穿罗马式服装。男子的服饰与女服相近，穿着两件筒形的丘尼卡式的长外衣，里面的是白色麻织物的内衣，有窄长的紧身长袖，衣长及地，外层是有宽大短袖的布里奥，是从罗马后期的达尔玛提卡演变而来，一般略短于里层的长衣，长及膝盖或小腿中部。男子受日耳曼人影响仍然穿着裤子和袜子，但被长长的布里奥包裹着，具有内衣的作用。女子穿着的布里奥袖口非常大，装饰着精美的刺绣纹样；领口多用数排条纹装饰，或用金银线绳边。在臀胯处松松地系结带状饰物，前面自然垂下，并缀有璎珞，形成自然的褶皱，体现女子的自然体态之美。在布利奥德里边，也都穿有紧袖口的白亚麻布制的长内衫。有时为了御寒，在外面套一件紧身合体的短背心，称之为柯尔萨基（corsage）。柯尔萨基在背后开口，穿着时用绳带系结。用金线、银线纳缝两三层布制成，有时还缝缀着宝石，极富装饰性。

除了布里奥之外，还有一种类似托加的披风曼特尔，曼特尔有圆形和长方形两种，一般在肩上或胸前固定，上面还带有风帽，11 世纪以前衣长及膝，后来变成长及脚踝并且缀有豪华边饰的衣服。这时期的人们一般穿着布里奥长衣，再披上曼特尔披风，几乎与古罗马服饰相同。中世纪宗教战争以后，男女服装上都出现了许多纵向的褶，特别是女子服饰让人联想到爱奥尼亚式基同的优美形态。当时的男女外衣腰带上，还常悬挂一个用丝绸或皮革制成的小袋，用来放钱、钥匙等。可能是由于基督教的普及，为了便于施舍而形成的习惯。

在这个封建时代，城堡的领主每年在规定时间里要向领地的贵族赠送布匹和服装，这种礼物称作号衣。一个人所拥有服装的多少、披风的尺寸和饰边的宽窄，都受法律限制。贵族允许戴有长披巾的兜帽，而普通人只准戴头巾。苏格兰羊毛是当时最主要的衣料，也有从东方和意大利传来的丝绸。最昂贵的皮毛是银灰色貂皮，用得更多的是普通貂皮和白貂皮。

（3）英格兰王国的服饰制度

不列颠岛上很早就有人居住生活。公元 1 世纪中期，罗马军队侵入不列颠，控制不列颠岛的南部和中部。5 世纪中期，日耳曼人中的盎格鲁、撒克逊人、朱特等部落来到不列颠，经过大约 150 年的时间，征服了不列颠南部和中部的大部分地区。盎格鲁·萨克逊人在这里建立起许多小王国，各王国战争不断，到 7 世纪初，合并为七个小王国，历史上称为"七国时代"。盎格鲁·萨克逊人在征服和国家形成的过程中，农村公社逐渐取代氏族制度，封建制度在各个王国建立起来。

早在罗马企图吞并不列颠的战争时期，人们就将体现英武之气的紧身衣作为战服甚至是常服。罗马人征服英格兰后，罗马式的服饰也随之传入英国，根据罗马历史学家斯特拉斯的描述，国王、大臣和贵族成员在正式的场合通常要穿衣长到脚踝的宽松外衣，外面再披上一件斗篷，用饰针将斗篷固定于双肩或前胸。服装的下部和周边镶有金边。士兵和普通百姓穿着紧身套头衣，长至双膝。斗篷披在左肩，固定于右肩，斗篷的周边同样也镶有金边。平时，国王和贵族的衣着和平民百姓的很相近，只是在装饰方面略微讲究一些。

日耳曼人的入侵，并没有使英国人的服装款式产生大的变化，只是衣服的质料更为华丽，开始出现昂贵的丝绸、皮毛和珠宝。当时各个阶层的服装款式差异不大，以服装的面料和佩饰的质料来区分等级地位的高低。罗马文化对西欧大陆的影响虽然逐渐衰落，但是罗马人紧身衣和斗篷的着装形象，仍然被西欧人保持着。中世纪早期英国男女所穿的主要服饰仍与古罗马的服装款式相似，也由紧身的长内衣、长外衣和斗篷构成，衣服的长短根据着装者的身份和穿着场合而定。同时他们也穿着白色薄羊毛或亚麻制成的贴身内衣。女式长外衣一般无袖，并且很长，在室内穿着的长外衣，也有齐膝长度的。男式外衣长至膝下，露出马裤或厚长袜，长袜上交叉绑着裹腿带。男女长外衣的领口和衣边都有针织或刺绣的带状装饰，都在外衣上使用宽松的绳带或皮带。

在盎格鲁·撒克逊人的征服和建立国家过程中，可以明显看出战争对服装风格的确立和变异，是十分重要的。（见图1－12）我们从撒克逊人的一些手稿中，可以了解到11世纪的男子着装形象。带袖紧身衣的上半部，更趋于适中合体，下半部则趋向宽松，腰以下的服装样式很像裙衣，领口、裙衣部位装饰有刺绣丝带。一些上层社会的男士继续穿着长长的紧身衣，作为王室成员的庄严象征。长衣之外，再披上一件大斗篷，并用金色饰扣将斗篷固定在右肩。菱形花形的面料一直很流行，图案有菱

图1－12　盎格鲁撒克逊头盔

形的、月牙形的和星形的。贵族的服饰都是华贵布料制成的，丝绸的、高级亚麻的，上面绣有精美的图案。

盎格鲁·撒克逊的男子，日常生活中双腿裸露。装束打扮时，习惯于在腿上缠布，或是系上一幅坚固的护腿，覆盖于两膝之上。公元8—11世纪，

英国男子的腿部装束流行裤子、长筒袜或短袜、裹腿布三种服装。裤子分衬裤和外裤，衬裤的布料由亚麻纤维制成，其裤管长至膝盖部位，是上层社会成员所专用。长裤的历史久远，只不过到中世纪时，人们仍在沿用而已，但在款式上有些变化。上层社会男子多用羊毛或亚麻布为质料，普通百姓则主要用羊毛粗纺的布料。男士袜子有长有短，但是袜筒一般都要达到膝盖下方。长筒袜则更长。袜子的上部边缘有的翻卷或紧束，有的镶着或刺绣上花纹。穿着时，裤子和长筒袜或短筒袜可同时使用。裹腿布作为战服的一部分，仍然保留着。裹腿布的宽窄不同，大多是用羊毛或亚麻织物，也有用整幅皮革制成。一般来说，在野外从事体力劳动的人，特别是骑马的人，在腿上包一块长形布，使腿部免于受伤，而王室成员的裹腿布，是用狭窄的布条在缠裹上做出折叠的效果，以显示尊贵。

中世纪骑士的服装非常实用，配有头盔、胸甲以及胳膊和腿部的扩甲，对人全身都起到保护作用。胸甲外面还套着有刺绣花纹的织物背心，所绣图案和盾牌上的徽章图案相同，并且绣有军衔标志显得十分豪华。由骑士服的这种织物背心发展出来的是华美的贵族服装，男装为上衣下裤的形式，女子服装则是连衣裙式，从那时起，男女服装的外观造型开始有了不同的审美标准。男服的上衣肩部有连帽披肩，帽子有下垂的长帽尖，与脚上穿的尖头鞋相呼应。衣身较长，腰带系在胯部。男子下身穿着紧瘦包腿的长筒袜，袜长直到臀部，在两腿外侧用系带或扣子把袜子和内衣的下摆系在一起，或者系在腰间，外面再穿上外衣。这种服装所使用的面料、颜色和局部装饰都很华丽别致，面料上常常织绣着穿着者的族徽或者爵徽，来显示身份地位。女服上身比较贴体，下身的裙装为喇叭形，有时在后面拖很长的裙裾。整个衣裙常用不同的颜色制成，装饰图案和色彩常为不对称形式，衣裙上有醒目的刺绣或图案，多为族徽或爵徽。已婚的贵族妇女，为显示夫妇双方的高贵地位，把双方家族的徽章装饰在衣裙的不同部位，一般来说，地位高的一方，徽章图案放置在左边，次者在右边。

3. 近现代西方各国的服饰制度

漫长而又黑暗的中世纪在欧洲经历了近千年，直到 15 世纪，文艺复兴的春风才吹进欧洲大陆，这一时期迎来了服饰的更新时代，突出表现为服饰向文化的靠近与倾斜。19 世纪，欧洲的工业革命席卷世界，这时期的服饰日趋完善，商业革命带来的巨大经济利益，成为各国追逐的目标。不论是老牌资本主义国家还是新兴的资本主义国家，其服饰款式已经发生了非常大的变化，更为简洁，更加适应工业化的需要，加之新面料的不断涌现，整个服装市场出现了一派生机盎然的情景。与此同时，各工业强国又在利用自身的经济优势，制定着新的着装规则，虽然已经没有了昔日的严格，但仍然为后世的服饰礼仪制度奠定了基础，成为一种人所共识的标准。

（1）法国的服饰制度

由于重视贸易，大批的新兴中产阶级兴起，法国的新贵族们拥有更多的财富，其服装的数量与款式之多让人瞠目结舌。17 世纪的法国正是在巨大财富的推动力下，逐渐成为欧洲时尚的领导者。这一时期的代表人物便是路易十四，他一直奉行着戏剧化的宫廷礼仪和生活方式，宫廷服饰也成为反映其品位的重要手段。特别是在 17 世纪后期，法国以铜版画的形式将法国宫廷时装公布于众，进而扩大了法国宫廷服装在世界上的影响力。

路易十四时期，宫廷礼仪非常严格，最有名望的家族也必须依照礼仪来穿衣，没有人能逃避这些规矩。面料需要按季节来分类：冬天使用丝绒、缎子、粗花呢、毛呢；夏天使用塔夫绸；在春秋两季使用轻薄呢。甚至连蕾丝也有季节之分，比 Malines 蕾丝厚不了多少的英国织绣蕾丝只能用于赛马季节，毛皮要在秋天的节气中才能开始穿戴；而复活节时，毛皮手套必须脱掉，即使当时天降大雪也不能戴；进宫时，40 岁以上的女性必须佩戴黑色蕾丝头饰，包括女裙摆的长度都有规矩，所以服装费用是宫廷生活中一笔巨大的开支。

此时的凡尔赛宫已经成为上流社会社交的中心。朝臣都围绕在路易十四的身边，国王的生活几乎是公开的，包括每天早晨穿衣都有各种头衔的官员一旁侍奉，通常由高职位的官员递上衬衣，并用酒精拭面之后，开始一天仪式化的生活。

这一时期法国绅士的着装一般衣身很长，而且相当肥大，几乎拖至地面；两只衬有毛皮里子的刺绣衣袖同衣身一同下垂，形成均匀的管状皱褶。法国的宽衣系带长衣的变化是双肩部位更加宽大，内装填充物，双肩至腰部都是斜向的皱褶。虽然法国男装的演变与欧洲其他国家有相近的地方，但是他仍然有自己的一些特点。在装饰上，法国男子的宽领巾、金缠子都是重要的身份标志，这些只有贵族才可以拥有的饰品，将男子们温文尔雅的形象带进了一个无比辉煌的装饰巅峰。

17世纪的女装是复杂的、变化的和俗气的。其基本造型特点是强调腰身的提高，细长裙子，白兰瓜形的短帕夫袖。方形领口开得很大、很低。女装的重叠穿着是这一时期一大特色。女裙为双层裙，内外裙采用异质异色面料，外裙较短，有前开衩以露出内裙为目的。

法国的服饰样式更多的是自上而下的流行，特别是宫廷服饰的影响，使巴黎一夜之间成了世界时尚的首都。例如，法国王后布列塔尼的埃莉诺被誉为改进多种服装的革新大师。特别是对她所戴布帽样式的改变，这种布帽一扫过去高大笨重的外形，而形成紧紧贴在头上的白色布帽。后来这种布帽竟成为女天主教徒的专用布帽。有"太阳之王"之称的路易十四，使人们意识到衣着的象征意义。路易十四意识到时尚对法国工业的重要性，他千方百计保护法国纺织业免受意大利和荷兰的冲击，并鼓励纺织企业与意大利竞争，对进口纺织品和贵金属课以重税。这些政策倾斜无疑大大刺激了法国的时尚工业发展。与此同时，为了巩固自己的统治地位，路易十四宫廷发布的节制个人消费的法令也一直控制着时尚的蔓延，并且建立各种

图 1 – 13　法国贵族服饰

复杂的礼仪法规。人们的衣服必须接受严格的限制和一定之规，如金和银的饰品，只能由王室成员以及一部分受到特别宠幸的侍臣佩戴。尽管这些法令放慢了时尚的步伐，但法国宫廷风格依然成为欧洲模仿的对象。（见图 1 – 13）

18世纪以后，经历过大革命洗礼的法国，逐渐走向自由、平等、博爱的新型社会体制。特别是拿破仑帝政时代，男性已不再需要穿着装饰繁复、造

型夸张的服饰来标榜自己的身份。他们开始追求衣服的合理性、活动性和机能性，黑色成为这一时期礼仪和公共场合的正式服色，具有新的权威。女装则向古希腊、古罗马那种自然样式倾斜，穿着宽松的裙装，头发也像古罗马皇妃一样染成红色。随着民主势力的壮大，服饰制度也随着宫廷为中心的政治制度的消亡而在法国渐渐消失了。

（2）英国的服饰制度

16世纪，由于新航路发现后海外贸易发达，英国国力逐渐充实，民族主义高涨，文化上也出现了一个活动频繁、佳作竞出的文艺复兴局面。

从都铎王朝的第五位也是最后一位君主伊丽莎白一世（Elizabeth）的画像来看，此时英国皇室的着装不仅富贵华丽，而且透露出享乐主义的萌芽。天鹅绒的外套上镶嵌珍珠，头饰华美，衣领处的蕾丝花边与头饰相得益彰，袖口精巧的蕾丝花边叫人叹为观止。

另外，在整个16世纪，英国人服饰最有特色的帽子可以说是达到了登峰造极的程度。英国妇女也将着装热情较大地倾注于头饰之上，如心形的、洞穴式的应有尽有。其中最有特色的是用自己的头发在两鬓上方各缠成一个发髻，然后分别用发网罩住，再用一条美丽的缎带系牢。于是有人曾恰当地称其为鬓发球。

17世纪的英国，正在寻求着打破文艺复兴时期的严肃、含蓄和均衡，崇尚豪华和气派。这时的英国服饰，虚心向法国和意大利乃至西班牙学习，尽管"巴洛克风格"也波及英国，但这个时代，英国还是处于将欧陆各国优点集大成的时代。这一时期，女服也像男服那样盛行缎带和花边。但是，与男子不同的是她们并没有以缎带取代珠宝。相反，当时最时髦的佩饰品和衣服上的装饰，仍以珍珠为最。而且初期女子不尚戴帽时，高高的头饰上仍然戴着宝石。女裙的最大变化是，以往撑箍裙都需要撑箍和套环等固定物，而这时有些妇女已经免除过多的硬质物的支撑，这是一百年来第一次形成布料从腰部自然下垂到边缘。从肥大形向正常形过渡的过程中，妇女们常把外裙拽起，偶尔系牢于臀部周围，这样其实比以前显得更肥大。可是由于故意把衬裙露在了外面，因此又给下裳的艺术效果增添了情趣与色彩。这些衬裙都是用锦缎或其他丝织品做成的，上面衬有各种不同的颜色，有的还镶着金边，自然值得炫耀一番。这种风尚的流行，使女性将精力投入衬裙上，以衬裙的各种质料或颜色（有时穿两套精美衬裙）来显示自己不落俗套。当然，尽管这样，裙子的外形还是相当大的，有很多裙形开始向两侧延伸，事实上这是受到西班牙宫廷服饰的影响。

此外，众所周知的"绅士"一词，便是此时在英国形成的。倡导传统文化与自我存在的价值观，追求品位与人性化的生活方式。他们代表着英国社会经济发展的一种新的社会思潮，是中上层男士所追求的社会风尚。考究的着装，文雅的举止，尊重女性，尊重人格，对传统文化的继承与发扬，对生活质量的追求与建造。彰显男人的刚毅、坚韧、含蓄、深沉，与宽宏大量的人格之美。可以说，经过了17世纪，英国的服装水平可以和欧洲任何一个国家相媲美，这为后面引领时尚风潮埋下了伏笔。

自18世纪开始，欧洲进入浪漫主义以及现实主义的艺术思潮中，英国人独辟蹊径，形成了世界文艺史上最独特且光辉的一个时代，新古典主义时代。这时英国人和法国人一样，进行了一场人文关怀的大变革，不少具有人文色彩的艺术品应运而生。英国的服装产业也是如此，随着工业革命的深化，到19世纪末，进入了最为繁荣的维多利亚时期。这时，英国女性的服饰突出唯美、飘逸、俊秀的特点，大量运用蕾丝、细纱、荷叶边、缎带、蝴蝶结、多层次的蛋糕裁剪、折皱、抽褶等元素，以及立领、高腰、公主袖、羊腿袖等宫廷款式。随着新古典主义复古风潮的盛行，这股华丽而又含蓄的柔美风格令人耳目一新。

（3）德国的服饰制度

德国人的服饰最初只是模仿意大利，后慢慢形成自己独树一帜的风格。其中，切口装是最典型特色。这种切割裂口的装饰最早源自16世纪盛行的雇佣兵戎装，而后被逐渐引入常服，并广泛流传。在服装的衣身和袖子处都有很多均匀切割的开口，做出蓬松的样式使开口能露出里面的衬底。切口装随着雇佣兵的脚步逐渐遍布西方各国，这种服饰文化也对欧洲其他国家的风格产生了很大的影响。通过文艺复兴时期的肖像画，可以看到不少皇室贵族成员都身着装饰华丽的切口装，这也对服装样式的流行起到了一定引领作用。因受当时法国文化影响的冲击，德国服制与法国大体相当，其穿着方式也极为相近，此外，从着装者的服装样式上还可以看到不少因袭各个民族的特色。

17世纪后期，服装在这个科学技术不断发展，文化交流日趋广泛的年代里变得精细合体起来。夸张的填充和造型被浮华的装饰所取代，直到法国大革命爆发之前，欧洲人对夸张的假发、华丽的高跟鞋、繁复的紧身胸衣都有着同样的热情。19 世纪到 20 世纪期间，接踵而来的政治运动使德国政治制度发生了翻天覆地的改变，德国的服饰制度也从跟随英国、法国的脚步转而逐渐确立自己的独特风格和地位。很长一段时期军装与制服在德国都占有举足轻重的作用，不仅区别社会等级，更明确区别种族身份。德国男性对制服的怪异嗜好至今令人瞠目结舌，各行各业都有自己专属的制服，从日常的军警到煤矿工人，从电车司机到学生会成员，甚至在刽子手行刑时都要身着燕尾礼服，头戴礼帽。

进入民主社会时期，经过战争反思的德国褪去了极端民族主义的外衣，但依旧保留着对本民族独特的自豪感和认同感，在 21 世纪的德国传统服饰中也传达着浓郁的民族特色。

第四节　服饰与政治文化

一、政治文化与服饰文化

(一) 政治文化的概念

政治文化（political culture）一词最早是美国行为主义政治家加布里埃尔·阿尔蒙德于 20 世纪 50 年代中期提出的，它是"一个民族在特定时期流行的一套政治态度、信仰和感情"①。政治文化在国家政治与人类文化中的作用是巨大的。政治体系的确立需要政治文化提供合法的说明，政治秩序的稳定需要政治文化提供思想基础，政治制度的发展需要政治文化提供规范与指引，政治行为的表现需要政治文化呈现与推进。

不像政治科学领域中的某些课题，政治文化并非孤立存在的，其构成是复杂多样的，地理环境、历史发展、民族气质、宗教信仰等多种因素都会对

---

① ［美］加布里埃尔·A. 阿尔蒙德、小 G. 宾厄姆·鲍威尔：《比较政治学：体系、过程、政策》，上海：上海译文出版社 1987 年版，第 29 页。

政治文化造成影响。它不仅体现了国内政治结构，更加代表着民族政治的个性。因此，政治文化中人性与民族性的预设是其不可避免的基础。美国政治学家西摩·马丁·李普赛特曾说："所有的人都是生活在政治生活中的，生活在政治关联中的。另外，所有参与政治的人又都是生活在社会之中的，与错综复杂、斑驳陆离的社会生活水乳交融，其政治态度、政治情感、政治信念和政治选择均是社会条件总体作用的结果。"① 因此政治文化研究中不可避免地与一定的习俗、规范、制度相关联，并反映出本民族的利益需求。反之，在不同的政治文化环境下，各国政治体系也有着自己的特性和差异。

由于政治文化本身是多层次的，其文化内容为内核，文化特征则为外层，因此其作用也涵盖不同方面，总的来说包括政治作用、经济作用、文化作用三方面。政治作用体现在对"政治人"的塑造上，将人的政治价值最大化，使其成为政治体系中不可或缺的要素；经济作用则体现在对生产力、生产关系的制约，社会经济的调控，经济制度的革新；而文化作用主要关注于对文化的界定与指导，对"文化人"的培养，以及对文化变革的制约。

（二）政治文化的类型

比较政治学擅长运用政治文化，通过分析人们的价值观用以解释不同的政治制度，不同的公民文化，往往会产生不同的政治文化。加布里埃尔·阿尔蒙德和西德尼·维巴曾针对 5 个国家 1000 多人进行了访问，主要针对他们关于价值观念和政治态度提出了一系列问题。并针对他们的研究结果，辨别了三种类型的政治文化。分别是：参与文化、臣民文化和村民文化。每个国家都是这些文化的混合体，其中可能是某一种类型的政治文化占据支配地位。②

1. 参与文化

参与文化指该政治文化中的人对政治有很多了解，并想参与政治。美国便是以参与文化为主体的代表国家。在美国的共和政体之下总统、议员、地方行政长官、均需要选举产生，这就将每个人都整合入国家的政治体系之中，

---

① ［美］西摩·马丁·李普赛特、张绍宗译：《政治人——政治的社会基础》，上海：上海人民出版社 1997 年版，第 3 页。

② ［美］迈克尔·罗斯金著，夏维勇、杨勇译：《国家的常识：政权·地理·文化》，北京：世界图书出版公司北京公司 2013 年版，第 12 页。

而整个制度也切实保障了个人的自由与权利。

让我们先来了解一下美国宪法：美国宪法修正案第十五条第一款：合众国或任何一州不得因种族、肤色或以前的奴隶身份而否认或剥夺合众国公民的选举权；宪法修正案第十八条第三款：合众国或任何一州不得因性别而否认或剥夺合众国公民的选举权；宪法修正案第二十四条第一款：合众国或任何一州不得以未交纳人头税或其他税款为理由，否认或剥夺合众国公民在总统或副总统、总统或副总统选举人或参议员、众议员的任何初选或其他选举中的选举权；宪法修正案第二十六条第一款：合众国或任何一州不得因年龄而否认或剥夺已满 18 岁或 18 岁以上合众国公民的选举权。

从以上条款不难发现，公民的选举权受到了严格的保护，这也使公民对政治的参与有了严格的法律依据和保障。在政治社会化的成长环境下，美国人从家庭、学校就开始参与到政治生活中来，他们会受到家长、老师及学校的政治态度影响。有些人还会通过上公民课、参与学生政治活动了解或参与民主政治。

当然，所谓民主参与只是基于理想主义做出的一种相对的解释。就美国的参与性政治文化的现实而言，也存在一定弊端。例如，尽管公民有权利以民主选举的方式参与政治，但选举的结果往往并非"多数"人的意志。因为除却不符合选民条件的人，政治参与自由度的最大化也导致了一部分人因对政治的不关心，或厌恶情绪而弃选。几年来，美国连续下滑的参选率也说明了这一问题，以 2008 年美国大选为例，据美国政府提供的官方数据，当年奥巴马最终获得了 6900 多万张支持票，占参选人数的 52.9%。但对比当年美国人口总数 31000 万左右来说，奥巴马的支持率只占美国总人口的 22%。

2. 臣民文化

臣民文化中的人对政治有意识，但对参与很谨慎；他们更多处于服从的状态。战后的西德主要就是这种政治文化特点。其具体表现是民众对政治生活缺乏主动和热心，习惯于臣服统治阶级的命令，缺乏法治思想。在"二战"后，针对德国国内遗留的纳粹思想盟国采取了重新树立"二战史观"的一系列举措。但由于战争过后疮痍未平，当时的德国民众还处在麻木之中，来不及反思，对盟国的一系列政治举措采取听之任之的态度。在他们看来政治不仅毫无意义，而且还带来了痛苦。根据大卫·康拉德的研究，1959 年的调查数据表明仅有7%的人的民族自豪感来自政治体制。对参政性的调查显示在1952年对政治感兴趣的受访者仅占27%，其余人则表示不感兴趣或不太感兴趣。人与人之间关于政治文化的交流也几乎不存在，1948年仅有9%的受访者表示大多数人是可以信任的。

随着柏林墙的垮塌，德国实现了重新构建，民主制度不断巩固和发展。德国政治文化也在发展中悄然转向，变得更为积极、主动，显现出新的时代特点。

3. 村民文化

村民政治文化意味着人们眼光狭隘，或者只注意眼前的利益。在这种文化中，人们甚至对政治没有意识，也不参与政治。例如，墨西哥就具有典型的村民政治文化特色。一方面，国家历史缺乏积淀，很难形成稳固发展的文化体系。就墨西哥国家历史而言，从它1821年脱离西班牙殖民统治宣布独立至今不到200年。这期间经历了国家政体的更迭，法国的短暂侵略，美国对领土的入侵，总统迪亚斯30余年的独裁统治，以及带来剧变的墨西哥革命。这也让墨西哥政治一直处于风雨飘摇之中。各种外来文化的不断入侵，让刚刚形成的墨西哥文化一次次遭受拉扯和碰撞，一次次失去自己的方向。在这种政治文化影响下，墨西哥的服饰文化几乎没有发生什么改变，地理位置的特殊性让这个拥有狭长海岸线的国家略显孤立和封闭，宗教文化的盛行使普通民众对服饰传达的阶级意味也格外的虔诚，不愿意轻易改变。

另一方面，尽管这种政治文化背后暗藏的是支离破碎的历史，但墨西哥的村民政治文化同样是随着国家的动荡日趋形成的。在今天的选举制度中，墨西哥总统只能任职一个6年的任期，但在迪亚斯统治时期，总统的任期是没有限制的，可以无限的连任。而且在独裁统治下，迪亚斯不断在总统选举中舞弊，造成自己一直连任的假象。1910年10月5日，在马德罗的号召下墨西哥资产阶级革命爆发，推翻了迪亚斯独裁统治，但这也让墨西哥陷入了另一个独裁统治的时代。随后而来的则是一次又一次地推倒重来，一直到2012年革命制度党领导人涅托上台，墨西哥国内依旧面临着混乱腐败的政局和经济的增长缓慢。这也就不难解释为什么对于墨西哥人来说：有自我，但没有制度。这个杂糅着各种意识形态的复杂政治混合体即便在他们的邻居美国人看来也是个怪异的特例。

但是，令墨西哥人真正对政治不再关心的并不是领导人的执政手段、政策制度的合理性等问题，而是在墨西哥势力最大的利益集团——毒品走私贩。仅墨西哥前总统卡尔德龙一个任期内墨西哥就有 5 万人死于毒品暴力，对于普通老百姓来说"他们干他们的，可我们还是要活我们的"的想法是普遍存在的。每天都有血腥的暴力事件在他们身边发生，而政府腐败、与毒贩勾结似乎已经成为公开的秘密。对于每个月只有 300 多美元薪酬的墨西哥警察来说，毒贩的贿赂反而成了他们的工资。在墨西哥百姓看来不被卷进这样的事件中，成了他们的生存法则和自我保护的办法，因此也就不难理解为什么他们对政治的态度如此冷漠了。

对于现代墨西哥服饰文化来说，受到最多影响是来自美国的。一方面，媒体信息的输入使他们拓宽的眼界，尤其是年轻人对服饰美的追求与世界上其他地方是一样。另一方面，由于与第一世界一墙之隔，墨西哥每年都有大量的非法移民涌入美国，从那边接受到更为先进的文化，同时也对本民族和国内文化产生了相应的影响。

（三）政治文化与服饰文化的共同点

冒国安在英国小说家石黑一雄的《长日留痕》译记中写道："美国有牛仔，日本有武士，西班牙有斗牛士……而英格兰则有最能代表其社会和文化特征的男管家。"[1] 一句话将四个国家的文化特征鲜明地体现出来。由此可见，每一个国家都有属于自己的文化特征，这种特征就如同人的指纹一般有着明确的识别性。了解一个国家就要先了解其文化，而影响文化的因素也是多样的，历史、地理、经济、政治、民族、宗教，等等。这构成了文化特征的复杂性、多样性，无论文化如何发展，其走向都是在这些复杂多样的因素协同作用下产生的。

从服饰文化的角度切入服饰政治学，其中涵盖的政治文化特征是必须研究和梳理的关键。服饰文化体系中政治要因复杂多变，政治文化类别更是千差万别，理解二者之间的共通对政治文化的深入研究具有重要的作用。

1. 民族性

政治文化与服饰文化都包含着深刻的民族性。这一点与文化的民族性不

---

① ［英］石黑一雄著，冒国安译：《长日留痕》，南京：译林出版社 2008 年版，第 203 页。

无关联。由于世界本身就是一个多民族的组成体，不同的民族有着自己独特的生成环境，因此创造出了不同的文化，也正是这种差异使今天的文化得以百花齐放。根据古斯塔夫·勒庞对群体的研究，民族特性主要由两个方面构成，"一方面是遗传赋予这个群体的种族特征，另一个方面则是这个民族基于同一文化作用下的心理特征，在这两个方面的共同协作下形成本民族文化各自的特点。"① 无论是生理的，还是心理的普遍特征都对政治文化与服饰文化产生着影响。

就民族服制而言，种族生理特征是其发展、形成最为重要的因素。遗传基因的作用是一种内在的力量，是民族文化最为显著的特征，因此在所有因素中起到了主导作用。生理特性对服饰风格制式的决定性，仅就不同国家、地区服装尺码的数据分析就可以明确看出。不同民族对身体意象的认知同样也决定了服饰文化的发展走向。在希腊文明中理想的女性形象是丰硕健美的，这种看法在今天欧洲的大部分地区依旧延续，很多媒体中所宣传的女性模特形象也都与之类似。这种偶像的力量对年轻人的引导尤为深远，但对比两个同一区域下的不同族群——美国白人少女与美国非裔少

图 1 - 14　非裔美国少女

女，她们的反映却是截然相反的。白人少女趋向于利用一切手段去描摹这种遥不可及的理想形象，通过穿戴服饰，化妆、整形，使自己与之相似；而非裔美国少女尽管已经是生活在美国的数代移民后，依旧做出了自己的选择。她们更愿意通过不断尝试获取社会反馈，来挖掘一种属于自己风格的典型形象。从这一调查结果可以看出，民族差异对理想身体意象的认同是有所区别

① ［法］古斯塔夫·勒庞著，冯克利译：《乌合之众：大众心理研究》，桂林：广西师范大学出版社 2007 年版，第 45 - 48 页。

的，继而也会产生不同的服饰文化。（见图 1 - 14）

这种民族性同样在政治文化中得以体现，事实上，各民族的政治文化很大程度上都是依据其民族需要而产生的。也就是说，政治文化并非由一个民族炮制而出，它是在这个民族的自然环境、经济制度、政治结构等多方面因素的协同作用下，随着民族性格应运而生的。凡是与民族特性不符的政治文化，即使移植过来也最终会遭到淘汰。令人无法忽视的是，"全球化"一再成为近 21 世纪的热点议题，但在文化交汇层面上它始终处于一个微妙的地位。"全球化"不意味着"一体化"，托马斯·弗里德曼一句"世界是平的"也并不能将民族差异变得"扁平化"。当我们重新审视这种观点的时候，会发觉事实可能与我们所想的恰恰相反。比起地图上描绘的地理边界，真正重要的也许正是那些无形的资源，如民族文化。在这一点上，前面关于美国白人少女与美国非裔少女对理想女性身体的不同认知就可以做出解释。

有些政治文化在披上了民族性的外衣后，对整个群体来说似乎有些难以辨别。熟悉的认知、态度、愿望、情绪、信仰等，这些暗示性的因素充满着政治文化，赋予个人一种亲密感，这种亲密感甚至会让人忘记将其与政治联系起来。这些内容似乎不会随着政治制度的改写而改变，或者是说不会立刻被改变，而是以一种不易察觉的方式一点一滴地改进。在"二战"时期，纳粹德国政府就曾试图利用这一手段实现自己的政治统治。他们赋予德国妇女"德国母亲"的形象，要求她们以民族利益为重，发扬母性精神，以稳固后方。在宣传材料上，这所谓的"德国母亲"形象就是一位身着巴伐利亚传统民族服饰的女性形象。在一些纳粹聚会上，他们还要求女性尊重和保护自己本民族的传统，身着民族服饰出席。这一举措看似合理，但因观念产生影响需要一定时间，故调整进程缓慢，导致政策失当，最终以失败告终。

2. 传承性

政治文化与服饰文化都具有一定的传承性。如果没有文化的传承，那么人类的历史是无法积淀为如此丰富的宝库的。顺着时代的发展与变迁，政治文化与服饰文化同样以一种延续的态势不断传承。自古以来，无论是政治制度还是服饰制度都在后世有所留存，在不同的文化体系中我们都不难看到历史的印记。

在服饰文化中，这种传承性可以是抽象的服饰制度，也可以是具象的某种服饰品。有趣的是在政治文化中，王冠、权杖、皇袍、玺印等服饰的传承对于政治领袖来说似乎拥有着某种神奇的魔力。神学家最先制定了这些目标，供人膜拜，哲学家赋予其道德色彩，政治学家则用它支配影响力。就这样无数象征着君权的服饰被代代相传，无数政治人物窥觑着它们的存在。更有甚者，拿破仑加冕时特意让工匠仿制了一尊查理曼大帝样式的皇冠，以体现自己的帝国荣威。

此外，尽管建立了自己的新政权，但很多君主还是乐于用前朝的政治信物来象征自己统治集权，一方面可以说这是作为占有权威的胜者的表现，另一方面这对于刚刚经过政治波动的社会其实也是一种安抚手段，意味着国家经过平稳过渡，政治文化继续传承，人民的生活不会面临太大的变化。

值得注意的是，无论是政治文化还是服饰文化其传承性都是相对的。同样也有很多文化在传承的过程中出现了断裂，甚至消失在历史舞台中。例如，一些象征权力的服饰在改朝换代时非但没有延续，反而成了牺牲品。例如，太平天国反清时，专门将满族的马蹄袖扔在地上，让马践踏。在这里，马蹄袖意味着腐朽势力。

当然任何一种文化视域下都存在精华与糟粕，无论是政治文化，还是服饰文化的传承过程中，对文化的萃取是极其重要的。尤其是在国际政治环境中，如何审视本民族文化，使其适应社会发展的需求，在传承的基础上创新和发展是必经之路。

3. 发展性

政治文化与服饰文化都是随着历史进程不断发展的。同一时期的不同文化有着显著的差别，不同时期的同一种文化也会不断演进，这一点在政治文化和服饰文化中都有所体现。人们经常说"时尚是轮回的"，这种轮回实际上代表的是一种时尚的发展轨迹，无论以何种路径运动，它始终是在不断前行，文化的生命力在于发展。

文化的特性往往容易从其发源地传播开来，而传播的结果却很难说是一成不变的。这是因为鲜有一种文化是以静态均衡发展的，大多都是以一种更为复杂的、动态的、不均衡的态势发展的，在这一点上政治文化和服饰文化是相同的。这是由导致二者动态非均衡发展的原则决定的：一是政治文化与服饰文化都具有相对的独立性。政治文化的发展有其自身的逻辑性，这对服饰文化来说同样重要；二是政治文化的多元化发展态势同样也能够将服饰文化涵盖其中；三是导致政治文化发展不均衡的原因是各种政治阻力作用的存在，而这种阻力同样对服饰文化的发展产生着影响。

但我们同样要清晰地认识到，在发展过程中政治文化与服饰文化可以平行共进，也可能彼此产生制约，抑制对方的发展，这正是共性中的矛盾所在。产生这种制约的原因可能是文化多元性对认同度的减弱，也有可能是发展过程中的不同频率导致的摩擦。以墨西哥革命时期的反教权运动为例，当1917年墨西哥宪法颁布之时，政治领袖们恐怕不会忘记在这个国家中90%都是天主教徒。在墨西哥革命之前，华丽装饰的教堂和金丝银线打造的教袍是罗马天主教权利与财富的象征。教会势力的不断扩张逐渐成了政治精英们眼中的麻烦，社会权利的偏移，经济发展的受阻使天主教在墨西哥政治文化中的认同感不断下降。而当时一名天主教徒狂热分子对奥夫雷贡总统的刺杀，使矛盾激化达到了顶点。于是奥夫雷贡的继任者卡列斯随即在1917年的宪法中颁布了一系列反教权主义政令。禁止接受天主教教育、关闭教堂和修道院，没收教会的土地，改宗教节日为爱国纪念日，同时下达了对神职人员的服装禁令。不允许穿着宗教服装出现在公共场所，神父外出时必须穿着普通服装。

在研究中我们也惊奇地发现，有时候制约和阻力尽管存在，但并没有对文化产生太大的影响。在服饰文化的发展进程中就会因各种政治因素产生割裂，但其生命力之旺盛却是我们难以想象的。1948年以色列建国后，在以色列占领的加沙地带和约旦河西岸的村落及难民营中，巴勒斯坦传统服饰随处可见，人们还利用服饰上的刺绣细节区分绣工来自巴勒斯坦何处。尽管巴勒斯坦与以色列的争端旷日持久，巴勒斯坦的艺术、文化都受到了相应冲击，但独有的民族文化在加沙民众的努力下以自己独特的方式留存了下来，并不断发展前行，尽管很多巴勒斯坦服饰中的颜色和图案源于国外文化元素。

4. 交汇性

文化的复杂性是因其产生的诸多要素导致的，在政治文化与服饰文化中这一特性同样明显。如果说前面提到的民族性赋予这两种文化良好的认同感，那么在讨论文化交汇的问题时，会发现事实上民族间对文化交汇的宽容度远远超乎我们的想象。基于任何一种文化的特性研究都会得出很多的答案，这非唯一性的主导因素就是文化特性中的交汇性。不同部族间的文化差异有时候被解释为文化破裂的结果，这种破裂无形中也给了文化交汇的机会。

必须指出的是这种交汇并不意味着完全的同化，少数种族也许在一定程度上会被包裹入东道国的文化中，甚至植根其中。其产生的反作用也是同样存在的，尤其是在经历了数代繁衍之后，少数派的文化以一种更为复杂的方式在东道国中生根发芽，开花结果。例如，当我们试图用一个单词去概括现代英国的服饰文化时，你会发现这是不可能的。不同族群为英国国民的身份赋予了复杂的内涵，更不要说这其中涵盖的部落、派系、亚文化群体。因此可以明显地看出，现代的英国服饰文化已经在文化交汇中形成了自己独特的特点，那就是"没有特点"。这在诸多研究英国文化的学者看来并不新奇，杰里米·帕克斯曼在试图描摹一个典型的英国人肖像的时候也提及了类似的观点，"在着装的问题上，再也不存在什么共识，更别提什么规则了。"① （见图 1 - 15）

图 1 - 15　传统现代融合的英国时尚文化

此外，这种无矩可循的现象并不是一蹴而就的。英国服饰文化中传统的思古风格并没有消失，只不过是成了英国服饰文化的一个重要组成部分。随着历史文化不断的演进，其他部族文化逐渐与之交汇，才形成了现代英国的

---

① Jeremy Paxman 著，《The English》，London：Penguin Group，2007 年 9 月，第 1 页。

服饰文化。

二、各国政治文化特点及其对服饰文化的影响

(一)中国

作为当今世界唯一从未中断、延续至今的古老文明,中华文明有着自己显著的特点。自周朝开始的服饰政治功能被逐渐地突出和强化,以后历朝、历代都对着装有严格的规定。服饰中随处可见的政治因素表达了服饰文化中包含的政治文化,反之以服饰中的政治文化实施,通过规范人们的着装行为使服饰以一种政治秩序的面貌示人,更有利于政治文化的推广和繁荣。

政治文化作为西方政治学语汇,其概念在中国文化中却并不新鲜,归结起来主要由三种组成。人类之思想无不出于文化的涵养,在千百年来的文化浸润中中国传统文化盘根错节,衍生了无数思想流派。这其中有很多在当时对民众造成了深远的影响,也有很多直至今日还在中华民族的血脉中流淌。此外,中华人民共和国成立以后中国文化在社会主义文化影响之下,开启了全新的政治文化建设,而这种与时俱进的政治文化也在今天的国家发展中起主导作用。最后是随西学东渐来到我们身边的西方政治文化,一方面对其参考借鉴,另一方面与之比较分析,尤其是在今天全球化背景下,对西方政治文化的了解更能让我们认清国际政治局势。

中国传统文化注重伦常、讲究秩序,宗法、血缘成了中国传统政治文化中的伦理标准。忠君恤民不仅是治国之道,更体现了身份与权益的阶级秩序,人治思想也得以体现。从伦理思想角度分析其核心是向"善",这与西方政治文化中人性预设的多样化略有不同。在中国的传统政治思想中推崇的很多方面就是在指导、规范人们维护自己的道德标准,以宗法思想来教育人们不可交"恶"。孔子有云"克己复礼"则"天下归仁","孔子所谓的礼者固不限于冠婚丧祭、仪文节式之末。盖礼既为社会全部之制度。"① 故由此可见礼制秩序在中国传统政治文化中的重要。

这种礼制文化在中国传统服饰中更是随处可见,如前引孔子所云"冠婚丧祭、仪文节式",古人社会生活的着装有着十分严格的规定。在这一点

---

① 萧公权著:《中国政治思想史》,北京:商务印书馆 2011 年版,第 65 页。

上要比西方传统社会的服装制度密集得多，也复杂得多。作为政治文化的载体，历代中国的政治变迁都体现在服制中，从天子到朝臣，从商贾至庶民，无论是宗族成员的等级秩序，还是职业身份的不同分工，事无巨细地被服装制度严格地区分、标示。更为重要的是，这种服制思想已随中国传统政治思想在中国人的脑海中扎根，人们也老老实实地遵照这些等级规定着装。

随着 20 世纪后半叶的到来，以西方为主体的政治文化迅猛发展。同时改革开放的脚步为中国打开国门，使中国人以全新的姿态面对世人。20 世纪 80 年代，中国领导人身着西装出现在国际政治舞台上，向全世界传达了新中国改革的决心和与世界接轨的步履。在全球化背景下，新中国领导人的着装不仅成了个人执政风格的体现，也很快成了国家政治文化的鲜明表征。

作为新一代的国家领导人习近平总书记几次偕夫人彭丽媛的出访，就在世界引起了不小的轰动。向来以保守著称的文明古国竟然也打起了"时尚外交"这张牌，这不得不令人对新中国政治文化建设的与时俱进和国际化视域刮目相看。彭丽媛在金砖五国的出访中以十余套精心打造的华服向世界展示了中国女性的新形象，服装造型大方端庄，颇具现代气息，而刺绣、盘扣、云锦、丝绸等细节元素的设计应用又展示了中国传统文化的美轮美奂、博大精深。作为国家领导人习近平虽着装以庄重的西服和中式立领男装为主，但通过服装颜色与随访的彭丽媛和谐搭配，同色系的领带、巾帕无处不在，通过细节体现出新中国领导人对塑造良好形象的关注。几次亮相中在服饰上做出的改变使服饰政治在西方人眼中成了中国的"新名片"。

（二）英国

如同英国绅士留给世人保守、谦逊的印象一般，英国政治民主的道路与西方其他各国激烈的革命有所不同，一切似乎都是在妥协策略之下悄然完成的。在这个温和湿润的岛屿国家，平缓的地势造就了舒适的生存环境，特殊的自然条件也催生了独特的政治社会走势。保守、稳健、谦逊、调和、妥协、理性、灵活等特征是人们为这种独特的"岛国文化"打上的标签。

尊重传统、注重经验的英国人以经验主义著称。经验主义是相对于唯物主义的一种哲学观，强调一切知识都发源于感官知觉或经验。英国光荣革命的领导者、经验主义哲学家约翰·洛克是这样阐述人类的悟性是如何作用的：

"我们由外在世界接受视觉、听觉、嗅觉、触觉及味觉这些感官印象，心智将这些感官印象组织成连贯的模式，使外在世界开始产生意义，这形成我们对世界的一般了解的基础。"① 这让保守的英国人对人的理性不断质疑，而坚信可靠的是人们世代积累下来的经验，因此必须严格遵守判例、习惯法以及不成文宪法传统。在英国"习惯受着特别的尊敬，并且有一种倾向，认为在适应变动的时代的前提下，习惯最少变动。"②

经验主义在政治倾向上的体现就是保守主义的政治文化特色，这种保守主义在英国人的"着装经验"上同样得以体现。兴起于美国的"周五便服"曾经一度流传到了英国。这意味着公司允许他们的员工在星期五穿着便服上班，而不必着工作制服或商务套装。不少大胆创新的英国公司引入这一规则，于是一些等级较低的员工开始穿着休闲装、沙滩装甚至晚上流连夜店才会穿着的服饰上班，这让大多数英国人皱起了眉头。而公司高管基本上会自动无视这一看似"人性化"的制度，依旧身着保守的职业套装。这种风潮非但没有将"美国式的民主自由"带到英国，反而成了公司内等级差异的象征。

英国人对祖先的丰厚遗产十分尊重，因而一系列政治改革也均依据对古法的崇敬而进行。这其中也包括对王位继承制的延续。在英国人看来王位世袭的延续是其政治体系稳定持久的保障。因此英国的政治文化是超越阶级、超越政党的，在这一点上作为现代英国政治体系的重要组成，英皇室的存续似乎成了英国政治文化的完美代言。事实上，这种看法并非今天的英国政治制度决定的，早在18世纪，英国著名的政治理论家柏克就在其著述《法国革命论》中提到了这一点。尽管在书中他表达的是自己对法国革命的看法和政治主张，但也提及了对英国人而言尊敬国王的世袭继承制的重要性。在英格兰人看来这是一种权利，而非奴役，是一种选择的自由的权利。将不受干扰的王位继承权延续至今，令超越阶级、超越政党的君主——英王成了国家统一和民族团结的象征，皇室成员的着装更是国家权威的象征。因此英国女王伊丽莎白在重要的场合依旧会身着皇袍、头戴王冠，以示君主的权威。曾有

---

① ［美］约翰·麦克里兰著，彭淮栋译：《西方政治思想史》，海口：海南出版社 2010 年版，第 282 页。

② 李小园："英国现代政治体系发展的文化渊源"，《辽宁行政学院学报》，2012 年第 6 期。

一名享誉全球的美国摄影师应邀为女王拍摄照片，而为了使画面构图更具美感，这位摄影师大胆地向女王提出摘掉王冠。这一要求自然令女王十分不满，抱怨道："如果摘掉王冠，那拍照的意义又何在呢？"，最后照片自然也按照女王的意愿拍摄完成。（见图1－16）

图1－16　安妮·莱博维茨拍摄的伊丽莎白女王像

除此之外，在这个每人都拥有敏感的"截击雷达"的国家，皇室的穿着不仅是其所属阶级的象征，同样代表着对独特的英国政治文化的认同，即使是日常着装依旧透露出浓重的皇家品格。英国的凯特王妃自从步入公众视野，就成了英国时尚界的热门话题。年轻漂亮的凯特王妃以大方得体、优雅又不失时尚的着装受到了英国民众的追捧，成了英国乃至世界时尚的潮流风向标。王妃曾经一度十分喜欢穿着轻薄的裙装，而英国多风的天气却给她惹来不少麻烦。因为裙子太短、太轻，凯特王妃多次被媒体记者拍到走光的照片，惹得伊丽莎白女王不得不下了"禁令"，要求她在公共场合必须穿着过膝长裙或者厚重面料制成的裙子，并派出御用服装设计师为其把关，以保障皇室成员形象的尊严。

（三）美国

美国是一个移民国家，由最初的13个州发展到后来的50个州，这里聚集了来自世界各地有着不同宗教信仰、不同语言文字、不同生活习惯的人群。但这并不妨碍他们拥有同样的政治文化，信奉同样自由、平等、民主的原则。

所以，美国可以说是一个建立在共同理想之上的国家，不同于其他国家通过民族界定，美国人是"通过对一整套自由主义政治原则，特别是体现在《独立宣言》和宪法中的自由和平等原则来界定的"①，这使得个人主义成了美国政治文化的核心。

《独立宣言》中曾经说："人人生而平等，造物主赋予他们某些不可转让的权利，其中包括生命权、自由权以及追求幸福的权利"。个人主义之所以能够在美国开花结果，无疑是源于其早先移民社会植下的历史根基。首批移民在重重困难的阻挠之下来到新大陆，为的就是通过自己的努力来改变命运。这些叛逆者以此为精神支柱实现了个人的价值，也因将创新和进取的美国精神延续至今。然而想要在复杂的社会关系中突现个人，重视个人自由，强化个人支配，支持个人主张，营造一个宽松的民主环境是必不可少的，这也是为什么在美国人们谈论最多的一个词就是民主。个人先于社会而存在，这种浓重的个人主义味道在美国的服饰制度中也有所体现。20 世纪 90 年代初期，美国商界刮起了一股"休闲星期五"之风，也就是每个星期五可以穿着自己喜欢的休闲装上班，而下班后更是可以不换衣服就直接去参加周末狂欢。这反映出当时的社会政治趋势，对个人主义自我的表达向往。一时间华尔街的精英们纷纷退去刻板的职业装，精心剪裁的三件套、条纹西装、白衬衣、不露趾皮鞋逐渐被牛仔裤、T 恤衫和运动鞋取代，很快这股风潮也影响到了其他欧美国家。最早在办公室穿着休闲服的，可能要追溯到 20 世纪 60 年代到 70 年代美国硅谷的一群极客们。正是这群人如同当年的美国移民一般来到硅谷开垦了一片全新的市场，才铸就了我们今天生活中不可或缺的计算机、互联网。但在当时，硅谷的一派繁荣并不能改变人们眼中对这群人的看法——另类、异族，穿着休闲服上班。也许正是这群特立独行的极客们挑战世俗眼光的一种表现，而这恰与追求创新、探索未知的美国精神不谋而合。这股潮流对当时的时尚界同样产生了影响，休闲之风走上了 T 台，走入了人们的衣橱，作为民族服装的夏威夷衬衫在当时成了商界精英的时髦装扮。1992 年美国已经有 26% 的公司允许至少一天穿着休闲装上班，而到了 1997 年，这一比例更是上升至 53%。

---

① 李方方："美国建立理念与美国文化"，《大观周刊》，2012 年第 14 期。

正如美国政治学家罗伯特·A.达尔所言，这种民主下"公民并不具有平等的权利。"① 在美国的民主政治下，我们实际看到的是一种多元化的民主，一种多数人的主权与少数人的权力之间不断调和的产物。在一个社会中民主化的程度与收入、财富、地位和对组织资源的控制与分布，存在复杂的关系。尽管着装自由是再私人不过的话题了，但也一样不可能躲开干系。事实上，休闲装办公的隐患在 21 世纪初很快就被发现了，一方面非正式的着装会给顾客疏于管理、缺乏秩序的信号，另一方面穿着休闲装的人自己也会放松下来，这在紧张繁忙的工作环境中起不到什么好作用。无奈的是美国人骨子里的个人主义将这些警告无视了。美国男装协会也对这股风潮做出了预警，他们发现在调查的 200 多家公司中有 19% 的办公着装又回归了传统的正装，而这19% 的公司效益极佳，外汇交易份额高达 5 亿美元。2000 年在美国允许穿着休闲装上班的公司下降到 87%，比 1998 年下降了 10 个百分点，随后允许穿着休闲装上班的公司开始逐渐减少。只有设计、艺术、时尚等部分创意产业允许穿着休闲装上班，而大部分行业又回归了正装，尤其是与客户洽谈时，休闲装更是成了禁忌。

美国政治文化的另一显著特征就是自由主义，也可以说，自由主义是一种个人主义的政治语汇。由于大部分移民来自欧洲，因此美国的自由主义受英国自由主义影响很深，尤其是英国政治思想家洛克的自由主义。这种源起于 17 世纪的政治思想曾是反对君权神授和王位继承的武器，自由意指"宽厚大度，内含反对压制迫害。"② 但在美国，由于移民种族的复杂性和种族优越感及差异感的存在，对自由主义的崇尚就更加的明显。尤其是对于美国的有色人种来说，暗藏于美国社会中根深蒂固的"白人至上"的思想始终是美国自由主义中一块难以愈合的伤疤，所以很多少数民族选择用着装表达自己对自由、平等的诉求。在奴隶制时期，美国的黑人移民在奴隶主的控制下是没有着装自由的，他们被拥有者按照三六九等进行分类，并制定穿着的服装。穿着最为高级的要算是管家或者家奴，他们允许穿着特定的制服，并享有一定的权利。而农奴则穿着破旧的衣服，并没有任何自由。随着废奴运动的蔓

---

① ［美］罗伯特·A·达尔、布鲁斯·斯泰恩布里克纳著，吴勇译：《现代政治分析》，北京：中国人民大学出版社 2012 年版，第 11 页。

② 钱满素著：《美国自由主义的历史变迁》，北京：三联书店 2006 年版，第 4 页。

延，越来越多的黑人开始穿着和白人一样的服装，并以自由人的身份参加社会活动。不过种族主义运动并没有伴随着奴隶制的废除而消亡，直至今天，美籍黑人与其他少数派民族移民依旧在为其权利进行着不懈的斗争。20世纪60年代，在非裔美国女性中就兴起了一股佩戴传统包头的风潮，以牢记自己的民族根基。因为在她们被奴役的时代，长长的包头是黑人女性的典型头饰，因为当时他们不允许有和白人同样的着装权利，所以各种千姿百态的帽子是不允许黑人女性穿戴的。直至废奴之后很久这种禁忌才被打破，对于非裔美国女性来说，在一些重大社交场合中戴一顶设计独特的漂亮帽子是身份与地位的象征。在后来的人权运动中仍有很多年轻的非洲女性，甚至参与运动的白人女性缠裹着包头，以示对这段历史的凝刻与反思。

（四）法国

法兰西民族最大的特点就在于感性与理性的对立统一，冲突和平衡，在政治文化领域自然也同样如此。显然法国人的个性是以自我为中心的，这一点在法国的服饰文化中不难看出。在法国，时尚也许不是必需品，但风格却是不能丢掉的。

好幻想热衷于追求完美理想的法国人，同样十分情绪化，易狂热冲动，不安于现状。在强烈的国家认同感支使下，他们愿意历尽苦难为法兰西民族的生存而斗争。这为法国的政治文化提供了理想主义甚至激进主义的温床。法国的知识分子凭借对完美理想的描绘将启蒙思想带入了法国人的精神世界。18世纪以来思想家、文学家的激进思想使法国人认定只有通过一种大规模、大范围的变革才能让法国建立新的秩序，打破这种不平等的枷锁，这成了法国大革命产生的社会思想契机。在这种环境中，服饰文化对革命双方都起到了意想不到的作用。

正如法国著名历史学家亚力克西·德·托克维尔所言：许多革命极少发生在情况糟糕的时候，而往往是发生在时局有所好转之时。18世纪初法国曾面临重重困境，国库亏空，政府内部腐败不堪，重农经济为国家带来的沉重负担。这些在18世纪后半程开始发生改变。自由的市场经济为法国带来经济上的增长，但也进一步激化了贫富矛盾，路易十六在这时候开始决定进行政治改革。甚至连法国奢华文化的代言人玛丽·安托瓦内特都削减了个人的开支，她的衣橱节约举措仅在1788年就带来了一百二十万零六百里弗尔的巨额节余，这对于将服饰作为自己政治武器的女王来说是做出了很大的牺牲和让步的。但遗憾的是以上这些都没能阻止启蒙思想在法国民众心中种下的自由的种子，这场革命注定以轰轰烈烈的形式进行，血的代价是不可避免的。

1789 年 5 月路易十六重启三级会议，上一次召开这个会议是 175 年前，以至于在开会之前人们甚至没有完全搞清楚三个等级代表的人数，等级之间的关系等程序问题。据载"会议中作为普通民众代表的第三等级，通过一种激进的方式表达了自己对其他两个等级的不满，他们在国王讲话结束后戴上了自己的帽子。"① 这种举措惹怒了第一等级和第二等级的代表，扬言要退出会议。因为在法国的服饰制度中，只有国王及其贵族才能在公开场合或仪式中享有戴帽子的权利，平民在国王面前是必须脱帽的。第三等级代表这种挑衅式的着装行为无疑将政治矛盾推向了一触即发的边缘，最后还是路易十六将自己的帽子摘下，迫使在场的其他人员也纷纷脱帽，使矛盾得以化解。

然而，暂时的矛盾化解并不能阻挠革命风暴的到来，1798 年 7 月 14 日愤怒的巴黎人成群结队地攻占了巴士底狱，夺权了军需物资，杀死了典狱长。一场势在必行的革命就此拉开大幕，法国政治文化接受了一场革命的洗礼。

透过法国大革命解读今天法国的政治文化，人们惊讶地发现两个多世纪以来，法国人政治文化的分裂性依然存在。保守主义、自由主义的并驾齐驱令法国人成了这个世界上最爱抱怨的人。他们对国家制度、政府腐败、改革进程永远充满着怀疑，依旧幻想着那个完美的理想主义国度能够实现，又总是因为没有一个这样的政府来拯救他们于水火之中而失望。这种失望表现在每次政府换届为法国带来的就是居高不下失业率和永无止境的巴黎工人大罢工。而正是因为这种分裂导致的不信任，法国人对具体的某一个政权的支持总是软弱无力的。在现实生活中，政治话题对法国人来说就像是收入、年龄一样属于私人话题，是不会被公开讨论的。自由还是权威的矛盾在两百年后也趋于萎缩。尽管对政府的不信任感并没有减弱，但法国政治进入了一个平静的时期，正如弗朗索瓦·费雷所说："革命结束了。"

① ［美］卡罗琳·韦伯著，徐德林译：《罪与美——时尚女王与法国大革命》，北京：商务印书馆 2013 年版，第 269 页。

曾在法国政治文化中起主导作用的时尚文化并没有随着法国民众对政治热情的消退而减弱，对时尚的敏感依旧流淌在法兰西民众的血液中。这一点也许是为什么全球销量冠军——美国的高街时尚品牌 Gap，在法国却被本土高街品牌打败的原因吧。松散的造型和猎奇的风格在法国人看来与时尚毫无关系，向来固执己见的法国人这一次在"选择时尚，还是选择刺激"这个问题上，取得了罕见的一致。

（五）德国

政治文化的核心内容是认同与忠诚，它保障了国家政治体系良好的运行，政权的稳定和政体的合法。一个享有高度政治忠诚与参与的政治体系在面对政治危机、解决政治冲突时都会相对从容。这正是德国民主政治得以成功的重要条件之一。当然，反观德国政治渐进的历史，这种公民政治文化的认同并非一蹴而就，而是经过了一个漫长的过程。德国前总理施密特曾说："德国人有一种实现理想主义并保持这种理想主义的无穷能力。"秩序、勤劳、合作、顾家，实用主义——这是今天的德国人给大多数人的印象。这种民族政治文化中透露出的严谨自古就有，早在中世纪时期，德国制造的盔甲就因其高品质受到追捧，以哥特式为代表的德国盔甲在 15 世纪达到了顶峰，其精瘦合体、外部尖锐，褶皱层叠将功能与形式完美地结合在一起。

军国主义是德国历史上典型的国家性格，这是因为受到了权威主义的政治文化影响而产生的。曾经的普鲁士被称作一个"为战争而生、在战争中成长"的国家，历史上的战乱纷争、对军事力量的过度依赖都为普鲁士最终成为一个充满尚武精神的军事强国打下了基础。在当时的德国人看来，这种军国主义是"国家的财富，不仅存在于德国军队中，也存在于德国平民中。"在军国主义的干预下，德国的服饰同样也受到了一定影响。18 世纪以来，法国的时尚一直作为欧洲的风向标，受到了各国皇室的追捧，但在19 世纪末到 20 世纪初，德国对这种时尚的态度有了古怪的转变，这一变化与当时德国皇帝，著名的"制服控"威廉二世不无关联。受法兰西文化影响的时尚服饰在德国被排挤在外，它的表面化、非理性化和缺少哲学思考都成了不受欢迎的原因，而更重要的是这种浪漫的风格与当时的军国主义思想形成了鲜明的对立。

这种疏离时尚的保守思想在"二战"结束后并没有马上消失，而当时德国的政治文化也和战后的德国一样支离破碎。在给全世界带来苦难的同时，德国国内社会也遭受了重创。帝国的垮塌，社会的涣散，令德国人对自己的文化认同产生了困惑。曾经他们崇敬的俾斯麦、弗里德里希二世成了战争罪犯。这种非纳粹化、退军事化的改造在德国形成了一场新的革命。但思想的改变需要一个漫长的过程，与历史的决裂也不是一蹴而就的。很多的国人还不能一下子从过去中吸取到教训，因此德国的政治文化的转型过程经历了一个漫长的历史时期。在东德受苏联的影响，社会主义思想的发展使时尚成了反社会主义的表现。朱德·斯蒂泽尔曾说："官员们应疏导和控制女性的欲望，连接作为女性消费者权利与女性生产者权利之间的关联，促进合理的社会主义消费习惯成为公民权利的重要组成。"①

德国民众政治文化的彻底转型出现在20世纪70年代，战后出生的一代与战时一代的价值观念一直以来就有着巨大的冲突与差距。随着矛盾的日益激化，年轻一代对上一辈在"二战"中的行为及对战争缺乏的反思表示了强烈的不满。去军国主义、反纳粹及反战情绪高涨，冲突从学校、家庭、街头，最终走向了政府与整个社会。这种强烈的反思精神为德国树立正确的"二战"史观产生了巨大的推进，对德国的政治文化产生了强烈的影响，这种影响体现在德国社会的方方面面。曾经的公务员服装在德国可与军装划作等号，作为国家的政府工作人员身着军装制服在这个权威主义的军事大国是再平常不过的事情了。"二战"结束后，作为战败国的德国只有国家执法机关的工作人员允许穿着军警制服。随着和平主义道路的延伸，民主政治进程的发展，这种有着浓重的军国主义色彩的服装也饱受争议。很多人将其看作军国主义、纳粹思想的残留，去军国主义色彩的呼声也越发高涨。1973年德国著名服装设计师海因兹·厄斯特高为执法部门设计了一款全新的绿色哔叽警服。服装采用现代感十足的设计，更具亲和力的色彩，弱化制服感，加强了舒适自然的感觉。当然设计中也保留了德国人严谨的实用主义风格，以及一丝不苟的工艺水平，更体现了当时不断加快的民主政治改革的脚步。这件设计作品一直被作为德国的警察服装沿用至今。

---

① Rebecca Arnold 著，《Fashion A Very Short Introduction》，New York：Oxford University Press2009 年版，第 99 页。

第五节　服饰与政治思潮

一、政治思潮的形成及特点

梁启超在《清代学术概论》中对思潮做了如下评述："今之恒言，曰'时代思潮'。此其语最妙于形容。凡文化发展之国，其国民于一时期中，因环境之变迁，与夫心理之感召，不期而思想之进路，同趋于一方向，于是相与呼应汹涌，如潮然。"① 随着社会思潮研究的不断深入，其研究范畴也逐渐明晰，研究内容主要涵盖政治学和社会学领域。政治思潮具有一般社会思潮的普遍特点，同时也有自己的独特性。它的形成基于一定空间范围内特定的政治、经济、文化、社会等历史条件，促成政治思潮的各种因素不尽相同，其组合方式也各有特点，因此政治思潮的种类和格局迥然不同。事实上，在西方政治学语境中，对"政治思潮"一词并没有严格的释义，与之相似的是更为广义的政治意识形态（Political Ideology）一词，很多政治意识形态也都是植根于某种政治思潮。因此我们将政治思潮定义为在特定历史条件下形成的，具有共同政治倾向和较为广泛影响的重大政治思想潮流。②

（一）政治思潮的成因

巨大的政治变革带来的是社会多方面的变革，因此政治思潮的成因也是多层面的，促成政治思潮形成的条件主要有以下几点。

1. 政治环境

政治条件中的诸多因素是导致政治思潮的根本原因，尤其是政治环境的变化决定了一段历史时期的走向和人们面对的主要时代课题。作为一个有机整体，政治环境包含了政治思潮所产生的历史社会背景、经济政治条件、思想文化条件，这使政治思潮产生的环境是复杂而多变的。也正因如此，作为一种社会意识看似抽象的政治思潮所产生的影响有时候甚至超越了更为具象

---

① 梁启超著：《清代学术概论》，上海：上海古籍出版社2005年版，第1页。
② 徐大同主编：《当代西方政治思潮》，天津：天津人民出版社2010年版，第1页。

的政治制度。

2. 政治精英

"凡时代思潮，无不由'继续的群众运动'而成。所谓运动者，非必有意识、有计划、有组织，不能分为谁主动、谁被动。"① 对于政治思潮的驱动成因，政治思潮的领导者梁启超做出过如上的评述。这些"运动"的参加者虽职责不同，但是在政治思潮的变迁发展中总会由少部分人承担计划、组织、传播的职责，因此他们所处的位置是重要而微妙的。作为一个少数派个体，这些政治精英反而成了社会各个层次群体的主要影响力。一方面，政治思潮的产生在很大程度上基于他们的探索与研究，政治精英对社会现状的敏锐洞察是一系列政治思想的萌芽。另一方面，政治思潮对群体意识的影响，同样得益于政治精英的鼓励、刺激和引领。

3. 传播途径

政治思潮一旦作用于群体思想，就会产生巨大的政治能量。正如古斯塔夫·勒庞在他的大众心理学著作《乌合之众》中所说："真正的历史大动荡，并不是那些以其宏大而暴烈的场面让我们吃惊的事情。造成文明洗心革面的唯一重要的变化，是影响到思想、观念和信仰的变化。"② 由此可见这种变化并非一蹴而就的。作用于群体的意识形态需要形成一种普遍的信仰，而非一时的意识影响，政治思潮的传播途径恰恰符合这一规律。作为一种指导政治实践、影响现实政治的意识形态潮流，政治思潮并非单纯产生于书本之上的理论体系，同时也是在现实政治需要的基础之上产生的。政治精英的政治思想在特定的群体中的传播是传染式的，这种传染似乎具有专制权威般的力量，在政治领袖的鼓动下民众自发地将政治思潮的影响普及扩大，使之成为一种普遍的信仰。

（二）政治思潮的特点

随着政治的经济化、社会化程度加深，政治思潮也在潜移默化中产生了更为广泛的社会影响，这些影响与其自身特点是不无关联的。

---

① 梁启超著：《清代学术概论》，上海：上海古籍出版社 2005 年版，第 1 页。
② ［法］古斯塔夫·勒庞著，冯克利译：《乌合之众：大众心理研究》，桂林：广西师范大学出版社 2007 年版，第 35 页。

1. 周期性

"吾观中外古今之所谓'思潮'者，皆循此历程以递相流转，而有清三百年，则其最切著之例证也。"① 梁启超的这番话中所谓的"历程"指的是他根据中国传统佛学思想将政治思潮划分的四个阶段：启蒙期、全盛期、蜕分期、衰落期。在他看来任何国家、任何时代的思潮均以此种方式涨落演进，故而形成了一种周期性的流转。不同于政治思想，政治思潮随着社会矛盾的尖锐而产生，随着问题的解决而产生变化，甚至消亡。这些思潮有的会被新的政治思潮取代，还可能在一段时期后重新以一种符合时代主题的形态出现。

2. 全局性

随着现代社会结构的复杂变革，世界政治格局的深刻调整，各种政治思潮应运而生。某些传播广泛、影响深远的政治思潮在一定历史时期内的作用不仅体现在思想文化的引导上，而且是形成了一种对政治、经济、文化都具有影响力的文化力量，这种全局性的影响使政治思潮渗入政治生活的方方面面。

政治思潮的全局性不仅体现在它对不同学科领域的影响上，同时也体现在时间的延续和空间的扩展上。如前所述，随着政治思潮的周期演进，有些思潮在一段时期后会以一种全新的方式出现，这种全新的形象更为全面地包容了时代发展过程中所产生的变化。另外，在国际政治的背景下地域的外延被不断打破，政治思潮也不再仅作用于某个国家、某个特定时期，而是随着世界边界的贯通活跃于各种文明之中。

3. 多样性

在一定的社会历史条件下，政治思潮的拓展也体现在其多样性的特点上。不同政治思潮的交互融合，不同学科领域的全面渗透，使当代全球政治思潮都出现了多样性的态势。不同政治环境下，越来越多的国家意识到要想在今天的国际环境下占有一席之地，就不能一味继承传统政治思想，要在本国特色基础之上寻找自己的发展路线，亦因此产生了政治思潮流派纷呈的局面。甚至同一政治环境下，不同的阶级、政党、思想流派也会产生不同的政治思潮，体现出当今世界多极化的趋势。

---

① 梁启超著：《清代学术概论》，上海：上海古籍出版社 2005 年版，第 1 页。

在未来的发展中，这些新的国际政治思潮将直接或间接影响全球外交政策。西方国家决策者会依据冷战后国际关系格局态势和国际形势的变化，吸取新政治思潮的主张，制定相应的对外政策，以主导国际关系的发展。

二、政治思潮与服饰文化的意识形态表达

自国家产生以来，作为社会体系一部分的人类服饰文化，始终处在政治的制衡之中，不断受到来自政治的各种影响，这是人类服饰文化发展中无可争辩的普遍规律。另外，服饰文化在政治思潮演进过程中也同样处于不可忽略的位置，二者之间相互关联，又互为影响，这与政治思潮和服饰文化的一些共性不无关联，其中最主要的就是二者兼具意识形态化的表现。

"意识形态"一词在政治领域和文化领域都是被频繁提及的概念，但每每它的概念被提出时，都会收到无数的反驳意见。因此，直至 21 世纪学术界对它的定义也未能达成共识。唯一一点几乎可以令所有政治学家认可的就是："意识形态是我们生活中的一个重要元素"。[①] 美国学者特伦斯·鲍尔对意识形态提出了一个较为广泛、弹性的范畴，他认为意识形态"是一种议程，它包含了待讨论的事项、待诘问的问题与待提出的假说。我们可以应用它来思索理念和政治之间的互动关系"。[②] 尽管也许有很多对意识形态持更加狭隘观点的政治家会反对这一观点，但至少在我们探讨鲍尔定义赋予意识形态的一些特点的时候会发现，这其中很多不谋而合的特征是政治思潮与服饰文化兼备的。

无论是政治思潮还是服饰文化，其本质都是意识形态的符号表征。从内容的主体来看，政治思潮包含了对政治局面的看法和对未来发展的憧憬，同时这一发展前景是优于现状的，这一特点在服饰潮流中同样得以体现。一种潮流的兴起源于对现今服饰文化的总结和未来服饰发展的预测，而同样无论在设计师还是穿着者眼中，这种潮流都是优于现有服饰风格特点的，是时尚的体现。

---

① ［美］利昂·P. 巴拉达特著，张慧芝、张露璐译：《意识形态：起源于影响》，北京：世界图书出版公司北京公司 2010 年版，第 8 页。

② ［美］利昂·P. 巴拉达特著，张慧芝、张露璐译：《意识形态：起源于影响》，北京：世界图书出版公司北京公司 2010 年版，第 9 页。

从传播体系来看，由于意识形态是群众取向的，所以传播模式也多采用大众传播。这一点在政治思潮和服饰文化中也均得到了体现。如同大部分政治思潮的传播都是通过鼓舞煽动群众来推广、传播的，服饰文化的传播也大多以群众为对象。尤其是当某些政治思潮或服饰文化仅为特定人群服务的时候，就更需要通过一种简单易懂，具有鼓动性的传播方式进行广泛的普及，让这些美好的未来和形象成为意识形态所设定的目标，为这种精英化的思想文化披上平民化的外衣。在这一点上人们会惊奇地发现，政治家们激情四溢的宣讲和五彩斑斓的时装发布会不无相似之处。

从影响作用角度来看，如同政治思潮是一种指导和影响群体政治行为的力量一样，服饰文化也在指导和影响着群体的着装行为。基于传播学的研究发现尽管大众传播的模式不尽相同，但政治思潮和服饰文化在传播的影响效果上却是相似的。当今社会是一个动态的社会，信息流的增长日益扩大使精英群体往往比"受教育较少、地位较低的人们能更好地吸收信息"①，因此导致了认知的差异不断扩大。这时候诸如政治思潮、服饰文化这类意识形态观念的出现起到了舆论领袖作用，并在大众媒体的作用下广为传播。

三、中国主要政治思潮对服饰的影响

尽管中国古代政治学遗产丰富，但将其作为一门学科进行研究的时间却不长。从 1978 年政治学作为一门学科在高校恢复，中西政治学术激烈碰撞交汇的时间不过短短几十年，期间取得的成果却是卓越显著的。千百年来，中国政治思潮百家争鸣，不同时期的政治思潮本身也在不断变化。在此仅就当代中国一些主流政治思潮对服饰文化的影响略做评述。

（一）西化政治思潮

任何一种政治思潮的发展都受到各种社会因素的制约；同时政治思潮所产生的反作用也将掣肘或推动社会发展。政治思潮对服饰潮流发展同样也会产生这种影响，甚至改变服饰潮流的发展进程，如在 20 世纪初期流行的西化思潮。中国的现代政治学便发端于这一时期，辛亥革命结束了在中国延续数

---

① ［英］丹尼斯·麦奎尔［瑞典］斯文·温德尔著，祝建华、武伟译：《大众传播模式论》，上海：上海译文出版社 1987 年版，第 95 页。

千年的君主政治，开启了中国政治思潮变革的篇章。在 20 世纪前半叶，经历了巨大震动的中国政治界一直就"中国应该何去何从"这一问题寻找答案，一时间涌现出各种政治思潮，其中主流之一就是西化思潮。西化思潮的诞生和发展与当时中国知识群体大量引入西方知识和思想有着紧密的关联。部分西化论者把西化思潮等同于现代思潮，认为只有经济、政治、文化全盘西化才能使刚刚经过蜕变的中国走上民主之路，但忽略了任何两种文化的碰撞都需要一段时期的磨合，而并非开始就一帆风顺的。这一点在服饰形制的发展上有明显的体现。

这一时期中西政治思想交融在服饰文化上的初次碰撞并未擦出炫目的火花，甚至有些水土不服。在西化思潮试图影响中式服装的进程中，因为对西服的文化背景没有过多深入的了解，而单纯只对服装形制进行生搬硬套或移花接木。须知西化思潮并不意味着采用西方政治思潮模式来设计中国政治，而是在西方政治理论的基础之上寻找一套中国现代化的理想方案。在当时，长袍、马褂和西服、礼帽表达出当时两种不同政治意识形态的区别。一方面，国粹派将"棉制长袍、缎面马褂、瓜皮小帽、黑鞋白袜扎裤管"的形象作为"纯中式服装顽强的堡垒"[1] 以抵抗西化思潮的进程；另一方面，"西服革履"也成了思想先进者表现新时尚的典型形象。

然而，全盘的否定或肯定都不是面对历史前进的车轮应有的态度，否则就可能成螳臂当车，淹没于改革的浩瀚洪流之中；或矫枉过正，一味破旧立新殆可谓数典忘祖。尽管新派形象在当时都是最具代表性的，却很难反映出西化思潮的本质思想。一方面，千百年来的历史积淀非仅凭政治思潮耸动便翻手可覆之，因此尽管孙中山政府曾大力宣扬易服，但面对植根已久的旧俗也举步维艰；另一方面，保持民族传统和保护民族纺织业的呼声此起彼伏，这也是后来革命政府作出妥协的原因之一。所以在当时也产生了很多"中西合璧"的时代形象。西学东渐之初不少政治家、思想家游历欧洲学习先进的西方思想，也体验了西方的生活方式，且在回国后依旧延续这种生活方式，西服、皮鞋、礼帽、领带描摹的像模像样。而在他们传播西方先进政治思潮的同时，"洋味十足"的形象也在渴求知识，乐于接受新鲜事物的年轻人中产

---

[1]　华梅著：《中国近现代服装史》，北京：中国纺织出版社 2008 年版，第 47 页。

生了极大影响，于是不少年轻人纷纷剪辫易服，效仿起来。更有甚者辫发未剪，西装上身，于是成了骑墙派的典型形象。

西化思潮毕竟是得益于先进的西方文化思想熏染，故其影响下中式服饰也孕育出很多值得称道的发展成果，如在至今世界服饰文化历史上占有重要一席之地的旗袍。20 世纪初期，旗袍和长袄曾经是当时典型的中国女服形象，随着西化思潮的渐入，在西方美学思想的冲击下，旗袍和袄服的形制也发生了巨大的改变。受留日学生的影响袄裙变得窄短修身，并配以黑色长裙，旗袍也不再臃肿不堪，而是收紧腰身，贴合身体曲线，再加上高跟鞋的衬托，越发彰显东方女性婀娜的身姿。

事实上西化思潮的影响也并未止步，今天它已经蜕变为一个全新的形象——全球化思潮，并在中国大地悄然扎根，不断发展。全球化思潮的思想根基同样是西方先进的思想政治文化，故二者同根同源。如何使西方思想文化的精髓在中国全球化、现代化发展进程中与中国传统文化和谐共处，是面对不断变化的新思潮的冲击我们应该考虑的首要问题。

（二）三民主义政治思潮

一般来说，政治思潮的传播不受地域的限制，对全球产生普遍影响的政治思潮有很多。但在文化同源、社会同质或历史条件相似的地区，同一政治思潮更容易引起共鸣，传播尤快，这一点服饰文化上亦然。纵观人类文化历史长河源远流长，而中国服饰文化可谓独树一帜，作为意识形态的政治思潮不能融于这片土地上的文明是难以植根的，诞生于 20 世纪初的中山装就是一个最好的例子。

中山装曾作为民国政府的公务服装，在中国服装历史中是西式服装和中国传统文化，或说是传统与现代的一次完美结合。在孙中山先生的影响下，中山装不仅成了国民政府的公务服装，更是中国传统文化的典型代表并一直延续至今。中山装的样式中不仅体现了中西结合的特点，更包含着三民主义思潮的深厚内涵。在中国历史传统中，知识分子一直以来扮演着重要的角色。孙中山在海外求学期间就曾为在中华大地推广自由民主而四处奔走，他身着西式服装或日式学生装的形象在那时深入人心，后来中山装能让人们清晰地看见当时的印记。和孙中山的思想一样，中山装也随着社会发展不断成熟和完善。中山装并不是一开始就定下的名称，而是 1925 年孙中山去世之后为了纪念他，由广州政府确定的，并将其作为政府和党务部门的制服。这赋予了中山装相较其他日常服装更为重要的角色，因此细节的设计也更加讲究。首先是中山装胸前的四个口袋，意喻"国之四维"，即礼、义、廉、耻。也正是因此"礼、义、廉、耻不仅在普通中国人的道德准则中扮演着重要的角色，而且上升到'国之四维'的高度，礼义廉耻是否得到伸张被认为与国运息息相关"①。这体现了作为进步代表的孙中山思想对传统规范的认同与维护。此外，中山装前襟上的五枚纽扣代表五权宪法，五权分别指：行政权、立法权、司法权、考试权、监察权。纽扣虽小却能看出孙式革命的"有所为而为"，强调了权利与制度的制衡。早先中山装曾经有过九粒扣和七粒扣的形制，但后来为了传播孙中山的民权思想而改为五粒纽扣，这也体现出政治思潮对服饰影响之大。寄寓在中山装上的当然少不了孙中山先生最著名的民族、民权、民生——三民主义思想，与之紧密关联的是袖口上的三粒纽扣。

虽然起初在民国政府的《服制条例》中仅就政府司职人员的服制做了规定，并未要求普通民众必须穿着。但随着中山装中的革命象征内涵不断深化，越来越多的进步青年开始将穿着它作为表达自己政治思想的一种表现。后来国民党政府为了推行自己的政令，也利用中山装在年轻人中的流行在校园中进行推广，以期通过这一手段实现对民众的规训。

四、西方主要政治思潮对服饰的影响

（一）民主主义思潮

正如美国政治学家、教育家巴拉达特所说，"今天全世界约有 220 部国家宪法，它们几乎全都自称是民主的"②。因此，不同时期、不同环境，民主的解释也是各不相同，但民主一词带给人们的吸引力是不言而喻的，而每一次民主思潮的风起云涌都伴随着激烈的震荡。

在法国大革命前期孟德斯鸠、伏尔泰、卢梭等杰出思想家提出了一系列资产阶级的民主思想，为大革命爆发铸造了思想背景。1789 年 7 月 14 日，巴黎人民攻占巴士底狱的胜利将资产阶级的和平幻想彻底打破，普通民众追求

---

① 华梅著：《中国近现代服装史》，北京：中国纺织出版社 2008 年版，第 72 页。

② ［美］利昂·P. 巴拉达特著，张慧芝、张露璐译：《意识形态：起源于影响》，北京：世界图书出版公司北京公司 2010 年版，第 72 页。

自由民主的诉求被彻底点燃。在这段时期的法国经历着巨大的转变：过往的贵族和宗教特权不断受到革命组织及上街抗议的民众的冲击，旧的观念逐渐被全新的天赋人权、三权分立等的民主思想所取代。同时革命激进情绪为当时许多服饰品赋予了浓重的政治色彩。

当巴士底狱被成千上万的巴黎市民攻陷时，他们身着工人服装，头戴一种叫博内特羊毛软帽，这一形象不仅被无数文学家记载下来，还被描绘入了画作。于是很多人纷纷将这种帽子当作了革命的象征符号，无论是法国大革命的亲历者，还是法国的普通的民众都纷纷戴起了博内特。很快"羊毛帽"成了共和国守卫者的代号，与保皇党的蓝色制服形成了鲜明的对比。从那时起，这种在英国都铎王朝时期亨利八世喜爱的时髦品被赋予了新的政治意味。服饰品原有的、约定俗成的释义由于政治思潮的影响而彻底改变。

当代民主政治的思潮，源于第二次世界大战结束后的西方社会产生的各种民主学说，它反映了资产阶级民主思想在当代的新发展，具有浓厚的保守主义倾向。这种民主政治思想的核心便是多元民主论。就像一个人有自己的思想、情感、个性、品质一样，各种政治团体都有自己的政治主张，并通过自己的报纸、电视台、广播电台宣扬自己的政治理念，在赢得大多数人支持的情况下，谋求对国家政治的统治，进一步巩固自己的政治主张。这些民主政治的演变便形成了政治思潮。它反映了资产阶级民主思想在当代的新发展，尤其是在政治思潮复杂多变的 21 世纪，民主这个字眼的概念就显得更加的模糊。因此也可以认为现代西方的民主主义是一种地域性的民主，这一点在服饰上也有所体现。

在一些西欧国家民主的前沿不断拓展，人权、社会、经济等多个领域民主化进程渐行渐远，大众民主成了支配生活的主导力量，因而服饰文化的传播也产生了变化。由以往传统的精英支配传播主导权，悄然向大众传播转化，如一些亚文化时尚潮流就是在大众的影响下流向社会。

（二）自由主义思潮

自由主义思潮从近代以来，特别是从英国的古典政治哲学和法国的启蒙思想以来，经历了近三百多年的发展演变的历程。从某种意义上来说，自由主义随着西方社会乃至今天东西方社会政治、经济与文化的变迁而发生着重大的变化。作为一种社会政治理论，自由主义随着时代的不同，面临的问题不同，其一系列理论主张也就有所不同，因此在不同的历史时期、不同的地域也就出现了形式各异的自由主义。自由主义在近现代演变的一个重要成果乃是建立起了一个自由的政治制度、经济制度和社会制度。因此，自由主义思潮的理论与实践，在很多人眼中等同于现代盛行的以英美社会制度为基础的一整套有关社会秩序的法律理论和政治理论。

　　近二百年来，自由主义在西方思想中一直处于十分显赫的地位，它随着西方资本主义生产方式的不断发展而完善，逐渐确立其主导地位。在自由主义思潮的包容之下服饰文化的多样性也得以存续。当然，这种自由背后也少不了反对的声音和斗争。例如，在深受西方殖民主义影响的澳大利亚，当地原住民经常因身份认同，文化保护以及种族歧视等问题进行抗议活动。在他们看来，现代的土著人民没有因为澳大利亚摆脱不列颠的殖民统治而获得更多的益处。澳大利亚为了经济发展推行的一系列政策也使白化文化日趋盛行。于是很多澳大利亚原住民纷纷在政治抗议时穿上本民族传统的披毯、罩袍，面部涂满彩色的图腾纹样，一些部落的长者则只包裹传统的腰布。这些服饰成了他们叙述民族身份的政治语汇，也为他们争取公正、自由的生存环境发出了强烈的声音。

　　自由主义思潮不仅在国家政治，也在国际政治中产生着影响，这一点同样在服饰文化上有所体现。"不受约束的样式"——是牛仔裤的推销商最初向人们传达的信息，也使在西方文化中牛仔裤成了自由主义的象征。随着淘金热的盛行，牛仔裤成了年轻人热衷的着装，也成为自由反叛精神的代表。自 20 世纪 60 年代以来，自由主义思潮影响下一系列反战运动逐渐兴起。对于在政治运动热潮中的年轻人来说，个人表达的开放态度决定了自由主义的程度。牛仔裤紧紧包裹的下肢躯体充满着性诱惑的暗

图 1 – 17　风靡全球的牛仔裤

示，这在年轻人看来是个人主义绝妙的反叛表达，而它的廉价优质也为其流行推波助澜。牛仔裤的流行开始席卷了全球，几乎每个年轻人都希望拥有一条这样的裤子，这种植根于街头青年亚文化的服饰潮流使时尚与阶级的关联不再那么密不可分，让更多人有了自我表达的权利。（见图 1-17）

（三）民族主义思潮

民族主义在不同的环境、不同的时期和不同的民族环境下经历了不同的发展变革，因而很难为其做出一个定义。民族主义的基础就是整个民族，英文中"民族"（nation）一词来源于拉丁文"natio"，意为"生存之物"，由此可见民族的重要性。当一个政治单元以民族主义为发展契机时，其民族意识中的优越感、认同感和归属感都是极其强烈的，对本民族利益的维护和对外民族力量的对抗也是其他政治意识形态难以企及的。

在德国的服饰文化中，民族主义思潮的影响不言而喻。曾经的极端民族主义甚至在人类世界历史上留下了难以愈合的创伤，而文化民族主义又为德国的民主政治制度搭建了坚实的基础。这也是为什么德国近现代服饰制度中对于民族文化的保留是十分重视的，如著名的巴伐利亚民族服装在德国服装中就占有重要的地位。巴伐利亚州是德意志联邦共和国的一个联邦州。在1871年之前，巴伐利亚都没有加入由普鲁士主导的德国，也就是人们常说的德意志第二帝国。后随着普鲁士通过战争手段迫使巴伐利亚加入德意志帝国，其文化也受到了一定的冲击。但倔强的民族特性使巴

图 1-18 巴伐利亚佃兜裙

伐利亚人民仍坚持不断的抗战，最终在并入德意志帝国之后巴伐利亚仍拥有王国地位，并保留独立的邮政、铁路与军队等事务的自主权。也正因如此，

现在巴伐利亚仍然有着自己的文化独特性。在德国举世瞩目的啤酒节上，到处游走着身着民族服装、手把数扎啤酒的德国姑娘，而她们穿着的就是极具巴伐利亚民族特色的紧身连衣裙——佃兜裙。这种裙子同样来自在欧洲历史悠久的佣兵文化，上身如同一件低胸的紧身马甲，下身为蓬松的圆摆褶裙，内衬白色衬衫，外系高腰的围裙，天气寒冷之时还可配上一件毛织的斗篷。传统佃兜裙为德国巴伐利亚农村妇女的劳作服装。而尽管在巴伐利亚当地许多居民都强调自己和德国其他地区的区别，并且保留有自己的语言，但今天这种极具民族特色的服装还是成了德国文化的典型代表。（见图1-18）

第六节　服饰与政治运动

一、政治运动的产生、发展及影响

（一）政治运动的产生

政治运动作为人类政治生活中的一种常见的政治手段和抗争手法在政治学历史进程中一直起着十分重要的作用。现代政治运动的产生大多源于政治意识形态的变化而催生的不同政治诉求。这使政治运动形式多变，产生的影响也各不相同，但总的来说政治运动的产生和出现涵盖着一些基本的特性。

政治运动起因的多样化，深入研究政治运动我们会发现不一定要从单纯的政治学范畴着手才能理解运动的产生。因为很多运动在产生之初并非政治性的，而只是某一集体针对其生活中的某些问题而发起的。例如，早期民族社会运动，理论家对其成因的分析往往聚焦于三个方面：偏激、贫困和暴力。

政治运动产生的另一个特点是其走向的综合化。政治运动尽管是由于某一个社会因素而产生的，但其全部爆发以后必将以多种方式呈现，并最终也会在不同社会阶层的作用下导向不同的终点。不同阶层通过在运动中的合作碰撞、交流信息、制定策略，继而也会对整个政治生活产生更为全面的、综合的影响。

最后导致政治运动的产生往往不是持续性的因素，而是政治机遇的触发。

正如美国政治学家西德尼所说："斗争政治的爆发不是来源于人们所遭受的贫困或社会解体。"① 因此政治环境下机遇因素的作用就显得尤为重要。在没有机遇的情况下，一般人不会采取进攻的运动态势。但政治机遇并不是存在于任何一个政治环境中，因此在政治机遇的把握和创造上，不同的政治领袖会采取不同的战略措施。而即便是同一个集体，在面对不同的政治机遇时也会依政治现实的区别做出不同的应激反应。

（二）政治运动的形式

由于政治环境、政治诉求的不尽相同，因此政治运动也以多种运动形式呈现。其中最主要的有三种："一是所谓集体行动，即有许多个体参加的，具有很大自发性的制度外政治行为；二是谓之社会运动，即有许多个体参加的、高度组织化的、寻求或反对特定社会变革的制度外政治行为；三是也是最为激进的一种形式是革命，是有大规模人群参与的、高度组织化的、旨在夺取政权并按照某种意识形态对社会进行根本改造的制度外政治行为。"② 这三者之间没有明确的界限，并有可能随着运动的发展以及运动形式的改变而改变。

（三）政治运动的影响

政治运动的影响是多层次、全方位的，社会、国家、政党都可作为政治运动的对象，同时它们对政治运动也都产生着反作用。而其影响的结果无非就只有两种：成功或失败。政治运动成功地对社会、国家或政党产生影响，使之改变其政治制度，而政治运动如以失败告终，则意味着受到了来自不同方面的镇压和抵制。但无论成功还是失败，政治运动产生的影响必然会在一定的政治环境中留下独特的烙印。

二、政治运动对服饰的影响

（一）政治运动对服饰发展的影响

政治运动的发展是基于社会运动整体的发展基础之上不断前进的，是一种持续性的运动。这就使政治运动对服饰发展同样起到了一定的推进作用。很多服饰伴随政治运动产生，而又伴随该运动消亡或深入人们日常生活，成为常服，

---

① [美] 西德尼·塔罗著，吴庆宏译：《运动中的力量：社会运动与斗争政治》，南京：凤凰出版集团译林出版社 2005 年版，第 95 页。
② 赵鼎新著：《社会与政治运动讲义》，北京：社会科学文献出版社 2006 年版，第 2 页。

如在以资产阶级女权运动为根源发起的女权运动倡导下使女性穿起的裤装。事实上尽管女权主义思想由来已久，但妇女解放运动到19世纪末以前却一直都是一个被广泛讨论政治议题，并未有任何成形的运动举措。在此之前裤子也一直是女性的禁区，甚至在有些地方穿着裤装对女性来说是违法行为。

　　直到第一次世界大战的爆发，男人都奔赴前线，女性的地位才得以彰显，她们证明了自己不仅能照顾家庭，同样也能承担社会责任。因此随着女性承担工作的性质产生了改变，社会角色也发生了变化，裤子对她们来说成了习以为常的穿着。"二战"末期，女权主义运动再次抬头，第二次妇女解放的浪潮使这一运动受到越来越多的认可。到20世纪60年代伴随民权运动、反战游行等运动对平等自由的呼声，女权主义运动让女性对盛行的性别双重标准给予了强烈的反击。裤装、甚至女穿男装成为她们对性别不平等无声的抗议。（见图1 - 19）

图1 - 19　女穿裤装

　　（二）政治运动对服饰制度的影响

　　政治运动对政治制度的影响也是不言而喻的，成功的政治运动甚至可能对传统起到撼动，因此自然也会影响到一脉相承的服饰制度。苏格兰格呢（Tartan）是苏格兰文化的典型代表，无论在历史还是在后世都凸显着鲜明的高地民族气质。这一切都是苏格兰人民通过苏格兰独立运动不断争取而来的。英格兰与苏格兰的恩怨由来已久，但自从苏格兰合并入不列颠王国之后，因为了解苏格兰格呢对当地人民的重要意义，英格兰政府曾一度禁止苏格兰格呢的生产。在苏格兰传统文化中，每种格子图案背后对应的是一个古老的苏格兰氏族，不同身份的人穿着不同图案的格子都有严格的规定和制度，对当地人来说有着十分重要的意义。对于这一传统文化的保护运动一直没有停止，并最终在1782年废除了法律对苏格兰格呢的禁令，使这一传统服装制度得以延续。1822年，当时的英国国王乔治四世走访爱丁堡时，受到接见的高地酋长就身着传统苏格兰格呢制成的传统服饰。这一行为使苏格兰格呢大为流行起来，一时间从不穿着苏格兰格呢的人也开始穿起了它。而维多利亚女王的丈夫阿尔伯特王子对苏格兰格呢的钟爱更是使这一传统服饰得到了自上而下的认可与推广。

（三）政治运动对服饰潮流的影响

与某一种服饰潮流的流行极为相似的是政治运动的动员结构。如果没有动员组织的领袖和引导，运动只会停留在意识形态化的层面，而难以前行。服饰潮流如果没有时尚推手的助力，同样也只能说是服饰风格，而无法达到流行的层面。而使服饰风格形成潮流的动因有很多，政治运动恰恰也是其中之一。例如，在可持续性发展口号一浪高过一浪的 21 世纪，环境主义者不断宣扬的全球绿色运动一直是当今政治运动舞台上独特的一道风景。

绿色环保意识在全球的普及，使很多政治运动与环境运动结合在一起，绿党就是这一结合的产物。绿党的意识形态以通过积极地政治手段改善地方环境为主要政策。可持续性发展、社会公正、草根民主、非暴力是绿色运动的核心支柱，而这也成了绿色环保服饰潮流的核心思想。注重服装的可穿着性、面料的环保指数、面料的可再生性以及服装对生态环境产生的影响，是绿色环保服饰潮流在这一运动影响下的体现。更有环保主义者对动物皮毛大行抵制，甚至在时装发布现场集会游行，这也催生了服装面料研发的新趋势，许多可以以假乱真，而又低价环保的人造皮毛应运而生。

三、服饰在政治运动中的作用

（一）展现斗争形式

将服饰作为政治运动重要武器的作用之一就是对斗争形式的表现。服饰作为政治运动领袖的运动手段成了政治意识形态的具象符号，如在政治运动中独树一帜的非暴力运动。尽管非暴力运动的历史并不短暂，但是印度民族独立运动领袖甘地将其正式地作为政治运动战术手段，并做出了理论化的梳理。甘地的非暴力不合作运动以一种平和的方式，同样实现了破坏性的影响。为鼓励印度民族独立自主，他在很多演讲和活动中都不遗余力地宣传提倡"土布运动"，旨在保护印度民族纺织业，并以此为契机使印度摆脱英国的经济约束，走上自由自治之路。

他在全国公开演讲及静坐活动中一袭印度土布缠身的形象已经成为一种神话式的形象。在印度人心目中圣雄甘地和释迦牟尼、耶稣基督取得了同样的地位，而土布衣则以一种看似平和的方式成了反抗力量的象征。

（二）构建象征符号

在法国革命的第五年，格勒诺布尔的革命行政权委员写道："因为公民选择特殊的服饰而对他们进行侮辱、挑衅或威吓，这是有违宪法章程的。服饰应该由品位和规矩来决定；永远不要厌恶惬意的简单性……抛弃那些战斗的标志，那些作为督军制服的反叛装束吧。"[1] 这段话记录着当时服饰在政治运动中的象征符号特性。简朴的服装在当时成了共和党人的典型形象，而那些衣着奢华的贵族则显然成了革命运动的斗争对象。看似习以为常的锦衣华服在当时却成了关乎生存的问题。以至于在路易十六携家眷出逃时，特地为他们一家人换上了平民的衣服，以期用新的社会身份躲避愤怒的民众。

由此可见，作为一种政治角色的象征符号，服饰在政治运动中所处的地位是举足轻重的。如同两军交战必定以自己独特的方式将军服予以区别，以防在战场上混淆一般，服饰作为一种外化的、阶级性的符号是人们在运动中明确政治立场，划分政治壁垒最直观的手段。

（三）凝聚运动力量

从 1863 年 1 月 1 日《解放宣言》的发表至今，美国黑人解放运动看似取得了阶段性的胜利，但在他们看来权利往往在破坏中得到尊重，因此种族平等、种族多元和民权运动的脚步一直没有停歇。而服饰文化在这一系列政治运动中也始终占有重要的地位。

"黑人想当白人，白人拼命实现人的等级地位。"[2] 法国作家，黑人解放运动政治家法农这样形容黑人群体在面对经济现实和社会现实的困惑。这种对自我的迷失也是黑人运动竭力找回的。在黑人解放运动早些时期，一些黑人以穿着和白人同样的服装来表达自己对不公的反抗，他们的着装也从奴隶时期的民族服装或赤身裸体慢慢转化为和自己的"主人"平起平坐。正是这

---

[1] ［美］西德尼·塔罗著，吴庆宏译：《运动中的力量：社会运动与斗争政治》，南京：凤凰出版集团译林出版社 2005 年版，第 142 页。

[2] ［法］法农著，万冰译：《黑皮肤，白面具》，南京：译林出版社 2005 年版，第 3 页。

些对当时白人来说很平常的服装将参与解放黑人运动事业的人从四面八方凝结到一起。也是这些平常的服装给予了他们团结在一起抗争不平等人权的力量。

随着多元种族运动的深化，越来越多的美裔非洲人意识到自己本民族文化的宝贵与独特，又重新穿上了本民族特有的服饰，来纪念自己不可忘却的种族之根。即便是在世界上最大的都市纽约，很多黑人聚居的社区中民族服饰也已经成为日常穿着随处可见，成为凝聚新时代的黑人民权运动的要素。（见图 1 - 20）

图 1 - 20　头戴包头的非裔美国女性

四、主要政治运动服饰

（一）中国政治运动服饰

1. 太平天国运动

曾有亲历太平天国时期的外国人这样形容这场运动：它就像是法国大革命一般改写了一切，从宗教仪式到鞋袜的流行。由此可见，太平天国运动带给清王朝统治的撼动之大。清王朝入主中原之初，在服饰制度方面一度保持着满、汉两民族之间的暂时妥协。至 1647 年，清朝统治者为避免占人口少数的满族人被汉族人同化，保持并推行其固有的尚武之俗，开始诏定官民服饰之制，极力推行满族的衣冠制度，强迫汉人剃发留辫，以"剃发"作为归顺清朝统治的象征。"留发"与"留头"的问题作为满汉矛盾的突出表现，贯穿了清朝统治的始终。

清统治者规定，凡剪发剃须刮面，都是不脱妖气，斩首不留。可在太平天国将领看来："夫中国有中国之形象，今满洲悉令削发，拖一长尾于后，是使中国之人变为禽兽也。中国有中国之衣冠，今满洲另置顶戴，胡衣猴冠，坏先代之服冕，是使中国之人忘其本也。"① 太平天国从金田起义时就一律蓄

---

① ［美］史景迁著，朱庆葆等译：《太平天国》，桂林：广西师范大学出版社 2011 年版，第 210 页。

发，发式成为其最具代表性的反清标志。"长毛""发匪""发逆"等词语更成为清朝对太平军的诬称。太平军用丝绒编成绺子，紧扎发根后，将发挽髻，以所余的绺子盘在髻上。将军以上的用五彩丝绒编挽，将军以下的用红绿丝绳编挽，无职位短发者打红辫线，长发者有的挽髻，再插上妇女所用的银簪，亦有扎网巾及披发者。太平军还以包巾颜色、长短分别新旧尊卑，"兵及新房之人皆扎红巾，伪官与老长发则包黄巾，旅帅以下黄布巾，以上黄绸巾。拖长一寸，官大一级"。故当时百姓对太平军又有"红巾""红头"之称。也恰恰就是这方寸头巾，在轰轰烈烈的太平天国运动中成了推进运动不断发展壮大的符号。太平军所到之处无不是一片红色，其带来的震慑自然也就不言而喻。

太平天国建都天京后，东王杨秀清认为在"万国来朝之候，太平一统之时，须明定制度章程，以壮天父之威风"，于是奏请天王明定朝帽制度，规定重要议事时将领需佩戴一种叫作角帽的盔冠，天王和诸王的角帽叫作金冠，上面雕龙镂凤，贴有金箔，冠前立扇面式花绣额冠，通过花绣递分等级，其他官职的朝帽也同样金箔贴帽，花绣分等。金冠和朝帽之上的龙纹用节数分等而制。

除了冠制，太平天国定都之后的服制也有了完善的等级划分和森严的身份象征，对不同职位者的着装做出种种规定。在我国著名太平天国研究专家罗尔纲的著述《太平天国史》中有翔实的记载："太平天国袍服分黄龙袍、红袍、黄、红马褂数种。其袍式如无袖盖窄袖一裹圆袍。从天王至丞相都是黄龙袍，检点是素黄袍，从指挥至两马都着素红袍。其等差则于黄、红马褂内花绣分别。自天王至指挥黄马褂都绣团龙，在前面正中一团绣职衔于其中。自将军至监军黄马褂前后绣牡丹二团，自军帅至旅帅红马褂前后绣牡丹二团，都绣职衔于前面团内。卒长、两司马红马褂，不绣花，前后刷印二团，写职衔于团内。其职衔的字也分金字、红字、黑字，如角帽的制度。袍服都由各典袍衙、绣锦衙制造。

靴由典金靴衙制造，也有定制。靴都为方头。天王、东王、北王都黄缎靴，以绣龙条数分等差。翼、燕、豫三王都素黄靴。自侯至指挥素红靴。自将军至两司马都黑靴。"①

---

① 罗尔纲著：《太平天国史》，北京：中华书局 2009 年版，第 1169 页。

任何朝代，妇女服饰往往都是最为丰富多彩的，太平天国妇女服饰也不例外。起义初期，太平天国妇女禁止穿裙、缠足，"归馆乃不准穿裙及裈衣"，短衫长裤，以适应劳动与作战之需。当时文人对她们极尽嘲讽之能事，称女官"皆大脚蛮婆"。在肯定其对妇女解放所做出贡献的基础之上，我们也要对太平天国禁裙令的制度做出充分的评价。一方面中国传统文化中女性服饰自古以来就有裙装的习俗，强硬政令禁止着裙反而难以被广泛普及，另一方面随着太平天国运动的不断演进，社会生活格局变化，女性对着装的审美需求又产生了新的改变。因此，定都天京后裙袍重新回归女装常服，并饰以补绣、首饰装扮来彰显等级地位。

2. 义和团服饰

1898 至 1900 年的义和团运动是发生在中国北方的一次以农民为主体的大规模的反帝爱国运动，当时恰值中国文化转型时期，也是中国历史上一次具有重要意义的政治运动。在严重的民族危机面前，义和团把斗争的矛头直指帝国主义，提出了"扶清灭洋"的口号。在这样一个新文化与旧文化、中华文明与西方文明猛烈碰撞的背景下，义和团运动具有深刻历史意义。

义和团运动首先爆发于山东。早期的义和团首领如朱红灯、于清水等多为江湖艺人出身的游浪人士，其所倡导的各种仪式均有泛江湖化特征。其中将江湖艺人的杂耍技艺纳入仪式，则为早期义和团仪式的普遍规程，也是原始的舞蹈仪式向庄严的礼仪制度进化的质的飞跃。

义和团是一种仪式化程度极高的群体，他们所从事的多数政治活动都伴随着某种仪式。拳民特异的仪式不仅成了义和团的标记，而且也决定了义和团的组织属性。义和团时期的人们，往往是通过拳民的仪式和与仪式相关的服饰来识别他们的。受戏剧舞台文化影响，他们在服饰上主要是模仿戏剧舞台上演员的道具。义和团团民的服饰在义和团运动的前后阶段（以进入京、津为分界线）有所不同，但不论前后都以红色最为普遍，尤其在前期，间有黄色（运动后期还有所谓的黑团，穿黑色服装）。在未进入京、津以前，各地义和团团员的服饰是不尽相同的："刻下津邑聚集拳匪甚多……因非出自一处，故装束各不相同，有在小褂外着一红色兜肚者，有年已三四十岁，而各缠一红辫顶者，尚有一某处匪首，身着黄绸大褂。"当进入京、津后，义和团的服饰开始趋向一致："乾门者色尚黄，头包黄巾，以花布为裹，腰束黄带，左右足胫亦各系指许阔黄带一；坎门者色尚红，头包红巾，腰束红带，左右足胫亦各系指许阔红带一。"

仪式的最主要功能之一就是表演。凡是表演总免不了有相应服饰装束以及"道具"的配合，自然，义和团的仪式也不例外。义和团的服饰在大体上有统一的样式，基本上是用布包头，系一宽布腰带，腿扎裹腿，足蹬麻鞋，相当多义和团团民还带上一个八卦肚兜。由于各地义和团拳坛情况不同，有少数得到富人资助的坛口，也会穿一式的衣服，但在颜色上却与多数人的包头与腰带是一致的。

义和团的服饰多为黄、红吉色，实际上是与流行于民间的"九宫八卦"理念有关。"九宫八卦"说，以及由此形成的"先天八卦图"和"后天八卦图"，均将坎、艮、震、巽、离、坤、兑、乾八个卦象按从正北到正南的八个方位排列，而以中央为中宫，简称中字，统辖八卦。九宫八卦又与金木水火土五行相对应，乾对金，巽对木，离对火，坎对水，再加上一个中对土，其余四卦依其卦象掺在五行之间，或近此或近彼。五行又对应五色：青、白、红、黑、黄，所以震的对应色为青，坎的对应色为白，兑的对应色为红，坤的对应色为黑，中的对应色为黄（关于九宫八卦，还存在着许多其他的说法）。

义和团各坛口的名号，有"乾字团""坎字团""离字团""兑字团""巽字团"和"中字团"等，八卦的每个卦象都有人用。义和团民的服装往往有：乾字团用黄头巾黄腰带，坎字团用红头巾红腰带；其他各团亦有戴花头巾的，大都是短装、束腰带、扎红色绑腿，衣有袖箍，颜色有红、灰、蓝不等，但同一炉房的团民服装是一致的。

不过，义和团各坛口以乾字团和坎字团为多，而乾字团又具有压倒的优势。然而似乎有些令人不解的是，遍地的乾、坎团服色居然不是红就是黄，而且常常是乾字团服黄，而坎字团服红。有的干脆将两色结合起来，"其所穿服饰，背上有一红边花帕，腰间则系以红带，袜带亦全以黄色为之。"以至于当时有人认为，义和团是分为上下两等，"上等胸系八卦肚兜，腰围黄布，腿系黄带，下等则腰围红布，腿系红带"。也许是红色比较醒目的缘故，在当时的外国人眼里，北方的城乡几乎成了红色的海洋："各处乡村，排外之举，日益兴盛，头裹红巾之辈，触目皆是。"

总之，义和团团民的服饰与戏剧服饰的关系密切。使义和团运动为广大普通民众所接受奠定了良好的社会基础，在一定程度上促进了义和团运动的迅速发展，这充分显示出北方社会风俗文化的巨大影响力。在戏剧的文化和多种社会背景的影响下，最终导致了义和团运动的爆发。

3. 国民革命服饰

民国初年，国内军阀割据，派系林立，"城头变幻大王旗"，全国军队的军服没有一个统一的制式。但因受当时世界列强军队服装的影响，式样上大体相近，而与东邻日本的军服最为接近。自北洋练兵以来，中国军事制度上主要学习日本。当时军官、士兵一般多戴硬壳大檐帽，缀五角形帽徽，按民初国旗（五色旗）红、黄、蓝、白、黑颜色。军官常服用呢料，士兵用黄斜纹布。军官穿长筒靴，士兵打绑腿、着高靿儿皮鞋。官兵均配领章，采用呢制，呈长方形，将官为全金色，其余按红、黄、蓝、白、黑区分步、骑、炮、工、辎兵科。官兵均以肩章区别等级。北洋军阀政府虽制定了陆、海军服制，但执行得很乱。军服的颜色、式样和制作材料因派系不同，自行规定，极不统一。

此后的几十年间，随着兵种的增多，战场分工越来越细，军服的种类也大大增加。而社会生产的发展，纺织技术的提高，促进了军服材料质量的改进。但总的来看，民国时期军服的式样基本上没有太大的变化。蒋介石的嫡系部队（中央军）明显好于各地方派系部队，如冯玉祥的西北军、阎锡山的晋绥军等"杂牌军"。

30 年代以后，国民党军队曾几次颁布服制条例办法，规定了军服的种类、款式、颜色，材料，对于统一服制，起到了一定的规范作用。

1936 年 1 月，国民政府公布《陆军服制条例》，规定陆军军服分冬夏两季，大礼服、礼服、军常服三种。官兵均以领章表明兵种和阶级，各兵种的识别标志是，步兵红色，骑兵黄色，炮兵蓝色，工兵白色，通信兵浅灰色，辎重兵黑色，宪兵粉红色，军需紫色，军医深绿色，测量土黄色，军乐杏黄色。礼服的穿戴，大礼服在国庆日、元旦日庆贺宴会时，领受勋章或参加各种典礼时，随从国民政府主席阅兵时，随从最高军事长官与国庆日、元旦日阅兵时，国家有其他大典时，举行会礼或祭奠时穿着；长礼服在谒见或迎送国民政府主席或最高军事长官时，侍从国民政府主席或最高军事长官巡阅要塞、军港、学校、兵营、舰队时，部队因典礼而举行阅兵时，就职、卸职及重要集会时，访侯或拜答外国重要文武官员时，参加军人婚丧以及祭奠时穿用；军常服在平时办公及外出，操练演习及受检阅以及战时穿用。还规定了穿着制式服装是的佩戴，包括礼带（武装带）、肩章、领章、军刀、短剑、马刺、长筒皮鞋（马靴或皮鞋）或手套。部队番号以臂章表示。

官兵的服装，抗战前，大都采用小领（中山装相似），颜色一度灰色，后改草绿色。规定中下级军官一律打绑腿。

抗战期间，鉴于当时军服多系棉织品，制式不够统一，尺寸长短不适，材料粗脆者多精细者少，穿着后运动呼吸不自由，外观上亦不能表现军人之威武仪表的弊端，国民党军队于 1942 年 10 月，研究拟制了《十年军服具体实施办法》。对军服制作提出：一是合乎军事要求。强调服装舒适、轻便、坚固耐用，外观庄严且便于伪装。二是合乎经济原则。要求军服制作要就地取材，尽量使用国货，避免资金外流。三是合乎卫生要求。将保暖、透气、吸水三者作为选择被服材料的基本要求。四是统一制式，彼此通用。

抗战后期，国民党军部分部队改换美式装备，首先从远征军、驻印军开始，装备美军枪械、被服、装具，请美国顾问帮助训练。相对于以国产装备为主的"国械师"来说，这些部队被称为"美械师"。抗战结束前后，至1946 年 10 月，共装备、训练陆军 40 个师和 5 万交警部队，这些部队基本穿着美式军服。

抗战胜利后，国民党军队接受美国顾问团的建议，改革军制。军服也仿效美国，做了一些改动。军官常服仍用旧制，改用大檐帽，便服改为大翻领，黄色咔叽布制。将校级军官冬服一般用呢制。士兵夏季服装一般改为大翻领、船形帽、短裤、绑腿；士兵冬季服装仍用旧制。军衔标志采用美式肩、领章并用的方法。军官肩章为肩祥上缀金属徽标。

1924 年，孙中山先生创建黄埔军校，聘请苏联顾问，完全按照苏联的军事制度创建由国民党人自己掌握的军队。建军之初，无论军官和士兵均穿相同的灰布军装，没有军衔。直至 1928 年才在蒋介石的嫡系部队中小范围地使用了一种军衔臂章。但这些军衔都没有经过国民政府的正式任命。

4. 共产党工农革命服饰

1927 年 9 月 11 日，湘赣边界开展的秋收起义，参加者大部分是农民自卫军、工农义勇队，穿的是农民、工人自己的便服。参加秋收起义的原国民革命军第二方面军警卫团，仍穿着原军装，只是在臂上佩带了红布袖章，以示区别。

在建立井冈山根据地斗争初期，红军生活非常艰苦。军需给养主要来自打土豪和向富人筹款及战斗缴获。军服靠筹集到的布匹、棉花，自己组建被服厂生产。服装式样由红军前敌委员会决定。1927 年 10 月中旬，南昌起义部队 1000 多人开到广东中峒整编为红二师后，东江特委利用从南丰织布厂没收来的灰色棉布和蓝色棉布，为每个战士裁制一套军服，一条子弹带和一副绑腿。中峒红军军装厂应该是红军最早的被服厂。

随着中国工农红军的队伍不断壮大，军服的需求也不断增多。为解决红军的军服问题。1928 年 5 月上旬，缴获永新县官僚资本家邱西美的 300 多匹白漂布。组织红军战士和根据地的群众 30 多人，毛主席亲自指派红军副师长余贲发，在桃寮村张家祠，利用极其简陋的工具，建立起桃寮被服厂。缝衣的布料都是白漂布，白衣服打起仗来易暴露目标，他们便用墨烟染成黑色，并取名为井冈山墨黑。被服厂做的都是便衣，上衣钉 4 个不带盖的口袋，5 个布结纽扣；裤子前面没有扣子，为不开前口的桶形裤，战士都叫"桶子裤"；军帽为列宁式八角帽。此外，被服厂还做米袋、绑腿、干粮袋和子弹袋等军需品。1928 年 8 月，由于湘赣敌人"围剿"井冈山革命根据地，被服厂撤出桃寮村，搬到茨坪李家祠。到茨坪时工人有 340 人。

1929 年 3 月，红四军向闽西发展，占领重镇长汀城和周围的农村。当时长汀人口约 2 万人，物产丰富，富商云集，手工作坊遍布城乡，有很好的经济基础。解放长汀后，红四军没收了十余家反动豪绅的财产，向资本千元以上的商人筹借军饷，共筹得 5 万余元。红四军前委考虑到红四军自创建以来，"军装"各式各样，相当破旧，急需更换。前委决定利用这些军饷和长汀良好的缝纫、印染条件，赶制 4000 套军装。长汀秘密工会协助红四军后勤供给部购置布匹。当时商店没有灰布，后勤供给部就与染布坊联系，帮助把布匹染成灰色，然后将个体分散的裁缝工人和一家专做军装的裁缝厂组织起来，在南门街郑屋成立了红军临时被服厂（后来发展成为中华苏维埃被服厂）。由于时间紧，数量多，工人少，机器不够用，临时被服厂两班倒，每班 8 小时，日夜加班赶制，当时共有裁缝师傅 20 多人、缝纫机 12 台。新军服的样式是由毛泽东、朱德、陈毅亲自审定的，灰蓝色、布质，上衣为中山装式，两个上贴袋，领口缀红领章，领子上绣一圈黑边；裤子为普通样式，配绑腿；军帽为八角形，缀红五星帽徽。红四军战士穿上新军装，士气大增，在南寨广场举行盛大的阅兵典礼，以整齐威武的军容，接受毛泽东、朱德、陈毅等领导检阅。毛泽东同志说，红军军服领口上的两个红领章代表两面红旗，领子上绣的一圈黑边是为悼念列宁逝世 5 周年。陈毅同志则对军服的颜色做了说明："灰蓝色代表天空、海洋、青黛的群山和辽阔的大地。"这也是红军首次在一个军的范围内有了统一的服装。

1929 年 5 月红军第二次入闽，这时天气已经很热，又是雨季，红军行军打仗，发动群众，急需雨具，6 月间红四军军需处在汀州城召集斗笠工人办起了斗笠工厂。起初只有 30 多人，后来人数有所增加，斗笠生产多少红军收购多少，解决了急需。

随着各根据地的建设，各地普遍建立了苏维埃政权。井冈山根据地经过 1930 年 10 月、1931 年 2 月和 1931 年 6 月三次反围剿，形成了面积 5 万平方公里，人口 250 万，拥有 21 个县城的中央革命根据地。全国红军总兵力也发展到 15 万人。1931 年 11 月 7 日至 20 日，在江西瑞金建立了中华苏维埃共和国临时中央政府。毛泽东当选为主席。根据地的红军改编成中央红军。这一时期红军服装趋于统一。各根据地建立了一些被服厂。但由于敌人的封锁和围剿，资金和材料供应还是比较困难。服装供应仍然比较紧张。1931 年 11 月，中华苏维埃共和国宣告成立。随即建立了专门培养红军指挥员的第一所红军学校。红校的学员来自各部队选送的干部。当时，红军刚刚进行完第三次反"围剿"战斗，部队着装很不整齐。红军学校的校长兼政委刘伯承同志看到学员着装杂乱，认为这样下去会影响部队的整体形象。当时中华苏维埃共和国已经宣告成立，建立了自己的政权，后勤保障也已初具规模，红校的学生代表红军形象，服装应该统一。他把设计红军军服的任务交给中央红军学校任俱乐部主任的赵品三同志。赵品三接到这个任务后，认真研究，精心设计。起初他是仿照苏联红军军服样式设计的，上衣是紧口套头的，很不适合南方的气候。因为苏联大部分地区与我国南方气候差别很大。赵品三后来改为开襟敞口式样。考虑到红军要经常在山地行军作战，灰色在山区不容易暴露目标，所以红军的军装、帽子和绑腿都选用灰布制作。上衣为中山装，下衣为西装裤。军衣领上缝两块红布领章，象征红旗普照全国。军帽仍用大八角式列宁帽。但因帽角太大，不适合中国人的脸型，赵品三就把军帽改为"小八角"，帽中央缝上一颗红布五角星，象征工、农、兵、学、商团结一心向革命。这样红帽徽、红领章，很是庄严、威风。赵品三精心设计的军服经过试穿后，刘伯承校长看了表示满意。他认为这套服装美观、大方、实用，就指示红军学校总务科长杨至诚给学员每人做一套。当红军学校学员穿着新军装，精神抖擞地行进在古老的瑞金城时，不仅引来人民群众一片赞许的目光，也在各部队引起不小轰动。不久，中央苏区各部队都纷纷效法红军学校，穿上了这种式样的军装。从此，红军有了自己统一的服装。以后，各根据地红军的服装逐渐统一。赵品三设计的这套红军军服，成为典型的红军军服。但由于受经济条件的制约，布料、颜色还不尽相同。

（二）世界政治运动服饰

1. 法国大革命服饰

法国大革命是一场以资产阶级为中心，把广大的工人农民组织起来，以暴力的手段反对路易十六封建王朝腐朽堕落统治的资产阶级革命运动。它推翻了封建统治，建立了资产阶级共和国，将自由、平等、天赋人权的理念植根于法国人的理念当中，改变了当时的社会结构、文化趋向、生活的各个方面。自17世纪以来，法国的贵族服饰一直是西方社会服饰潮流的领导者，服饰在法国社会占有重要地位。作为社会的"镜子"的服饰也不可避免地受到法国大革命影响，服饰的审美角度和形制以及普及范围都发生了极大地变化。法国大革命可以作为18世纪西方服饰发展的一个分界点，自此洛可可式服装退出历史舞台，代之以新古典主义风格。

18世纪西欧各国资产阶级不断发展，资本主义势力逐渐增强。尤其在18世纪中叶，英国进行了产业革命，资本主义获得长足的发展，由此产生了一种自然朴素的审美观，而且反映到其服装尤其是男装上，形成了简洁、朴素、实用的服装风格。此时的法国，虽然在服装上出现了向简洁、朴素形式转变的势头，也确实带来一定的改变，如裙长的缩短，"帕尼埃"（panier）的消失，但主流依然是延续其洛可可式的纤细轻巧、华丽矫饰的风格，甚至在某些方面较以往有过之而无不及，如极端夸张复杂的发式和帽饰的盛行，服装仍然是作为一种贵族地位的显示，因此，只有符合显示身份地位标准的服装才会被接受和流行。

然而，法国大革命的发生改变了这一切。这一运动以自由、平等为口号，其思想来源为 18 世纪后半期在法国蓬勃兴起的，源于德国哲学文化的启蒙思想运动。启蒙思想运动本质上是欧洲资产阶级发动的一场反封建的思想文化运动，它以宣传理性为中心，强调人的价值和权利。在这种思想导引之下，一切繁复的、华丽的、奢靡的东西都被当作反动的而被废除，转而崇尚朴素、简洁、自然，与英国的朴素自然主义和新古典主义运动不谋而合，形成以健康自然的古希腊服装为典范，追求古典的、自然的人类纯粹状态的审美观。

自此，简洁、自然、优美的服装风格在法国确立了其主导地位，虽然革命运动时间不长，但对传统服饰的冲击却不小，这时期贵族特有的服饰受到嘲笑，成为腐败王朝的象征。革命还废除了服饰上的等级特权标志，使平民服饰成为流行的样式。同时，大革命沉重打击了宫廷贵族服饰生产的基础，生产华丽饰带的工厂被关闭，流行的时装杂志也停刊，上流社会的服装店纷纷歇业。因此，无论是社会的审美趋向还是现实的生产条件，都不再适合那种奢靡、繁复、华丽服饰风格继续存在。

大革命期间，由于政治阵营的不同，反映到服装的具体形制上还是有一定的区别，代表庶民阶级的雅各宾派因其在革命中所取得的主导地位，从而使其革命服饰成为当时法国社会的主流。比较典型的工人阶级着装有源自卡尔马尼奥拉小镇农民的短身夹克"卡尔马尼奥拉"（carmagnole）和一种叫"庞塔龙"（pantalon）的紧身裤，这些都是因为革命者的广泛穿着才被带入男装的发展潮流，成为现代男装发展的开始。

同样，大革命运动对女装也产生了相应的影响，虽然没有对男装的影响大，但是大革命的发生使洛可可式的服饰风格在法国彻底退出历史舞台。妇女解下紧身胸衣和笨重的裙撑和臀垫，代之以宽带紧束腰身，或将衣服裁剪的十分合体，这样一来起到紧身胸衣的效果。腰线的随之上升，加上服装的袖子瘦长合体，服装的整体突出了女性的秀美、自然、典雅。服装变得更加简练、朴素。

大革命以前，在法国时装是上流社会的专属，他们的一切生活围绕服装展开，服装既是他们生活的必需，又是他们身份地位的象征。时装的潮流掌握在他们手中，撼动他们对时装的掌握权如同撼动他们的地位，因此服装就仅仅在一小部分人当中千变万化着，而平民很少有接触到时装流行，更别说引导时装潮流的机会。作为国家主力的第三等级包括农民、城市平民和资产阶级，他们的服装被严格的规定了，能穿什么，不能穿什么都是由贵族规定。

而法国大革命运动对时装潮流的流向改变起到了推波助澜的作用。一方面，是因为大革命废除了身份装束令，作为社会主要力量的第三等级获得自由选择服装的权力。在革命运动的作用下，这种自下而上的时尚传播使他们在革命中所穿着的"庞塔龙"最终成了主流样式，而被各阶层的男士穿着。原来作为卑贱的代表的"黑色"也成了礼仪和公共场合的正式服色。另一方面，由于身份装束令的废除，时装不再是贵族的专利特权，不再按照贵族的意愿设计服装，而是面向以资产阶级为代表的更大的群体，因此大量的成衣店在街头开张，并蔓延到整个欧洲，催生了时装商品化的萌芽。

法国大革命为法国服装的转变提供了契机和环境，这个转变是彻底的、全新的，它为法国服装，甚至是欧洲服装的历史翻开了新的一页。但是服装不是在革命运动中被自然而然地改变的，因其自身的特点，在大革命的进程当中扮演着不可替代的角色。

2. 英国资产阶级革命服饰

16 世纪，由于新航路发现后海外贸易发达，英国国力逐渐充实，民族主义高涨，1588 年一举击败大陆强国西班牙的"无敌舰队"，也拉开了文艺复兴的时代篇章。一如 14 世纪的意大利，文艺复兴在英国也是以重新发现并注重希腊、罗马的古典文化开始的。那个时代，托马斯·莫尔用拉丁文写了《乌托邦》，莎士比亚写出了人类历史上最伟大戏剧和他的十四行诗。

从都铎王朝的第五位也是最后一位君主伊丽莎白一世（Elizabeth I）的画像来看，此时英国皇室的着装不仅富贵华丽，而且透露出享乐主义的萌芽。天鹅绒的外套上镶嵌珍珠，头饰华美，衣领处的蕾丝花边与头饰相得益彰，袖口精巧的蕾丝花边叫人叹为观止。事实上，整个 16 世纪的英国君主和贵族都是极其偏爱蕾丝的。

另外，在整个 16 世纪，英国人服饰最有特色的帽子可以说是达到了登峰造极的境界。英国人注重帽饰的传统由来已久，在公元 1423 年动笔、1430 年才完稿的一部《大事年表》插图中，我们可以看到那些头饰与服装大胆配合在一起的色彩强烈的效果。有一位男人头戴苹果绿色的小罩帽，身披天蓝色斗篷，还有朱红色上衣穿在深蓝色夹衣的外面，他的同伴身穿红色上衣，下身则是蓝、白两色的长筒袜，第三个人的装束是一顶玫瑰色高筒小帽，上身是天蓝色过膝长衣，下身是朱红色长筒袜。

英国妇女也将着装热情较大地倾注于头饰之上，如心形的、洞穴式的应有尽有。其中最有特色的是用自己的头发在两鬓上方各缠成一个发饰，然后分别用发网罩住，再用一条美丽的缎带系牢。于是有人曾恰当地称其为鬓发球。发球有大有小，最初是根据自己头发的多少而定，后来有了罩在发球上的金属网，发球大小就可以随意而定了。15 世纪初叶，阿兰德伯爵夫人，还在鬓发球上侧配装弯曲向上的金属丝，一方面用以支撑大面纱，另一方面又构成两个触角状的外轮廓。后来半圆球状的鬓发球演变为盒式，再以后又从盒式演变为贝壳形状，上面罩以华丽的围巾。鬓发球和围巾都可以按照个人意愿和经济实力，装点上各式珍宝。到了 16 世纪，由于英国人潜心学习古希腊的文明，文学、艺术有了长足的进步，英国贵族的头饰也极尽富贵、夸张和繁复，加入了大量文学、戏剧化得色彩。

英国的 16 世纪，对后世有着深远的影响，一向以设计大胆、前卫闻名的俄罗斯设计师瓦连京·尤达什金，在 2007 年就造就了一场 16 世纪英国宫廷的华美视觉盛宴。大量采用了高档丝绸和天鹅绒面料，全场偏暗的色系，只用刺绣和金银饰品来提亮，用羽毛做成的头饰，叫人感到惊艳不已。

17 世纪是欧洲文化集大成的时代，艺术史上标明当时属于巴洛克时代。巴洛克——这个耳熟能详的词汇，源自西班牙语及葡萄牙语，意指有瑕疵的珍珠（barroco）。当时欧洲文艺，寻求打破文艺复兴时期的严肃、含蓄和均衡，崇尚豪华和气派。在服装上，亦有"巴洛克风格"一说，专指 17 世纪欧洲的服装款式。巴洛克在富丽堂皇中代表了路易十四的精神。它的气势雄伟、生气勃勃、色彩艳丽、线条优美、富丽豪华的风格，使其在意大利、法国、西班牙等国的宫廷贵族中得到大力提倡。唯独英国，受到巴洛克影响很小，那边，是另一种情况。

17 世纪的英国的服饰，虚心向法国和意大利乃至西班牙学习，尽管"巴洛克风格"也波及英国，但这个时代总的来说，英国处于将欧陆各国优点集大成的时代。这一时期，女服也像男服那样盛行缎带和花边。但是，与男子不同的是她们并没有以缎带替代珠宝。相反，当时最时髦的佩饰品和衣服上的装饰，仍以珍珠为最。而且，初期女子不尚戴帽时，高高的头饰上仍然戴着宝石。女裙的最大变化是，以往撑箍裙都需要撑箍和套环等固定物，而这时有些妇女已经免除过多的硬质物的支撑，这是一百年来第一次形成布料从腰部自然下垂到边缘。在从肥大形向正常形过渡的过程中，妇女们常把外裙拽起，偶尔系牢于臀部周围，这样其实比以前显得更肥大。可是由于故意把衬裙露在了外面，因此又给下裳的艺术效果增添了情趣与色彩。这些衬裙都是用锦缎或其他丝织品做成的，上面衬有各种不同的颜色，有的还镶着金边，自然值得炫耀一番。这种风尚的流行，使女性们将精力投入衬裙上，以衬裙的各种质料或颜色（有时穿两套精美衬裙）来显示自己不落俗套。当然，尽管这样，裙子的外形还是相当大的，有很多裙形开始向两侧延伸，事实上这是受到西班牙宫廷服饰的影响。

除此以外英国妇女对佩饰品和服装随件的兴趣，可以说和男子相比不相上下。首先是头饰；其次是领口显露出来的项链，凡没有穿轮状大皱领的妇女，颈间没有不戴项链的；最后手套也格外讲究，而且无论男女都把手套戴在手上或拿在手里。现今可以在几个大博物馆里看到的手套，一般都会在深色的手腕部位绣上花纹，还有的在边缘处镶带，或是缀上装饰品。不戴手套的时候，大多是用一个舒适温暖的皮筒。这种皮筒和皮毛围巾一起戴，不分男女。另外，上层社会曾流行无论冬夏，时髦的人都带着扇子。

此外，众所周知的"绅士"（a gentleman；the gentry）一词，便是此时在英国形成的，倡导传统文化与自我存在的价值观，追求品位与人性化的生活方式。他代表着英国社会经济发展的一种新的社会思潮，是中上层阶层男士所追求的一种社会风尚。考究的着装，文雅的举止，尊重女性，尊重人格，对传统文化的继承与发扬，对生活质量的追求与建造。彰显男人的刚毅、坚韧、含蓄、深沉，与宽宏大量的人格之美。

经过了 17 世纪，英国的服装水平可以和欧洲任何一个国家相媲美，这为后面引领时风埋下了伏笔。英国人在将欧陆文艺复兴、巴洛克、洛可可等艺术风格融会贯通之后，终究要形成自己的风格。自 18 世纪开始，欧洲进入浪漫主义以及现实主义的艺术思潮中，英国人独辟蹊径，形成了世界文艺史上最独特且光辉的一个时代，新古典主义时代。

18 世纪初，英国人和法国人一样，进行了一场人文关怀的大变革，不少具有人文色彩的艺术品应运而生。涌现出一批像荷加斯、雷诺慈和康斯罗伯那样具有全欧意义的绘画大师。英国的服装产业也是如此，随着工业革命的深化，到 19 世纪末年，英国进入了最为繁荣的维多利亚时期。

在这个时期，英国女性的服饰突出唯美、飘逸、俊秀的特点，大量运用蕾丝、细纱、荷叶边、缎带、蝴蝶结、多层次的蛋糕裁剪、折皱、抽褶等元素，以及立领、高腰、公主袖、羊腿袖等宫廷款式。随着新古典主义复古风潮的盛行，这股华丽而又含蓄的柔美风格，叫人耳目一新。

男装方面，19 世纪中后期，英国尚处于维多利亚的黄金时期，影响当今英国时尚界的一些大品牌，便已经初出茅庐。而战争则成了这时期影响服饰发展的最重要因素。以创建于 1851 年的雅格狮丹为例，1854 年当英国迎战俄罗斯时，以雅格狮丹独家布料制成的大衣成为英军对抗俄罗斯恶劣天气的重要装备。传说由于大衣本身是晦暗的灰色，还帮助一队英军士兵从俄军阵地逃生。同时，雅格狮丹的老对手，博百利（Burberry）也于 1891 年在伦敦 Haymarket，也就是现在该公司的总部所在地开了在英国首都的第一家店。凭着传统、精谨的设计风格和产品制作，1955 年，Burberry 获得了由伊丽莎白女王授予的"皇家御用保证（Royal Warrant）"徽章。这两大品牌将战争中最常见的战壕风雨衣设计延续至今天的时尚舞台，成了英国乃至全球最为著名的风衣品牌。

第二章

服饰经济学

第一节　经济学与服饰经济学

一、经济学概念及研究历程

（一）经济学的确立与基本内涵

1. "经济"一词在中国的古今演化过程

"经济"一词的概念在中国古代文化中被赋予了丰富的社会与人文内涵。中国曾有"文章西汉双司马，经济南阳一卧龙"的名联，其中的经济即"经纶济世"，公元 4 世纪初期的东晋，就已正式使用"经济"一词。"经济"一词的出现，简化并综合了"经国""经邦""经世""济民""济世"等词，常被理解为"治国平天下"之意。

英文中的"经济"表达——"economy"来源于古希腊文 οικονομα（家政术），译为"管理一个家庭的人"。由此可见，其原意指的是管理家庭财物的操作方法，直至近代被引申为"治理国家"的范畴。

古希腊历史学家色诺芬在他的语录体经济专著《经济论》中，将"家庭"及"管理"两个词语的综合概念解释为"经济"。为之前的用法与概念进行区分也被释义为"政治经济学"（Political Economy）。此名称后被英国经济学家马歇尔又改回为"经济学"（Economics）。现代经济活动中，若仅是

"经济学"的概念即显得较为宽泛，一般情况下是在更为具象的领域研究，因此，常说的经济学与政治经济学基本上是同义的。

2. 经济学的基本内涵

"经济学是一门研究如何配置和利用稀缺资源的科学，即指人类怎样利用有限的资源来满足其不断增长的需求的一门学科。研究目的是人类怎样使用一定的稀缺资源进而获得最大量的产品（劳务）以满足人类的需要（福利）。"①

通俗来看，"经济学"研究是社会中各元素（包括人、企业、国家及存在于社会中的各种组织）之间的选择，以及选择结果怎样决定社会资源的配置与使用方式的一种活动。

（二）经济学的研究历程

1. 重商主义：经济学萌芽（15 世纪—17 世纪中期）

英国著名经济学家托马斯·曼是重商主义的代表人物。作为重商主义的集大成者，此理论在其代表作《英国得自对外贸易的财富》一书中得以体现。"重商主义认为货币（金银）是财富的唯一形态，一国的财富来自对外贸易，要增加国家财富，就必须发展对外贸易，以增加货币的拥有量。而通过对外贸易增加财富就必须由国家干预经济。"②

15 世纪—17 世纪中期，西方资本主义生产方式逐渐形成、确立，而原始积累时期的资本主义经济的发展要求恰恰适应了重商主义的观点。马克思认为重商主义正是"近代生产方式的最早的理论研究"。虽然重商主义提出了政策与主张，但是仅局限于对货币、税收等流通方面的探索，并未将其进行开拓，进而形成完整的经济学脉络与体系，因此重商主义只能被认定为经济学的一个雏形。真正意义的经济学必须从流通过渡到生产时才可能出现。

2. 古典经济学：经济学确立（17 世纪中期—19 世纪 70 年代）

古典经济学的创始人为英国经济学家、统计学家威廉·配第（1623—1687 年），其中还包括英国经济学家亚当·斯密、大卫·李嘉图、约翰·穆勒、马尔萨斯，法国经济学家让·巴蒂斯特、萨伊等追随者。亚当·斯密和大卫·李嘉图是重要的代表人物。亚当·斯密的《国民财富的性质和原因的

---

① 唐友清：《经济学基础》，北京：中国经济出版社 2013 年第 1 版，第 3 页。
② 胡丽华：《经济学基础》，北京：机械工业出版社 2012 年第 1 版，第 11 页。

研究》（1776 年出版，简称《国富论》）和大卫·李嘉图的《政治经济学及赋税原理》（1871 年出版）两本著作成为经典代表。

"古典经济学的中心是要研究国民财富如何增长。亚当·斯密认为，为了增加国民财富，必须做到以下三点：第一，加强分工；第二，增加资本的数量；第三，改善资本的用途。"①"财富通过物质产品实现"是古典经济学的重要内容，因此，增加资本积累、加大劳动投入、提高劳动生产率等方式增添财富。同时要使生产得到大力发展就必要推行自由放任原则，让"无形的手"——价格进行调节，减少国家干预的力度。自由放任的思想映射出资本主义初期——自由竞争资本主义经济发展的需求，成为古典经济学的核心。然而，重商主义所认为的经济是依靠国家干预的思想违背了经济发展的要求，此时资本主义经济可以依靠自身实力完成发展并确立了资本主义独有的生产方式，同时古典经济学家将经济的研究范畴从流通转移到生产，进而使经济学的概念独立出来，形成一门独立的学科体系，也代表了经济学开始确立。

古典经济学所涉及的内容宽泛，宏观上既包含国民收入、经济增长等问题，微观上又包括分配、价格等问题，但没有把二者进行明确的区分。

3. 新古典经济学：微观经济学诞生（19 世纪 70 年代—20 世纪 30 年代）

自由放任思想依旧是新古典经济学的核心，它延续了古典经济学的思想，并从新的视角阐述了自由放任主义，使用新的方法论述经济是如何被"无形的手"进行调节的微观经济学体系，所以，以其"新"视角、"新"方法的独特观点，将古典经济学重新定义，称为"新古典经济学"。奥地利著名经济学家卡尔·门格尔（1840—1921 年）、英国经济学阿尔弗雷德·马歇尔扭（1842—1924 年）是古典经济学的重要代表人物。新古典经济学的代表著作是阿尔弗雷德·马歇尔的《经济学原理》（1890 年出版）。

"新古典经济学以边际分析法为基本分析工具，认为商品的价值不是取决于商品中所包含的劳动量，而是取决于人们对商品效用的主观评价。同时，新古典经济学仍主张国家采取自由放任主义，让价格来实现社会资源的最优化配置。"②

---

① 胡丽华：《经济学基础》，北京：机械工业出版社 2012 年第 1 版，第 12 页。
② 胡丽华：《经济学基础》，北京：机械工业出版社 2012 年第 1 版，第 13 页。

　　新古典经济学的研究重点是从生产转向消费、需求。将供需关系进行综合分析，同时将资源配置作为研究的中心，建立起较为完整的以完全竞争为前提的现代微观经济学体系。在 20 世纪初，受到第二次工业革命的影响，垄断出现，英国著名经济学家 J. 罗宾逊和美国经济学家 E. 张伯伦对当时的微观经济学体系进行了补充完善，阐释了资源配置在不完全竞争条件中的问题，进而使微观经济学得以确立。

　　新古典经济学阐述了市场调节的必然性与完整性，主张自由放任思想，但在 1929—1933 年的经济大危机中打破了这种神话。

　　4. 现代经济学：宏观经济学确立与发展（20 世纪 30 年代至今）

　　在经济学史观点中，一般认定 1936 年凯恩斯发表的《就业利息和货币通论》（简称《通论》）是现代经济学出现的标志。20 世纪 30 年代，凯恩斯主义的出现，无论其研究的深度还是广度，研究的方法还是内容都是以前所无法比拟的，因此使经济学得到大力发展并产生深远影响。

　　现代经济学可分为三个阶段。

　　（1）凯恩斯革命时期（20 世纪 30—50 年代）

　　1929—1933 年的世界经济大危机，打破了新古典经济学利用价格调节实现就业充分均衡的神话，在这种社会矛盾与经济形态中，工厂倒闭、银行破产、生产停滞、大批工人失业，现实凸显出经济理论与社会经济现实不相符。经济大危机发生后，西方各国逐渐加大力度对社会经济生活进行必要的干预，以解决严重的失业问题。在这种形势下，英国著名经济学家凯恩斯于 1936 年出版了划时代的巨著——《就业利息和货币通论》（简称《通论》），由此标志着宏观经济学体系的形成。凯恩斯认为总需求并不是失业的根本原因，在理论上把产量与就业水平联系起来，从总需求与总供给两个方面来说明产量水平（国民收入）的决定。除此以外，凯恩斯在经济政策上提出要由国家干预经济并彻底抛弃自由放任。他的这些观点被认为是一次经济学史革命，革命所形成的凯恩斯主义指出国民收入决定为中心，国家需要干预经济的现代宏观经济学体系。

　　（2）凯恩斯主义发展时期（20 世纪 50—60 年代末）

　　凯恩斯主义在战后的西方国家得到快速发展与传播。在此过程中，凯恩斯主义的经济学家将凯恩斯的宏观经济学体系与新古典经济学并置为一个整体进行研究，最后形成了"新古典综合派"，其主要代表人物是美国经济学家保罗·萨缪尔森。"新古典综合派的基本观点：以市场经济为主，通过价格机制来调节社会的生产、交换、分配和消费；同时，政府必须根据市场情况，通过财政政策和货币政策来调节和干预经济生活，以烫平经济的波动，保证宏观经济的平衡增长。"① 新古典综合派成为"凯恩斯革命"后最具影响力的经济学派，不仅推动了凯恩斯主义宏观经济理论的传播与发展，同时在"二战"后的西方各国应用实践，成为西方资产阶级"主流经济学"。

（3）自由放任思潮复兴（20世纪70年代至今）

20世纪70年代，由于战后的西方各国出现通货膨胀与经济停滞的窘况，此种情况对凯恩斯主义在西方经济生活体系中的地位造成重创。借此机会，新自由主义经济思想跃跃欲试，他们将停止的原因归结于凯恩斯的国家干预，主张自由放任的充分性，提出应大力发挥市场机制的调节作用，认为国家干预是无效的。"20世纪70年代末，西方各国采用了这种主张，实行经济自由化的政策，并对经济的复兴起到了一定的作用。这就是现在人们所说的'自由放任'的复兴。"②

"主张自由放任的经济学流派的理论，尤其是货币主义关于货币数量在经济中重要作用的论述，以及理性预期学派关于预期的形成和对经济的影响的论述，已成为现代宏观经济学中的重要组成部分，他们从另一个角度发展了现代宏观经济学。"③

"现代经济学无论是在研究的内容、方法，还是深度与广度方面，都得到了全面而深入的发展。在当代，自由放任的复兴并没有完全取代凯恩斯主义的国家干预。实际上，在国家垄断资本主义时期，国家干预是不会取消的。实行经济自由化只不过是在国家干预过多、引起了问题的情况下减少这种干预或改变干预的方式而已。因此，在20世纪70年代之后，凯恩斯主义在经济学中仍然有重要的影响。凯恩斯主义与主张自由放任的各流派并存、争论，在某些问题上又趋向于合流，是当代经济学的重要特点。"④

---

① 胡丽华：《经济学基础》，北京：机械工业出版社2012年第1版，第14页。
② 胡丽华：《经济学基础》，北京：机械工业出版社2012年第1版，第14页。
③ 胡丽华：《经济学基础》，北京：机械工业出版社2012年第1版，第14页。
④ 胡丽华：《经济学基础》，北京：机械工业出版社2012年第1版，第15页。

二、服饰经济学的学术定位

(一) 经济与服饰的必然联系

"服饰在文化人类学中，不是孤立存在的，它必然要受到生产力发展和意识形态特征的诸多社会因素的影响。"① 人类社会文明发展中，各类劳动产品（劳务）的出现在充分满足对于物质及精神的需求的同时，也反映出人类在劳动实践中所施展的对于劳动资源及劳动方式改变的无限能力，即对非劳动生产要素掌握与改变的能力。而服饰产品，既是文化的象征，也是审美的要求，更是经济指数的反映。正如马克思所描述："一切艺术和科学的产品，书籍、绘画、雕塑等，只要它们表现为物，就都包括在这些物质产品中。"②

人类的劳动包括脑力劳动和体力劳动，但由于在不同产品中所投入的非劳动生产要素的比例各不相同、脑力与体力的比例配比各不相同、生产过程对于生产资料的耗损各不相同、产品成品的使用价值各不相同、面向受众各不相同，就造成了产品的差异性与多样性。从另一个角度来看，生产过程相似的系列产品，面向受众层次相近的产品，又或是使用价值指向相似的产品，这些都反映出产品同时具有共性。这种差异性与共性的综合存在，从经济学角度来看，正式产品的替代性。替代产品的存在既可以满足人类对于物质多样性的追求，同时又给精神上带来极大的选择空间。存在共性的产品组合成产品组，产品组综合成为产品类，产品类又合并成产品群，即产业，而一个国家的经济结构就是由产业群构成的。而服饰作为传统产业，随着经济的发展，科技的进步，产业结构的优化必将成为衡量一个国家或者地区经济指数的重要指数。

服饰和经济碰撞的三个发展阶段：

1. 原始服饰经济阶段——服饰与经济的合体

考古发现，兽牙、兽骨、石头、各类的贝壳就是人类最早出现的佩饰。虽然审美说也存在于服饰起源的理论，但究其根本，原始人类最重要的社会活动是为了生存，而生存的基本是靠采摘和打猎来获取食物，因此无论是以

① 华梅：《人类服饰文化学》，天津：天津人民出版社 1995 年第 1 版，第 2 页。
② 中共中央马克思恩格斯列宁斯大林著作编译局译：《马克思恩格斯全集》第 26 卷 I，北京：人民出版社 1972 年版，第 165 页

上所说的"饰",抑或是将"饰"穿起来的"绳"都是以此为目的,这也构成了人类最早的生产资料。"原始人身上的装饰,可分为两类:一类是固定的,如文身、割痕、耳鼻唇饰;另一类是不固定的,如穿戴、悬挂在人身上的装饰。文身好像介于两者之间,被认为可能是最早的装饰。"[1]"原始民族用来作装饰品的东西,最初被认为是有用的……只是后来才显得是美丽的。使用价值是先于审美价值的。"[2]因此,人类当今对于服饰的需求也是讲实用性与审美结合在一起,即物质生产劳动与装饰技艺的结合,统一于物质生产活动之中。从人类服饰起源看,无论是装饰说、保护说还是巫术说、遮羞说,对于这类具有实用性特殊媒介,实用价值是第一位的,其主要目的是为了满足物质功利的需要,因此也就自然地融入物质生产的经济活动之中。从人类发展史来看,"实用"是古老原始艺术的基本理念,在使用中实践艺术,将审美与生产技术统一起来,形成了早期的被今天人们所认知的"实用艺术"。实用艺术的范围十分广泛,不仅包括服饰艺术,还包括雕刻艺术、广告艺术、装饰艺术、建筑艺术、工业产品艺术等。在进入文明历史阶段之后,服饰也一直与日常生活中的经济活动保持着直接而密切的联结,甚至融为一体,所谓"丝绸之路"便是一个典型的例证。

2. 服饰等级经济阶段——服饰服务阶级,背离经济

服饰是伴随社会文明的发展而进步的。由于社会生产力的不断提高,社会分工越加明确精细,人类对于精神层次的追求相较过去有了明显的提高,因此"实用"已不能满足人物对于服饰的要求,此时就会出现"审美"价值高于"使用"价值的服饰艺术品。现收藏于纽约大都会博物馆的爱希斯女神像头饰,完全以金属和宝石制作,上面镶嵌着红色玛瑙以及五光十色的各样宝石,堪称稀世珍宝。而制作此类奇珍异宝的能工巧匠被从社会底层分离出来,获得了相对独立且更为重要、更为高级的社会地位,成为上层建筑和意识形态相对独立于经济基础的重要组成部分。因此,服饰也被罩上了一层神圣与神秘的光环,超脱了凡俗,同时也大大疏远了社会的经济领域。

---

[1]　林耀华:《原始社会史》,北京:中华书局1984年版,第423页。

[2]　普列汉诺夫:《论艺术》,曹葆华译,北京:生活·读书·新知三联书店1973年版,第125页。

3. 服饰与经济分中有合阶段——服饰产业融入经济

这里提到的"分"主要是指服饰产业中的服饰艺术品仍具有自身的超功利性，这主要根据服饰自身的审美特性而存在和发展；所谓的"合"则指服饰进行产业化，再一次与经济建立了直接的联系，并且与经济活动的内在联系起来。服饰与经济的联系主要在于其功能性，即服饰要具有符合大众审美的需要，但它们的主要目的却是为了满足人们的生活基本需要，更注重满足人们的物质需要方面，并通过这个途径与经济领域的活动融为一体。

（二）服饰经济学的研究范围与意义

服饰经济学以服饰设计制作与生产流通为研究对象，从经济学和服饰文化学两个维度，深入地分析了服饰与经济的关系，并从设计、生产、分配、交换和消费过程，探索服饰文化发展中的经济规律，从理论上阐述经济在服饰文化中的地位；从实践中总结经济作为服饰文化的一部分对服饰文化发展的机制重要作用。对发掘人类服饰文化中的经济发展和繁荣生产，更好地满足人类对于服饰产品的社会及审美需求，具有重要的理论意义和实际应用价值。

1. 服饰经济体系是精神生产活动又是特殊经济活动

服饰经济学看似属于经济学范畴，包括人力、财力、物力等消耗的物质生产，但究其根本更是关于艺术与审美的精神生产。因为单纯的服饰艺术形态存在的必要前提就是其经济体系的搭建，毕竟物质决定意识，经济基础决定上层建筑。所以只有足够的物质基础与条件，服饰的艺术精神才能得到进一步的升华。同时，存在于人头脑中的思维观念和抽象意识的表现形式仅限于独立个体，不可能供其他人改变、认同；欣赏、厌恶，这样就不能满足于社会精神的需求，服装艺术由于其与人体的特殊性，因此作为生活必需品的它，也早已成为社会精神的需求——既满足穿衣保暖、遮羞蔽体的基本功能性要求又要满足个性时尚、风格迥异的心理精神要求。此时，为了将不同的思维观念物质化，就将通过经济的载体将其传播，之后引起消费，既满足了人们的精神审美的需求，也适应了经济的发展规律——没有物质作为前提，服饰生产是不可能进行的。反之，随着科技进步和物质的大大丰富，现代服饰艺术、服饰产业对物质条件与科技水平的依赖度更高，要求也更严格，甚至要求具备一些特殊的物质条件。

2. 服饰经济学的学科性质及作用

服饰经济学既是服饰设计的创作过程，又是经济生产的过程。这必然决定了，一方面从经济学的角度看，是以研究服饰生产活动及其经济规律为对象的经济学范畴。阐明服饰文化意识形态下的领域已经步入对生产力与生产关系的研究领域，同时也反映出经济学领域的扩展与深入，填补了经济学中对于服饰经济的空白，繁荣了经济学体系。另一方面从服饰艺术的角度看，作为人类文化学与设计艺术学的重要组成部分，它区别于其他的经济活动形式，服饰文化学独立的学科体系不仅规定其特有的学科特点和发展规律，更为设计艺术的理论提供了新的研究方向和切入点，彰显服饰文化特有的经济背景和物质内涵，丰富社会文化的宏观内容，开辟服饰文化研究的一个新视野。因此，服饰经济学的建构必然是服饰文化理论与经济理论交叉学科的研究，服饰经济学必须建立在服饰文化理论和经济理论两个基石上，研究服饰文化规律和经济规律对服饰创作生产的共同作用。

实践是理论的基础，理论对于实践具有反作用。这是理论与实践的辩证关系。相较其他学科，服饰经济学是建立在服饰文化与经济理论相互交叉之上，它的建立必然要适应社会主义经济体制，必须适应社会主义精神文明建设，必须要适应人类对于精神及物质审美的需要。它必将从理论上指导服饰创作与生产经营的实践，指导服饰企业充分调动和发挥劳动者的主动性、积极性、能动性和创造性，更好地满足社会的物质、精神的需要。提高服饰企业的经营管理水平，提高服饰生产资料的使用效能，降低服饰产品成本，保障服饰产品有可观的经济效益。指导服饰经营企业的市场创新，提高人类生活水平，确定正确的服饰市场营销方向、营销策略、营销方式，更好地为满足消费者多方面、多层次、复杂变化的精神与物质需求。

3. 服饰经济学的研究意义

服饰经济学的研究能产生巨大的经济效益，同时有助于推动我国经济产业发展及经济转型，也为人类服饰文化学开辟了新的研究空间。

中国是目前世界上最大的服饰生产国、出口国和消费国，但基本上都是以国外企业依靠中国进行贴牌生产为主，即便有雅戈尔、杉杉、红豆这些名牌企业，但也都在国外市场鲜有作为。而纺织业作为中国的强势传统行业，由于经济全球化的快速发展和经济结构的调整，也正在悄然的发生转变。即劳动密集型到技术密集型的变化，此外各国资金对纺织服装业的注入与支持，纺织服装业的结构布局也转向人力、科技、面料研发等方面。

就经济发展和工业化的发展规律来看，一个国家或某一地区的初期主导产业一般来说就是纺织业，继而纺织与服装产品形成主要的出口商品。随着经济全球化的发展和各国经济结构的变化，纺织服装业本身正在从劳动密集型逐步向技术密集型转变，发达国家的资金、技术和发展中国家的劳动力比较优势，不断改变着世界纺织品服装生产和贸易的格局。而目前，服饰文化体系仍在发展之中，其有关经济学的学科体系也尚未确定，还需深入探索。而服饰经济学是在融入服饰文化、服饰设计、服饰历史、服饰经营管理、服饰营销、服饰消费心理等学科的基础上完成的，我们希望能为服饰经济学的确立提供可参考的资料。

第二节　经济形态下的服饰变迁

一、经济形态的基本概念

（一）经济形态释义

"经济形态是指由技术方式所决定的并且反映技术方式的生产方式的外在表现形式。它所表现的是以此为主要生产方式的整个经济系统或经济结构的本质特征。因此，经济形态是抛开社会经济制度，单纯从生产方式的技术基础和技术差异出发，即从生产的技术方式质的差异造成的经济体系或经济结构的差别的角度来揭示经济体系质的规定性和发展特征。无论是资本主义经济制度还是社会主义经济制度都可以在生产方式演变历史的某一时期呈现出某一相同的经济形态。由于经济形态是以一定生产技术方式下的资源配置方式和内容为标准划分的社会经济发展形态，是以某种生产的技术方式发展成为社会主导的生产技术方式后相应的经济体系与经济结构的确立为前提的，因此，只有某一种生产的技术方式占据社会经济发展的主导地位并成为社会经济发展的主体生产方式，并以此为基础建立相应的经济系统和经济结构以后，才可以称某一种经济形态形成和发展起来了。"①

决定经济形态的是生产力中的技术方式。而技术方式是指生产力构成基本要素之间的结合比例和结合方式。马克思曾讲过"各种经济时代的区别，不在于生产什么，而在于怎样生产，用什么劳动资料生产"。可见，历史上每一种经济形态都有其特有的技术方式。②

1. 广义的经济形态

经济形态其实就是发展成熟的，较为常见的经济活动。尤其在最近的几年里，对经济形态的概念由原来较为单一的逐步演变为现在多元化的，如旅游、循环、信息、网络、创意经济……然而新经济形态的特点，就是依靠上述那些新名词从各个角度阐述了而成，并且也暗示这在不久的将来会有一种全新的经济形态即将诞生。

2. 狭义的经济形态

经济形态其实是一种抽象表述，它代表了人类不同历史时期的先进生产力水平的经济活动和经济形态的结构与特点，不同的经济形态都有着自己独一无二的生产要素和模式、基本结构和制度以及基本观念、主导产业等。

（二）经济形态的结构

经济活动不是一成不变的，恰恰相反它是一个逻辑性较强的过程。它虽然不会有较为明确的物体轮廓，但是它却有较为明确的组织构造。它的构造要素涵盖了生产要素、重点技术、主导产业以及基本结构和制度等。

（三）经济形态的特征

经济活动不是杂乱没有规律，相反它却是非常有条理和规律的。它的特点一般囊括了经济活动的生产模式和结构、基本制度和观念、经济增长等特点。

1. 原始经济形态特征

（1）较为简单的体力劳动就是当时的生产方式。

（2）被马克思称为"劳动者身上的器官"其实就是凭借的单一劳动资

---

① 崔占峰、乔晶："从原始狩猎经济到生物经济——济形态演变的政治经济学分析"，《重庆工商大学学报（西部论坛）》2006 年第 16 卷第 1 期。

② 崔占峰、乔晶："从原始狩猎经济到生物经济——济形态演变的政治经济学分析"，《重庆工商大学学报（西部论坛）》2006 年第 16 卷第 1 期。

料。虽然在后期发明了一些较为简单并且非常简易的工具，但是那时人类几乎还是依靠大自然的产物和依靠自身生存和进行生产活动的。

（3）真正的生产活动和方式在一定意义上是没有的。

（4）原始社会的生产其实就是为了生存。

（5）主要的活动是打猎和采摘植物的为主。

2. 农业经济形态特征

（1）生产的主流方式是种植业，所有的生产经济活动人类全部是依靠土地进行的，没有了土地也就失去了生存的主要方式。

（2）主要的生产要素有以下四个方面，包括：人力、畜力、风力以及土地。

（3）由于人的欲望较低，容易得到满足，所以生产的产品只是要求满足人类简单的温饱和生存以及繁衍后代的问题，所以对当时自然环境的破坏少之又少。

（4）土地占有率的多少，决定了产品的分配问题。

（5）"产力水平极低，表现为对劳动力的单一需求，对科学知识发现以及技术发明创造的需求认识不足。"[1]

（6）由于科学知识的匮乏和科技研发较少，所以造成了人们认识、改造和利用自然的水平较低，缺乏对大自然的主观能动性。

（7）产品种类和产品数量不多，不仅如此产品的功能简单、质量不佳、操作麻烦，而且一般售后服务也不完善。

（8）人与自然的关系的认识非常有限，经常因为无知，引发森林火灾以及污染和破坏环境，但是对大自然造成的损伤都是很小。

（9）"农业经济中知识的含量少、作用小。也就是说，农业经济主要依赖人类的体力，而依赖知识的程度低。不可否认，在农业经济的发展过程中，其本身以及各个方面都在发展，知识发展比较缓慢。最综合地表现为知识在农业中的含量及其作用也是逐渐增加的，但这种增长比较缓慢。"[2]

---

[1] 葛新权："简论经济形态的演化及其趋势"，《北京机械工业学院学报》1999 年第 14 卷第 4 期。

[2] 葛新权："简论经济形态的演化及其趋势"，《北京机械工业学院学报》1999 年第 14 卷第 4 期。

3. 工业经济形态特征

（1）生产的主要方式是制造业，资源成了人们主要赖以生存和生产活动的重要标志。

（2）生产要素主要是依靠劳动、机器（资本的实物化），人类通过机器可以大幅度的增加和提升自己的体力。

（3）人类对欲望的渴望不断提升，工作越来越有动力，产品的生产不仅是满足温饱问题，而且是转变为对金钱和利益的渴望以及对日益增加的物资与精神的渴望，以至于体现出对资本的疯狂争夺，因此造成对大自然和生态系统严重的破坏。

（4）资本的占有决定了产品的分配。

（5）生产力水平高，主要是通过对资源和机器的要求而表现出来的，这种要求则是依靠科学的不断创新和技术水平的提高来完成的。

（6）科技水平不断提高，技术发展也越来越成熟，而且数量越来越多，水平在不断提高，这些都是在农业经济时代积攒了足够的经验，才能由量的积累变成质的飞跃。因此人类认识、改造和利用自然的能力才能不断地增加，主观能动性和之前相比也会大幅度的提高。

（7）产品的品种和数量非常丰富，不仅如此产品的功能越来越完善，质量越来越优秀，操作越来越方便，而且开始考虑售后服务。

（8）人与自然的关系发展是由原先的（主动的）认识缺乏，到后来的有一些（被动的）认识逐渐成熟起来，但对于这种情况只能理解为亡羊补牢。对这种资源的过度开采导致依靠这种方式的经济发展很快会结束，因为大量消耗资源，破坏了生态平衡，导致人与自然越来越不能和谐相处。

（9）"工业经济中知识的含量较大，作用也较大。换言之，工业经济主要依赖于资源，依赖于知识的程度有所提高，但低于对资源的依赖程度。同样，在工业经济发展中，知识的含量和作用是增加的，并且这种增长比较快，尤其到了工业经济后期更快。"①

4. 知识经济形态特征

（1）知识经济形态的特征完全不是依靠上述那两种生产方式，而是依靠

---

① 葛新权："简论经济形态的演化及其趋势"，《北京机械工业学院学报》1999 年第 14 卷第 4 期。

知识或者有用信息的日益积累和作用来体现出来的。

（2）生产要素主要形式就是知识（不是指人们已经熟悉的知识，而是指少数人群发明和创造的新知识和技术，即持续的研究和发展新的知识），而这些成为无形资产后，包括知识资产的专利、商标、版权和商业秘密构成。占主导地位是知识与智力。

（3）在知识经济中的核心部分是生产要素和产品拥有知识含量的比重以及信息等，这些都是无形的、非物质的，因此减少了对物质资源的开采，并且也增加了经济效率。

（4）知识与一般劳动力、资本、材料、能源以及其他经济要素不同，它既可再利用，而且价值含量也不会变少，同时还拥有报酬持续上涨的特点。

（5）在知识经济中，社会生产的生产要素也变得多种多样了，有形资源也不再占据主导地位了，越来越多的种类繁多的资源肯定恢复其自然环境的初始状态，从这方面探讨的话，知识型经济社会大力推举和宣传环境保护。

（6）"由于在知识经济时代，人与自然的关系是平等的、长期的，因此它既满足了当代人的发展需求，又不危及后代人的发展需求，从而实现人类社会和环境的协调持续发展。"①

（7）要求可持续化地发展经济。

（8）全球经济统一化。

（9）要求发展全新的价值取向与市场观念。

（10）创新决定着知识经济，也可以说创新就是知识经济的灵魂。

二、经济形态演化对服饰文化的影响

（一）原始经济时代

在早期的原始社会，人类刚刚进化完成，它们对这个地球还没有深刻的探索。所以那时的人类只能以采摘野果和打猎为生，到了夏季则会裸身或者使用树叶遮挡较强的阳光，然而到了冬季则是比较难熬的时候。人类为了抵御寒冷会将兽皮披裹在身体上。这样，树叶、树皮和兽皮就变成了最早期的

---

① 赵常德、吴军："经济形态发展与模式的转换"，《山东师大学报》（自然科学版），2001年第16卷第4期。

"衣服"。

1. 原始经济下的服饰材料

人们从猿人进化成人类之后的一段时期里，还不清楚穿衣带物。和所有哺乳动物相似，身体里的热量使用和外界气温融洽，全是凭借为完全退化的体毛来完成和进行的。伴随着人类智慧的进步，劳动力的崛起，人们才逐步有了自我保护的本能，随即开始产生了改变生活的方式方法，于是开始用一些树叶、树皮、兽皮等自然物披挂在身上，除此之外也是为了御寒冷、风雨，同时躲避烈日和蚊虫的叮咬。

原始时期的服饰开始十分简单，男女一样，多数用草叶围城一件裙状的衣服，冬天用兽皮做成一块皮衣围在身上，披兽披服饰在 2000 多年前的西南崖画及青铜器纹饰中还仍然可以见到。后来在它的基础上，人们开始试着将兽皮之类的东西，缝制成与身体形状相同的衣服，俗称"贯头衣"。为了更好地防寒，将"贯头衣"改为"开禁式"，不仅如此下裳部分还随即加长，形成了袍服，如今能证明最早有关袍服形式的史料只有甘肃河西干骨崖的一件新石器时代舞人陶罐。

在使用装饰材料中，原始经济时代人类都靠"天"才能获得最初的材料，如用竹、藤、树皮做头箍、项隙、臂箍、腰箍，在头上插饰兽牙、兽爪、兽角、羽毛、大木角，在颈项上佩戴石珠串、草珠串等来装饰。在裸态时代人们已经察觉到美了，所以他们就用彩泥涂身、在身上刻痕、文身、染齿、涂甲等行为。人们不仅在皮肤上涂抹绘画，而且还用猛兽的牙齿、珍禽的羽毛、犄角、少见的贝壳、玉石等串联起来做装饰的项链、耳环、手镯、羽冠环、珠、管、笄、骨梳等服饰物。原始人类对身体以及自己的发型都进行了装饰和美化，甘肃大地湾遗址发现的披发人头瓶，它的发型为整齐前刘海比较短的发式披发。现代可查的辫发记载可以从青海和甘肃原始社会彩陶上看到。

2. 原始经济影响下的服饰审美观

当我们的祖先在原始时代把兽皮、树叶围在腰间做裙子不仅美观而且在穿着时就有了审美意识，人类向文明的迈进也随之开始了对服饰美的探索，其服饰也给人类创下了时代的印记。譬如美国服饰心理学家伊丽白·赫洛克所说："没有什么东西比服饰更能反映出总的社会风尚，只要略查一下某个时期的服装式样，我们就能知道当时具有代表性的思想和事件……因此，流行服饰也就成了时代的缩影，并在人类历史上留下了不易除去的痕迹"。①

从发掘出的文物可以看出，当时的山顶洞人就已知晓将贝壳、兽牙、兽骨等打磨钻孔，染上赤铁矿粉，用各式各样的彩带串在一起，戴在脖子上。从那时起他们就对美有了原始渴望。但是在 18000 年前，生存环境十分残酷的情况下，山顶洞对人戴在脖子上饰品、涂抹赤铁矿粉的行为只是单纯地为了美观，难道只是简简单单的对美的追求吗？那么山顶洞人为何对饰品和红颜色这么酷爱呢？有人说"红色是一切野蛮人非常喜爱的颜色"② 所以说这种解释过于简单。但是也有人说，"这种意识的深层来自他们对自我的美饰，来自一种突出自我、展现自我的强烈愿望。"③ 普列汉诺夫的理解是，野蛮人在使用虎的皮、爪和牙或是野牛的皮和角来装饰自己的时一候，他是在暗示自己的灵巧和有力，因为谁战胜了灵巧的东西，谁就是灵巧的人，谁战胜了力大的东西，谁就是力大的人。

我们大约可以猜想在那个原始的时代，为了能够果腹，他们必须与恶劣的天气和猛兽作对抗，有的时候只是猎获一只野兽，快乐得也要一天两天有时还需要更久一些，饿上一两顿也是经常有的，这也就是说当他们捕获到一头体积较大的野兽是多么值得庆祝的一件事。猜想一下，他们会怎么来庆祝呢？或许，取出兽骨、兽齿串成项饰戴在脖子上就代表无上的荣誉，最勇敢的勇士或最成功的猎狩才有资格佩戴这种装饰。与原始巫术的观点结合到一起，我们不妨对此进行猜想，他们把这些兽骨、兽齿穿成的饰品戴在身上，在遇到厉害的野兽时，就像得到了强大的精神庇护，因而有信心去制服野兽以防受伤。所以从山顶洞人起就有了佩戴饰物可以驱邪和爱护自己珍惜自己保护生命的意念。这也不难发现，涂抹赤铁矿粉也是同样的原因。在原始祖先那里，红色就意味血与火。正如张志春先生的猜测和想象："也许在为生存而出击的狩猎或战斗过程中，石掷棒击使兽血的喷溅或敌人血水成河，那刺激的红色自然意味着恐怖威胁的解除、胜利的获得、安全的预告、生存食品的保障，特别是成为自己可炫耀的英雄胆略与力量的验证……也许在无数次

---

① 伊丽莎白·赫洛克：《服饰心理学》，北京：中国人民大学出版社 1981 年版，第 29 页。

② 普列汉诺夫：《没有地址的信》，北京：人民文学出版社 1962 年版，第 191 页。

③ 王悦勤、户晓辉：《俯仰生息》，许明主编《华夏风尚史》（第一卷），河南郑州：河南人民出版社 2002 年版，第 219 页。

新生儿临盆的血光中，人们看到鲜红色与新生、与生命的期待、与未来的寄托如此浑然一体而密不可分……也许血液流出往往意味着生命的结束，那红色便可能被视为生命的象征与显现……也许先民在寒夜感恩于火光那红艳艳的温暖与明亮……也许因点燃火把或篝火，顿使一些令人恐怖的动物惊慌逃匿，人们从而悟出了红色呵护的功能和非凡的威力；"① 正因如此，红色就意味着流淌的鲜血和旺盛的火焰，这就说明红色代表蓬勃的生命和强壮的身体，这就表达了祖先们对生活的美好憧憬、对自我身体的爱惜和赞许。

3. 原始巫术传达服饰文化

人的活动使得让人的自然本性并非作为自己的主体，而是作为人本身的客体，从而成为受自我的实践意志支配和实践的意识支配和掌控的目标。正是因为这样，在相同是以打猎或采摘植物为生活中，动物则一直作为它的自然本性的奴隶存活下去；然而作为原始人类，却可以把这种生存活动变成自己的实践意识和实践意志的对象，从中不但创造出来早期时候人类对自然胜利的精神武器——法术巫术，而且还可以产生出伴随着法术巫术这一行为而来的一连串服饰文化结果。

原始初民的主要生存活动一般是狩猎，本能的模仿狩猎这一活动里，察觉到披戴兽皮兽头兽角、佩饰鸟啄鸟羽等，把自己装扮成鸟类或者野兽模样，模仿出鸟和猪动作并且产生神奇的结果，这样就可让原先速度快的鸟兽变得迟缓些；使得原本不易接近和抓捕的鸟兽，因为被初民生动的仿生形象所骗到而变得方便接近和抓获。提高了狩猎成功率，获得了生存利益，又富于原始初民舞蹈热情。"击石拊石，百兽率舞"，是此时此刻狩猎成功之际，在非常高兴心情的鼓舞下，初民们在狩猎工具用石块的碰击下产生了很强的节奏感，把自己打扮为野兽的造型，模仿着野兽的样子而跳着热情舞蹈的生动形象。这类舞蹈中，迷惑动物的人要扮成动物，被迷惑的动物也要由人来扮演。这里模仿动物的行为和服饰能给初民带来行动的实效性、娱乐性、实感性及幻想性，还有给被拟动物似人般的性情人格，都恰当且无意地联系起来。这让理性逻辑能力还非常差的初民，在模拟动物的行为和外形特点的装扮行为与驯服动物的打猎生产活动之间，开始诞生了一种微妙的关系，从而慢慢衍

---

① 张志春：《中国服饰文化》（第一卷），北京：中国纺织出版社 2001 年版，第 168 页。

生出不同的法术。法术，即幻想以特指的行为来干预或操控客观对象的准宗教现象。它除了模仿打猎目标的形状和叫声外，还涵盖文身、佩戴猎获物的牙齿或骨片，绘制或雕塑动物的造型和狩猎时的场面等，认为这样可以给狩猎带来好的收益。有了法术基础之后又慢慢演变成的巫术，附有了"超自然力"的观念。巫术幻想凭借着"超自然力"对客体提升影响或掌控的行为准则。巫术对客体进行干预或控制所凭借的事物或现象（除自然的包括社会的），都被笼罩了某种超自然的神秘力量。因此，人类对这些东西或状态的模仿与装扮，就好比他们对超自然力的感知和呼唤。换句话说，他们想依靠超自然力的力量，来完成人们对想得到东西的影响或掌控。

与此同时，人们直接采纳或模仿事物或现象，是那些被认为拥有超自然力的，特别是图腾动物的造型特点来打扮自我，这些不仅成了原始初民的装扮对象，而且发展为富有创造力服饰文化深层的精神动力。因此"衣服"体现在巫术中的作用，成为原始初民着装的重要原因。在原始初民看来，巫术的使用维度是极其广泛的，狩兽捕鱼、祈祷气象、繁衍后代、趋吉避凶等都是依靠巫术神奇且无限的力量来得以实现的。因此，巫术被频繁使用到人们的日常生活中，同时促使服饰迅速地发展起来。比如，佩戴耳环是防人物死后的灵魂不会被恶鬼邪魔吃掉；刺刻文面、文身，便于祖先认识自己等，都是巫术的意识在起作用。再如，巫师作法前总会装饰上与本民族部落相关的图腾形象，这种行为衍生出了各种平面形式的图腾纹样及立体配饰，产生了丰富内涵的服饰文化，而这些又无不与巫术有关。事实上，世界各民族服饰中的大量装饰纹样和饰品佩戴等，都与古老的原始崇拜和巫术信仰有密切关系。比如，缝制穿在人身上的动物图形，就是一种完全模仿写实的结果。而依据被模仿动物的小部分造型的特点，如模仿动物的头部，并且制成兽角和鸟喙造型、兽头面具、佩戴于身的头颅偶像饰品等；挑选被模仿的动物羽毛或皮毛以及选取质地相似的替代品，加工成羽冠、兽帽或羽衣、兽衣等；或按照被模仿动物的颜色和图形纹路，并直接在人体绘画或在服饰上绘画、刺绣、印染出来等。

（二）农业经济时代

1. 农业提供服饰原材料

全世界服饰原料的进程，都是从原生态纤维的提取制造的，中国也是这样。中国纺织史学界的传统见解是，认为十万年前中国原始社会的人们已经可以用植物纤维搓捻制作成粗糙的绳子和采用编织物制作网兜了。

（1）葛纤维

中国古代最早选取被制造的纺织原料之一，在丘陵地带分布较多，中国的很多地域都适合它生长，葛是蔓生植物中的一种，别称葛藤，有块根和小叶三片，到了夏天开紫色蝴蝶花。枝长大约 8 厘米，茎皮中含有较多的纤维大约占40%，纤维的长度一般为 5～12 厘米。

"早在旧石器时代，人们已经开始利用葛。"① 人类经过长期对葛的研究和使用由最初的以葛根块为食，逐步发展到用藤条捆绑物品，进而又研究出了分离葛纤维并对它进行加工使用。"1972 年，在江苏草鞋山新石器时代遗址中出土了三块织物残片，葛是中国古代最早的纺织材料之一。它是一种蔓生植物，别称葛藤，有块根和小叶三片，到了夏天开紫色蝴蝶花。枝长大约 8 厘米，茎皮中含有较多的纤维，大约占40%，纤维的长度一般为 5～12 厘米。在丘陵地带分布较多，中国有很多地域都适合它生长。据上海纺织科学研究院分析，就是用葛纤维制成的。"② 由此残片可以大致推算出在新石器时代晚期，人类已经掌握了如何利用葛纤维来进行制造织物。

在中国的古代文献中，对葛的记录比较丰富。《诗经》中涉及葛的种植和纺织的就有几十处。早期人类使用葛，只是因为葛藤的韧皮方便采取可以直接使用，对葛纤维没有较深的研究，所以并不知道葛纤维使用起来脆而易断，因为在它们之间含有胶质，后来由于不断地研究发现在水中倒伏的葛藤纤维在使用中不仅柔韧而且韧性较好，因为它们经过在水中的浸泡比较松散，这样在漫长的社会生产实践中，人类又慢慢地发现可以让葛藤在热水中浸煮后再提取纤维。从如今的科学层面上讲，将葛藤在热水中浸煮后，其实就是葛纤维半脱胶的过程。如果对较短的葛纤维施行全部脱胶的话，它的纤维则呈现出单纤维而且是分散的形态，对纺纱而言价值较低，所以用蒸煮的手段对葛纤维施行半脱胶，作用较为匀称，更加有利于对脱胶进行控制。《诗经·周

---

① 上海市纺织科学研究院纺织史话编写组：《纺织史话》，上海：上海科技出版社 1978 年版，第 7 页。

② 南京博物院："江苏草鞋山遗址"，《文物资料丛刊》，1980 年版，第 3 页。

南》中有"葛之覃兮，施于中谷，维叶莫莫，是刈是濩，为絺为绤，服之无
斁"① 这里的"濩"即"鑊"，即为"煮"之意。

（2）麻纤维

人类最早制作衣服的纺织原材料就是麻纤维。历史悠久的应属埃及人，
他们对亚麻纤维的使用有 8000 年历史了，沉睡在埃及墓穴中包裹木乃伊的布
可长达 900 米左右就是一个很好的证明。欧洲的亚麻也是从埃及引进的，这
样欧洲才逐渐建立起亚麻布的重要生产地。在大约公元前 4000 年的中国也就
是新石器时代，聪明的祖先就已经知道苎麻是纺织原材料。不仅如此，麻纤
维还是农业经济的主要物品，在新石器时代，麻纤维是远古人们最常使用的
服饰材料。6900 年前的苘麻绳子与苎麻织物残片就是在中国浙江余姚河姆渡
文化遗址中出土。苎麻织物残片及绳子也曾在吴兴钱山漾新石器遗址找到过。
距今天约 5500 年的是黏附在红陶片上的苎与苘麻布，这些曾于 1981 年在郑
州青台遗址公之于世。

麻纤维的茎皮是由两部分构成的，即表皮层与韧皮层，在韧皮层内部的
纤维是用来纺纱的。韧皮层的结构复杂，是由纤维素、木质素、果胶质以及
其他杂质共同构成了韧皮层。《诗经·陈风》中有"东门之池，可以沤麻……
东门之池，可以沤纻"② 的记载，说明在商周时期，麻已经被广泛地种植了，
并且还发明了用微生物对麻纤维脱胶来完成初级加工。这种依靠自然微生物
的脱胶方法，后人将其称为沤渍法。人类在漫长的工作生活中发现，位于地
势较低潮湿处并自然腐烂的麻纤维更容易被使用，因为它比之前的更好剥取，
纤维形态也成束状。

（3）丝纤维

中国是丝绸的故乡，起源于什么时候有很多种说法。据有关历史文献记
录，有两种说法最为普遍：一种是自伏羲时期开始把蚕丝制作成繐帛；另一
种则是黄帝时期就开始饲养蚕。两者的区别在于，旧石器时代的人是伏羲氏，
野蚕茧可能是那时候开始被人类使用。而后者是指新石器时代，黄帝则是那
个时代部落联盟领袖，蚕可能是那时候开始被人类饲养。

蚕茧被人类使用，或许是从吃蚕蛹发现的，逐渐地才察觉到茧壳上的细

---

① 郭竹平译注：《诗经》，北京：中国社会科学出版社 2003 年版，第 4 页。
② 郭竹平译注：《诗经》，北京：中国社会科学出版社 2003 年版，第 238 页。

丝能够抽取出来，之后在通过实践发现蚕茧可以通过热水浸泡后再抽取上面的丝缕，并称之为缫丝。早期野生的蚕茧是被人类采摘利用的，后来演变成把野蚕饲养在大树上，这样就慢慢地形成家庭养殖蚕。蚕的种类多种多样，它们的食物主要是桑树叶，吐出的蚕丝品质非常好，也受到人们喜欢。在周朝就开始家养蚕吐丝和缫丝了。中国陕西省扶风和辽宁省朝阳就曾经出土过西周的一些丝织品，经专家认证是家庭饲养的蚕丝制作而成。周朝已经可以用鲜茧缫丝，新茧刚出现，需要在几日内缫完，时间一长茧蛹就会变成蛾，之后就不可以缫丝了。到了秦汉两朝，人们发觉可以用阴摊等方法延长化蛾，或者用太阳光照晒杀死蛹。至南北朝时期，百姓选用盐腌法杀死蛹。唐朝五代时期，朝廷的"盐法"中，都会特意设立茧盐这项，可见对其非常重视。到了明清，逐渐演变成火力焙茧与烘茧，在中国浙江农村就开始发明了简单的烘茧灶。至此盐腌法退出了历史舞台而烘茧杀蛹却开始盛行。

商周时期，缫丝的技术趋于完善，对蚕茧根据需求分为不同的档次利用。西汉时就掌握了用开水煮茧，根据眼睛观察来控制煮茧用的水温，水面呈现螃蟹眼睛大小的气泡为最优时期。马王堆汉墓出土的纱罗等丝织物中说明，汉代不仅能缫制纤度非常的生丝，最让人惊叹的是条干均匀。元代《农书》中对生丝质量要求非常苛刻，需要做到细、圆、匀、紧。

在漫长的社会实践中，人类慢慢探索出一些如何生产出具有良好丝品质的方法。明代宋应星的《天工开物》有出口干、出水干的描述，"出口干"说的意思是上蔟结茧时簇室管理，要有非常好的营茧环境，要有适宜的温度，始终要有良好通气和干燥环境，这样蚕吐丝时出口就会干得很快。如此形成的茧子，在缫丝时解舒优良，能"一绪抽尽"。"出水干"说的意思是缫丝时能够随缫随干，使丝质有韧性，有晶莹剔透的色彩。缫丝用的水和丝的品质好坏有着密切的关联，用水因地区而有不同，如举世闻名的"辑里丝"，就是采用浙江南浔穿珠湾之水缫成，丝色极其优良。

（4）毛纤维

毛纤维在中国的使用同其他植物纤维一样有同样源远流长的历史，新石器时代就已经使用它。容易腐烂的毛纤维，在地下不能长时间存放，所以它早期出土实物的数量非常有限。1957年，在青海柴达木盆地南端，出土了西周早期的毛织品，数量以平纹较多，条纹织品有黄褐和红黄两色相间，也有没经过染色的素面纺织品，织物表面笼罩着经纱，光滑柔软，能够抗寒挡风。和它同时被发现的另一块毛织物，纱线粗，捻度小，经纬密小，材质柔软，抗寒性好。1960年，在青海都兰诺木洪新石器时代遗址中，发现了一块毛布残片和毛毯残片。经专家研究，经密约为每厘米14根，纬密约每厘米6~7根，经线粗大约0.8毫米，纬线粗约1.2毫米。1979年，在新疆哈密一个商代墓葬里，又出土一批毛织物与一批毛毡。在距今3800年的新疆罗布泊古墓沟和罗布泊北端铁板河一号墓出土了山羊毛、骆驼毛、牦牛毛织品及毛毡帽。通过上述出土实物可以非常有力的证明，距今4000年前中国劳动人民就可以掌握毛纺织技术，并且到商周时期毛纺织工艺已经发展到一定水平了。

毛纤维的使用方法在很多历史资料中留有记录。《诗经·王风·大车》中有"毳毛如菼"[1]"毳毛如璊"[2]的记载，说的是兽毛经过染色后再制作成衣服，好似翠绿的荻草与艳红的玉器一样美丽引人。《诗经·豳风·七月》中有"无衣无褐，何以卒岁"[3]的记录，依靠汉初毛亨对这句诗的注释是，褐其实是一种毛质较粗糙的织物，当时是普通劳动者的衣服材料。《周礼·天官·掌皮》中有"共其毳毛为毡，以待邦事。"[4]，人类所认知最初的无纺织布就是"毡"了，它没有经纬方向，无须纺纱，无须织造，毛纤维加工需要对其加热加压最后互相缩缠而制成。

从已经发掘的实物来讲，最早选用的毛纤维品种十分繁多，只要是拥有不同种类野兽和家畜的皮毛，皆在备选的条件里。后来在漫长的岁月中人们通过亲身经历，最终挑选出羊毛与为数不多的毛纤维为主。

农业经济的特征是，人类种植农业的目的是希望有足够的食物、纺织品材质等，以果腹遮身。通过服饰可以看出农业经济的特点是就地取材，朴实无华且注重实用。

2. 农业经济下的纺织工具

在原始社会早期，人类选取锋刃的石片裁切野兽皮毛和树皮等，捆绑兽皮或植物皮时就用剩余的野兽的肠子、皮、韧带以及藤条来完成。到了旧石

---

①　郭竹平译注：《诗经》，北京：中国社会科学出版社2003年版，第128页。
②　郭竹平译注：《诗经》，北京：中国社会科学出版社2003年版，第129页。
③　郭竹平译注：《诗经》，北京：中国社会科学出版社2003年版，第261页。
④　徐正英，常佩雨译著：《周礼》（上），北京：中华书局2014年版，第156页。

器的晚期，当时有智慧的人发明了具有代表性的制造衣服的工具如骨针、骨锥。使用骨针制作的兽皮衣比较适合寒冷的地方，而用骨锥扎叶、穿藤皮、长草编织的衣物则适合天气较热的地方。

约公元前5000年，纺织生产是全球各地的文明发祥地共有的。例如，北非尼罗河流地区的人们选取亚麻纺织，中国黄河、长江流域的人们则选取葛、麻纺织，南亚印度河流域的人们和中、南美印加、玛雅人民皆选取棉花纺织，小亚细亚地区的人们已经选取羊毛纺织。此时代的原始的纺纱工具纺砖和织机零件已经出现在中国河北、浙江以及南亚印度河流域与北非埃及等地区。纺砖有两种即竖式和卧式。希腊公元前550年的花瓶上，就绘有吊式纺砖纺羊毛的古代手纺图案，而在中国西南部的少数民族中则保留了倚膝立式（竖式）纺砖纺纱的传统技艺。在南美安第斯地区的人们把卧式纺砖设计在腿上进行纺纱。

中国的古代社会是一个男耕女织的国家，历史悠久的纺织业，在中国北宋以前，丝麻织占据主导地位，而南宋以后，棉布越来越受到人们的追捧；中国自然经济的特征主要是依靠纺织业展现出来的，它在中国自然经济中有着举足轻重的地位。之后农业文明也开始登上了历史的舞台，为了适应时代的发展，纺织工具不断升级出新，这样就使纺织业开始了飞速的发展。

手工纺织是中国较早出现的纺织工艺之一，大约在新石器时代就诞生了。在浙江余姚曾发掘出石头制品的原始的纺纱工具——纺砖，是距今约七千多年的河姆渡遗址发现的。纺砖由两部分构成，即砖盘和拈杆。以旋转加拈和自重牵伸并依靠砖盘来完成的，而用来卷绕纱线是由拈杆来完成的。在原理上表现为牵伸、加拈、卷绕这三个要素。纺砖纺纱，生产效率非常低。例如，纺两斤9公支麻纱，要用125人。人口数量的不断上涨，衣着需求量也随之上涨，这种客观原因迫切要求提高纺纱数量，在此社会背景下，手摇纺车在春秋战国时期诞生了，它首次使用了曲柄和绳轮传动，并且也第一次研发了大竹轮传递小锭子的传动比原理。它的纺纱数量是纺砖纺纱的40倍。到中国的东汉时期，又发明了脚踏单锭纺车，手脚可以同时用。而东晋时，又研制出脚踏三锭纺车。产量比之前又有了大幅提高。在马克思的《资本论》中明确记载，当时的欧洲连多锭纺车还没有发明出来，这就可以看出欧洲的三锭纺车要落后中国一千余年。（见图2-1）

图 2 - 1　无锡市民间蓝印花布博物馆收藏的陶纺轮

纺轮属生产工具，它作为纺织工具中一个十分关键的构成部分而存在。恩格斯曾提出：满足温饱，人类发现和探索出采集、打鱼、狩猎、种植业、畜牧业以及纺织等这些必不可少的生产和技术，正因如此，它的诞生是人类本能意识下的产物，被人类研究和发明创造出来，并大量地实施到改善的生活，促进生产的过程中。纺轮形制各有不同，不难发现它与人们的生活有着密切的联系。中国最早的纺轮发现是在中原地域裴里岗文化莪沟遗址和河北磁山遗址内。被发现纺轮质地种类繁多，有陶质的、石质的、木质的、骨质的等；而从形状上也是各式各样，有扁圆形、算珠形的等；重量有着较大的差异，并有大、中、小的分别。考古人员在屈家岭文化遗址内还发现了大批做工精良的彩陶纺轮。

（三）工业经济时代

1. 工业发展提升服饰生产水平

乍看此命题，人们通常会这样去考虑——生产的设备和工艺的提高是依靠工业革命引发的，导致服饰的生产水准大幅提高。可以说这个正向思维是正确的，但人们是否考虑过服饰的需求有没有带动纺织的设备和行业的进展呢？其实，英国是工业革命的发源地，人类对服装的渴望程度，恰恰对英国的纺织业产生了深远的影响。

（1）技术革新促进服饰产业的形成

英国机械化是 18 世纪后期开始的，并且是从纺织业发端的。于 1733 年飞梭诞生了，它的发明者是约翰·凯伊，这一发明大幅提高了纺织的进度。之后在 1767 年，又诞生了"珍妮"纺纱机（见图 2 - 2）。这是一种能同时纺16 根纱线的综合手摇纺纱机，发明者是詹姆斯·哈格里夫斯，并且用他妻子的名字命名。美中不足的是，该纺纱机制造出来的纱线不耐用。直到1769年水力纺纱机的诞生（见图2-3），才能制造出适合于织布的经纱线和纬纱线，发明者是理查·阿尔克莱特。可是，英国生产羊毛的产量要远远超过棉花的产量。换句话说，也就是按古典经济学学说，英国应需要生产大量毛织品，不应该生产较多的棉织物。

图2-2 　"珍妮"纺纱机与飞梭

图2-3 　阿尔克莱特发明的水力纺纱机

17世纪下半叶到18世纪上半叶，英格兰服饰卖场上拥有主流位置的主要有两类，一类是欧洲大陆服饰，它的材质主要是亚麻布，另一类则是印度的服装，它的主要材质是棉布。为此，当时的查理二世与上下两院在管理和限制服装的问题上意见统一，而且还施行了许多法令，严格限制商人的进出口贸易，尤其是从欧洲和亚洲进口原材料等。不仅如此，限制国民不许穿着进口服装，目的就是应对进口服装对英国传统毛织业的冲击。其实这种管制不仅没有起到良好的效益，恰恰是激励它本国棉纺织业的发展。17 世纪末，英国与印度殖民地的经济交往越来越密切，越来较多的印度棉布大批量地拥入英国市场。兰开夏郡最早创立并且生产模仿印度棉布的棉纺织业。兰开夏临近港口利物浦，东西印度群岛和巴西种植的棉花，可通过利物浦非常方便和快捷地运送到这。有一个非常重要的因素是，因为兰开夏的湿度和温度非常适合棉花的生长，所以制造出来的棉纱不仅纤细而且结实耐用。新诞生的棉纺织业受到较少的约束，这样更有利于先进技术发展。蒸汽机的出现又给人类提供前所未有的工作效率，如飞梭的出现使织布速度飞速加快，珍妮纺纱机的出现使纱线的产量大幅提高，水力纺纱机的出现可以生产出合格的经纬线。越来越多的机械发明都与纺织业相关联，纺织业的出现给人们带来了前所未有的工作效率，使人类的发展越来越快速，并且迅疾在英国传播开来。

（2）工业革命催生新消费主义

英国的国民收入通过工业革命飞速上涨，使英国诞生了人类历史上的消费社会。莎士比亚在《无事生非》中说道，流行的衣服永远比人们能穿破的衣服要多。其实这句话讲的是人类会有非常浓厚的消费欲望，而在英国的 18世纪，就诞生了新消费主义。它包括两方面：一方面是消费欲望；另一方面则是消费能力。新消费主义的诞生改变了社会的消费观念，它们宣传的主张是能够承担起买体面商品的人们，唆使他们去选购奢侈品，能够承担起买必需品的人们，唆使他们去购买体面商品。之前的人类社会，民众收入的恩格尔系数很高，二分之一或四分之三的收入都是用来选购食物，余下为数不多的金钱也是用来选购一些生活日用品，不可能会存有富余的钱去选购流行服装。这因此而导致了那时候的服装比较单一，与现在不同不能随着季节的变化而更换衣物，同时也导致了日本的和服、印度的腰布、伊斯兰国家的宽松裤以及拉美国家的披风几百年都是一种形式和风格。

2. 工业革命冲击服饰新观念

服装流行不是单一的现象，而是一种多元的社会现象。如今，有很多因素都能影响服装流行和规模以及形成时间的长短，如社会的经济、文化、政治、科学技术水平、艺术潮流以及人们的日常生活行为等。工业革命以前，服饰的潮流向来都是贵族人们的所属，即便是哥特、拜占庭、文艺复兴、巴洛克、洛可可等几个时期的风格，服装就是少数人地位和身份的象征，这就可以解释为什么宫廷服装需要制作得如此豪华和奢侈的原因，而工业革命却让人们的服饰向规模性、规格化和高度分工上转化。

（1）时装的社会化

1850—1870 年期间，科学技术迅猛发展，尤其是有机化学和化学染料的诞生，使衣服颜色越来越丰富，各种服饰材料给人们带来多姿多彩的生活，赶潮流的服饰已不是上流社会特有的。1846 年缝纫机的研发成功，设计者伊莱亚斯·豪为个人研发的项目还申请了专利。到了 1855 年缝纫机越来越完善，不仅可以大量生产，而且还能投入市场，这就说明服装制造业可以不用在为图样设计、裁剪、熨烫、操纵机器等这些问题困扰了，越来越趋于完善。1863 年美国人巴塔利克想到了可以销售纸样，使宫廷流行的服装样式开始走向民间。量体裁衣开始退出历史舞台，而标准化服装裁剪越来越流行，人们原有的穿衣打扮观念受到冲击，人和衣之间的关系得到了新的定义和改良。

（2）工装的流行

工业革命要依靠非常多的劳动力才能更好地发展，大量的男性成为工人时，越来越多的女性也参与到工业生产中。厂房、机器、工序、效率组成了许多人们平日里工作的环境，为尽快地熟悉这里的环境，为了使生产方便快捷轻巧便利的欧式制服、长裤，以及工作帽、套袖、手套、胶靴，代替了早期在作坊穿着的粗糙笨重的服装，继而流行于许多产业之中，以给工人穿着。

（3）服饰观念的变革

与服饰的实用性相比较，尤为关键的是服饰审美的演变。工业革命之后，虽然带来了生产设备的变革和创新，但是更关键的是让人们思想观念发生了翻天覆地的变化，人们不仅仅只关注于巴洛克、洛可可式的精美和豪华服饰，而是越来越欣赏工业产品拥有的那种简洁、大方以及强烈的整体感。受工业革命的影响，交通工具也发生了变革，加之对体育运动潮流的热情，使得王公贵族的服装也有相当大的变化，男子服装和之前相比变得短了，袖子跨度也变小。1815 年男裤样式发生了前所未有的改变，越来越宽松，摒弃了风靡许久的紧裹双腿的长筒袜与及膝短裤，取而代之的是直线条长裤。少数西方国家还诞生了运动装和女子长裤，使古典传统的裙装遭受到了严重挑战。

（4）欧洲工业革命对东方服饰的冲击

欧洲工业革命正在飞速发展时，东方国家还处于落后的封建制度统治。虽然东西方相距甚远，而且消息流通非常差，但西方的先进文化还是打破东方国家的大门而且进入其中，好似打破了平静的水面。如中国清朝末年，中国就有人向往西方近代文明并联名向清政府提出变法维新，服饰习俗即包括在内。

图2-4　蓄"马子盖"发型的男子

清代统治者其实是好奇并喜爱西方服饰的，例如清朝时期有一幅画像画的是雍正皇帝穿西服、戴假发，作者是意大利人郎世宁所作；然而慈禧太后对西洋女服也表示十分惊奇，并下旨海外归国的德龄、容龄公主可着洋装进入皇宫伺候。人们的服饰在一点点西化，虽然发展的较为缓慢。当时军服佩绶带、肩章，却在前襟用传统的疙瘩袢儿，貌似就是表现出没有忘记"祖训"。虽然可以剪断男士的辫子，但还要在脑后梳有长发，呈现出名为"马子盖"的怪异发型。（见图2-4）。直到1911年辛亥革命爆发，辫发陋习和烦琐衣冠才得以在全国范围淡出，西装和中国本土服饰改良的形象占领了全社会的服饰舞台，男装包括长袍、马褂、西装、礼帽、中山装、学生装以及军警服装多种多样，女服去旗装而出现改良旗袍、学生装等。

工业革命带给古老东方服饰的冲击不是按照国家而划分的。在同时代的日本、朝鲜以及其他许多东方国家，也都慢慢地接受了西方的服装，并根据自己民族传统服装的特点进行了改革和演变。

3. 工业革命改变审美价值取向

工业革命的最本质的结果，就是在工业革命的地区内技术、生产规模都有大幅度的发展以及出现种类繁多的产品，生产水平越高，这个地区的人们消费和生活水平就越高。人类重视向往舒适的生活，在学习和效仿高效的生产方式时，工业革命地区的生活状态也会被许多不如它的国家相继效仿。从另一个角度看，有先进的工业输出其文化也同随机器设备而一起到来。服装可以说是文化的一种体现，也就慢慢地在工业先进的地域内发生变化，不仅如此它还带领的服装热潮，从而使这些国家人们对美的标准也发生了转变。在审美的准则里道出是否"洋气"，就表达了人们对发达国家服饰样式贴近的理想。

（1）英国的定制服装

第一次工业革命起源于英国之后便席卷了整个西欧，因此英法等国家成了世界领先的经济国家，尤为重要的一点在文化上也占据领先位置。英国在男装的设计和制作方面，当年像保罗·史密斯（Paul Smith）等设计大师都是国际流行趋向的引导者。伦敦著名的萨维尔街，人称"服装定制的黄金大道"，就是世界最高定制男装的地方之一。因不断地创新和特有的设计使英国时装世界闻名。在过去或者现在，很多全球关键的流行潮流皆都由英国发起的，包括薇薇恩·韦斯特伍德（Vivienne Westwood）和麦尔肯·麦克拉伦（Malcolm McLaren）设计的朋克装，包括风靡世界的迷你裙和热裤，都源于玛丽·况特（Mary Quant）的设计。

（2）法国的时装

英国之后，法国是第一个发生工业革命国家，法国资本主义工场手工业本来就非常优秀，在18世纪70年代从英国引进珍妮纺纱机，大幅度地改善了纺织业规模状况。法国工业体系中占据主导的有以下几种如服饰业、高级化妆品以及奢侈品制造业等。1860年，仅巴黎就有63万工人从事奢侈品生产制作。1858年英国青年查尔斯·夫莱德里克·沃思（Charles Frederick Worth）在巴黎成立了高级时装店（Haute Couture），主要的对象就是为上流社会有钱人的女性们提供奢侈的服装，与此同时它也成了引领流行服饰的核心。玛格丽特·米切尔是一个美国的成名作家，她曾在小说《飘》中写道，白瑞德为郝思嘉从巴黎带回来的绿色帽子，就能从侧面体现出巴黎在美国南北战争之后已变成了世界时尚都城。

（3）美国的成衣

法国高级时装文化的繁荣期之前，美国已经跨进成衣工业阶段。19世纪下半叶，缝纫机的诞生与南北战争给成衣生产创造了良好的环境，女士们到中心地带工作，目的是给当兵的人们做军服，慢慢地形成有准则的尺度系统标准。到了1880年，男士服装业比较稳定。美国是一个讲究实际、舒适的社会，但缺少欧洲社会阶层划分理念，同时也不够严格，但美国成了长期占领欧洲高级时装的主导市场。"二战"期间，德国人占领巴黎，这样就让美国独揽了创造服装款式的机遇，所以美国依靠成衣企业这个平台，开辟了一个时尚市场，涌现出许多属于本国的设计师。美国服装注重实际性，新潮的牛仔裤、运动衫等简洁轻便风格的服饰开始流行。20世纪70年代，美国的时装业有了自己的风格，并且它首次不受法国服装的制约，从十年前的青年风貌与迷你裙中脱颖而出，开始研究属于本土的服饰文化，充满信心的中等裙长兴起，烦琐的男女服饰被抛弃，裤也快速以及中性服装成为潮流，最后还有经典不衰的牛仔服。从此，美国的服装沿着欧洲的风格道路逐步前行，致使欧洲受到了对实际和功能颇为讲究的美国风格的影响。

4. 经济萧条时期的服饰变化

自从1825在英国爆发第一次经济危机以来，经济危机就像恶魔一样摆脱不掉。资本主义在经济发展中有周期性爆发的生产过剩的危机，其实就是经济危机，经济危机是资本主义社会的一种普遍状况，一个必经阶段。就像经济的变动能对人们生活态度产生影响，并且能从着装和佩戴首饰等一些流行元素中体现出来。

（1）1929—1933年经济危机时期的服饰流行

1924—1929年，资本主义世界经济昌盛如同昙花一现，经济危机首先在美国爆发，随后整个资本主义世界都受到了波动，并造成了史无前例的影响而且时间最为持久。在世界经济大萧条期间，绝大部分的银行倒闭，企业破产，市场惨淡，生产迅速下降，失业人数剧增，人民生活水平随之下降，很多人面临破败的危险。这次经济危机让资本主义世界工业生产减少了44%，下降到了1908—1909年的水准。女员工成了企业裁员的首选，女性迫不得已再一次从社会回到家庭。随后的服饰业很快就反映出经济的衰退，女装所有形象以"流线型"取代了"直线型",整体风格以"成熟、妩媚"取代了"年轻、帅气",重点表现出稳重、贤惠的女性形象。当时流行的"公主装"是一个很好的案例,主要特征是裙子整体比较长但是还有多褶,目的是营造出修长轮廓,织物一般斜着裁剪。而材料是以柔软、松散的质地为主,以加强和表现出垂坠与流动感。

(2) 1973年石油危机时期的服饰风格

第四次中东战争于1973年10月爆发,目的是打击以色列及其盟友,阿拉伯成员国是石油输出国的组织,他们宣布撤回石油标价权,并调高了其积存原油的价格,从每桶3.011美元上涨到10.651美元,油价调高了两倍多,为此引发了最残酷的全球性经济危机。三年的石油危机,对发达国家的经济产生造成了严重的影响。各个国家都有不同程度的损伤,如美国的工业生产减低了14%,日本的工业生产降低了20%以上,世界上工业化国家的经济发展都发展较慢。由于经济的不景气致使奢华的时装风格已经不被人们喜欢了。叛逆与探寻、毁坏与重构在社会文化中四处弥漫着。而在法国,时装界流行的趋势是要求回归自然,返璞归真,囊括了各个地区民族元素的"嬉皮士"风格昌盛一时。在伦敦,则流行以街头巷尾文化为背景的"朋克风貌"。在选材上,棉、毛、亚麻制品重新得到了重视;在款式上,中性化服装的趋势迎来了空前盛世。"无性别装"(Unisex)流行一时。而牛仔装仍然自成体系,因为牛仔裤在年轻人的挑选中长时间占据主导的地位。

(3) 2008年金融危机对服饰流行的影响

2008年夏,在美国爆发了经济危机,这次危机是美国的次贷危机引起的,世界各国均受到了不同程度的影响,造成了21世纪第一次世界性的金融危机和经济衰退。由于经济全球化的影响,这次金融危机牵连甚广,使每个国家都受到了不同程度的经济损伤。金融危机对欧洲高级时装业造成致命打击,许多品牌生产企业开始裁员,减少发布会的开销,或者取消发布会,香奈尔的巴黎办公室开始大幅度裁员。因此,人们发现高级时装发布会不再出奇制胜,复古风格再度流行。大多数品牌开始注重服装的功能和性能。

(四) 知识经济时代

对知识经济的提出源起于20世纪80年代初期,罗默和卢卡斯这两位美国经济学家提出了"新经济增长理论",其中还说到"把知识积累看作经济增长的一个内生的独立因素。"认为知识可以提高投资效益，知识积累是现代经济增长的源泉。以及"将技术进步和知识积累重点地投射到人力资本上。"直到 1996 年，世界经合组织发表了题为《以知识为基础的经济》的报告。这个报告是给知识经济定义的，为了使它能够在知识的生产、分配和使用（消费）之上建立经济，从而非常深入地扩张了"知识"的覆盖领域。它囊括了以下几个方面：第一是事实方面的知识；第二是原理和规律方面的知识；第三是操作的能力，这其中囊括了技术、技能、技巧和诀窍等；第四是对社会关系的认识，便于更好地和学识渊博的人接触，从而学到一些对自身有用的相关知识，或者可以理解为是有关管理的知识和管理的能力。这使人们更加意识到知识可以改变命运也可以更好地改变世界，因此知识经济很快地代替了工业经济并且成为新时代的标志。

研究显示，随着科学技术更加完善，越来越多的人倾向于把 80% 的劳动力向以知识为核心的第三产业，即服务产业靠拢，换句话说，只依靠 20% 的劳动力就能生产出足够人类需求的工业和农业等物质产品，到了那时候人类就彻底迈进了知识经济时代。这样来看，知识经济和之前的工业不一样，它不是一个新兴的产业，而是成了一个经济时代的象征。不仅如此，它也是工业经济快速发展时代的结晶，也是继工业、农业之后全新的一种经济形态，同时又反作用于传统的工业和农业，对它们起到了良好的作用从而更加现代化、知识化。因此，21 世纪很明显是"知识化了的全球社会"，世界流行的总体态势是"知识经济一体化"，这种一体化将在"知识经济化"与"经济知识化"这两种转化中持续进行着。

"以信息革命为先导的知识经济的浪潮正在强烈地冲击着我们传统的服装业。在知识经济时代，劳动者的受教育水平将会普遍提高，知识工人将会越来越多，盲目从众的消费者会越来越少。服装的传统功能将倒退到空前未有的程度，表现自我将会成为服装消费的主旋律。"[①] 因为自我发展越来越全面，所以服装的消费个性化非常强烈，这样将会成为将来服装市场一个非常显著的特点。工业经济时代的"流行"将会被"多主体流行"和"无流行"取而代之。

---

① 常亚平、阎俊："知识经济时代的服装业"，《新视点》，第 26 页。

1. 科技改变认知

随着时代的发展，电脑服装设计软件越来越完善，不仅如此，硬件的价位也越来越低，服装的购买者可以根据自己的喜爱而设计服装的时代已经到来了。顾客只需在三维扫描仪上扫描出个人的身高尺寸，之后就能在电脑上自己设计喜欢的衣服。服装购买者也能在数据库中查阅古往今来，世界各地的成千上万的服装样式，从而给自己的服装设计作足够的参考。设计完成以后马上就能在屏幕上观察到三维动态成像。如果不满意，还可以重新设计直到自己认可为止。购买者设计完成的服装图纸依靠网络的力量传送到服装制造厂的柔性加工系统，由柔性加工系统生产加工完成后再由快递公司投递到购买者手中。

在知识经济时代里，注重环保和可持续发展是最为突出的特点之一。化学的纤维服装和染料所生产的服装都会危害身体健康，同时也会破坏环境。知识经济时代的服装生产的要求是生产对人体和环境不产生任何危害的环保型服饰。以下几方面是环保型服装主要内容：首先，要染色牢度、甲醛残留、致癌染料、有害重金属、卤化染色载体、五氯苯酚、农兽药残留、挥发性物质含量等指标全面符合国家标准，目的是不危害身体。其次，是可再生服装和可降解服装，目的是不破坏环境。可再生服装的意思是说，废旧的服装可作为生产新服装的原材料，或是不要的服装可在大自然中被自然降解，并且对自然环境不造成任何损害。如今服装循环使用系统在欧洲的许多国家已开始设立了，他们特意把已报废的服装集中起来，再把它们有序地分为两大类，一类作为生产原料，而另一类则会自然降解或无污染焚烧。

2. 消费方式的改变

网络和电脑的用途越来越广泛，人们的购物方式也随着它的到来而改变着，而网络购物也随之流行起来。网络销售的首选商品之一就是服装。从当今的趋势看，"牛仔服装"的商店在国际互联网销售已有300多家。

在工业经济时代，人们多数是研究和讨论购买者群体的行为和需求特征，并且依据研究的结果，生产产品或提供服务而满足其需要。知识经济时代，大多数是研究和探讨购买者的个体特点，建立数据库运营，企业和购买者个体之间进行互相联系。通过与购买者个体之间的互相交流和购买者所需的特点以及对购买者特点的研究和探讨，是让购买者实现自我价值。

买卖双方就如同一个整体，不可能会发生工业经济时代那种"货离柜台，概不认账"的状况。通过他们的互相沟通，明确和关注消费者，有些消费者或许一辈子都在同一个公司购买衣服。这样，买卖双方都降低了交易成本和风险。

3. 品牌与仿品的竞争

全球化生产依靠信息化变得更加方便和快捷了，而生产全球化又反作用于品牌服饰，从而带动它走向世界潮流。随着品牌对人们潜移默化的影响，人们对世界名牌的渴望愈演愈烈。世界名牌的价格通常很高，没有太好经济基础的青年人是承担不起的。正因如此，名牌的仿制品就慢慢地产生了。虽然发达国家对纺织品的起诉从未停止过，但仿制品在全世界始终有市场，尤其是发展中国家。有趣的是，发展中国家的加工水准越来越好，而仿制品的品质也随着越来越好，不但能以假乱真，有的能达到甚至能超过真品的质量——真品绝大部分给他们生产加工制造。甚至有一些服饰产业发展比较晚的国家，一开始只是单纯地仿造而逐渐地成长起来，依靠不断地完善技术和品牌打造等方法，逐步成立了属于自己的特殊品牌。

4. 对设计方式产生影响

知识经济时代，服装设计的美学思想，对人的本性并没有更多的张扬，而是强调人与自然的和谐相处，不是作大自然的统治者，设计师也越来越喜欢和看重从自然中获得灵感，设计风格更能体现出自然景观。但它不是自然主义那样消极和被动，也不是自然审美元素的单纯叠加，而是体现出人在实践中对自然更深层次的体会和感悟，展现出人与自然更好相处的愿望。来自自然又不拘泥于自然，新的人文与生态意识且通过科学这一媒介，能在更高的层次恰到好处地联系到一起。知识经济时代的服装正因有了这些理念，所以将呈现出以下的特点：不用洗涤，这类服装拥有很好的长久的不同于其他的化学反应，去污能力较强；冷热可以随时改变，衣料可根据周围环境温度的变化，改变其密度，这样衣服的通风和保暖性就改变了；长时间穿着如新的一样，高强度纤维，并采用不同于过去染色工艺让服装非常耐穿，色彩鲜艳持久保真度优秀，色彩变化种类多，该类服装在不同程度光照下，不一样的温度下，可呈现出不同的颜色，属性可变。这种服饰采用特殊纤维制造而成，当不需这件服饰时，就可当饲料，或植物肥料等，这些都从不同的角度展现出了人与自然和科技这三者完美的有机结合。

5. 服饰文化全球化、国际化

"知识经济时代，由于知识经济依靠无形资产的投入实现可持续发展的前提是依靠世界经济一体化。经济全球化的基本特征为：资金、技术、人员、信息等生产要素和商品在全球内快速、自由流动，寻求最有利配置，使世界各国的经济紧密地联系在一起。"① 在一定程度上讲，国与国之间将来可能变得只有边界，而国界却没有了，将会涌现出许多彼此相吻合的服装文化——国际化、全球化的服装意识与态势。这样就很难说明白它是来自哪个国家，风格是起源于哪种文化，服装审美越来越朝着全球人共同的美学观念发展。越具有民族艺术性的，就越有国际性的大同观念。对于中国来说，拥有五千年的历史，我们在大力发现和研究并加以利用优秀历史的文化宝藏时，或许思考最多的该是怎么样更好让它与世界性、全球性时，融合起来。打破那种一谈到民族文化的特征，就唯先秦钟鼎、盛汉石刻、大唐碑卷；而一谈到民族服饰风格，就只是立领、盘扣、灯笼、旗袍、镶滚挑锈等的垒叠。近代处于领先地位的欧洲服装，它代表全球性的流行趋向。它不仅拥有根深蒂固的欧洲民族文化，而且更值得赞许的是能吸收和借鉴不同民族文化的优点，并且是不断创新的产物。为什么中国旗袍可以经久不衰，它的优点就在于它是在满族宽松直身的袍服之上创新，又将西方服饰的美学思想如收腰、合体、裙长缩短等融入其中。尽显女性仪态万千和美丽大方的迷人体态，再与西方传入的烫发、手表、皮鞋搭配到一起，最终成为中西方结合的经典。著名设计师克里斯汀·拉克鲁瓦说："我希望流行在下个世纪是一个完全自由的舞台，没有任何拘束和指令存在。新科技一定会取胜，所以我们必须非常谨慎及注意新市场的动向，必须放开心胸和放弃成见，迎接其他文化，分享彼此的传统，变成新的风格，新的仪式。"

---

① 蔡蕾："新经济下的服装文化"，《广东科技》，2000 年第 4、5 合期。

第三节　服饰产业的经济特征

一、经济对服饰产业链的影响

在西方产业经济学的观点中，"产业"的含义普遍是指社会分工的基础上，生产出的物品具有一定程度的替代关系。其实"产业"与"市场"的语义相仿，因为只有同样的企业为同一个市场和共同利益去同时生产与制造同一种产品，这样才能构成一个产业链，正所谓同行是冤家，每家企业和公司都在同一市场上有自己的核心生产力和各自独特的创新技术，企业之间表面上是和睦相处但实质都是相互竞争，以谋取各自最大的利益。当然，这里的市场指的绝对不是一般性质的市场，它指的是局部的市场，也就是所谓的狭义的市场。

产业可以带动社会生产力发展，而社会生产力又反作用于产业，这样两者相互协调发展相互促进，期间不仅社会分工有条理，而且还不断出现新兴产业，特殊分工的主导形式也由原先的单一化逐步走向复杂化。

(一) 服饰产业发展概况

"服装产业是以服装设计领衔，集服装加工、商业和贸易为一体的都市型产业。它是一个以服装商贸为产业主体，以面料、辅料、服装加工等为产业支持；以饰件、化妆品、形象设计等为产业配套；以展览业、服装报刊及新闻传播、信息咨询等为产业媒介；以服装教育为产业人才资源基础的综合产业链。"① 在纺织工业产业链中有一个重要过程，也是一个关键的过程即服饰产业。不仅在经济全球化的今天，世界经济快速的发展和为了获得更多的利益各国产业结构调整，同时也为了更好地相互发展，服装在此起到了越来越重要的作用，服装产业可以让经济快速腾飞，无论是在经济发达国家还是发展中国家。同时，服饰产业也是国与国之间相互交换、资本积累的主要途径。随着经济全球化的快速发展和各国经济结构调整升级以及传统纺织服装业引

---

① 宁俊：《服装产业经济学》，北京：中国纺织出版社 2004 年 1 月第 1 版，第 12 页。

入高科技技术，服装产业本身也从原先的劳动密集型向资本、技能密集型转变。世界服饰产业犹如当年工业革命一样，正在经历一场翻天覆地的变革。

（二）服饰产业链的构建

"产业链是在一定的地理区域内，以某一个或几个竞争力或竞争潜力较强、科技含量较高、产业关联度较强的优势企业或产业为链核，以产品技术为联系，以资本为纽带，上下连接与延伸，形成的一种具有价值增值功能的战略关系链。"①

1. 服饰产业链的概念

服饰产业链，是指在一定的地域范围内，组成服饰产业内一切具有持久追加价值联系的经济活动的聚拢。它是依靠以服饰企业为核心链接点，以服饰产品为联络，并且通过技术与资本作为桥梁，以及有关的辅助产业为支柱，上下维系与扩展，前后相接所呈现出的具有价值功能的衔接链。

2. 服饰产业链的构建

依照产业链理论，服饰产业链第一应该在表面上是由上、中、下游每个分支产业相互参透构成的关系链。因此，要遵循服饰产品从初级阶段延续到消费者的全部流程，第一步开始创办关系链。

服饰产业链图示

从关系链中可以看出，上、中、下每个环节分别对应的是，面辅料生产、服饰加工、商贸物流。由于服饰产业的逐步成长和深入，20 世纪 90 年代初，又有两个分支被细分出来成为单独的环节即服饰设计与品牌营销，服饰产业链因为这两个环节得到很大幅度的升值，并一举变成当代服饰产业链的重要的策略环节。另外，纺织产业链也是这一关系链向前扩展得到的，换句话说纺织产业链是前提，是服饰产业链诞生的条件，由于纺织产业对环境造成了

---

① 宁俊：《服装产业链理论与实践》，北京：中国纺织出版社 2007 年 4 月第 1 版，第 35 页。

严重的污染等多种多样的原因，它们两者的发展形成了脱离，以致在服饰产业形成的流程中发现材料供应的紧张，还有纺织技术研制开发不成熟、成果转变困难等问题，这也是中国服饰纺织业成长容易受到阻碍的部分之一。于是，再次创办服饰关系链。

修正后的服饰产业链图示

从修正后的关系链中可以看出，上、中、下游分别调整为纺织技术研发、面辅料生产、服饰设计和服饰加工以及品牌营销与服装商贸。

从产业联系的方面观察，服饰产业链包括以下两方面：一方面是产业间的供求关系链，另一方面包括产业内部的合作链。不仅如此，它还包括不是间接形成的服饰产业的产业关系链，而且还囊括协助服饰产品产生的辅助关系链。

（三）服饰产业链环节

1. 纺织技术研发

服饰产业链主链上开始的步骤是纺织技术研制的开发。纺织技术是对纤维材料、制纤技术、纺织品织造知识和技巧、染整工艺、后整理传统的方法并取其精华去其糟粕，在此基础上进行创新和研发，它同时也是面辅料产生的首要条件。纺织技术研制开发的好坏与成果，确定了所供给服装面辅料的好坏与数量，对服饰设计和加工等后续步骤产生了深远的影响。

"纺织技术研发环节是一个资金、技术密集的环节，因此，可通过增加投资、吸引人才，通过企业、学校、科研机构三方协作，创建技术研发平台，实施集群战略，形成技术规模效应，实现纺织技术研发的不断升级。"[1]　另外，每个地区的发展应依照服饰设计和加工等后续步骤对面辅料的需求特点和规模，这样可以更好的决定该地区纺织技术研究和发展的对象与宗旨。

当代中国纺织技术研究发展的水平不是很发达，但整体水平可以与国际

---

① 宁俊：《服装产业链理论与实践》，北京：中国纺织出版社 2007 年 4 月第 1 版，第 39 页。

接轨，只是在中国面辅料特别是高端档次的面辅料仍需依靠国外进口，中国与国际之间的关联度较差，纺织技术研究发展不可以满足我国自己内部面辅料的供求，纺织技术研究开发成就很难在日常生活中所用，这便是关联问题的病症所在。因此，在产业链开发的策略中，应把缔造平台作为核心，以完成纺织技术研究发展与面辅料生产等后续步骤之间的协调发展。

纺织技术是服饰产业链的基本步骤，在一定的地域范围内的纺织技术研究发展的水准、质量、效率是这个地域开展服饰产业的出发点，最初决定了这个地区服饰产业链纵向和横向的发展。因此，在服饰产业链成长中必须先确定下来的问题是纺织技术创新产业的发展范畴和条理，服饰产业将依靠它有着更强大竞争力和优势。

2. 服饰材料生产

服饰产业链价值产生最基础的环节是材料产生。

材料产生的步骤包括了两大部分即服饰面料和辅料。在服饰中基础材料就应属面料了，同时面料工业与高科技正因生产力的发展和科技的飞跃，使两者关系越来越紧密。其中产业链中游的应属面料类公司（包括织造、印染和后处理），密集型特征显著应属资金和技术。服饰面料行业可以从不同角度区分，如从原料上可以分为棉纺、毛纺、麻纺、银雕布（丝绢）等天然纤维与化纤行业区分；从性能上可将其分为吸汗透气、防水不湿、保温耐热、抗紫外线、隔绝病毒等适合各种各样的行业。服饰辅料与服饰产品的面料必须相互协调，不仅要具有良好的功能性，还要有很好的美观性。服饰辅料行业包含的种类很多，其中宏观上包括生产和设计 LOGO、标志等企业。而微观上却包含了里料、絮料、衬料、垫料、线料、装饰珠子、亮片、各类装饰带、绣片、紧扣材料。

服饰产业链中的一个技能性比较强的步骤就是材料环节，服饰产业的成长就是依靠它直接带动。服饰质量与样式完全受到面、辅料的优劣影响。为了确保各产业环节可以更好地相互协调发展。产业在发展的流程中，面、辅料环节应考虑两方面的因素，首先应尽可能多的采集服饰设计、加工的必要消息，选用并回馈到纺织技术研究发展环节；其次要与纺织技术研究发展环节构建起良性的互动，相互协调，目的是给服饰设计和加工提供最优质的原材料需求。

当代中国服饰面、辅料行业发展比较缓慢，还不能与世界水平完全接轨，所以目前在中国面、辅料特别是高端档次的面、辅料仍需依靠国外进口。纵观全球纺织发达国家，为了尝试垄断服饰产业链中最能获取利润的部分，因此在面、辅料行业中不得不投入了较大的精力。如今，中国服饰产业的成长受到阻碍的部分是面、辅料行业的发展。面、辅料环节在一步一步成长的过程中，可以试图通过多角度来处理和改善问题。

3. 服饰设计

在服饰产业链中完成价值升值的重要步骤是服饰设计。

设计环节包含两个关键环节即品牌和产品。首先产品环节也就是服饰产品的设计，包括服饰造型本身各个方面的深入思考的构想和筹备，对其有关的多角度的直接和间接成分进行有条理的研究。其次品牌环节也就是品牌的策划。品牌的建立要依靠价值文化和特性才能拥有悠久的内涵，产品的名称和产品标志只是品牌的一部分，品牌的建立其实是为了更好营销。服饰产品为了获得更好的利润和更好地在服饰产业中竞争，主要依靠服饰设计和品牌策划。

服饰产业链中附加值非常高的一个步骤应属设计环节。设计环节是整个服饰产业链构成的核心，连接整个主链，对整个产业链起到巨大作用。设计产业依靠文化和经济的共同支撑，它不仅是一种技术含量高而且也是技术集中型的城市型产业，与消费者有着密切关系，敏锐度高的市场。在一定的地理范围内服饰产业的整体水平好坏是通过服饰设计产业的好坏体现出来，如巴黎、伦敦、米兰、纽约、东京等拥有世界一流的服装设计团队和最优秀的服饰设计能力，正因如此，这几个城市拥有极度发达的服饰业。随着中国服饰在生产制作上的优势一步步减弱，服饰产业链重心应慢慢向服饰设计环节过度，将产品设计和品牌设计作为重点研究发展的目标，增加中国的核心竞争力，更好、更快地适应新的市场要求。

4. 服饰加工

在服饰产业链中可以形成价值并且体现出来的就是服饰加工了。

在加工环节里，成衣加工和时装加工是两个主要部分。通常来讲具有大范围、规范化服装制作就是指成衣。时装不仅包括有革新思想和一流品位服装设计师和设计高级时装的团队，而且还借鉴这些样式、价位比较低的适合大众的时装。生产服饰产品的制造商实际就是加工步骤的企业。成衣和时装加工、销售的比例，是每个区域在发展的历程中产生的，并且确定了这个地域服饰产业性质。

服饰产业链的上、下游步骤的进展主要是受服饰加工业进展的影响，不仅如此，与它联系密切的也有服饰的面、辅料和商贸环节，服饰产业链全部关联性的重要步骤和产业链发展层次的一个基点是由它决定的。早期的产业发展，最先考虑服饰加工环节产业的技术水平和服饰加工环节发展空间、服饰加工环节发展速度，以及怎样更好地联系其他产业环节，以此为基础，拟定恰当的目标和战略使其他产业环节发展得更好。很多地方尤其是在发展早期，服饰产业都是以服饰加工为产业链重心，这个环节的竞争十分激烈，但从经济角度来看它是服饰产业链上一个低利润率的环节。所以，服饰产业发展过程中服饰加工环节很难有持久的优势和成为核心的竞争力，换个角度思考，在服饰加工产业进行到一定水准后，要确立具有可持续发展有个性的竞争优势。

中国的服饰加工产业曾是一个劳动密集型产业，主要依靠中小型服饰加工企业为主体，凭借廉价的劳动力资源来提高竞争水平。经过长久的一段岁月 OEM（贴牌生产）如今中国服饰加工的领域已跻身于世界行业前茅，同时加工制造技术也积蓄了足够的经验。因此，在完成服饰设计价值进程中，服饰加工环节并没有存在较大的问题，而且正因为服饰加工产业的领域开发，两者有较好的关联性。在将来的发展道路上是该产业环节需要解决和注意的一个问题。

5. 服饰商贸

服饰产业链价值实现的重要步骤是服饰商贸。

将服饰做好并且可供使用或出售的物品，企业转移到顾客手上的批发、零售等主要内容是服饰商贸的主要作用。不同顾客有不同的需要，可以将服饰商贸分为国内和国际市场，即内贸和外贸。

在服饰产业链中处于首要的终端步骤应属服饰商贸，产业的绩效取决于商贸的规模与商贸的水准，它可以很好的带动产业链整体发展和其他环节的发展，在许多的服饰产业链进展流程中，可以通过提高商贸水平而实现产业飞速发展的成功案例层出不穷。服饰产业发展需要依靠蓬勃的服饰批发和服装零售业为保证。通常，零售商不会制造和设计服饰，但他们可以精确地预算客户的需求程度，这样就可以直接或很大程度影响服饰产业的发展速度。

服饰产业链上有一个附加值比较高的步骤，便是服饰商贸。产品的种类越来越丰富，而无形服务的重要环节就是商货的供给，所以只要提高商贸水平，就能产生良好的增值效应，这样就可以使产品的价值上升。此外，服饰产业越来越趋向在全世界范围内经营，服饰商贸让全世界范围内的设计、生产和销售从原先的不敢想变成了如今的可能，在服饰产业中服饰商贸的作用将会越益重要。因此，在将来服饰产业链中，可采纳竞争的政策在服饰商贸环节。

如今中国服饰商贸已有了大体的雏形，且已表现出明显的特性，在市场上主要呈现为层次明确，分别形成了低档、中档、高档服装等不一样档次的市场。不过，中国服饰商贸的发展程度与五大时装之都的纽约相比还是有一定的差距，主要表现为市场的范畴不够大、档次不够多、标准不够合理、特征不够明显和体系不够完备等方面。这些都是未来服饰商贸环节发展的核心。

6. 辅链环节

辅链环节是帮助和促进服饰产业链价值实现和增值的环节。

服饰产业链中的支柱和服务部门其实就是辅链环节，而辅链环节囊括了服饰信息化、物流、展会、媒体、教育、咨询、表演、配件和纺织服饰机械这几个环节。服饰产业链良好的进展就要依靠它们良好的发展。辅助和核心环节有着密切关系，而辅助环节的每个步骤之间则具备间接和多向关联关系，是产业链中必要的组成部分。

辅链环节中的许多步骤不是特意为服饰产业所创造的，而是对全部产业所设立的，一部分服务于社会所有行业，如展会、教育、物流等，另一部分则服务于服饰产业的，且不用于一般情况下的需要，如纺织服装机械、时装秀等。随着服饰产业日益成熟，渐渐从本产业中形成一个独立分支，如服饰展会、教育、咨询等，形成"大服饰产业"中的一部分，在服饰产业的进程中起到了极其重要的推动作用。

目前，辅链环节在中国正飞速地发展，速度之快已经远远地超过了主链环节的进展，这样可以更有力的带动主链环节的发展。辅链环节在某个地域发展的好坏，在一定程度上也能显露出这个地区服饰产业的发展情况。因此，辅链环节需要持久快速发展的趋势，与此同时，要创建主链环节和辅链环节相互联系相互协调的发展关系，已达到均衡进步。

（四）经济兴衰对服饰产业的影响

"经济基础决定上层建筑"，而服装是最能表现上层建筑的独特权利观念。所以每朝每代的统治阶级都在治国典章中颁布有关的服饰章程，由于各时各地劳动力发展水平不同，所以导致经济发展水平不完全相同，也因此出现不同种类服饰。一般情况，经济发展速度可以决定服装发展，从而也就决定服饰产业的发展。

一般来说，艺术内容与艺术形式是依据经济基础决定的。服饰上就体现出不同面料与不同样式的服装是由不同时代的经济决定的。

1. 西方经济对服饰产业的影响

无论日本，还是欧美资本主义国家，在一定程度上，一个国家的文化发展始终会受到经济的影响，其中也包含服装的文化因素。以主流服饰为核心是服饰的总趋势，青年人的潮流倾向也是不能轻视的一部分。青年人给社会注入了鲜活力量，同时也是消费的主要部分，从青年人身上所体现出来的潮流倾向通常能更加直接地反映出社会的经济情况，同时对一个国家将来的时尚产业发展带来非常大的影响，因为新成长起来的一代年轻人，他们的品位与赏识趋势在未来会成为社会的精神力量。他们的心声可以通过他们的服饰体现出来。在良好进展的时段，协调统一的民族精神占重要地位，个性化的服饰表达较为薄弱。当经济发展出现转折时，叛逆暴力的服装往往受到年轻人推崇。他们用夸张的颜色，男女款式互换来装扮自己，再加上一些违反常规的行为来表达和展现出叛逆的生活方式，从宏观角度看，社会经济发展的情况可以通过青年人的服饰表现出来，青年人会非常敏锐地观察到社会的进展状况与社会的经济形势。

20世纪70年代西方爆发了能源危机。首先，石油价格快速上涨，人们盼望奢侈消费的价值观被深深地晃动和革新了。为减少成本，服装产业越来越普遍开展朴素化的生产，同时降低服饰辅料的使用，原材料也多使用天然的、常见的市场简易化的材料。其次，能源危机对服装的直接影响是，把功能因素放到首要地位，因为能源的稀缺会给供暖带来直接影响，因此服装的主要功能——保暖变得尤为重要。70年代早期，女性服饰的整个倾向是逐步走向保守，如从超短裙装过渡到中长裙装就能体现出来。

在 15 世纪，经济振兴开始于西班牙和葡萄牙，紧随其后的是荷兰、英国、法国、意大利……从这些国家开始了经济的快速发展阶段。在 15 世纪到 19 世纪这段时期内，这些国家的大多数经济都兴盛起来，成了暂时称霸全球的经济强国。即便某个国家现在的经济有所发展，但是和之前最辉煌阶段的经济发展相比仍算有所回落，但是之前积攒的财富和获得的生产的上风与技术的上风还有所保存。所以，如今经济发达的多数国家还位于欧洲。

这一地区一直到四五百年后的第二次世界大战，在全球区域内都是经济实力非常发达的一些国家，不仅消费者水平能力高，而且在这一地区内诞生了许多先进的事物。因此，在一些经济不发达阶段国家的人眼里，这里的消费品就变成了这个时代的先进产品或说的时尚产品。

欧洲生产的产品如衣服、饰品和随件等，都是适合高端人群使用而不是低端或者普通人使用的产品。然而，欧洲在这些领域获得的领先地位，是任何国家和地方都不可取代的，因为欧洲有复杂的历史原因。历史上，也就是君主制时期，欧洲上层社会与梦想变成上层社会的人曾大力竞相购买奢侈的服饰与物品，因此有固定的市场存在。而且高档物品，特别是奢侈品拥有非常高额的利润空间，因为价位并不是根据生产成本为参照物，卖家拥有非常大的定价权，可依据物种的稀有程度和买方购买商品的经济力量要价，因此，可能获得高额甚至更高的成本的利润。所以，商人们喜欢在全球各国选购稀有和昂贵的布匹、宝石等原料，之后再请技艺高超的匠人加工成华丽而高贵的衣服与饰品。

1926 年，由美国经济学者乔治泰勒（George Taylor）提出裙长理论，这是一种形象描述市场走势的理论。认为女人的裙子长短可以反映经济发展的好坏，裙子越短，经济越好，反之亦是。经济增长时，女性会购买短裙，因为女人们会炫耀里面迷人的长丝袜；当经济下降时，她们没有能力购买丝袜，迫不得已把裙边放长，来遮盖买不起长丝袜的状况。例如，20 世纪 20 年代和 60 年代那样，女性大多数选择短裙，原因是股市变得越来越好。然而在 20 世纪 30 年代和 40 年代时，女性选择穿着长裙，因为市场开始陷入低谷。当然，有的经济学家不这么认为，如经济学家哈罗德说："经济繁荣并不总意味着女性的裙摆长度缩短，其中有很多例外，如 20 世纪 40 年代的时尚潮流与经济状况就不符合这个定律。"但是，经济与服饰确实有着必然的联系。类似于"裙长理论"的还有"领带指数"（领带销售多与少和经济好坏成反比，销售额越高越能体现经济发展不好，说明有越来越多的男士要身穿正装去求职，需要领带的"配合"。）和"睡衣指数"（寝衣是人的内装修，经济快速发展，人们不仅重视外在而且也越来越重视内在，所以寝衣销量越来越多；寝衣销量下降，就说明经济也在衰退。因为人们的收入越来越低，只能勉强追求外表光鲜，寝衣当然也就是能省就省，所以寝衣指数能很好地反映出经济发展的好坏甚至比房地产指数更加准确。）

2. 中国经济对服饰产业的影响

经济文化的不同形成了对服饰潮流的一种屏障。在今日中国，服饰的影响也是从沿海影响到内陆，南方影响北方，究其原因即与经济有关。服饰产业与社会经济的繁荣一直是紧密相连，经济功能成为中国服饰产业的内趋力。可想而知，社会购买力的增强要依据经济基础的殷实，毕竟现代中国已是经济大国。

改革开放以后，中国的经济飞速发展。当今服饰产业正在走经济全球化路线。随着中国经济的不断发展，我们的服饰产业也会越来越强大。

"西方工业革命的影响传到中国之前，中国的经济还基本上处于封闭的封建社会状态，虽然从唐朝开始到明朝约一千年的时间里中国的整体经济在世界范围内属于经济实力较为强大的国家，但是国民的实际生产能力和消费水平却依然很低。"[①] 当时，虽然皇室和官宦家庭对服饰拥有足够的购买力，但是普通平民的收入因受到生产力的影响。绝大多数民众的收入只能维持生存的基本要求，大家都纷纷独自完成种植植物、制作服装的全部流程，绝大多数普通百姓穿着自己家庭手工织布、自己裁剪或裁缝制作的棉布衣服，用这种办法来降低用于服饰方面的经济投入。

在1840年鸦片战争以后，中国受到了西方工业革命的影响，机器制造的"洋布"随之流入中国市场，这无疑给中国传统的手工纺织业带来了前所未有的挑战，中国的传统守旧思想受到西方先进思想的挑战，中国的传统服饰开始淡出，带有个性解放的西式和体现中式对改良服装开始登上历史的舞台。

---

① 吴珊："中国服装产业发展的品牌经济研究"，山东大学，博士论文 2008 年版，第 116 页。

在这一段时间内，有些诞生于清代的老字号，如瑞蚨祥，逐步改良了传统的销售手工织布、绸缎的做法，开始经营各式各样的布料，工业化机器织布也包含在其中，而且缝制新款旗袍和其他服饰，同时又用可信的物质功能来招揽购物者，与此同时，一些刚刚开业的新布店，贩卖机器织布，生产服饰。例如，上海的培罗蒙西服店、恒源祥绒线店等，在上海的 1920 年左右显露生机。

在 20 世纪 50 年代和 60 年代，棉花是纺织的主要原材料，化纤类纺织物不丰富，所以棉花的波动直接影响到纺织服装的生产。相对而言，棉布纺织品图案枯燥、单调。总体来说，纺织品的产量还满足不了人们的需求，特别是在 1954 至 1984 年这段时期内，消费者是按照国家给每人发放的布票标准来消费的，相对于每个家庭的需求，布票的发放是远远不够。当时人们的口头禅是"新三年，旧三年，缝缝补补又三年""新阿大，旧阿二，缝缝补补是阿三"的说法，这是当时中国绝大多数百姓创意的民谣，从侧面反映出当时中纺织服装满足不了人们的需求，即供小于求。

随着"文化大革命"结束，社会各界逐步走向正轨，纺织服装从样式到数量有所提升，但是布票还在继续沿用。1978 年，改革开放以后纺织服装无论从产品和质量都在逐年增长，可是随着生活水平的不断提高供给还存在不足。到 1980 年年初，纺织服装产品的需求已有缓解趋向，因为棉花亩产大幅度增产与人造棉、化学纤维的出现缓解了困境，棉布票的作用也越来越小，因为非棉布纺织品，成衣都不再用布票购买，计划经济凭票供给时代就这样结束了。

在刚刚改革开放的这几年里，服装企业和国际的交流较少，并且也不了解国外服装企业发展的动态，外国服装的流行款式和先进经验对国内而言几乎没有影响，色彩比较单调与国际服装流行相比速度较慢；当时中国的个个生产企业还处在计划生产分配时代，无论是在管理、技术、生产等各个方面还都处在一个比较低的状态。

从 20 世纪 80 年代起，中国服装开始了巨大变化，从原先的供给不足逐步过渡到可以基本满足消费者的需求，从供给不足到有剩余的过渡阶段。对消费人群来说，打破了中国多年传统服装的消费理念：人们再也不仅仅为了满足服饰提供的物质利益，随着经济的发展人们开始追求精神上的满足，并且意识到服饰不再只是单单遮蔽身体和保暖，而是一种时尚，使装饰和个性表现成为一种文化。

2002 年 12 月，中国加入 WTO 以后，国内市场对外开放的政策越来越完善，国内外生产者和经营者享受的待遇越来越平等了，进出口贸易开始畅通无阻。这就使中国还处在发展中的服饰生产和销售者受到严重的冲击，让更多的服饰企业面临着巨大的挑战，使原本竞争激烈的市场更加白热化。

一般来说，有的企业经不起市场的冲击在生死挣扎，但有的企业在这种形势下却可以蒸蒸日上，不仅如此，很多崛起的新品牌敢与国外的品牌一决雌雄。例如，李宁品牌依靠经营运动服装白领阶层仅走中高级女装路线获得成功，还有一些品类度较高的品牌，被消费者认为有一定的可信度，因而品牌也就有了相对稳定的发展。

二、中国服饰产业的路径抉择——市场带动设计

（一）自主创新设计推动市场细分并应对品牌时代

由于中国服饰业发展是以制造、市场、规模经营为主的，导致服饰设计在比较长的一段时期内与服饰经营相脱离，因此，中国服饰公司多数为非设计师企业和非设计师机构，许多服饰品牌都是非设计师品牌（可以看出中国服饰设计产业化程度不太发达），这是中国与外国服饰业的一个明显不同的地方。在以贴牌生产为主或自主品牌不发达的产业现状来看，只有变革设计风格才可以让购买者体会到对服饰最深刻、最零距离的体验，也最能深入的感动消费者良知。在服饰营销实践中，中国服饰企业一步一步认识到服饰设计的重要性，设计是要反映品牌的与众不同和购买者生活方式、生活态度和消费观点之间的联系。其实，中国服饰界探究和斟酌的对象是如何让服饰设计与消费者更协调的关联在一起。在这过程中，服饰制造、服装经营和品牌发展的支柱服饰设计的作用也就凸显出来了。

"近年来，随着内需不断扩大，价格指数持续上升，内需切切实实成为我国服装行业发展的原动力。国内企业成熟壮大、国际名牌蜂拥而入，更多海外品牌对中国市场跃跃欲试，国内中小企业在夹缝中找寻生存之道。"[1] 中国

---

[1] 凌继尧、张晓刚：《经济审美化研究》，上海：学林出版社 2010 年版，第 202 页。

服装市场再次迎来了新一轮"洗牌"时代，而"洗牌"的孪生姐妹——"市场细分"也将伴随而来。随着新一轮中国内部市场重新"洗牌"带来的市场和品牌细分，不再只是受限于区域、品种、档次的更细致的区分，而是更体现在以产品格调和消费群细分为特征的更深层次的区分，主要表现为品牌在市场中的横向细分，即一样的品种或类似档次产品再根据"产品风格"和"消费群"进行再次横向细分。其竞争重点是"文化""创新"与"研发"，而"销售收入"和"市场份额"，"差异化"才是最终的目标，他们彼此之间显得特别敏感。而服装设计拥有更广泛的话语权，因为它满足了产品风格的建造及对目标购物群生活方式、态度以及消费观念的"差异化"。

（二）产业集群形成提升服饰产业品牌竞争力

"在我国服饰产业发展过程中，一个最明显的特征就是出现产业集群化的趋势。产业集群在我国服饰产业发展中具有重要作用。产业集群的发展变迁影响着产业区域和产品布局，影响着产业资源的流动和重新配置，同时，产业集群在发展过程中带动和加速了产品细分、市场细分和专业化的步伐。"① 产业集群拥有天时、地利、人和的优势，在促进科技快速发展、促进品牌成立方面起到了非常大的作用。产业集群的快速发展有效地带动了中国服饰产业的快速发展。

"目前，我国服饰产业集群大多属于专业市场依托型集群，即集群内企业主营同一种产品，并通过区域内或邻近地区专业市场进行经营。这类集群占全部服饰产业集群的60%以上。有些集群是企业或手工业者在多年中逐渐密集而自发形成；一些是在地方政府对地方具有一定产业基础的产业进行扶植而发展形成的，这类产业集群内部以中小企业为主，单个企业在国内产业的优势均不明显，专业市场对企业生产管理和经营起到了导向性作用。这类集群内企业的更迭速度较快。也有部分企业领导型集群和混合型集群。这些集群通常是当某个或某几个企业发展壮大后，带动更多企业创业而形成的。由于有占绝对领导地位的成熟企业的示范和带领，这类集群通常发展较为成熟，集群内企业较为固定、数量不甚巨大，集群内竞争合作秩序较强。"②

中国服饰产业集群的诞生具有重要的支撑作用，因为它对中国服装品牌

---

① 凌继尧、张晓刚：《经济审美化研究》，上海：学林出版社2010年版，第198页。
② 凌继尧、张晓刚：《经济审美化研究》，上海：学林出版社2010年版，第198页。

的培养和品牌竞争力的建立做出了非常大的贡献。从表面上观察，在服饰产业集群内大量的民营企业和产品品牌如雨后春笋般涌现出来，产业集群在民营企业和产品品牌群体的基础上，越来越成熟和强盛，最终建立了不可动摇的区域品牌；随着区域品牌的建立，许多的民营企业，在产业集群的诞生、成熟和强盛的进程中，直接或间接地得到了竞争好处，这些都是集群外企业所不能获得的，这些竞争上风辗转又通过产业集群享有的实现路径从而转变为竞争力。民营企业正需要这种竞争力作为品牌建设的强大后盾。

（三）民族服饰品牌突起与"中国符号"热

在中国五千多年的历史文化长河中，民族服饰文化不仅是其中一个主要部分，而且也是服饰设计的灵感来源。值得特别自豪的是，在最近的服饰界中，许多设计师开始关心重视中华民族传统文化。中国 56 个少数民族服装被设计师大量的汲取和借鉴，如藏族、黎族、苗族服饰等。不仅如此，中国民族服饰文化中还有许多特有的技法如挑花、刺绣、抽纱、拼贴、补花、镶嵌以及手工印染等多种多样的装饰工艺和手段，也被现代服饰设计普遍采取。含有中国少数民族服饰元素的设计作品曾被著名设计师约翰·加利亚诺（John Galliano）、皮尔·卡丹等发行过。

"国际时装界掀起的阵阵'东方风''中国潮'的服饰浪潮具有深刻的社会历史原因：首先，现代服饰文化是西方文化为主流的文化，西方一些著名的服装设计师、服装理论家、美学家等共同构筑的以西方为代表的服饰文化理论体系已达到相当的高度，因此必须用一种新的角度重新认识和领悟东方文化的内涵，以寻找一种全新的服饰发展因素和服饰设计语言。其次，新世纪的到来，回归自然和生态学热是世界服饰文化的思潮之一，而在东方文化中，人们发现了西方文化缺失已久的东西。'天人合一'的东方文化思想正是西方文化中所缺少的，因此，服饰界纷纷将视角转向东方文化，特别是中华民族的优秀传统文化。此外，中国经济社会的高速发展，综合国力不断增强，'和平崛起'引起了举世关注，其中也包括对中国传统文化的高度关注。"①

APEC 领导人非正式会议 2001 年在上海举行期间，领导人身穿的带有浓郁民族特色的对襟唐服成了引人注目的主题，民族服饰在中国引起了一股很

---

① 凌继尧、张晓刚：《经济审美化研究》，上海：学林出版社 2010 年版，第 210 页。

大的热浪。越来越多的人们意识到民族服饰的浓厚吸引力。2001 年举办的第五届中国国际时装周的主题名为"民族文化与国际时尚"。因此这股热潮有了巨大的影响。于 3 年后的 3 月，中国国际服装服饰博览会上正式而隆重地展出中华立领系列服装，而且柒牌男装全面亮出了"时尚中华"的大旗。以"龙的精气神"为创作源泉，不仅体现出五千年中华传统的优秀文化，而且还拥有 21 世纪的流行元素，而这届博览会的最大看点应属中华立领的首次展出，而"时尚中华"则被这届博览会大会组委会引用为该届的精华概括。此后，围绕"中国服饰民族文化的回归"这一主题，柒牌展开一连串销售计划和品牌宣传活动。柒牌想尽一切办法，为的就是更好地宣扬中华立领所包含的中国民族优秀文化，目标是在不久的将来让中华立领与中华五千年文化底蕴要素融汇起来，为了让中国新诞生的中产阶层传播中华立领主要的时尚文化元素及消费观念。因此，从某种意义而言，中华立领在市场发售的不仅是服装，更是一种文化理念和消费体会的传播。民族文化的根源及流行化的消费体会是我国中产阶层所一直寻觅的，然而这也正是中华立领的更新营销要推销的主要部分产品。这一创新定位和销售计划获得完美的胜利：在短短 1 年里，柒牌中华立领营业额就超过了 3 亿元。2008 在北京举办了举世闻名的奥运会，从开幕式到闭幕式的演员服装，从颁奖礼服到运动员比赛服装，处处都体现着中华服饰的吸引力，给全球留下了一个深深地美好烙印。2013 年，中国第一夫人彭丽媛女士更是依靠庄重、气宇、体面、前卫的中国风格服饰当选美国杂志（《名利场》美国资深生活杂志，1913 年创刊，报道对象大多数是上层人物、演艺大腕、时尚潮流，其摄影实力在美国主流期刊中多为佼佼者）的最优秀着装榜。

随着中国的综合实力越来越强，中国各行各业在全世界舞台上的影响力也越来越显著，虽然中国的自主服饰品牌的力量还很不成熟，暂时还无法与意大利、法国等国际著名服饰品牌相抗衡，但它们表现出来了中国服饰业蒸蒸日上的状态和努力向前的精神。

"在国际服饰舞台上独树一帜""打造比肩世界的中华时尚""只有民族的，才是世界的"可以体现出中国服饰界将会创造完美的民族自主品牌的信心与魄力。

第四节 服饰商品与服饰品牌

一、服饰商品的概念

（一）服饰商品的定义

服饰企业或服饰组织用来进行交换，并且能够使消费者满足穿着需要的产品被称为服饰商品，它分为有形与无形产品。有形服饰商品是显性的，是用来交换的实物状态的服装或服饰产品的总称。无形服饰商品是隐形的，它是依靠有形服饰商品而诞生的售前和售后服务、技术信息资讯等非实物形态的内容。对服装企业来说需要全方位综合考虑，它不仅是要消费者对服装款式、面料、质量等服饰实体的外在需求，而且还包括是否可以给消费者带来一些依附于所购买产品的利益以及满足心理需求的售后服务、保证、产品形象、品牌名声等一系列内在需求。影响服饰企业发展可能会有很多因素，但是在进行市场营销时，它的核心内容就是服饰商品了，这里所说的服饰商品大部分是实物状态的有形服饰商品。

服饰商品不能只满足于其诞生之初的一般功能，它是需要不断地随着社会发展与人们的实际需求而不断改进，在某种程度上，它虽然不能代表全部的社会及个人信息的商品，但是它能够代表一部分。服饰所能传达的信息非常广泛不仅可以显示出服饰出产地的社会背景、经济水平、流行风向，设计理念等特点，还能显示出购买产品的消费者他们的社会地位、职业、道德和宗教信仰、婚姻状态等。服饰不再只是单一的行为了，如今的服饰更多体现的是一种内涵和品味。

服饰商品与服饰企业，服饰产业链，企业品牌文化有着密不可分的关系。它的好坏直接承担或影响着服饰产业链相关环节，所谓一荣俱荣，一损俱损。服饰企业把服饰商品当作盈利的主要载体，同时服饰商品作为经营对象也是服饰产业链相关的重要环节。服饰产业链是以服饰商品为共同经营对象的利益体，它承载供应商、代理商、分销商等业者的共同的利益需求。

如何向消费者解释服饰企业经营理念和传递品牌文化的作用呢？主要是

通过服饰商品在完成交换的流程中体现出来。品牌文化要依据服饰商品来起到对外界宣传的作用，然而企业的品牌经营理念口碑的好坏则需要依据服饰的有形商品和无形商品（服务）体现出，因此，服饰商品品种比较直观生动的诠释出企业的文化。

（二）服饰商品的特性

1. 功能性

服饰的主要功能就是供人们穿戴，所以它也是服饰的基本特点，即作为服饰商品必须具备服饰的使用价值的商品才是服饰商品。服饰的功能性有两个方面，即实用性和装饰性。实用性是指服饰商品具有哪些使用价值可在一定程度上减少或保护外界对人类身体的伤害如强烈的日晒、极度的高温与低温、外部力量的冲撞、蚊虫害、有毒化学物的侵扰、武器，与粗糙物质的接触，可帮助人们抵御一切可能对人体造成伤害的东西。所以话说"人靠衣服马靠鞍"，服饰另一个功能就是装饰性，而且通过视觉的传达还可以给人们带来精神上对美的享受。人与人对美的看法是不会相同的，但是对服饰美观设计起到影响的主要因素是以下几个方面，即款式、质地、色彩、花纹图案等。不仅如此，面料的质地、悬垂性、弹性、抗皱性等也是影响服饰美观的主要因素。

2. 精神性

同样的服饰，给不同的人穿可能产生不一样的效果，衣物会随着装者的气质或修养的不同而传递出不一样的信息。因为人的穿着可以传达出一定的寓意，包含了着装者的心理暗示、精神意象。阿里森·拉瑞在《解读服装》中对当今社会流行的服装图案社会心理学发表过自己独到的观点："条纹代表有条理的努力，一种'遵循线条'的欲望或能力，它们意味可靠性和正直的联想，但这种努力要视线条的宽度而定。很宽的线条暗示运动队伍成员之间身体上的整体合作，细线条则与心理活动和智性的顺序较有关系，簿记员、会计和书记总是穿线条最细的黑白或蓝白衬衫，犹如模仿分类账簿规则的线条，并且暗示他们将注意力与精力专注在有条理顺序的细节上。"一定要重视服饰精神方面的特征，这样服饰文化才能更好地发展。

3. 流行性

服饰从原先的抽象概念逐步转化为现在的具象服饰概念了，因为服饰渐渐变成了一种商品，不仅如此，而且还具有流行等因素。大部分在商场出售的服装产品都会带有某种性质或不同层次的时尚信息，因此，服饰的重要卖点之一就是要体现出时尚要素。服饰流行具有两个特性，即周期性和规律性，一般是从开始流行到产生、发展、盛行、衰退，再到最后的淘汰，在推广过程中服饰会随着不同地域的风俗习惯、审美标准的不同而产生不同的变化。不仅如此，在不同的时代，服饰的流行趋势以及推广的速度和流行周期的长短的不同而产生不一样的效果。服饰商品的研究与开发，主要是依据当时的流行因素而进行处理与发展的。

4. 季节性

服饰商品最为突出的特点就是季节性。这一特点直接影响服饰商品的换季和价格调整。市场上的衣服、饰件的品种变化是随着季节的更替而发生变化。春天是富有清新特色的，如衬衣开衫、薄款休闲裤；夏天是富有性感火辣的，如比基尼、飘逸的短裙、太阳镜、撞色凉鞋，防晒衣；秋天是沉稳高贵，毛呢外套、气质风衣、各种帽子、西装；冬天则是要迎合冰天雪地的效果，配以棉袄、羽绒服、皮草、皮靴、皮手套等，这都反映了服饰商品的选择需要考虑到季节性特征，服饰商品需要应时应景。例如，在寒冬时节穿着短裤，炎热时节穿皮靴就无法让人有视觉的享受，这直接影响着给别人留下的第一印象。服饰企业的产品设计、生产安排和营销策略的制定都离不开服饰商品的季节性特征，随着季节的变化，消费者对商品的需求也在不断地变化，此时商家会根据消费者的需求及时对商品做出调整。新品的推出，过季商品的打折促销等，都是推动市场发展的良策。

二、服饰商品的价格

（一）服饰商品的价值构成

通常，消费者在购买商品时会犹豫不决，此时什么才是决定最终购买的原因呢？价格不得不成为一个非常重要的因素，消费者会综合考虑商品的质量满意度，对于价格的接受能力，做出最终的选择。服饰商品价格包括以下五方面。①功能价值：功能价值是指保暖、透气、舒适、耐用等对服饰实用性要求是否可以满足购买者需求的程度。②审美价值：审美价值是指如服装的样式是否大方合体、色彩是否鲜艳漂亮、做工是否精良等这些对服装美观性的要求是否可以满足购买者的需求程度。③时效价值：时效价值是指如服饰的款式和色彩特点要应时应景，该服饰满足消费者对服装时效性需求的程度。④品牌价值：品牌价值是指消费者对该服饰的服饰品牌美好名誉度需求的程度，名牌服饰不只是表现出服饰本身的价值层次，更是体现穿着者的品位，衬托个人的外在形象与内在气质。⑤形象价值：形象价值是指该服饰是否给穿着者带来一定的形象增值程度，如消费者多数情况下都会选择符合个人身材、身高、职业、风格等的服饰，并想使自己更具魅力。

（二）服饰商品的成本核算

有很多因素都可以影响商品的价格，但是其决定因素是服饰的市场价值，其服饰的成本也有着举足轻重的地位，企业的最终利润是依据它决定的。因此，通晓服饰商品的制作成本和加工条件、操作流程非常重要。其中，单位产品的成本构成有四大类：首先是前期的准备工作也就是科研的成本，这些前期的科研成本主要为新产品研究开发的阶段所需要各种费用而准备的。（第一是调研费用：每一个新产品的开发都需要前期市场调研，它产生的费用就是调研费用。第二是设计费用：设计人员、管理等一系列费用。第三是研发风险：新产品试制、产品试销以及产品对外推广等费用。）其次生产制作成本，产品生产制作成本是指制造和生产产品是产生的各项开支。（第一是原材料成本：面、辅料等。第二是工人工资：绝大部分支付给一线操作工人。第三是生产管理成本：为生产管理的各项成本而准备的。）再次通体营销成本，通体营销成本主要是指产品在出售流程的过程中制造出的各项费用。（第一是分销成本：它囊括了分销渠道以下几个方面，如所有的人员工资、提成、设施等费用。第二是促销成本：主要指在进行促销活动时发生的费用，包括人员、场地、折扣、售后服务等费用。）最后就是附加服务成本，是指企业在经营服务的全部流程中耗费的所有费用，就是产品服饰的成本，它包括从产品的产生到最后产品的销售所有活动中所出现的物质和劳动消耗。[第一是固定性费用：这类费用可以随时调整，因为它在设置控制全部数量时，能依据企业不同阶段的资金和产品在市场上的受欢迎程度和企业管理部门制订的方案，来及时的设定控制额（或控制预算）。附加服务成本主要就是产品售后服务所需要的稳定的成本，目的是尽可能让更多人知道该商品，进而更好地提高社会竞争地位。第二是变动性费用：变动成本不会随意变动而是跟随商品销售量的变化而变动，销售量增加它也就随着增加，一般的变动费用分为两类，即有益的变动和无益的变动。]

（三）服饰商品的定价原则

1. 利润最大化原则

"企业追求一定的市场占有率，树立良好的企业形象，最终都是为了追求长期利润的最大化。商品价格在正常情况下既要补偿成本又要有合理的利润，这是企业的利益原则决定的。"[①]

2. 效益双赢原则

企业策划一个规整的定价策略，无疑对树立起优良品牌形象起到了推动作用，同时也可以让企业和产品的信誉度和美誉度大幅度提高，目的就是为了让企业获得长久的盈利。企业不仅用价格行为保护和维持社会优势，而且也使自己获取良好的经济效益，只有这样，企业利益和社会利益才能"双赢"。

3. 价格可行原则

企业对产品的定价是有一定的原则，绝对不可以胡乱要价，定出的价位一定要有可实现性。所以，企业一定要对自己的产品树立一个正确的价格观念。从目前的实际情况去探讨和思索价格的问题，在保证自身利益不受到威胁的前提下，要依据市场为准则，这样才能够一直维系对市场的高度适应性。

4. 收益与风险均衡原则

通常来讲，高收益高风险，如果企业在定价时，渴望的目标是高收益，那么也就意味着该企业也要承担与之相符合的高风险。因此，就应该对高风险所带来的损失有一定的预判性，结合自身能否接受这种损失也需要做出相应的判断。

5. 科学实施原则

很多因素都可以左右企业的定价，但是科学的管理和决策是一项根本性的原则。定价应依据科学的态度仔细思考价格理论，还要依据完善和正确的

① 刘晓刚：《服装学概论》，上海：东华大学出版社2011年版，第94页。

信息，对市场目前状况制定出正确的猜想和展望，再根据对自身条件和经营环境的了解与控制，选择一个最符合自身发展的定价方案。

6. 竞争导向原则

定价决策不是固定不变的，它必定会受到了企业所在该地区市场情况的影响。企业要想发展得更好，需要考虑许多因素，但是市场竞争的优势是一个十分的重要因素。分析和了解自己的产品在市场上的竞争态势和特征，对商品的定价决议的制定有着十分重要的意义。

（四）服饰商品的定价方法

各行各业的定价原则是不一样的，但是服饰公司通常都会选取以下定价原则：按照成本，利润指标以及品牌知名度来制定价格。还可以在品牌企划中的品牌服饰价格带范围内，根据款式、商场、费用、季节等情况的不同而具体问题具体分析。

定价 = 产品成本 + 税收 + 标准利润 + 知名指数 + 产品流行指数 + 季节指数十地区

物价指数

其中，产品成本和税收可以通过统计精确地计算出来。标准利润可以设定一个常数。后面的内容不能具体量化，根据每个品牌每个款式的具体情况而定。知名指数是指品牌的知名度；产品流行指数是指产品的可卖性；季节指数是指产品上柜时间与季末的长短；地区指数是指产品销售地区的生活水平。

为了定价操作的方便起见，服饰公司的销售部门通常将产品的定价简单处理为：直接成本×系数。这里的系数将上述几个指数笼统地包括在内。

低档服装（以批发市场为主要销售渠道的服装）：直接成本×2

中档服装（以普通商场为主要销售渠道的服装）：直接成本×3 – 5

高档服装（以高级商场为主要销售渠道的服装）：直接成本×5 – 8（一些顶级品牌的定价可达直接成本×15 倍以上）

三、服饰商品的发展趋势

（一）市场竞争下的资本重组加剧化

随着经济的快速发展，服饰商品的种类也越来越多，更新的时间也越来越快，时尚风潮也经常推陈出新，品牌在市场中竞争也与日俱增，企业想更好发展和生存也越来越困难，库存和渠道的危机等都或许会引起和造成企业失败的要素。纵观行业发展经验与市场发展经验，在服饰行业中品牌竞争将会越来越严重，在不久的将来，还会造成市场资本重组的上升。如今，中国大部分服饰品牌都在找寻并购的对象，这其中还包括国外的一些品牌，然而并购的趋向仍旧没有削弱。同时，企业在面对生存压力时，通常情况下会采取上市这一方式，虽然首次公开募股（IPO）才刚刚诞生，但已经有非常多的服饰企业在排队等候，甚至有的企业还选用借壳上市的方法。正如马克思曾经说："每一种商品都只能在流通过程中实现它的价值，它是否实现它的价值，在多大程度上实现它的价值，这取决于当时市场的状况。"①

（二）行业发展下的商业模式多样化

纵观海外服饰行业进展的过程，和对中国的服饰产业以往生命周期的研究与分析，不难推出，中国的服饰行业将会经历三个阶段。首先是产品阶段：以大批量生产制作为主要特点；其次是过渡阶段：以生产转移、制造缩减、品牌与零售商居于强势地位并且起到承上启下逐步转变的地位；最后是创新阶段：根据商业形式创新和商业形式快速反应为特点的形式。

纵观国内外的企业，只要是行业中最好的企业，那它必然有优秀的商业模式，只要企业有优秀的商业模式，那么它才有机会变成行业中第一。因为每个阶段战略都有所不同，所以每个阶段都该有各自配套的模式，而且，每个阶段的模式不仅是单一的，也可能是多样化的。我国的服饰行业如今已经发展为第二个阶段，而且开始向第三阶段过度。在这个阶段，高利润环节成了服饰企业在这个阶段的重要竞争核心，而企业的核心竞争力也在这些环节里逐渐地形成并建立起来。由于中国的综合国力的快速提高，所以我国服饰已经从原先落后的产品需求阶段逐渐过渡到现在的品牌需求阶段，有以下四个特征：时尚化、个性化、品牌化和快速化，如果是加入其中的服饰企业就务必完成以下几方面的要求，即自主创新能力、效率高并且快捷、小批量多批次、按需定产，随着消费结构的变化而不断变化和

---

① 马克思：《资本论》第 3 卷，北京：人民出版社 1953 年版，第 720 页。

自我创新与发展。因此，在不久的将来我国服饰行业将迎来多元化和宽领域的模式时代。

（三）消费观念下的产品差异化

产业组织理论认为由于产品的质量不完全相同，所以造成同种类的产品不能完全相互之间被代替，是它的主要原因之一。要想提高企业的市场地位以及成功的构筑进入壁垒就需要依靠提供高质量的不同化产品和服务。当今服饰消费的一定要牢牢把握住在追求个性化、时尚性的同时也要有与实用性有融合起来，只有这样才能更好地发展，由此引发的市场需求波动，才能更进一步地为服饰业的不同化经营提出新的要求。

在通常情况下，服饰企业之所以有差异，主要的原因是通过它产品的面料、配件、设计和工艺等多种元素反映出来的，而消费者是通过品牌这个媒介来了解这些不同的元素，因为产品有质量、材质、价位等多方面的不同，所以才是服饰企业品牌建立和发展的集中表现，不仅如此，现代服饰企业利润来源有很多方面，但是它却是主要来源。中国服饰企业曾经的主导经营模式是，类似的面料、普遍化的设计和不精细的大机器加工产品，然而就是这一模式恰恰适应了中国服饰业快速发展时期生产能力的扩充需求。但随着时代的发展，服饰市场竞争越来越激烈以及生活水平的提高导致消费需求的改变，中国服饰业开始由早期的大批量生产过渡到如今质的改善。服饰企业为了重新进行市场定位，所以一个接一个的都通过了品牌运作和市场细化。因为服饰企业差异化的经营，所以带动了成本结构的改革和整理，同时也带动了服饰企业品牌建设和服饰企业有关形象宣传以及服饰企业广告促销的宣布力度也随之增强，不仅如此，企业管理和企业营销支出发展较为迅速。

（四）消费者认知下的品牌延伸化

品牌战略如何更好地发展，关键就是品牌延伸。对于拥有消费者倾心的某种品牌来讨论，该品牌要不断地增加引力，这样才会长期受到消费者的喜爱和经常性的关注甚至是高度的忠诚，不但要持之以恒探索品牌的延伸，而且还要正确把握和恰到好处的应用品牌延伸战略。

品牌延伸是指每个企业不仅是有一种产品，而是将该企业的成功品牌推广到与成名产品或是与原产品不完全相同的产品上，其中成功品牌可能是一个知名品牌或一个对市场影响力的品牌，用成功的品牌来带动新产品的发展。而品牌延伸策略则是把现在已经有知名度的品牌，运用到新产品或重新修改过的产品上的一种战略；此外，产品线的延伸也属于品牌延伸策略，把现在已经存在的服饰品牌名称运用到类似种类的新品上，目的是保留原来服饰有用的元素，进而推出新的样式、色彩、包装等产品。品牌延伸绝对不是简简单单借用现在已有的品牌名称，而是对全部品牌资产的有计划、有目的地使用。品牌延伸策略可以顺利地进展和很快的占领市场，应为新研发的产品可以借助已经成功品牌的市场地位更好的宣传和发展自己，不仅如此，还可以在节省促销费用的情况下来顺利推广。例如，服装界赫赫有名的企业波司登凭借优质的质量和良好的口碑，持续畅销了十几年的羽绒服最后终于成功地登上我国羽绒服品牌第一的宝座。不久之后，波司登男装品牌于 2004 年诞生了，依附其强有力的网络终端及专卖店丰厚的资源，很快地在市场传播开来。即使受到 2008 年的金融危机的洗礼，经济绝大部分都不景气的状况下波司登男装依旧保持了 45% ~50% 的高增长，还在我国多个省市开设了 300 多家店铺，可谓一直突飞猛进。

（五）经济增长下的产品成本上升化

在全球市场范围内产品质量都一样的情况下，纺织品的竞争就演变成价格的竞争。近年来，由于中国的服饰企业对外出口品成本明显上升，这样让一些企业就丢失了不少的市场份额。中国对外出口的服饰产品成本上升有四个主要因素：首先是劳动成本不断增长，其次就是原料价格，再次就是人民币升值的压力，最后则是出口退税政策等。

随着中国经济的快速发展，我国劳动力报酬待遇上升趋势越来越显著。我国服饰企业将来的发展受到多种因素的影响，但直接影响的是劳动力成本的高低；而由人民币汇率变化从而造成的人民币升值问题也是个旧调重弹的话题。由于这是一个出口率较高的行业，所以人民币升值给服饰企业的制造成本的上升和利润的下降带来了最直接的影响，然而产品在对外出口时的竞争力不再像原先那么激烈了。不仅如此，限制服饰出口另一个因素就是结算方式了。因此，成本上升化趋势将是服装企业在以后成长的显著特征。

四、服饰商品涉及的号型及标识

（一）服饰商品号型

1. 服装号型

"根据人体的外形和衣着要求，能够反映人体的最具代表性的部位是人体的身高、胸围和腰围。服装号型是以正常人体的主要部位尺寸（身高、围度）为依据，对人体体型规律进行科学分析，经过实践以后设置的标准。在服装号型的制定过程中，主要考虑人体体型的分类、关键尺寸的选择、号型标志的设计、尺寸档差等方面。"[①]

任何服装都是有规格的，俗话说"无规矩不成方圆。"在服饰行业里也能体现出这句话，然而服装规格标志是服装号型，想确定服装的长短、肥瘦不仅要增加不同的放松量而且也要区分不同类别的服装而确定。GB/T 1335 1991 包括了三个系列分别是男子、女子、儿童服装号型。GB/T1335 1991《服装号型》是凭借科学分析和多年实践后对中国人体型规律进行研究调查得出的结论，最后建立了国家标准。尺寸的依据是根据我国人正常人体关键部位尺寸建立的，包括人体总高，净体胸围和净体腰围尺寸，用"号"和"型"表示。设计服装长短要依靠"号"来制作出来，"号"指高度，人体的总身高是用 cm（厘米）数来表达。而设计服装肥瘦要依靠"型"来制作出来，"型"指围度，人体的胸围与腰围是用 cm（厘米）数表达。净体胸围的 cm（厘米）数依据上装的"型"表达，净体腰围的 cm（厘米）数依据下装的"型"表达。

根据《服装号型》规定，每件服装务必阐明号型，表示方法是，号/型。服装规格代号就是号型特殊记号，如上衣 165/88A，适合高 165cm，胸围 88cm 左右的人群穿戴。在"号/型"标志下面或在吊牌上可以出现该标准，同时还要标明服装规格 cm（厘米）数。例如，165/88A 下面标上 72×110（或 72—110），首先 A 表示人体净胸围与净腰围之差数在 16cm～12cm，数字各自代表了衣长 72cm，胸围 110cm。GB 1335 将其分体形分为四类。首先 A 为一般体型，其次 B 为微胖型，再次 C 为胖体型，最后 Y 为胸大腰细体型。

[①] 戴晓群：《纺织品服装消费学》，北京：中国纺织出版社 2010 年版，第 32 页。

该服装号/型呈现手段，广泛应用在内销服装上，然而出口内销和从国外进口以及中外合资企业制作的服饰，它们的规格多数会使用字母 L、M、S 等表达，其中"L""M""S"分别表示大号、中号、小号，以及"XL"代表特大号，等等。此种表达方法与 GB/T1335 标准不同，首先从体型分类方法来看字母"Y"表示胸和腰之间相差为 16cm，字母"YA"型表示胸和腰之间相差为 12cm，字母"AB"型表示胸和腰之间相差为 10cm，字母"B"型表示胸和腰之间相差为 8cm，字母"E"型则表示胸和腰之间相差为 4cm；不仅如此，身高分类方法也是大不相同：数字"1"代表合宜身高为 150cm，数字"2"表示合宜身高为 155cm，数字"3"代表合宜身高为160cm……以此类推，数字"8"代表合宜身高为 185cm。

2. 帽子号型

帽子种类很多，它们不仅具有遮阳和装饰作用还可以起到增温和防护等作用，因此，对帽子的选购也是非常讲究的。男子帽子选购十分方便，男士帽子的尺寸表示的就是头围的 cm（厘米）数。但需要特别注意的是，有些帽子洗后会产生收缩现象，因此要选购略为大一些的。大多数成年男士的帽子型号为 55cm～56cm、童帽多为 50cm～55cm、婴儿帽通常是 42cm～46cm。但是，成年女士帽子和太阳帽以及运动帽只有 1～3 这三种划分。不仅如此，针织帽是不分型号的，因为它的伸缩性能较强，有的则是按照重量——克来计算。

帽子尺寸对照表

尺寸标准	部尺寸标准		帽子尺寸标准	
	英尺	公制	尺码	国际标准尺码
青少年（50cm～55cm）	21	53	6 /8	XS
	21 1/2	54	6 3/4	S
	21 3/4	55	6 7/8	S
成年人（55cm～56cm）	22	56	7	M
	22 1/2	57	7 1/8	M
国际标准（58cm）	22 3/4	58	7 1/4	L

续表

尺寸 标准	部尺寸标准		帽子尺寸标准	
	英尺	公制	尺码	国际标准尺码
	23	59	7 3/8	L
	23 1/2	60	7 1/2	XL
	24	61	7 5/8	XL
大号尺寸标准	24 3/8	62	7 3/4	XXL
	24 7/8	63	7 7/8	XXL
	25 1/8	64	8	XXXL
	25 1/2	65	8 1/8	XXXL

3. 鞋子号型

鞋的大小和鞋肥度是依靠鞋号来表示的。每个国家的鞋号尺度是根据经常使用的度量单位和通常用法以及人数占该国人口绝对多数的脚型特点规律制作的。早期的中国主要制作布鞋，在老的鞋号中布鞋都是依照市尺标记的，又名为上海号。例如，六寸二至五寸三等，号码相差 1 分大概就是现在的 3.33mm。当皮鞋诞生后，一些就改用近似法国号标注，如将 76 除以 2，就成了 38 号。

中国首个鞋号标准的制定，是在 1965—1968 年在全国范围内举行第一次的大型脚型测量结果为凭据的，包括在 GB/T3293 - 1982《中国鞋号及鞋楦系列》的标准中。

中国鞋号的特色根据脚的长度为基本编码制作的，老式标准是依据厘米数。脚有多长，鞋子就有多长，如脚长 22cm（包括 21.8~22.2），穿 22 号的鞋。

为了更好地与国际鞋号融合到一起，中国在 1998 年 1 月 16 日发布的 GB/T3293 - 1998《鞋号》标准，毫米制完全取代了厘米制，即脚长 220mm，穿鞋号为 220 的鞋。

国际标准鞋号表示的是脚长的毫米数。中国标准采用毫米数或厘米数。例如，255 是毫米数，25 1/2 是厘米数，他们是相同的尺寸。（欧码 + 10）× 5 = 中国鞋号，如欧码 40 的鞋，对应的就是中国鞋号 250；欧码 38 对应的中国鞋号为 240。

换算公式：

厘米数 × 2 − 10 = 欧制 （欧制 + 10） ÷ 2 = 厘米数

厘米数 − 18 + 0.5 = 美制 + 18 − 0.5 = 厘米数

厘米数 18 − 0.5 = 英制 + 18 + 0.5 = 厘米数

国际（成人）女鞋尺码参照表

US/Canada 美国/加拿大	China 中国（旧号）	China 中国	Australia 澳大利亚	Europe 欧洲	Mexico 墨西哥	Japan 日本	UK 美国
5	35.5	22.5	5	35	–	21	2.5
5.5	36	23	5.5	35.5	–	21.5	3
6	37	23.5	6	36	–	22	3.5
6.5	37.5	23.5	7	37	–	22.5	4
7	38	24	7.5	37.5	–	23	4.5
7.5	39	24.5	8	38	4.5	23.5	5
8	39.5	24.5	8.5	38.5	5	24	5.5
8.5	40	25	9	39	5.5	24.5	6
9	41	25.5	10	40	6	25	6.5
9.5	–	–	11	41	6.5	25.5	7
10	42	26	12	42	7	26	7.5

国际（成人）男鞋尺码参照表

US/Canada 美国/加拿大	China 中国（旧号）	China 中国	Australia 澳大利亚	Europe 欧洲	Mexico 墨西哥	Japan 日本	UK 美国
5	38	24	4.5	37.5	–	–	4.5
5.5	39	24.5	5	38	–	–	5
6	39.5	24.5	5.5	38.5	25	24	5.5
6.5	40	25	6	39	–	24.5	6
7	41	25.5	6.5	40	26	25	6.5
7.5	–		7	40.5	–	25.5	7
8	42	26	7.5	41	27	–	7.5
8.5	43	26.5	8	42	–	26	8

续表

US/Canada 美国/加拿大	China 中国(旧号)	China 中国	Australia 澳大利亚	Europe 欧洲	Mexico 墨西哥	Japan 日本	UK 美国
9	43.5	26.5	8.5	42.5	28	26.5	8.5
9.5	44	27	9	43	–	27	9
10	44.5	27	9.5	44	29	27.5	9.5
10.5	45	27.5	10	44.5	–	28	10
11	46	28	0	45	30	29	10.5
11.5	–		11	45.5	–	29.5	–
12	47	28.5	–	46	31	30	–
13	48.5	28.5	12	47.5	32	31	–

4. 手套号型

号：手套上注明的手的长度的数值，适合于手长与此号相似的人佩戴。例如，175 号，适用于手长：170mm ~ 180mm 的人佩戴，按照此方法以此类推。

型：手套上注明的手掌围度的数值，适合于手围与此号相似的人。例如，190 型，适用于手围：185mm ~ 195mm 的人，按照此方法以此类推。

以中间标准体（男子手长：175mm，掌围：190mm）为中心，向两边依次递增或递减，手长与掌围分别以 l0mm 为分档，组成号型系列。

（二）服饰商品标识

纺织品、服装标识（吊牌、洗水唛、包装等）标注要点有八大项：

制造者的名称和地址

A. 厂址应是在工商部门注册的；

B. 应具备独立法人资格，能承担法律责任；

C. 商品可只标注产地，但还须标注代理商（经销商）在国内注册的名称和地址。

产品名称

号型与规格：按 GBT1335 – 1997 标注

纤维成分和含量：按 FG/T01053 – 1998 标注

洗涤方法：按 GB8685 标注

产品执行的标准编号：应标明产品执行的国家、行业、企业标准的编号（产品与执行号一定要对应）。

男西服、大衣 GB/T2664 – 93

男女西裤 GB/T2666 – 93

女西服、大衣 GB/T2665 – 93

衬衫 GB/T2660 – 1999

单服装（包括休闲裤、男女上衣等）FZ/81007 – 94

棉针织内衣（包括；圆领衫、内衣裤、棉童装内衣等）GB/T8878 – 1997

腈纶针织内衣 FZ/T73006 – 1995

针织运动服 FZ/T73007 – 1997

针织运动服 FZ/T73007 – 1997

针织 T 恤衫 FZ/T73008 – 1997

牛仔服装 FZ/T81006 – 92

夹克衫 FZ/T81008 – 94

睡衣 FZ/T81001 – 91

皮革服装 QB/T1615 – 1997

袜子 FZ/T73001 – 1998

精梳毛针织品（含毛衣 50% 以上的毛衣等产品）FZ/T73003 – 91

粗梳毛针织品（纯毛及毛混纺的毛衣等产品）FX/T73004 – 91

精梳毛型化纤毛针织品（腈纶毛衣、含毛衣 50% 以下的毛衣等产品）FX/T73005 – 91

羊绒针织品（羊绒衫等）FX/T73009 – 1997

男女儿童单服装（童装）FX/T81003 – 91

男女棉服装（棉袄等）GB/T2662 – 81

文胸 FZ/T73012 – 1998

连衣裙、套裙（包括套裙、长裙、短裙等）FZ/T81004 – 91

风雨衣（包括风衣、雨衣等）GB/T11542 – 89

针织泳衣 FZ/T73013 – 1998

针织帽 FZ/T73002 – 91

针织腹带 FZ/T7301 – 1998

缝制帽 FZFZ/82002 – 92

羽绒服装 GB/T14272 – 93

产品质量等级——优等品、一等品、合格品。

产品质量检验合格证

可以拧干	不可以拧干	不能用搓板搓洗
手洗须小心	只能手洗	不能水洗，在湿态时须小心
适合所有干洗溶剂洗涤	可用机洗	可轻轻手洗，不能机洗，30℃以下洗涤液温度
水温40℃，机械常规洗涤	水温40℃，机械作用弱，常规洗涤	水温40℃，洗涤和脱水时强度要弱
最高水温50℃，洗涤和脱水时强度要逐渐降弱	水温60℃，机械常规洗涤	最高水温60℃，洗涤和脱水时强度要逐渐降弱
可以熨烫	熨烫温度不能超过110℃	熨烫温度不能超过150℃
熨烫温度不能超过200℃	须垫布熨烫	须蒸汽熨烫
不能蒸汽熨烫	不可以熨烫	阴干
衣物需挂干	衣物需阴干	滴干
可以氯漂	不可以氯漂	可以在低温设置下翻转干燥
可在常规循环翻转干燥	可放入滚筒式干衣机内处理	不能干洗
仅能使用轻质汽油及三氯三氟乙烷洗涤，干洗过程无要求	仅能使用轻质汽油及三氯三氟乙烷洗涤，干洗过程有要求	适合四氯乙烯、三氯氟甲烷、轻质汽油及三氯乙烷洗涤
干洗时间短	低温干洗	干洗时要降低水份

洗涤熨烫标识

五、服饰品牌的内涵

对于品牌的定义是多种多这样的，但被人普遍认知的观点是，品牌就是牌子、商号、商标。品牌是由品牌名称和品牌标识组成的。品牌中语音识别内容就是品牌名称，如 LV、NIKE、金利来等；而品牌中视觉识别内容则是品牌标识，如符号、色彩或字母等。绝大部分服饰品牌两者都有，但是少数的服饰品牌只有品牌名称或品牌标识。

（一）服饰品牌的概念

狭义上的服饰商标就是说服饰品牌，商品的种类有很多种，它的作用只是区别服饰商品属于那种类别，商业性标志必须通过工商登记注册。它不是一个具象的、有形的产品符号，而是一种让人们可以认识和了解的产品符号。从广义上说，服饰品牌要想表现出来就必须依靠载体的帮助，而这个载体就是服饰产品，但是其运行规模必须遵守服饰产品的要求。

（二）服饰品牌的发展

品牌在英文中为"Brand"，这一词汇来源于古挪威语"brandr"，意思为"烧灼"。该词汇产生的原始用意在于区分不同生产者的产品（包括劳务）。早期的人们用烙印的方式来标记各自的家畜，而发展到后来，这种烙印逐渐演变为各种标记，古代的手工艺人就是通过在他们的作品上打上某种标记来便于顾客识别产品的来源。从词源来看，品牌的基本含义是声明一种特殊的权益或资产。①

人们一贯认为品牌大多数就是企业给自己产品预先制定的一种商业名称。事实上，品牌它包括广义和侠义两个内容。从广义来看，品牌是依靠产品或服务为基础，以联系为焦点的、理性估价的功能性价值与感性估价的情感性价值结合到一起。它不单是一种标志和产权，而是一种归纳的象征。从狭义来看，品牌概念的许多解释中，其中一位名叫菲利普·科特勒美国著名营销学者对其阐述最为有名，他认为，品牌是一种名称、名词、标记、符号或设计，或是它们的组合运用，其目的是借以辨别某个销售者或某群销售者的产品或劳务，并使之同竞争对手的产品和劳务区别开来。

---

① 刘晓刚：《服装学概论》，上海：东华大学出版社 2011 年版，第 232 页。

谈起服饰品牌，不得不提的就是被人们称为时装之父、高级服装定制创始人——查尔斯·弗莱德里克·沃思。

第一位在欧洲销售设计图给服装厂商的设计师就是查尔斯·沃思，他同时是服装界首位创办时装沙龙的人，又是首位创办服装表演的人。1858年，沃斯和奥托·博贝夫（一位瑞典衣料商）在巴黎的和平大街联合，建立并开设了"沃思与博贝夫"时装店。这家自行设计、销售的时装店，标志着服装设计摆脱了宫廷沙龙，也跨出乡间裁缝手工艺的局限，成为一门反映世界变幻的独特艺术。在此之前，个人成衣匠偶有提及，但由设计师以自己的设计进行营业却是历史的首创。

六、服饰品牌的类别

因为服饰品牌根据不一样的划分标准，所以会产生许多种的分类方式。如今占主导地位和最经典的分类方式有以下几种：按照从属进行分类，按照服饰风格分类，按照性别年龄分类，按照企业分类，按照品类分类以及按照销售方式和销售价格分类等。精准、科学的分类可以更好地有助于企业和品牌进行更恰当定位，同时也让消费者更好的鉴别品牌特征。

（一）以从属分类

根据从属进行分类的准则并不是将许多隶属不一样的品牌综合到一起进行比较，而是对同一个公司或集团进行专门的品牌比较。当经过市场调研后，很快就会发觉有许多品牌，特别是世界名牌，经常会有一个名字或几个不一样名字的"姐妹品牌"。首先，要指出当下一个公司或集团内部，按照投资比例和设计定位也就是根据从属分类品牌，进而将所属品牌区分为主要和次要品牌。进行仔细分析，品牌有两种方式可以按照该标准进行分类：第一种方式是出现在该领域庞大的综合性集团内，拥有从属于与自己截然不同领域的姐妹品牌经营，最为经典的案例应属 LVMH 集团与 PPR 集团，旗下包括了时装、皮革、葡萄酒、化妆品、香水、珠宝、钟表等几十个奢华品品牌；第二种方式尽管也是在同一个公司或集团内部展现的，但是经营规模远远不如前者，绝大部分都集中在服饰领域内，如 Adidas、Hugo Boss、Alexander Mc-Queen 等。

例如，时尚设计大师乔治·阿玛尼（Giorgio Armani）于 1975 年在米兰创建了全球著名时装品牌阿玛尼，采用新型面料及精良做工而闻名，乔治·阿玛尼是在美国销售量第一的欧洲设计师品牌。

品牌线：

1. Armani——高级定制服，优雅的阿玛尼。

2. Armani——高级成衣（包含男女装，是阿玛尼正装中最贵的一个系列）。

3. Armani——成衣（为高端白领推出的系列，价格比 Giorgio Armani 便宜25%左右）。

4. Armani——成衣（阿玛尼的年轻系列，价格普遍在 2500~15000 元）。

主线品牌（又名为主牌、一线品牌）是企业首要推出的品牌，其中它包括在产品的完整性、投资额等方面。通常情况下，企业可能会有许多品牌但是主线品牌一般只有一个。而副线品牌（又称副牌、二线品牌），是企业次要推出的品牌，它没有主要品牌那样重要、完整性。投资额等方面，副线品牌其实是从属于主要品牌而发行的产品，在企业可能会有许多个。随着跨国合作越来越密切这种差异也就相对减弱了许多，副线品牌虽然没有主线品牌那样重要，但受到严格的定位以及相互合作直接时对品牌声望的影响。然而，有些副线品牌都并不输于主线品牌，因为在产品的完善度、设计创意上甚至是价位上都与主线品牌接近。

（二）以服饰风格分类

服饰风格如运动风格，运动风格顾名思义是为喜爱运动的人士设计的，因此在设计时一定要注意以下几个方面：穿着舒适、吸水排汗、方便运动，有一定的弹性。不仅是用于体育比赛，而且还应体现出运动的趣味性以及具有有关功能活动。该类品牌特点是，重视舒适和良好的功能性，并且适合多场合穿着、设计要体现出运动的活力与快乐。Nike、Reebok、Adidas、Puma等这些动风格品牌就是优秀的例子。休闲风格，英文"Casual"，被译为休闲，时装领域常常会听到该词，通常是便装、运动装、家居装，或把正装稍做改进的"休闲风格的时装"……只要不是严谨、庄重的服装，都可归为休闲装。百姓口中的便装，一般指休闲装。它是人们在日常生活和享受休闲时光时穿着的服装，它给人一种远离城市喧嚣的感觉。休闲服饰分为六大类：前卫休闲、运动休闲、浪漫休闲、古典休闲、民俗休闲和乡村休闲。

休闲风格品牌有很多种风格，但其中便装感是它的主要产品风格线路，在服饰市场上有着举足轻重的销量地位，其构成的产品种类也是有多种渠道的。休闲品涉及范围广泛市场需求量大，所以经常在一个专卖店或卖场内同时出售男女服饰。另有嘻哈前卫风格、学院派风格、田园风格、民族风格、简约风格、中性风格、商务风格等，在此只重点谈一下商务风格，因为它与经济社会密切相关。所谓商务风格品牌就是从事商务人士穿着的服饰，并且为商务性工作场所穿着的品牌类型。在中国百姓口中的正装品牌主要是指商务风格品牌，近年来在市场上出现的商务休闲品牌就是商务风格品牌衍生物。介于休闲装和正装之间的商务休闲品牌，受到了职场人士的喜爱。因为如今人们的生活节奏快，人们往往在一天内要出席各种场合，所以商务品牌的诞生解决了职场人士着装的烦恼，它既摆脱掉休闲服饰那样的随意，也不像正装那样拘谨，适合各种场合的穿着。

（三）以性别年龄分类

当前市场上，服饰品牌分为男装品牌、女装品牌、童装品牌和老年装品牌其划分标准是以性别和年龄为标准进行分类的。这其中由于多数女性喜欢购物所以在所有的服饰品牌中女装品牌占最高比例，另外是男装和童装品牌，因为男装和童装品牌只是在数量上稍逊色于女装品牌，但是在服饰市场上有不可低估的地位，原因在于有固定的消费群体以及相对较高的价格。然而处于较弱地位的老年人服饰品牌，无论是数量、购买群体，还是设计风格以及对公众的影响都无法与之前两类相比。

不仅可以按照上述年龄和性别的标准划分，而且还可以针对不同年龄的消费者进行更细致的分类。例如，女性服装品牌可以细化分为少女装、妈妈装等品牌。男性服装品牌中则衍生出青年品牌和中年装品牌等。由于儿童的身体发育比成人要快，所以童装品牌的分类比较多，如可分为婴儿装、幼儿装和少儿装品牌，这是基于儿童的身体发育状况的特殊性和阶段性决定的。所以针对儿童成长的每个阶段都要进行不同种类的设计，这才是儿童服饰品牌发展的根本需要。

（四）以销售方式分类

1. 零售

营销学者菲利普·科特勒是美国著名的营销学者，他认为直接卖给最终消费者的货物和服务的全部过程称之为零售。而巴里·伯曼却认为分销的最终步骤才是零售。那么到底什么是零售呢？所谓零售就是出售生活或非生产性消费品及能有关服务，针对的对象是最终购买者一般是个人、社会集团，目的是为了最后消费之用的所有流程。

众所周知近年来 ZARA 成功的进驻各大商场，它其实是西班牙 Inditex 集团旗下的一个子公司，ZARA 既是服饰品牌，同时它也有着自己品牌服饰的连锁零售品牌。ZARA 的针对消费群的年龄一般是 25～35 岁，同时他们都有着较高的学历，并且有着较高的收入，这类消费者往往走在时尚的前沿，并且能承受高额的消费水平。ZARA 之所以在进入一个新的地域时只需对原有的商业模式进行简单的调整就可以受到消费者的喜爱，是因为全球年轻时尚的购买者有大致相同的审美，因此他们对全世界的流行文化的理解及追求和生活方式上有着共同点。当然还有很多成功的品牌如 H&M、GAP 等都是很好的利用这种理念。

2. 批发

随着商品的生产、交换的不断进步，使商品流通范围越来越广泛，买卖的数量不断上升，此时生产者内部之间或是与零售商之间直接进行物与物之间的交换时经常出现不便甚至非常麻烦。由于诸多问题的产生，于是就诞生了"批发"这个名词，有些企业直接从生产者购买商品，然后将收购来的商品再以此原先高的价格转卖给其他生产者或零售商的行为活动，从此商业部门内包括两大类，即批发和零售。批发的出现其实就是商品经济发展到一定阶段而产生的。

美国著名时尚家是欧莎品牌名称的师祖，欧莎的设计之所以受到世界各国的喜爱是因为它的设计广泛借鉴采纳法国巴黎、意大利米兰、美国纽约、韩国首尔、日本东京等各国家优秀的案例，较为恰当地把东方与西方文化结合起来。欧莎（OSA）主要针对的对象多为大都市 20～35 岁的白领，适合各种场合如办公室、好友聚会、校园生活等各种轻松商务和休闲场合穿着，欧莎服饰的优点就是无须特意更换服饰就适应各种场合。欧莎最终成为批发品牌的代表是因为它摒弃了国际知名品牌普遍采取的高额价格的做法，而是选择了更加合理和大众可以接受的价格，从而可以更好地发展。

3. 代理

以签订合同的基准，并且授权给委托人销售某些特定或全部产品的代理商，它可以负责交易中的全部事情如对价格、条款及其他交易条件，这就是所谓的代理。这种代理最为常见地出现在以下行业中：纺织、木材、某些金属产品、某些食品、服装、设备、汽车等行业中，在残酷的市场竞争中，产品销路对上述的这些企业的生存起到了至关重要的作用。

著名的服装品牌法蒂尔，它是继 HANFEISE 品牌之后，东莞市韩菲斯时装有限公司旗下的又一优秀成果。作为韩菲斯（国际）时装集团公司的下属分公司——东莞市韩菲斯时装有限公司，它不仅具有国际领先的经营方式而且还有优秀的文化内涵，该品牌经常走在国际时尚界的前端，并且有独特的品位和内涵，对于他们而言，设计女性服饰不再只是简单的获取利润，而是一种对艺术的追求一种精神的享受，所以在设计的流程中是一种对快乐和自信的向往。不仅如此，该企业成果使设计开发、生产、销售、品牌运营有机地结合到一起，从而更好、更快的发展。

（五）以价格分类

1. 高端

高端品牌依据产品构成要素，但必须是高标准的要求，组合形成品牌。高端品牌的文化体系非常完善，它们特别重视自己品牌形象的发展与在公众心中的口碑。该类产品通常是在大型商场里设立最优秀和最时尚的专卖柜，或开设专卖店、店中店等。他们经常使用最优良的面料和顶级的工艺制作加工而成，由于制作成本的大幅提高，导致售价昂贵。不仅如此，这些品牌有对时尚界敏锐的眼光，他们经常走在时尚的前沿，而且设计的产品重视个性，所以是上流社会成功人士主要购买的对象。

2. 中端

中端品牌依据产品构成要素，但是没有过高标准的要求，组合形成的品牌。该类品牌种类非常多，几乎占了整个服装市场，主要消费对象是普通百姓。该类产品有着比较完善的品牌形象。中端品牌的制作成本一般，因此在面料和工艺的选择上会受到制作成本限制，从而对标准的要求会相对降低。但是中端品牌的企业善于捕捉流行要素，并且他们的价格适中而且设计的要素随着流行趋势的变化而变化，所在服装市场有着举足轻重的地位。

3. 低端

低端品牌依据产品构成要素，但却是以较低的要求，组合形成的品牌。这类品牌的知名度很低，对企业的文化与形象几乎不重视正所谓薄利多销，所以这里品牌产品的制作成本非常低廉，对面料和工艺更是毫不在意，目的就是利用价格的优势来吸引消费能力较弱的购买者。所以这类品牌一般有两类出售地点：一是在低档商场内设专柜；二是被商场集中后分不同的类别出售。

七、服饰品牌定位的重要性

（一）品牌文化构建——企业无形资产

企业生存和企业发展的核心是品牌，其实企业的核心竞争力就是品牌文化作为企业的文化背景资源上风。产品的种类繁多，品牌文化正基于此，塑造出各异的产品形象；同时品牌文化也潜移默化地影响消费的认知水平。企业的品牌如果想树立起来，并且使自己的产品有市场，该品牌的文化和产品就需要被消费者熟悉、认可并接受，要想提高企业的无形资产，就必须注重和提高品牌的文化含量和文化内涵。

（二）品牌市场定位——企业竞争出发点

首先要明确品牌市场地位，因为它是经济发展的最终产物。起先市场竞争的主要部分是产品竞争，由于时代的进步，如今已经转移到了品牌竞争。企业一定要重视"品牌市场定位"以及要对自己的企业有一个明确的定位，只有这样企业才能不断发展，在市场中才能有一席之地，生命周期才能更加长久，最终才能赚取更多的利润。有些企业对品牌定位不以为然并没有认识到它的重要性，只是像打草稿一样做了一个大体的雏形。所以，这些企业并没有对这个环节做了太多的筹划和投资，为此它们极有可能付出惨痛的代价。不仅如此，这些后果将非常有可能延误商机，甚至引起投资失败。

如今品牌种类繁多，品牌如果想有好的发展就必须在市场中对自己有明确的定位，它既可以让品牌良好的发展同时也是品牌发展的标准。如今的市场竞争越来越激烈，品牌的风格就要顺应时代的发展，就要依据市场的需求量随时进行调整，但是这种调整不能任意妄为的调节，因为运作服饰的大忌就是品牌风格变化幅度过大。因此，品牌的风格在制作生产过程中占核心地位，企业一旦同意生产后，必须在一段时间内保持住该风格。因此在生产中出现了问题，只可以做小的改善或局部完善。就要在一定的时间内相对稳定，如果运作过程中产生了问题，只能做出局部调整或细节完善，不能随意地进行根本性的变化。

第五节　服饰经营环境

一、服饰经营环境的阐释

"环境是指某一事物赖以生存和发展的外部条件或是影响其生存和发展的各种外在因素。企业环境是指对企业生产经营活动产生影响的内外部条件。企业的经营活动是在内外部情况不断变化的动态世界中进行的。"[1] 现代服饰企业要对市场营销环境做出缜密的分析和研究，要想在这个日趋激烈的环境中求得生存和发展，就需要密切关注营销环境的发展和其带来的变化，分析由于环境变化而给企业带来的机遇、威胁甚至是挑战，并制订正确的应对方案，最终化险为夷。

任何一个企业在成长过程中都会受到来自这些环境力量的影响，而那些能够与"环境力量"合作并且做出适当对策的企业便是成功的企业。这种合作的方式多种多样，但不论在哪种情况下企业为了生存必须学会利用环境力量，学会与环境力量相互作用，一个企业如果连这一点都做不到那就意味它将走向失败。

不同的因素构成不一样的环境，企业经营环境的构成也是如此，往往由许多因素构成。这些因素交织在一起，相互作用、相互影响，但又相互区别。每种因素都有其独到的特点。企业的经营环境按照层次不同可以分为宏观环境、微观环境以及企业内部环境。

---

① 刘大为、赵卫平：《服装生产与经营管理》，广州：华南理工大学出版社 2013 年版，第 29 页。

二、服饰经营环境分析

（一）宏观环境

在一个大的宏观环境中包含了服装企业与它的供应商、经销商、竞争者和消费者，这个环境中的一些因素可能会给企业带来机遇、威胁甚至有可能把企业带向毁灭。这些都是企业所不能控制的。但企业可以通过调控自身的营销活动来适应这种宏观环境变化，并改善这种宏观环境所带来的危机。

服装企业的市场营销宏观环境因素不仅有人口因素、经济自然因素还囊括了科技、政治法律和社会文化等相关因素。

1. 人口

人口的主体是市场同时也是市场营销活动的直接对象，服装市场正是由有消费欲念同时又有支付能力的人构成的。随着时间的增长人口数量、人口结构和分布密度都在发生改变，服装市场的规模也在发生着变化，它受到人口数量和实际收入水平、实际购买力水平的制约，水平提高规模增大反之则减小。

"服装市场的人口环境主要从区域或全国市场的人口规模与增长率、人口的年龄结构与民族构成、教育程度、家庭结构、区域特征与人口迁移等角度进行分析。由于市场需求指的是'有效需求'，也就是有购买能力的需求，所以居民的实际收入水平也是市场宏观环境的重要内容。"[1]

（1）人口总量因素

20 世纪末，世界人口总数已达到 62 亿（其中 80% 的人口来自发展中国家），并以每年 1.7% 左右的速度增长。我国于 2000 年进行了第五次人口普查，全国人口总数为 1260743 万人。人口大规模的增长也就意味着市场容量扩大，这对我国服装市场十分有利。

（2）年龄结构因素

人口年龄结构的变化对服装市场有相当大的影响。服装市场按人口年龄不同，可划分为儿童、青少年、青年以及中老年市场。一般来说，服装

---

[1]　刘大为、赵卫平：《服装生产与经营管理》，广州：华南理工大学出版社 2013 年版，第 30 页。

消费者的年龄多集中在 15～39 岁。而目前人口年龄结构变化所呈现的趋势如下：

①人口老龄化加速 由于科学技术的进步，生活条件的提高和医疗设施的改善，人类的寿命延长，死亡率下降，人口老龄化成为当今世界的必然趋势。我国 2000 年第五次人口普查数据表明，60 岁以上人口的比重为 10.45％。老年人口绝对数和相对数的增加为中老年服装市场带来了广阔的发展前景。

中国服装企业过去对老年市场不够重视，认为老年人消费不关心流行或品牌，如今老年人的着装态度有了很大的变化，他们逐渐开始关注服饰时尚感及服务水平。但目前中国的老年服装产品可选择空间较小，这也就意味着服装企业必须正视人口老龄化的现实，从中开发出拥有巨大潜力的市场。

②出生率下降 美国等发达国家的人口出生率下降，这给儿童服装的生产经营者带来一定的威胁。出生率的下降从某种程度上促使了年轻夫妇在时尚服饰方面的支出，从而带动了青年服饰产业的发展。

计划生育政策的实施虽然在一定程度上抑制了中国人口的增长，即便如此，中国儿童的绝对数和相对数仍然非常可观。统计数据显示，2000 年中国 14 岁以下的儿童约有 2.85 亿，每年还有 1000 多万新生儿出生。21 世纪初，中国童装消费总额过亿，并且这个数字在每年以 0.8 倍的速度增长，这凸显了中国童装消费市场巨大的发展前景及利润空间。

（3）人口性别因素

女性的审美观点与男性不同，她们对于服装消费需求、习惯及行为都有很大不同，这就是性别的差异。

女装是服装中样式最为丰富的。当代女性越来越追求优雅精致、奢华性感、甜蜜浪漫甚至是前卫叛逆的服饰，她们有欲望也有条件通过服装去追求情感和精神满足，服装设计师们也在服装、化妆、发型及肢体语言各个方面创造出更加精美的服饰。

男装给人的印象颜色单调，风格单一，而男性对服饰的喜爱程度、关注度也大大低于女性。如今随着男性生活方式和工作需求的改变，他们的着装品位和时尚意识也日益提升，男性服装同样需要为男人的不同生活方式、不同场合、不同心情去设计开发，在营销手段、品牌宣传等方面也要精心策划。目前中国服装市场抢占先机最大的国际品牌多为男装品牌。这除了因为中国男装难以满足男性消费需求、男装品牌时尚魅力不足外，巨大的市场空间更是国际男装品牌发展的关键。

（4）教育程度因素

文化水平的差异、从事职业的不同，这些因素都会造成消费者的服装消费观念差异。受教育程度高，对产品的鉴别能力也会随之提高，对其质量、品牌、就越挑剔；文化程度的提高也随之提高了购买时的理性程度，对书籍、艺术、文化、旅行等的需求就越大。同时，受教育人数越多，意味着劳动者素质水平提升，意味着现代知识型企业及以知识力量为竞争基础的到来。一般来说，白领与蓝领工人即使收入相同，但是由于各自不同的职业取向会决定不同的服装消费取向。

2. 经济

经济环境不是我们常说的消费者购买力，而是指影响企业营销方式与规模的外部经济因素，其运行状况及发展趋势会直接或间接地对企业营销活动产生影响。

人口是市场重要的组成部分，这里所说的人口是指具备一定购买力的人，因为市场需求指的是"有效需求"，也就是有购买能力的需求。经济环境往往决定购买力。因此服装企业应特别关注宏观经济状况、收入、生活费用、利率、储蓄及消费模式等方面的主要变化。

（1）宏观经济状况

服装企业在进行经济环境分析时，首先要考虑当前的宏观经济处于何种阶段：是处于萧条、停滞、复苏还是增长以及宏观经济以怎样的周期规律变化和发展的。国际、国内细微的经济形势变化都会对服装的消费产生影响。例如，2008 年开始的金融危机席卷全球，由于经济衰退和失业率的增长，很多国家的消费者都比以往更加关注服装产品的价格，在服装上的花费也有所缩减，并且更倾向于购买那些穿着时间较长的经典款式，而不是新潮的流行式样。

在众多衡量宏观经济的指标中，国民生产总值（GNP）是最常用的指标之一，它是衡量一个国家或地区经济实力的重要指标。

（2）收入与支出状况

①收入水平

消费者收入是指消费者个人从各种来源中所得的全部收入，包括消费者个人工资、退休金、红利、租金、赠予等收入。消费者的购买力来自消费者的收入，但消费者并不是把全部收入都用来购买商品或劳务，购买力只是收入的一部分。因此，服装企业在研究消费收入时要注意分析以下数据：

a. 人均国民收入：指 GNP 与总人口的比率。它大体反映了一个国家人民生活水平处于什么状态，也在一定程度上决定着商品需求的构成。一般来说，人均收入增长，对奢侈品的需求和购买力就增大，反之则减小。

b. 个人收入：指城乡居民从各种渠道所得到的收入。各地区居民收入的总额是衡量当地服装消费市场的重要指标，而人均收入的多少则能反映服装购买力水平的高低。我国国家统计局每年采用抽样调查的方法取得城乡居民家庭人均收入等数据。

需要注意的是，由于通货膨胀、失业、税收等因素的影响，有时货币收入增加，而实际收入却可能下降。实际收入是扣除物价变化因素后实际购买力的反映。因为实际收入和货币收入并不完全一致。所以营销人员在分析消费者收入时要区分货币收入和实际收入，

c. 个人可支配收入：这是在个人收入中扣除税款和非税性负担后所得的余额，是个人收入中可以用于消费支出或储蓄的部分，它构成实际购买力。

d. 个人可任意支配收入：这是在个人可支配收入中减去用于维持个人与家庭生存不可缺少的费用（如房租、水电、食物、燃油、基本衣着等各项开支）后剩余的部分。其费用的多少决定了一个服装企业需要开展什么样的营销活动，以什么样的方式开展营销活动时所要考虑的必要因素。个人可任意支配收入主要用于满足人们基本生活需要以外的开支，是影响非生活必需品劳务销售的主要因素，也是购买高档服装的主要来源。

②消费结构

随着消费者收入的变化，消费者的支出模式也会发生相应的改变，继而会引发一个国家或地区的消费结构变化。西方一些经济学家常用恩格尔系数来反映这种变化。恩格尔系数表明，在一定的条件下，当家庭个人收

入增加时，收入中用于食物开支部分的增长速度要小于用于教育、医疗、享受等方面的开支增长速度。食物开支占总消费的比重越大，恩格尔系数越高，生活水平越低；反之，食物开支所占比重越小，恩格尔系数越小，生活水平越高。

近十几年来我国城乡居民的恩格尔系数逐年降低。按国家惯例，恩格尔系数在 40%～50% 的居民生活水平称为小康水平。2002 年我国城镇居民恩格尔系数已达 37.7% 说明我国居民生活已初具小康水平，这对服装业而言是好消息。

③储蓄

储蓄指城乡居民将可任意支配收入中的一部分储存待用。储蓄有多种形式，可以是银行存款、购买债券或是手持现金。较高的储蓄率会推迟现实的服装消费，而加大潜在的服装购买力。虽然我国的人均收入水平不高，但储蓄率较高，从储蓄存款余额的增长趋势看，国内服装市场的潜力规模较大。

（3）通货膨胀水平

"货币供给、物价水平和通货膨胀大小一直是经济环境的敏感因素。适度的通货膨胀可以刺激经济增长，但过高的通货膨胀对经济造成的损害往往难以预料，甚至会导致经济的崩溃。消费品价格上涨太快，使人们基本生活需要支出大幅增加，误导的价格信号会使某些消费行为提前，某些消费行为又被推迟，个人可自由支配收入的降低会长时间抑制耐用消费品的需求，特别是高通货膨胀率造成的社会心理损害将对整个市场供求关系产生深层次的影响。如果企业不能对此做出估计，或者说日后的通货膨胀程度可能会大大超过企业所能承受的范围，则企业的既有战略就形同虚设。"①

（4）跨国经营涉及的经济因素

对于从事跨国经营的服装企业来说，关税种类及水平，国际贸易的支付方式，东道国政府对利润的控制，对外国企业的各种待遇，东道国税收制度是跨国企业必须考虑的经济因素。东道国政府有时限制外国企业的利润汇出，有时还要对外国企业的股份比例加以限制，并有可能要求外国企业在本国生

---

① 刘大为、赵卫平：《服装生产与经营管理》，广州：华南理工大学出版社 2013 年版，第 33 页。

产的产品中必须有一定比例的本国零部件，否则扣以重税。税率水平的不同使企业会选择在税负较轻的国家注册。

现在，由多个国家组成的政治、经济联盟已成为影响企业跨国经营活动的重要力量，其中较为重要的是石油输出国组织、欧洲联盟、北美自由贸易区和东盟自由贸易区。

（二）微观环境

"企业微观环境是指企业的资源、技术、营销、成本和管理等。对这些方面进行系统而客观的评价，从而发现企业的强项以及弱点所在，进而利用外部机会。"[1]

1. 资源

人、财、物是企业的生产经营的要素，因此应对各种资源进行分析评价。①人力资源：要从数量和质量两个方面进行分析。在竞争日益激烈的今天，企业之间的竞争归根结底是人才的竞争，企业应重视人力资源的培训和储备。②能源：一个企业能否获得稳定的能源供应是企业发展的关键，特别是对那些位于能源供应并不是非常充足的地方的企业更是如此。③原材料：各种工业用品都是对原材料进行加工而得到，如果企业生产所需的原材料资源丰富，这就是优势。④资金：企业要再生产就必须有充足的资金，否则生产难以启动和周转。

2. 技术

企业要按时对自己的技术状况进行分析。分析的内容不能仅仅局限于产品设计样式以及产品的科技含量，还要注意工艺装备是否先进，产品功能结构、技术人员比重、技术进步贡献率、新产品试制成功率、工人的技术水平等在同行业中是否处于领先地位。

3. 营销

在市场经济条件下，营销已经成为现在经营的重心，企业不能轻视自身经营情况，企业适时评价营销人员的素质、营销的能力及成果，才能清楚自己是否具有足够的竞争实力。①营销渠道：指企业有哪些营销组织，有多少推销员，素质如何，中间商的组织销售能力，销售网点分布状况等。②宣传

---

[1] 刘大为、赵卫平：《服装生产与经营管理》，广州：华南理工大学出版社2013年版，第39页。

促销：指企业信誉如何，通过对产品的知晓率、消费者投诉率、合同履约率等指标进行分析。③产品竞争力：产品竞争力是市场营销的物质基础，产品竞争能力表现在产品设计先进、结构合理、功能符合消费者需要、造型美观、质量上乘、价格公道、售后服务周到等。④市场竞争地位：产品的市场地位除通过企业形象分析外，还要从市场占有率、相对市场占有率、市场覆盖率和市场扩大率等方面定量分析。

4. 成本

产品成本作为反映企业的生产技术和经营成果的综合性指标，它的高低决定企业能否为社会提供更多的物美价廉的产品来满足社会的需要，同时也决定着企业的经济效益及竞争能力。企业可通过对成本的比较，对成本构成及成本构成中的有利因素和不利因素进行分析。

5. 管理

一个成功的管理者可以寻找企业内部各要素以最佳结合形式，从而实现企业的经营目标。所以，企业必须提高自己管理工作者的素质，按时对各个要素进行分析，提高其管理水平，取得更好的经济效益。管理者的工作就是分析企业的资源利用和分配是否合理，是否人尽其才、物尽其用；是否应用现代科学管理的方法和技术；企业内部的指挥系统和各部门之间是否协调；企业的计划、组织与控制等职能是否有效；企业决策者的能力水平如何，决策是否正确、及时等。

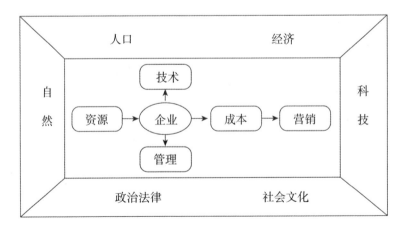

企业经营宏观环境与微观环境关系图

三、服饰经营机会剖析

服装企业的微观环境因素有行业、企业自身、供应商、营销中介、顾客、竞争者和公众等。营销活动能否成功，除了营销部门本身的因素外，还要受这些因素的直接影响。

（一）行业环境因素分析

行业分析主要是从行业整体的供需状况、行业特征、竞争状态以及产品普及率等方面进行分析，以掌握行业发展的趋势。

1. 行业竞争结构分析

美国著名管理学者迈克尔·波特针对行业竞争形态结构分析提出了独有的分析方法，即行业竞争分析法，如下图（服饰行业竞争结构图）所示。从理论模型中不难看出，企业对自身产业内的竞争状况最为关心，因为行业内环境决定了该行业中企业的营销策略是否符合自身竞争状况及盈利程度，并且五种力量决定了行业竞争强度的高低，它们是：新进入者的威胁；现有企业之间的竞争；代替品的威胁；购买者讨价还价的能力；供应商讨价还价的能力，即"五力模型"。"这些力量的合成最终决定了一个产业的赢利潜力"。每一股弱的力量都是机会，每一股强的力量都是使利润降低的威胁。

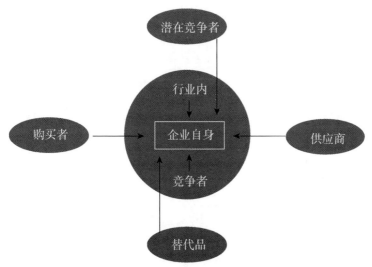

服饰行业竞争结构图

2. 行业素描

行业素描指服装公司对所在行业的一些关键因素或状况进行刻画与分析。行业素描所要回答的问题主要有以下六方面。

（1）历史状况

①该行业的市场特征是什么：垄断、垄断竞争或其他？

②该行业正在萎缩、成长或是保持稳定？

③是哪些独一无二的特点使该行业中的企业获得了成功？

④该行业中企业的业务是地区性的、全国性的还是多国性的？

（2）营销实践与市场结构

①该行业产品或服务对商业周期波动的敏感性如何？

②该行业产品或服务对顾客购买意愿的突然改变有多大的敏感性？

③该行业运用的营销渠道有哪些？

④该行业有哪些知名品牌？

⑤该行业实行的价格政策是什么？

⑥该行业产品有没有特殊包装？

⑦该行业花费在广告和促销活动上的开支如何？

⑧过去五年内该行业有哪些主要的新产品被开发研制出来？

⑨该行业的产品或服务是拥有大量顾客还是只拥有有限数量的顾客？

⑩新产品开发在该行业是否关键？

⑪该行业的进入或退出是否容易？

⑫该行业产品或服务有无代替品？

（3）财务状况

①该行业的资本要求如何？

②该行业的企业能获得的投资利润有多大？

③该行业中企业的财务状况如何？

④该行业流动比率、酸性试验比率、存货周转率、净资本利润率、每股收益及其他比率的平均数据是多少？

（4）竞争状况

①该行业中主要竞争者使用的价格政策、广告政策和促销政策都有哪些？

②该行业中成功的和不成功的企业各执行过哪些战略？

③谁是行业领导者？

④该行业中各个企业所占市场份额如何？

⑤该行业的竞争是建立在价格基础上、服务基础上还是产品基础上？

⑥该行业是否有国外的竞争者？如果有，来自何处？对该行业有何影响？

（5）营业条件

①要参与该行业内的竞争，企业员工需要具备哪些技巧和能力？

②该行业内企业之间的联合情况如何？

③该行业产品或服务以什么原材料生产？这些原材料分布于哪些地方？其供应是充足还是短缺？是否已有可用的替代材料？

④为该行业提供商品或服务的行业的特性和结构如何？

（6）生产技术

①该行业运用何种生产方式？

②这些生产方式是陈旧的还是现代化的？

③生产设施有没有一个最小规模限制？

④过去五年内该行业的生产技术有没有重要的革新？

⑤该行业的企业的生产能力是否得到了充分利用？是否存在剩余生产能力？

从总体上来看，我国服装行业属于劳动力密集型行业，需要投资少，进入壁垒低，对外依存度高；行业内中小型企业多，竞争激烈，信息化程度低；产品品种多，更新快，附加值高低不一。

（二）供应商因素分析

传统认为，供应商获利多一些它与本企业存在零和竞争状况，这也就意味着这种状态会给企业利益带来损害。因此，许多企业在选择原材料、零部件供应商时，会向许多厂商同时发出邀约，继而在众多厂商中选择价格及质量等各方面最佳的供应商，并且企业仍在不断寻找更好的供应商。企业与供应商之间不存在合作关系只是需求者与供求者的关系。事实上，日本企业与供应商之间采取一种合作的方式，使日本企业在国际竞争中领先于其他国家的企业。

对于服装企业来说，面、辅料的设计水准、科技含量、质量等级、供应的及时性等对于企业经营至关重要，因此，服装企业应将供应商视为战略合作伙伴，建立起长期、稳固的合作关系，实现双方共赢。

（三）竞争者因素分析

为了制订更合理的营销计划，企业仅仅了解自己是远远不够的，服装企业还要了解竞争者，知己知彼才能百战百胜。企业必须经常将自己的产品、价格、渠道和促销手法与接近的对手进行比较。用这种方法，就能确定竞争者的优势与劣势地位，从而使公司能发动更为准确地进攻，并在受到竞争者攻击时能进行较强的防卫。

竞争对手分析主要包括两大方面：其一是竞争企业的行为，它告诉企业竞争对手是否能够开展竞争；其二是竞争企业的个性和文化，它说明竞争对手喜欢如何竞争，是企业努力分析竞争对手的最重要的目标。

（四）消费者因素分析

服装企业的营销目标是使顾客得到满足。营销者必须调查研究目标顾客的欲望、知觉、偏好及购买行为，这些研究将为开发设计新产品、价格、渠道、信息和其他营销组合因素提供决策依据。不过，"认识顾客"绝对不是一件轻而易举的事情。顾客的需要和欲望往往与言行不一致，他们不会轻易暴露他们的内心世界，他们对环境与营销刺激的反应即使在最后一刻也会发生变化。

四、服饰经营决策信息剖析

企业经营环境的变化情况是多种多样的，服装企业所面临的错综复杂的环境以及信息种类多种性都是无法预测的，只有把握了全部的环境信息来源，并遵循科学的环境研究程序，才能确保经营环境信息的准确并及时获得。

（一）环境信息的类型

从企业环境层次看，毫无疑问，环境信息可以分为宏观环境信息、微观环境信息和企业内部信息。由于不同用户在企业中所处的地位、工作性质、职责，涉及的决策问题诸多的不同，他们的信息需求也不同，我们可以根据需求者的不同，对环境信息进行分类。

1. 最高决策者需要的信息

最高决策者包括：董事长、总经理、总工程师、总会计师等。在企业的经营管理过程中，他们需要确定企业未来的发展与战略目标，因此，他们对信息的需求以全局性、分析性为主，具体可以分为以下四个方面：①政策法规　包括党的路线、方针和政策；国家机关颁布的有关法令、规定、指标；国家制订的社会经济发展战略以及长、中、短期的经济与社会发展计划等；上级主管部门发出的决策性命令、行业规划；主管部门的各种通报、简报、经济预测等。②企业内部信息　包括反映本企业职能部门、分厂、车间、工程、班组等生产活动的信息，如生产、供应、销售、资金周转、劳动生产率、收益分配等情况；企业政策、制度、规定的贯彻落实情况等。③消费者市场信息　包括产品动向、消费需求、消费心理、购买力资金投向以及自然环境、社会环境等方面的信息。④行业动态信息　包括行业竞争环境、主要竞争对手、企业竞争战略与策略、技术发展动态、同行业新产品开发和市场占有率等信息。

2. 职能部门决策者需要的信息

各职能部门决策者的需求依据部门的不同而各有特点。

（1）销售部门需要的信息

①具体的销售数据。销售主管需要有条理的按照地区、时间、销售人员、销售方式统计的销售数据。

②市场调查分析报告。销售主管需要的信息除了常规的新产品市场定位、市场调研、产品的生命周期预测等专题报告之外，还有针对企业网站获取的用户访问信息、客户反馈意见的分析报告，销售主管可以根据分析这些信息挖掘企业潜在客户，并制定针对潜在客户开展宣传推广活动的决策。

③网络营销。作为销售主管必须会策划和维护企业的网站，这将会密切关注企业网站上销售业务的信息，从而提高企业竞争力。

（2）生产部门需要的信息

生产部门决策者要从企业的生产经营状况、发展趋势、市场情况等各方面规划企业，具体内容包括以下四个方面的信息。

①常规的生产数据，如产品成本、质量、生产率、产量（日、月、半年、

年）、原材料及能源利用状况等。

②最终产品的规格、质量、成本耗费等。

③新工艺、新技术、新方法的跟踪信息。

④新技术应用效果评估的信息。

（3）供应（采购）部门需要的信息

①常规的原材料或外购件价格、供应保证状况、生产设备的技术水平及维修状况。

②新材料、新技术设备方面的动态信息。

③原材料、新设备采购计划。

（4）研发部门（R&D）需要的信息

R&D决策者主要是负责企业的专业技术工作，他们需要考虑产品设计、新产品开发；技术设备的保养、维修和更新改造；他们需要引进新技术、消化、吸收和本企业的技术发展所带来的问题。他们不仅要了解本企业的生产经营状况、发展趋势、市场动向等信息，更着重于对科技信息的研究，包括：国内外有关专业技术的发展动向，特别是一些新产品的性能、结构和发展前景等信息；本企业内部目前的技术力量、技术水平、生产工艺以及技术设备的运转状况；本企业产品的质量、成本、市场竞争能力、新工艺研制的可行性分析、新产品研制周期、产品高新技术附加值、R&D投入与预测回收等信息。

（5）财务部门需要的信息

①企业资产的历史及现状，如筹资能力、资金利用率、资金收益率、资金周转率、企业其他负担、总营业额等。

②竞争对手的财政年度报告。

（6）人力资源部门需要的信息

①员工的基本情况，如员工的学历、业绩、各类人员的比例、结构等。

②人员调动、招聘方案。

③竞争对手的人力资源结构分析。

④员工业绩评估方案。

销售部门需要生产部门关于产品质量、成本等方面的信息，而生产部门与供应部门又是紧密联系的。

3. 企业其他员工需要的信息

信息主管、首席信息官或各职能部门主管可以给销售、R&D 部门人员提供相应的访问权限，允许其进行所需信息的查询，如销售主管可以允许销售人员获得与其相同的信息资源访问权限。

（二）环境信息的来源

根据来源不同，环境信息可以分为五个部分，即企业内部信息、企业外部信息、内外交叉信息、通过联机数据库收集信息及通过人际网络收集信息。

1. 企业内部信息

这部分信息主要指企业各职能部门（包括销售部门、生产部门、供应或采购部门、R&D 部门、财务部门、人力资源部门等）管理系统中的信息，主要由各部门协调开展信息收集、分析、加工工作。

2. 企业外部信息

企业可以从公开出版物和非公开出版物中获得大量的战略信息。公开出版物的战略信息来源包括：报纸、期刊（主要指专业期刊）、报告、国家及行业政策法规、政府文件、摘要、书籍、企业名录及手册等。非公开出版物的信息来源包括：用户调查、市场研究、职业和股东会议上的讲话、采访与利益相关者的对话。现在，利用计算机网络可以使企业更容易收集、消化和评价信息。主要的企业外部信息源如下：

（1）报纸和专业期刊。

（2）行业协会出版物。

（3）产业研究报告。

（4）政府各管理机构对外公开的档案（如工商企业注册资料、上市公司业绩报告等）。

（5）政府出版物（如统计资料、政府工作报告、各类白皮书等）。

（6）数据库（商业联机数据库、网络数据库等）。

（7）工商企业名录。

（8）产品样本手册。

（9）信用调查报告。

（10）企业招聘广告。

3. 内外交叉信息

内外交叉信息主要指企业在与外部发生的各种活动中产生的信息。包括企业与行业协会、上级部门、竞争对手、供应商、客户等之间发生的各种活动中产生的信息。这些信息的收集，一方面是考验企业员工的竞争意识与企业的凝聚力，是否能及时向企业管理信息系统部门提供企业与外部发生各种活动中产生的信息这是很重要的；另一方面，由管理信息系统部门可分析到以下数据：

（1）克服竞争信息数据的研究、合作与传播上的地理限制。

（2）利用 Internet 是企业商业战略之一。

（3）了解企业与其他竞争对手相比较所处的位置。

（4）获取以前无法获得的信息。

（5）更快、更方便地收集竞争信息。

（6）优化收集、传播与使用内部信息的成本效益。

（7）提高竞争信息的质量。

（8）节省商业信息服务费用。

（9）具有像商业数据库那样提供的准确的信息。

（10）调整与利益相关者的关系。

在 Internet 上，一般通过网络搜索引擎和网络数据库收集信息。据调查研究，60% 的企业通过企业的 Web 服务器发布关于企业产品与服务的信息。因此，Internet 也是收集竞争对于信息的重要途径。通过 Internet，通常可以收集到竞争对手的新产品与服务、价格信息、广告策略、制作和目标、商务业绩；如果是上市公司，还可以收集竞争对手的财务信息；还可以收集到与竞争环境相关的信息，如新的政策、地区优惠政策等。

4. 通过人际网络收集信息

作为一个成功的企业拥有广阔的人脉是非常重要的，这也体现了人际网络重要性，它是企业非公开信息来源，是企业获取竞争信息非常重要的途径和工具，人际网络主要包括：政府官员、行业协会、领域专家、企业员工、经销渠道、供应商、广告机构、专业会议、展览会、证券分析师、竞争情报公司、消费者保护协会、重要客户等。

在收集环境信息的过程中，可以采用一种或多种方式进行信息收集工作。

据调查研究，国内企业在收集信息过程中，最常用的是行业期刊，其次是专业及科技文献，再次为通过行业专家收集信息，见表 5 - 2：

表 5 - 2　信息收集方式统计表

收集方式	使用程度	使用收集方式企业的百分比
本行业期刊	5.73	91.67%
专利及科技文献	5.24	79.86%
行业专家	5.01	81.94%
相关出版物	4.99	82.64%
行业组织、协会	4.68	75.00%
人际关系网络	4.52	71.53%
互联网络	4.49	66.67%
外部网络数据库	4.36	65.28%
内部信息网络	4.24	64.58%
个人访谈与调研	4.21	63.89%

（资料参考：《企业竞争情报系统》，包昌火、谢新洲主编，背景：华夏出版社，179 - 180 页。）

（三）环境信息的评价

收集来的信息量非常大，且并不是所有的信息都是必要信息，其中可能会鱼目混珠，因此要从收集的大量信息中获取真正所需的信息，必须对发现、挖掘和整理出来的原始信息进行价值评价，去伪存真。根据评价和筛选，以利于信息的针对性使用。对信息的评价应依据准确性、完备性和重要性原则。

1. 准确性

指信息的可信程度，主要包括以下两个方面：

（1）可信性：指信息的权威性、作者或发布机构的可信程度、信息表达方式的可靠程度、其他信息源是否支持这条信息、信息可否验证等。

（2）一致性：指信息自身是否自相矛盾，是否与过去或信息源中的信息认识一致。

2. 完备性

指相对于原有信息的完备程度，主要包括以下三个方面：

（1）新颖性：指信息是从未出现过的。

（2）互补性：指信息可弥补原有信息的不足。

（3）周期性：指信息为有规律的更新信息量。

3. 重要性

指信息的重要程度，是否及时、前瞻、适用和具有带动作用，主要包括以下四个方面：

（1）及时性：指信息的时效性、动态性。

（2）先导性：指信息是否具有长期或长远的应用或潜在应用价值。

（3）适用性：指信息是否切合用户的需要。

（4）带动性：指信息是否对科技或型号发展或决策制定产生重要影响。

企业在制定战略时，就需要按以上原则对收集的信息进行评价。并不是要一味遵循这个原则，根据目标性质的差异，对以上各个原则可以有不同的侧重点。例如，企业要发掘潜在的竞争对手，则信息的及时性、可信性、新颖性、互补性这四个属性要求尤为重要。例如，服装品牌 Lanvin。与服装品牌 Christian Lacroix 的经营模式就是一个非常鲜明的例子。（案例分析——成功企业：Lanvin；失败企业：Christian Lacroix）

①企业介绍　Lanvin 是由 Jeanne Lanvin 创建的法国历史最悠久的高级时装品牌。在经历一段低潮期后，Alber Elbaz 于 2001 年 10 月被任命为艺术总监，他的铮铮誓言"唤醒 Lanvin 睡美人！"已经使 Lanvin 成为让众人心潮澎湃的真实奇迹，重新焕发出勃勃生机。

Christian Lacroix 曾为 LVMH 旗下品牌，创立于 1987 年，创始人为 Lacroix 和 Bernard Arnault，于 1995 年出售给 Florida 的 Falic 集团（美国免税连锁店 Duty Free Americas）。然而被誉为巴黎高级定制服品牌第一把交椅的拉克鲁瓦（Christian Lacroix），也敌不过金融海啸的冲击，申请破产，不禁让时装界扼腕叹息。

②成败原因　Lanvin 的成功归结为：

a. 优秀的品牌设计师的作用。Alber Elbaz 对 Lanvin 进行了大刀阔斧的改革，从品牌的形象到服装的风格进行了改变和更加明确的定位；同时 Alber

Elbaz 个人的魅力、优秀的设计以及由衷地对女性的热爱，为女性创造出轻松、舒适，并能保持行走间优雅的节奏和无拘无束的女性温婉特质的时装，让品牌获得名声。

b. 对市场的敏锐洞察和迎合，以及品牌建设运营。近年 Lanvin 在从前精致优雅的风格中更加入了时兴的一丝冷艳硬朗的感觉，并且挖掘品牌历史文化内涵，如同它的标志——那对母女形象一般主打温情牌，同时迎合现在中低端平价品牌的良好走势以及混搭风的流行，树立更加亲民的形象。例如，如今炒得火热的与瑞典平价品牌 H&M 的合作让 Lanvin 再次成为时尚界热议的焦点。

③Christian Lacroix 的失败归结为：

a. 时运不济，全球金融危机的影响。Lacroix 的设计风格和品牌的定位便是毫不妥协的奢侈高级定制，然而他们并没有在紧急危机的影响下降低奢侈定制，他们没有看到在经济危机的影响下昔日的顾客纷纷缩减服装开销，减少购买高级定制时装。据《纽约时报》报道，Lacroix 受此次金融风暴冲击巨大，该品牌在纽约和拉斯维加斯开设的两个定制店订单锐减，甚至有不少订单被取消。2008 年秋季成衣销售也减少 35%，尽管 2008 年总收入达 3000 万欧元，但仍亏损 1000 万欧元。

b. 近年奢侈品市场的巨降。现在高级定制不赚钱只赔钱的事实似乎已经不是秘密了。花费 200 万美元做一场秀能赚回 50 万美元就算是不错的了。因而 Lacroix 虽然是高级定制的航母，但是根据品牌高昂的设计成本费以及运营费从而确定的高价位，即使设计师有再精美的设计也让人望而却步，今日高级定制的未来还是个不确定数，生死未卜。

c. 案例总结。要想成为一个成功的服装品牌，优秀的设计师是龙头，但最关键的是把握住市场的走向，把握美好的品牌形象是核心，才是成功的市场开拓和内部经营。

第六节　服饰消费行为

一、服饰功能影响服饰消费行为

服饰的昨天、今天，明天都仍将是灵魂与世界沟通的形式。服饰通过不同的设计元素及语言、浸润和装点着人类的生活。

（一）服饰满足生活需求——实用触发服饰消费

人开始穿衣服最原始的目的是为了取暖和遮羞，人类的祖先开始用衣服的同时，装饰作用也同时成了服饰功能的一个重要组成部分。在特定的时代、特定的群体里，生活方式的变化及外界的压力都影响着人们对装饰方式的选择。今天，虽然人们穿戴衣物的基本原因还是为了取暖、消暑和遮羞，但更重要的原因已经是为了更好地装扮自己。

1. 服饰的保护功能

按照达尔文的进化论学说，人是由猿演变来的。但是从服饰起源来看，猿进化到人的过程当中，需要面对自然环境带来的种种问题如御寒、防潮、遮晒以适应环境的实际问题，人类为了生存，就需要遮掩抵挡外物加害，以达到护体的作用。

不同的自然环境会产生不同的服饰，不同的天气变化会对人类生存造成威胁。我们会根据气候特征选择适合当时气候的衣物和配饰如夏天人们喜欢穿着汗衫佩戴墨镜、冬天习惯套上抵御寒风毛衣、羽绒服等。不同地区的人对服装的选择也不同，阿拉伯人的白色大袍既抵挡了赤日的暴晒，又阻掩了风沙的侵袭；门巴女的小牛皮披饰使她们能够在崎岖山路上经常背负重物；俄罗斯人喜欢穿毛皮、羽绒类服饰来抵御严寒。这些衣饰的传统和文化都无一例外地与生存环境有关。

2. 服饰的遮羞功能

依据《旧约全书》的说法，亚当和夏娃起初是不着装的。只因为听信了蛇的怂恿，偷吃禁果，眼睛明亮，才扯下无花果树叶遮住下体，这便是衣服的雏形。虽然对这种服饰起源的说法，当代有不少人提出质疑，他们认为遮羞观念只会在文明社会出现，而不是在蒙昧社会和野蛮社会。一味地否认遮羞是服饰起源是不全面的，我们可以从当今的穿着目的推论出结果，即文明社会的人类着装的基本目的是用于遮羞的。虽然遮掩是一种功能，但这种意识也可作为人类美的原始意识，因此服饰的功能价值和美学价值从最初诞生就似一对孪生姐妹。最初人们以御寒为目的穿着的兽皮或植物，作为人体的一种覆盖物，他从某一方面恰当的说明了人们获得护体保暖的同时也在追求美的感受。可以这样认为，服饰是人类美学观念的根源，服饰的遮羞功能是触发服饰消费的原动力。

3. 服饰的标识功能

服饰是一种传达和限定人格、角色、地位的非文字语言的重要象征。它具有一定的标识功能，我们可以从某人的衣着上判断出此人的身份、地位、职业甚至个性特征。虽然服饰是他们用来掩饰不愿示人的性格、地位，但正因为人们试着按照自己的模式装扮自己，或者用强调某些方面的装扮来修饰自己，因此服饰是最能够准确地表现穿戴它们的人的人格和生活方式的象征物。这是种有意或无意（下意识）的暗示：人格、角色、地位，比其他象征更具有普遍的一致性。因而人们也常依据他人的服饰做出判断。这是因为服饰具有重要的社会象征意义。当今社会的职业装相当普遍，但是以服饰来标明社会职业却不是现代社会的发明。早在中国的汉代，就开始有以服饰来标明职业的记载。《后汉书·舆服志》称："尚书帻收，方三寸，名曰纳言，示以忠正，显近职也。"职业装一般不写进《舆服制》，即使有，也大多不甚详尽，因为它除了官服以外，主要是平民百姓的衣着，况且没有专门的严格的规定。例如，汉代男子首服之一——巾帻，在色彩上就曾经标明过职业身份，车夫戴红的，轿夫戴黄的，厨师为绿的，官奴农人为青的。到了宋代由于城镇经济的飞速发展，职业装更显示出服饰社会化的必要性，因而也就越益趋于成熟，展开张择端的《清明上河图》卷轴画，在纵 24.8 厘米，横 528.7 厘米的画面上，描绘了处于街边巷口、酒家店铺，从事各种活动的 500 余人，其间不仅年龄、举止各不相同，衣服描绘也是如实地记录下当时人的各行各业的服饰特色。

以服饰标明社会职业，必须掌握原则，不然的话，即使服饰再讲究、再醒目，也等于虚有其表，而失去实际意义。

（1）服饰符合职业需要

为一定职业人员设计的统一服饰，首先应该符合其职业性质，也就是不悖于职业需要的意思。例如，食品行业和饮食行业的售货员、招待员和厨师等，凡接触食品的，都要以浅色衣服为职业装。因为它从顾客的视觉上考虑，浅色系给人以洁净无污的暗示，使顾客在食用和购买的时候感到洁净卫生，不致影响食欲。有些店家忽视了这种美学和社会学的客观要求，盲目给职工穿上军绿色的（太严肃）、赭灰色的（太低沉）、土黄色的（与人体排泄物颜色接近）等，着装颜色在视觉上给人以不舒服的感觉，致使顾客减少。不能不说这是商家的失败之举。

风行全世界的厨师帽之所以流行长久而且深受人们喜爱，首先就是因为其符合职业需要；选用白色面料，看上去洁净，一尘不染。首先从视觉上就给顾客舒服的感受，他在造型上全部遮住头发的设计是为了防止头屑掉落；根据等级而有尺寸区别的高度以及帽顶的花边，都使人感到亲切并富有诙谐感。而且质薄、单层还易于洗涤，因此十分理想。与此相比，有些店家售货人员的帽子过小，外部甩露头发过多。颜色距食品固有色相去太远，款式过于拘谨束缚，都会使人有厌恶感，从而影响正常销售额。

（2）服饰体现职业特征

人对社会事物的认知是有一定惯性的。当人们看到某些特定的款式和色彩的服饰的时候联想到的相应的职业的这种行为被称为服饰职业特性。例如，邮递员被人们亲切地称之为"绿色天使"（"绿衣人"），就是因为国际约定邮政部门人员都穿绿色的服饰。这一职业装已被大家所认可，所以以至人们在看到绿色通勤制服就能联想到邮递员的职业。

如今，伴随着现代工业、现代都市的兴起，世界规模的职业装也正在越来越多地被人们所利用。售货员穿上统一店服，不仅提高店面的整齐划一而且企业的文化形象和商店经营者的气魄都得到了提高，工作人员穿着统一服饰，不仅有利于工作时的效率和安全，而且还会增加企业凝聚力，加强员工责任心。

以服饰标明社会职业，体现职业精神，突出职业象征，应该说迎合了社会发展总趋势的客观需求。

（二）服饰满足精神需求功能——心理诱导服饰消费

因为人类是社会群体，服装也具有一种社会化特征。通过一个人的衣着，可以看出其社会地位、经济地位、性别角色、政治倾向、民族归属、生活方式和审美情趣。服饰是一种强烈的、可视的交流语言，它能告诉我们穿着者是哪类人、不是哪类人和将要成为什么样的人。

1. 服饰的装饰功能——"求美"消费心理

"人们在爱美这一天性的基础上，进一步产生了对服饰美的本能的寻求。这种寻求在社会生活中不断得到强化与丰富，这种寻求已找到一个落点，这就是人的一种高级心理需求，它是在比它低级的生理心理需求得到满足同时出现的。而在它自身的发展中，又不断积累经验，锻炼感知对形式直接把握的能力，丰富了表象的储备，提高了对表象加工制作的能力，深化了理解对形式意蕴的领悟能力，塑造了情感功能，并使之更加理性化。"①

"爱美之心，人皆有之。"但爱美的程度不一样，在各种各样的美中，有人爱典雅，有人爱朴实，有人爱亮丽，有人爱浪漫。求美的心理已经成为消费者追求服装的重要心理。这种心理着重于服装的造型和其现出的风格和个性、色彩与艺术性，消费者特别重视服装的颜色、造型、款式等特定的文化品位，他们不喜欢服装过于花哨，色彩杂乱无章。消费者在购买服装的时候相对来讲比较忽视服装本身的实用价值和价格。这种消费心理之所以长盛不衰是由于人们追求美的心理导致的。

2. 服饰的展示功能——"求异"消费心理

"异"是不同寻常。求异的着装心理只在一部分人的着装行为中有所反映。穿着不同寻常的人往往不是为了彰显其个性因，也不是为了趋新。他只想通过一种与众不同的服饰，寻求一般不常见到的着装效应。从而满足其心理需求。《服装心理学》一书中有一段话，恰好能说明这一现象。赫洛克说："服装的一个很重要的价值就是它能使人们在某种意义上获得他人注意和赞赏……人们希望得到称赞的欲望并没有因为人类越来越开化而消失。无论是在非洲的丛林里，还是住在纽约市的庞克大街，人们的这种欲望必须得到满足。唯一不同的是表达这种欲望的方式。"②

在购买商品时追求新产品、新花色、新款式，即追求流行时髦的商品。尽管这类商品价格普遍偏高，其实用价值甚至不如一些长盛不衰的款式，但由于在人们求新心理的驱使下往往新产品比较畅销。

时新的服装叫作时装，流行是时装的一大特点。有人说"流行是一个叛徒"，当今社会追求新服饰的往往是 20～30 岁的青年人，他们认为穿上表现新潮与档次，表示他们走在时尚前沿，而不穿它就会显得落伍与寒酸。他们喜欢新奇事物，行为大胆，不受传统观念束缚，容易为消费潮流所影响，他

---

① 华梅：《人类服饰文化学》，天津：天津人民出版社 1995 年版，第 339 页。
② 华梅：《人类服饰文化学》，天津：天津人民出版社 1995 年版，第 346 页。

们为时装的流行推波助澜，是时装最好的伙伴。

3. 服饰的标志功能——"炫耀"消费心理

"虽然说炫耀一词在辞书中不外乎两种解释，一是光彩夺目，二是夸耀，即自炫其能。张仲方在《披沙拣金赋》中也写道：'美价初炫，微明内融'。但是在服饰心理学中，着装者以服饰自炫其能的心理及相关行为，就不那么简单了。因为自炫其能在服饰上，带有来自各方面的社会因素。例如，有的着装者以披金戴银来炫耀其财富；有的着装者以标明高级别的服饰来炫耀其地位；有的则以奇装异服（新潮服饰）来炫耀其超前意识；再有一种就是近年以名牌服饰来炫耀其综合的实力与气魄。无论属于多么复杂的着装炫耀心态，它们都有一个共同的特征，就是以比自己实际情况稍强的面貌出现，而且绝对是有意识、有目的的炫耀。"①

一些社会政治地位或者经济条件很好的人往往会借助名牌产品显示自己的地位和威望，为了炫耀自己的资本，他们对商品的商标、牌号、产地、名声，甚至购买地点都十分讲究，从中得到心理上的满足。在购买商品时追求名牌，甚至忠诚于名牌，而对其他非名牌的同类商品往往不屑一顾。开名车、住豪宅、穿名牌、孩子上贵族学校等行为是求名心理消费者的典型表现。

服装本来就是人类社会生活的一种道具，从古至今不乏利用服装来显示自己的特殊地位、炫耀自己的非凡能力者。名牌服装的专卖店和高档精做制衣店，最喜欢这种消费者。对于这类消费者，质量一定要可靠，甚至不一定"物有所值"。服务质量要上乘。这类消费者主要有老板、经理、成功人士及其他高薪阶层。

4. 服饰的象征功能——"民俗"消费心理

"民俗既映现出物质文化特征，也映现出精神文化特征。服饰是这种反映的最直接、最生动的现实。"②

民俗的"味道"，主要应从两个方面体现出来，一是它的文化内涵，二是它的特有表现形式。丰富多彩的民俗文化不仅记载着我们祖先对自然规律的认识和把握，也显示了各个不同历史阶段的社会、经济、科技发展的

---

① 华梅：《人类服饰文化学》，天津：天津人民出版社 1995 年 12 月第 1 版，第 347 页。
② 华梅：《人类服饰文化学》，天津：天津人民出版社 1995 年 12 月第 1 版，第 366 页。

水平。

民俗商品市场的繁荣从某种意义上说是近年来我国传统节日、传统文化日益受到重视的一个缩影。北京师范大学民俗学与文化人类学研究所所长万建中教授对记者分析说，"传统节日是历经成百上千年，一个民族不断积累、约定俗成的生活的高潮，是一种全民参与的文化创造。一个民族精神的DNA，特别鲜明地表现在民俗节日文化中。近年来，人们对传统节日习俗出现了强烈的感情回归，这是民族记忆的返璞归真。"

例如，中国人民一向注重农历新年，春节是除旧置新、新旧交替之际。儿时熟悉的"新年到，新年到，穿新衣，戴新帽……"儿歌声飘荡在弥漫着淡淡爆竹烟花的街头巷尾，自那时便把新年和新衣服联系在一起。民间年三十晚上，便有傩服（扔掉旧衣物）、换新衣的习俗。儿童头戴虎头帽、脚穿虎头鞋，配以新衣和挂锁等佩饰；长辈多穿崭新的中式礼服；另外有些地方的妇女头饰用"聚宝盆"图案制成的绒花，人们相信戴上它会招致来年的财富和好运；初一出行拜年，男女必盛装。以独特的服饰形式，集中地表现了中国人的祈福心理和着装意识。

人作为民俗文化的生产者和消费者，民俗文化要想达到传播的目的就必须对经济活动主体施加影响。消费本身就是一种民俗文化，消费行为就是民俗文化行为，这么说是因为民俗文化通过消费实现其功能，消费通过民俗文化选择其取向。民俗文化历经演变不断发展，并得到社会传承这与服饰实用性功能是密不可分的，民俗文化在人民经济生活中发挥着不可估量的作用。

二、服饰消费的形成及过程

（一）服饰消费的形成条件

1. 消费者行为的"5W+1H"模式

消费者所处的社会环境复杂多变，在不同环境条件下，消费者购买行为表现迥异。要了解和掌握纺织品服装消费者的购买行为，首先必须了解消费者行为表现出来的"5W+1H"模式，这是研究消费者购买行为的基本内容。①

（1）Who（谁买）即确定购买者。对于购买者的了解重点在于两个方面，一是哪些人参与了购买，二是各参与者在购买中所扮演的角色。

（2）Why（为何买）即权衡购买动机。消费者的购买动机是多种多样的。例如，同样是购买一件衣服，有人是为了生活需要，有人是为了追求时尚，有人则可能是为了显示地位或经济能力。不同的购买动机会直接导致消费者在购买对象、购买时间和购买地点等选择上的差异。

（3）When（何时买）即确定购买时间。购买时间是购买决策的重要内容之一，与购买动机的迫切性有关。在消费者的众多购买动机中，往往会由需要强度最高的动机来决定购买时间，同时，购买时间也与市场供应状况、营业时间、交通状况和消费者可供支配的空闲时间等有关。通常，日用商品多在下班后或休假日就近购买，时令商品，尤其是服装，多会在换季前或应季购买，购买的高峰期往往出现在重大节日或促销期间。所以服装企业应该抓住这个机会。

（4）Where（何地买）即确定购买地点。购买地点的选择受多种因素的影响，如路途远近、交通便利与否、可挑选的品种、数量、价格、服务态度、信誉等。购买地点的选择与消费者的惠顾动机、求廉动机、求速动机、求便动机等有关。一般来说，对于大众化的服饰商品，消费者常常就近购买，对中档的服饰商品，消费者常常到大商场购买，对高档的服饰商品，消费者则会到所偏好的品牌专卖店或大商场的品牌专柜去购买。

（5）What（买什么）即确定购买目标。作为购买决策的核心。确定好的购买目标是非常必要的，企业不能仅仅停留在确定产品类别上，而要进一步确定具体的购买内容，包括服饰商品的名称、品牌、商标、款式、规格、价格、颜色、做工、材质等。

（6）How（如何买）即确定购买方式。目前，商品的购买方式有很多种，如商店选购、函购、邮购、网购等。一般来说，消费者会采用在不同类型的商店、批发市场等亲自选购的方式来购买服饰产品。近几年，随着全球网络和通信技术的飞速发展，服饰商品的网上邮购业逐渐兴起，并取得了引人注

---

① 戴晓群：《纺织品服装消费学》，北京：中国纺织出版社 2010 年版，第 88 页。

目的成绩。

2. 消费者消费行为的形成

心理学家在深入研究的基础上，揭示了消费者行为中的共性与规律性，并以模式的方式加以总结描述，得出了消费者行为形成的一般模式。一些西方学者对消费者行为模式进行深入研究，又提出了多种不同的模式，其中尤以恩格尔·科拉特·布莱克威尔（Engel – Kollat – Blackwell）模式和霍华德·谢思（Howard – Sheth）模式最为著名。

"一般模式也称为刺激——反应模式（stimulation – reaction model），如表6 – 1 所示。所有消费行为都是由某种刺激激发产生的，这种刺激既可能来源于外界环境，也可能来源于消费者内部的生理或心理因素。在各种刺激因素的作用下，消费者经过复杂的心理活动过程，产生购买欲。由于这一过程是在消费者内部自我完成的，因此称之为'黑箱'或'暗箱'。在动机的驱使下，消费者进行购买决策，采取购买行为，并进行购后评价，完成一次完整的购买消费行为。"①

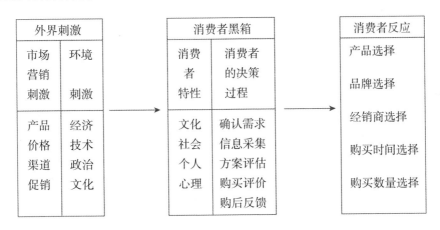

消费者行为模式图

外界刺激有两类：一类是市场营销刺激，包括产品、价格、销售渠道和促销等因素；另一类是环境刺激，包括经济、政治、技术、文化等因素。这些外界刺激进入购买者的"黑箱"，经过一定的心理过程，就会产生一系列看得见的反应，如产品选择、品牌选择、经销商选择、购买地点和购买时间选

---

① 戴晓群：《纺织品服装消费学》，北京：中国纺织出版社 2010 年 10 月版，第 89 页。

择等。服装企业或经销商需要站在消费者角度考虑他们为什么接受了外界的刺激，黑箱内究竟发生了什么，消费行为是被影响的。只有这样，才能做到对消费者有的放矢，加强对消费者的刺激。

消费者黑箱由消费者特征和消费者的决策过程所组成。前者包括个人因素（年龄、性别、职业、受教育程度、经济状况、生活方式、个性等）、心理因素（感觉、动机、信念、态度等）和社会文化因素（社会阶层、相关群体、家庭因素等）；后者包括确认需求、信息采集、方案评价、购买评价和购后反应等。

（二）服饰消费的决策过程

消费者在购买服饰产品或接受服务的过程都可以被称为消费者的决策过程。往往好的服务过程能促使消费者的决策，反之则降低。以消费者的心理活动和购买行为特点进行分析，消费决策过程需要经过引起需要（认识需要）、搜集信息、评价比较、购买行为、购后行为五个阶段。

1. 认识需要

任何购买行为都是由动机支配的，而动机又是由需求激发的，因此，认识需要（wants and needs）是消费者消费决策过程的起点。当消费者认识到所面临的实际情况与意识存在差距的时候，他们随之产生了解决这一问题的念头，随之消费决策便开始了。

消费者对服饰产品的消费决策需求源于自身的生理需要或心理需要。当需求没有得到满足时，就会刺激消费者满足这种需求，从而使消费者发现需求的所在，认知需求的内容，进而产生寻求满足需求的动机。引起消费者对需求的购买欲望的刺激，这种需求可以是来自个体的需求，如季节更替时需要购置新衣等，也可以是来自外部环境的刺激，如流行、他人穿着、广告等。

2. 搜集信息

当消费者认识到一个问题或需求能通过购买某种服饰商品或服务得到解决时，就会开始寻找制定购买决策所需要的信息（information）。

如果消费者欲购买的服饰商品就在附近，他就会立即实施购买活动，从而满足需求。但是，当所需购买的服饰商品不易购到，或者说需求不能马上得到满足时，他便会把这种需求存入记忆中，并注意收集与需求密切相关的信息，以便进行决策。

在搜集信息的过程中，消费者的信息来源主要有以下四种：

（1）个人来源：从家庭、亲友、邻居、同事等个人交往中获得信息。

（2）商业来源：包括广告、推销人员的介绍、商品包装、产品说明书、商品展示和陈列等提供的信息。

（3）公共来源：消费者从电视、广播、报刊等大众传播媒体所获得的信息。

（4）经验来源：消费者从亲自接触、使用商品的过程中得到的信息。

一般来说，上述四种信息来源中，商业信息最为重要。从消费者角度来看，商业信息不仅具有告知作用，在他们看来商业信息具有针对性和可靠性；对于企业来说，商业信息是可以控制的。消费者认为最有效的信息是个人信息，他们可以从中获得商业信息所不能给予的部分，如舒适度，耐久性等。消费者会把个人信息看作为最具有可靠性、最有利的依据，具有验证作用的实用性信息。

3. 评价比较

"当消费者从不同的渠道获取有关服饰商品的信息后，便开始对可供选择的品牌进行分析、比较，并对各品牌的产品做出评价（evaluation），最后确定购买目标。在这个阶段，消费者会使用记忆中存储的和从外界信息来源获得的信息，形成一套评价标准（evaluation stand – arts）。"[1] 由于消费者的偏好不同，其所形成的评价服饰商品的标准和方法也不同。例如，有人喜欢时尚前卫的，有人则喜欢方便舒适的；有人喜欢纯棉材质的，有人则喜欢纯涤纶材质的等。

消费者对收集到的产品信息进行的评价过程主要从以下几方面进行：

（1）分析产品属性

产品属性即产品能够满足消费者需要的特性。消费者一般将某一种产品看成一系列属性的集合，如服饰具有做工、色彩、款式、造型、材质、舒适性、价格、安全性、品牌、产地等属性。这些属性可能都是消费者比较感兴趣的，但消费者不一定将所有属性都视为同等重要，往往要对各种属性建立

---

① 戴晓群：《纺织品服装消费学》，北京：中国纺织出版社 2010 年版，第 91 页。

等级。

（2）建立属性等级

消费者对产品有关属性所赋予的不同的重要性参数。由于生活环境不同，人们在选购服装时候的侧重点也有所不同。例如，在购买服装时，有人将价格作为最重要的属性，贵的衣服不买；有人将品牌作为首要考虑因素，非名牌不买；有人将舒适、安全性作为最重要的属性，一定要买穿着舒适、安全的服装；还有人将款式、色彩、流行等作为首要考虑因素，喜欢购买最时髦的服装。

（3）确定品牌信念

消费者根据不同品牌的各种属性及参数，形成对各个品牌的不同信念，如确认不同品牌在哪一属性上占优势，在哪一属性上相对较差。

（4）形成理想产品

每个消费者心目中都有一个对某产品的理想品牌（ideal brands）的印象，并用这种理想品牌印象与实际品牌进行比较。如果实际品牌与理想品牌越接近，那么消费者就越容易接受。消费者也就越侧重该品牌。例如，有人将经济、实用的品牌作为理想品牌，有人将时尚、前卫的品牌作为理想品牌，还有人将知名度较高的品牌作为理想品牌等。

（5）做出最后评价

消费者从众多可供选择的品牌中，利用一定的评价方法，对各种品牌进行评价，从而形成对它们的态度和对某个品牌的偏好。尽管消费者的偏好和购买意图对购买行为有直接影响，但也不是总能导致实际购买行为。

4. 购买行为

消费者做出决定（purchase decision）和实现消费是购买决策过程的关键性阶段。消费者在对各种备选品牌进行评价、比较的基础上，将形成对某品牌的偏好和购买意向。然而，只让消费者对某一品牌产生好感和购买意向是不够的，真正将购买意向转变为购买行动还会受到三个方面的影响。

（1）他人的态度

他人的态度（attitude）对消费行为是否能最终实现和完成有重要的影响。消费者的购买意图，会因他人的态度而增强或减弱。他人态度的影响程度取决于他人态度的强弱与消费者关系的密切程度和他人在本产品上的权威性都有直接关系。一般说来，他人的态度越强，与消费者的关系越密切，权威性越强，其影响就越大。通常，在购买服饰商品时，如果同伴说好看、漂亮、适合，消费者最终就很可能会进行消费。

（2）意外的情况

消费者购买意向的形成，总是与预期收入、预期价格、预期质量、预期服务和期望从产品中得到的好处等因素密切相关。但是，消费者的购买决策还会受到一些意外情况（accident conditions）的影响，如消费者下岗而收入减少、产品涨价而无力购买、有新服饰商品出现、服饰商品降价、促销等，都将会使消费者改变或放弃原有的购买意图。

（3）购买风险

一般来说，购买价格昂贵、风险大、情况复杂的商品时，消费者对采取最后购买行为的顾虑就会多一些，这样就更容易受到他人态度和外部因素的影响。例如，购买一件价值十几万元的裘皮大衣或者几十万元一套的珠宝配饰时，消费者通常会很谨慎，只要朋友有说不是很好的，就很可能会放弃购买。

5. 购后行为

消费者的决策过程并不会随着购买过程的结束而结束。消费者购买服饰商品之后，通过自己的穿着、使用和他人的评价，将对自己的购买决策进行检查和反省，从而产生某种程度的满意（satisfaction）或不满意（dissatisfaction），进而影响以后的购买行为。购后行为包括购后评价以及购后使用和处置两个方面。

（1）购后评价

购后评价即对消费者购买后是否满意及满意程度如何的回答。消费者的购后评价（evaluation after buying）不仅仅取决于产品质量和性能的发挥状况，消费者的个人心理因素也占了很大的空间。

（2）购后使用和处置

不论消费者购买后满意与否，都会对所购的产品进行使用和处置（usage and disposition）。当代社会经济发达，消费者不再局限于最基本的生理需求，而是更加追求其美的感受和其象征意义。当今社会物质财富空前繁荣，使服饰产品的使用寿命越来越短，更新换代越来越快。消费者在购买后，尤其是服饰商品不符合其审美要求时，可能会采取以下几种处置方法：退货；丢弃；送人；改变用途或修改；存放起来以后用（很可能是永远不用）。

服饰企业和商家在这方面就要深入透彻的了解消费者如何经历认识需要、搜集信息、评价比较、购买行为和购后行为的全过程，当企业做出合理的分析之后便可以获得许多有助于其产品满足消费者消费需求的有用线索。另外，只有了解决策过程中的各种参与者及其对行为的影响，这些企业和商家才可以为其目标市场设计出更有效的市场营销策划。

第三章

服饰科技学

第一节　科技学与服饰科技学

一、科技学概念及研究历程

"科技"是现代社会再熟悉不过的词汇，它在人类文化发展中，具有不可替代的地位。无论是东方文明的发祥地中国、印度、古巴比伦、埃及，还是西方文明的上溯源头古希腊，科技的历史地位几乎众人皆知。近现代文明的发展，更是以科技的参与或说主导作为重要标志。可以说，科技及其应用塑造了时代的风貌，影响以至建构了我们的生存环境、生产模式、生活方式以及思维理念，从外在模式到内在机制渗透到各个领域。当然，科技的作用尽管日益增强，但它并没有像政治、经济、教育、军事等领域一样成为独立的学科。近些年来，一些学者已经对科技提出了学科称谓，对于科技学有了一定的共识，但也存有争议，在现代的词典里找不到这一词条。但不可否认的是，科技学是一门正在形成的、国际范围内的学科领域，必将形成这一称谓也指日可待。

（一）科技学的分歧与基本内涵

1. 科技学的主要分歧

科技，即科学与技术。科技学也就是科学技术学，是一个正在形成的新学科，一个值得关注的新领域，虽然这一称谓还没有被学术界一致认可，但科学与技术的必然连接性是存在的。之所以有争议主要是因为在其称呼和学科定位及体系范围上还存在歧义。

从称呼上看，科学技术学的名称是来自英文"Science and Technology Studies"，有一种建议是将其译作"科学技术研究"，因为"Studies"有研究的意思。可是它若作为学科名称会与实践中的科学技术研究——Research 难以区分。还曾经有人把"Studies"译成"元科学"或"元勘"，但这样的词汇作为学科名过于生僻。有人认为应该译作"论"，但"论"通常属于哲学范畴，也不符合中国汉语对学科的称谓习惯。因此，大多数学者还是认为译作"学"比较恰当，符合中国学科名称，而且"Studies"也有"学科"的含义。

学科定位及体系范围的异议主要涉及科学技术学与科学技术史、科学技术哲学、科学学、技术学等先行学科的关系问题。大连理工大学人文社会科学学院王续琨教授在《初论科学技术学》一文中对当下科学技术学的多种理解作了方案总结。对于各相关学科的广义和狭义定义分别以（大）、（小）来表示。

　　［方案 I］：科学技术学 = 科学和技术整体的一般性研究

　　［方案 II］：科学技术学 = 科学学 + 技术学 + 科学和技术整体的一般性研究

　　［方案 III］：科学技术学 = 自然辩证法 = 科学技术哲学（大）= 科学哲学 + 技术哲学 + 科学和技术整体的哲学研究

　　［方案 IV］：科学技术学 = 科学和技术整体的一般性研究 + 科学技术史（小）+ 科学技术哲学（小）

　　［方案 V］：科学技术学 = 科学学 + 技术学 + 科学和技术整体的一般性研究 + 科学技术哲学（大）

　　［方案 VI］：科学技术学 = 科学学 + 技术学 + 科学和技术整体的一般性研究 + 科学技术哲学（大）+ 科学技术史（大）

其中，"科学和技术整体的一般性研究"是指"运用科学学、技术学的理论和方法对科学技术的整体性研究，以及在科学学、技术学的层面上或从科学学、技术学的视角对科学技术的整体审视。"① 对于这一歧义，至今仍没有达到统一的认识。

2. 科技学的基本内涵

科学技术学中虽然还存在不同的学术观点，但对于其基本内涵还是有着共同的理解。科学技术学通常被认为是一门以研究科学技术为主要对象，从总体上研究其存在与发展规律，并以协调人与自然的关系，促进科学技术和社会可持续发展为主要目的的具有交叉、综合性质的学科。从上述不同定位方案中我们可以看出，科学技术学与科学学、技术学、科学技术哲学、科学技术史是有密切联系的，它不只是一门独立的学科，而是一个学科群。

如果把科学技术学的外围性、从属性的方法研究、管理研究、专项研究划开，把特色性强、体系庞大的科技哲学、科技史相对独立出去，其核心领域就是基础研究与应用研究，包含技术的科学学主体内容，科学发展的规律性、变更性、模式性内容，以及科学与社会各领域、科学与技术之间的相关内容等。

大多数学者都认为科学技术学从广义角度来看，包含了三个层次。首先是哲学层次，包含科学技术哲学、科学技术伦理学、科学技术美学等；其次包含了社会科学理论类的理论层，如从历史角度和方法来研究的科技史，从社会学角度和方法来研究的科技社会学等；最后，应用性与工程性层次共同使科学技术学包含了应用类科技，如科技管理学、科技传播学等。

科学技术学之所以受到现代科学学者的关注和倡导，是因为它有以下几方面的积极意义。

第一，它具有较深的历史基础和较强的现实意义。人们对科学技术的重视与研究已经有了较长的历史，对于科技的学科发展和实践活动的演进将在下文具体介绍。从现实意义上来说，科学技术在现代社会各个领域都已经或正在产生深刻而巨大的影响。人们除了研究各个领域中的科学和技术问题，以此促进经济与社会发展以外，对科学技术整体的宏观研究更是势在必行，其中包括对科技政策与管理等方面的正面研究，也包括科技伦理学等方面的负面研究，还包括对科学技术与社会的两方面的研究。这样对科学技术进行

---

① 李正风编著：《走向科学技术学》，北京：人民出版社 2006 年版，第 143 页。

系统研究，"既能凸显出'科学技术是第一生产力'的现实意义，又能够对以往关于科学技术的研究成果加以整合，形成关于科学技术的全面认识，从而能够进一步探索一条科学技术建设文明社会的道路。"①

第二，它具有较强的学科意义和较大的理论价值。科学技术学是将一些传统学科进行整合，形成一个具有交叉、综合特点的学科群。可以最大限度地促进传统学科以及整体学科的发展；有利于学科化、规范化、建制化，进一步促进这些学科的发展；还可以使"科学学"和"技术学"等学科的自身弱点在整合中得到互补；能够完成对现代科技与社会问题的研究，并渴望取得成果。

第三，它为促进自然科学与人文社会科学之间的联盟提供一个学科平台。科学技术学以其系统性来改变以往联盟的松散性与不定性，以便规范操作体制与机制；使各相关学科的成员有一个统一的研究平台，充分发挥联盟的科学性和可行性，确保科学间研究的可持续性；使联盟共同体系统在自组织的过程中，形成一个内核稳定、外延开放的耗散结构系统。

（二）科技史学的研究历程

1. 学科发展

从学术渊源上来说，科学技术学不是凭空出现的，是由其他学科嬗变而来。与之相关的学科有科学技术史、科学学、技术学、科学技术哲学。

（1）科学技术史

科学技术史是科学史和技术史的统称，更广义的科学技术史包括科学史、技术史和医学史三个部分，甚至包括思想史和社会趋向的科学历史题材的研究。总的来说，科学技术史是关于人类自身认识自然和改造自然的历史反思。

西方科学史作为独立的学科是从20世纪开始的，1913年，比利时人乔治·萨顿创办了第一份科学史杂志——Isis正式出版，成为迄今最权威的科学史杂志。1915年，萨顿把杂志带到美国，并在哈佛大学讲授科学史。1924年，在美国成立了科学史学会。1936年，萨顿又创立了一本刊登长篇科学研究论文的专刊——Osiris。萨顿还编著了《科学史引论》3卷，科学编年史前2卷《希腊黄金时代的古代科学》和《希腊化时期的科学与文化》等著作，

① 李正风编著：《走向科学技术学》，北京：人民出版社2006年版，第55页。

被公认为是科学史的学科奠基人。技术史的创始人是英国著名科技史学家查尔斯·辛格，他 1923 年在伦敦大学学院（UCL）创立科学史与科学方法系，这是世界上第一个以科学技术为研究对象进行人文社会科学研究的大学系科。辛格主编的《技术史》是目前国际技术史方面资料最全、规模最大的书籍，也标志着技术史学科的成熟。1947 年成立的国际科学史学会和 1949 年成立的国际科学哲学学会，于 1956 年合并为国际科学史于科学哲学联盟（IUHPS），并创立国际权威学术期刊《科学史与科学哲学研究》。以后几十年里，国际科学史和科学哲学这两个学科就一直以一个整体形象示人，并与后来成熟的科学学、科学社会学等一起构筑成科学技术学的学科体系。

在 20 世纪前半叶，中国的科学技术史研究基本上只是凭借兴趣爱好，对独立学科史研究，比较松散。1949 年，中华人民共和国成立后开始了对中国科学史料的整理，1957 年正式成立中国自然科学史研究室，1958 年开始出版专业期刊《科学史集刊》，后更名为《自然科学史研究》。1978 年后各大院校陆续组建科技史研究室或研究所，1980 年成立了中国科学技术史学会。1982 年，杜石然等主编的《中国科学技术史稿》正式出版。20 世纪 90 年代，科技史工作者开始编著《中国科学技术史》。50 年代开始，中国科学院就开始招收自然科学史方面的研究生，80 年代开始招收博士生。"专门研究机构和学会的成立、专业期刊的出版、学术会议的举办和研究生的培养等，标志着科技史学科在中国的建制化和科技史研究的专业化。"①

（2）科学学与技术学

1925 年，波兰社会学家 F. 兹纳涅茨基第一次提出"科学学"一词，1927 年波兰逻辑学家 T. 科塔尔宾斯基又提出了"科学的科学"一词，此后，科学学作为一门学科登上了学术舞台。1935 年波兰人奥索夫斯基夫妇的《科学的科学》一文，论述了科学学的研究领域。第二年，该文被译成英文发表，"科学学"的英文"Science f Science"首次出现，并沿用至今。1931 年格森的《牛顿力学的社会经济根源》一文开创了科学史外史研究的先河，并把马克思主义的科学观和唯物辩证法介绍给了西方学者。1935 年默顿的《十七世纪英国的科学、技术和社会》一文把科学放到社会、经济和文化的背景中，

---

① 李正风编著：《走向科学技术学》，北京：人民出版社 2006 年版，第 125 页。

开创了科学社会学的研究领域。之后默顿相继发表了多篇文章和著作，成为科学社会学的创始人之一。最终奠定科学理论技术的是英国物理学家、英国皇家学会会员贝尔纳，他在 1939 年出版了著作《科学的社会功能》，被公认为是科学学奠基性著作。贝尔纳认为："科学学应该成为真正的、具有某种特点的科学。它应该充分运用观察、估算、试验以及运筹学等手段。"科学学取得了有价值的成果，如科学社会研究定量分析、引证和互引的分析方法，对于科学决策的有益分析等。

技术的历史与人类历史一样悠久，自欧洲工业革命后，人们才对技术系统整体进行了研究，19 世纪渐趋形成专门的技术研究领域。1877 年，德国学者卡普出版的《技术哲学原理》一书，首创了"技术哲学"，并在 20 世纪成为技术研究的先导学科，呈现比较活跃的发展态势。并先后出版了《技术哲学：技术的理念世界》《技术论和历史唯物主义》《技术社会》等著作，从社会学角度研究技术，其中包括技术价值论、技术伦理学等。20 世纪 80 年代，中国学者在开展技术论学术讨论过程中，正式提出作为学科名称的"技术学"。技术学被视为"从总体上研究技术及技术发展的一般规律的学问"，"技术学将技术整体作为研究对象，其研究涉及哲学、经济学、科学学、社会学、政策学以及技术科学等多学科领域，是一类综合性极强的学科门类总称"。①

科学学和技术学都对科学技术的学术界做出了许多贡献。其一，科学学和技术学第一次明确地将科学、技术的整体作为研究对象，也试图对科学技术本身展开研究。其二，第一次全面尝试以社会科学各学科的研究方法来研究科学技术。其三，科学学和技术学从多方面探讨了科学、技术的本质特征、结构体系、发展规律及其与社会互动关系，对科学技术有了较全面地了解和认识。其四，创建的学会、期刊，一大批研究人员，都为今天的科学技术学研究做好了建制化的准备。其五，科学学和技术学的研究为科学技术管理实践提供了理论依据。

虽然科学学和技术学都有其价值所在，但也都在短暂繁荣后衰弱，存留了不少缺陷。首先，无论是科学学还是技术学都没有一个科学的定位；其次，

① 王续琨、陈悦："技术学的兴起及其与技术哲学、技术史的关系"，《自然辩证法研究》，2002 年第 2 期。

它们的研究对象都是相对应的独立学科，而不是针对科学技术系统的学科群；最后，没有处理好它们与自然辩证法之间的关系，因此很难再深入研究下去。

（3）科学技术哲学

科学技术哲学的前身是自然辩证法，对于"自然辩证法"的称谓和学科建设在学界也是存在分歧。20世纪60年代，于光远先生提出要把"数学和自然科学中的哲学问题"改为"自然辩证法"，许良英先生则提出异议，后折中为"自然辩证法"或"自然科学的哲学"。90年代，人们再次讨论自然辩证法学科名称时，也采用折中方法，把"自然辩证法"改成为"科学技术哲学（自然辩证法）"。主要研究领域和内容包括自然哲学、科学哲学、科学文化学、技术文化学、科学伦理学、技术伦理学、科技法学、科学心理学等，现今，学者们在讨论自然辩证法、科学技术哲学与科学技术学的关系时，又出现了很大分歧。

对于自然辩证法，一种观点认为，科学技术学就是自然辩证法，"自然辩证法的兴起和初衷是为了科学技术，它得以在中国传播和生根也是因为科学技术，后来的发展和变化仍然围绕科学技术，也就是说，不管时代变迁、角度变化，自然辩证法都是围绕科学技术在转。"因此，"自然辩证法的发展进程、学科定位和社会需要都表明当代自然辩证法就是科学技术学"。① 另一种观点认为，自然辩证法研究对象是自然科学和自然界，揭示自然界的辩证性质，而科学技术学很难兼顾这两方面。因此，"以科学技术学来代替自然辩证法，不是拯救自然辩证法，相反，将给自然辩证法的研究带来混乱。"② 还有观点认为，不能笼统地把自然辩证法说成是科学技术学，"指导科学技术学的思想理论基础是自然辩证法"，自然辩证法在广义上讲自己延拓为科学技术学，在狭义上讲自己作为马克思主义科学技术哲学及科学技术学的基础理论。因此，科学技术学的建立必须弘扬自然辩证法传统，坚持自然辩证法原理及理论的指导。③

对于科学技术哲学，有学者认为，从科学技术哲学到科学技术学，是自

---

① 张秀华："当代自然辩证法是科学技术学"，《自然辩证法研究》，2002年第1期。
② 孙玉忠："自然辩证法和一位科学技术学"，《自然辩证法研究》，2002年第12期。
③ 曾国屏："弘扬自然辩证法传统，建设科学技术学科群"，《北京化工大学学报社会科学版》，2002第3期。

然辩证法学科建设的第二次调整，或者把两者等同。另有观点认为，两者虽都以科学技术为研究对象，但"科学技术哲学是对科学技术体系的哲学考察，而科学技术学则是对科学技术体系自身的研究。科学技术须臾科学技术哲学的关系可以表述为：科学技术哲学是科学技术学的哲学基础，科学技术学是科学技术哲学的学科归属"。①

无论学术界存在多少种异议和分歧，都将会有益于科学技术研究的发展。

2. 科学技术实践的演进

科学技术学虽是一门新兴的学科门类，但它毕竟是植根于科学和技术的发展。因此，要了解科技学的根基，除了学科和理论的发展，还要了解科学与技术实践活动的演进与发展，从中挖掘不同时期科技研究的内在规律和特征，以作为科技学建立的深厚基础。

科学与技术的发展阶段一般依据时代划分为古代、近代与现代。

（1）古代科学技术

古代科技中，中国和西方有所不同。古代中国的科学和技术没有强行分开，尽管中国古人也"重礼轻器"，但中国的传统科学和技术都是以实用性为根本出发点，两者之间的界限并不明显。在西方，进入古希腊以前，其科学技术的发展与中国一样，都是出于人类生存的实际需要。但到了古希腊，从自然哲学形成之日起，科学与技术之间的界限逐渐分明。

①西方古代科学技术

在原始时期，科学主要是一种直观经验性的科学，以现象表述和猜测为主，缺少实验的验证和严密的分析，表现出零散性，并与原始宗教浑然一体，严格地说还不能属于科学。技术方面以手工形式为特点，表现为生存技巧和劳动技能。石器工具的打造，弓箭的发明，这些都是在捕猎、进食过程中发现和反复实践中制造的。火的发现和学会人工取火，标志着人类第一次支配了一种自然力量。原始的农业和畜牧业的发展，创造了社会分工和定居的生活条件，导致了第一次社会分工，标志着人类开始掌握和利用生命力的历程。制陶技术的出现推动了手工业与农业的分离，是人类社会的第二次分工。随后的冶金技术成为人类进入阶级社会的技术基础。楔形文字和象形文字的出

①　李正风编著：《走向科学技术学》，北京：人民出版社2006年版，第87页。

现标志着信息储存和传递方式的进步。由此看出，原始时期的技术创造体现了人类能动性的产生和初步发展，奠定了人类早期生存和发展的物质基础。

　　奴隶制的古希腊时代是真正意义上的科学起源时代，首次形成了独具特色的理性自然观，即被称为自然哲学，成为科学最初的理论形态。从此自然界被看成一个有内在规律，可以为人所把握的对象，作为一个独立于人的东西被整体看待，并具有一定的思辨性，为近代科学打下坚实的基础。古希腊人吸收了古巴比伦、古埃及人的知识技术后，在数学、天文学、物理学、生物学、医学方面创造出了辉煌的一页。毕达哥拉斯、欧几里得、阿基米德都分别在上述几个领域做出了贡献。毕达哥拉斯定律、欧式几何学、圆周率、抛物线和双曲线的精辟分析将希腊的几何学推向顶峰。提出了系统的天文学说——日心说和地心说。阿基米德在力学方面做出了重要贡献，并利用力学发明了回旋式起重机、提水器、投石炮等。亚里士多德是古希腊众多哲学家和科学家中为最具代表性人物，他的学说和理论对后世科学研究工作者们的影响最大。他的著作几乎遍布每一个学术领域，如哲学著作《形而上学》，物理学著作《物理学》《论宇宙》，生物学著作《动物志》等，这些著作既是古希腊时期科学研究的巅峰，又成为其后两千年的高水平学问的科学源头。也就是从这个时期开始，中西方科技的发展出现了分岔口，中国的科学技术继续沿着原路前行，而西方的科学技术，尤其是科学，则被古希腊的哲人们带入了更加广阔的发展空间。

　　公元 395 年，古罗马分裂为东、西两个帝国，西方开始向封建制过渡，这一时期史称"中世纪"。在中世纪的欧洲，宗教神学居于主宰地位，希腊和希腊化时期繁荣的科技逐渐衰弱，使科学以及科学研究没有得到发展，甚至倒退。罗马只在农业、建筑、冶炼技术、手工艺方面有所发展。公元 11 世纪，中世纪宗教战争打开了阿拉伯的大门，阿拉伯却以其灿烂文化影响了欧洲的发展，为欧洲的科技带来了生机。其中包括欧洲科学家发现了阿拉伯人对希腊自然哲学文献的译文；精密天文仪器、中国的四大发明、印度的稻米等物产都由阿拉伯传入欧洲。中世纪宗教战争客观上促进了文化的交流，为欧洲的科学技术的发展开辟了道路。12 世纪到 14 世纪，欧洲城市相继出现了大学，如英国的牛津大学、剑桥大学、法国的巴黎大学等，为欧洲科学文化的复兴培养了大批人才。在此期间，科技也有了较大的发展，在数学、物理学、化学等学科都有了新的进展。意大利学者费波那奇著有《算经》《几何实习》等，改变了早期西欧数学的面貌。法国科学家比里当定义了动量，被誉为"现代动力学的奠基人之一"。此外，在枪炮军械制造技术、船舶的制造等工程技术、勘测技术等方面也有了较大的发展。

②中国古代科学技术

中国古代科学技术有着极其辉煌的成就，对整个人类社会的进步起了巨大的推动作用，因此有必要单独列出。

中国古代科技研究的萌芽期是春秋战国，也是中国由奴隶制向封建社会过渡的时期。在学术上出现了百家争鸣的局面，自然科学在道、墨两家思想中得到了一定的发展，《墨经》是这一时期最重要的相关科学的书籍，在光学、力学、数学方面的探索上取得了一定成果。天文学方面的著作《甘石星经》，在中国和世界天文学史上占据重要地位。中医学方面，如《黄帝内经》把经验医学上升到了理论医学的层次，是中国传统医学的经典。春秋战国时期对于科学技术的研究主要体现在开创性这一特点上，从此掀开了中国古代科技研究的序幕。

秦汉时期是中国古代实用科学技术体系的形成时期，基本以传统的农、医、天、算四大学科，以及陶瓷、丝织、建筑三大技术为科技体系，对日后两千多年中国的科技发展具有奠基性的重大意义。统一了度量衡，制定了历法，并有多部科技著作问世，如《九章算术》《周髀算经》《齐民要术》《水经注》《神农本草经》等，还发明了造纸术，修建了大规模的水利工程，标志着这一时期数学、天文学、农学、地理以及医药学等方面的发展。

唐宋时期是中国古代实用科学技术体系的发展高峰时期。在科技研究方面，人们注重理论性与实用性相结合的研究方法，对前人在科技领域的诸多成就进行了继承和发展。《四时纂要》《千金方》《河防通议》《武经总要》《营造法式》等著作显示这一时期在农业、水利、建筑、陶瓷、造船、丝织技术等方面已经有了很大的发展。北宋沈括编撰的百科全书式的著作《梦溪笔谈》被称为"中国科学史上的坐标"，内容上囊括天文学、数学、物理学、地理学、医药学、化学以及民间的生产技术和发明创造，还反映了北宋的社会、政治、外交和军事状况。宋代的科技水平基本上居于世界领先地位，完成了具有世界意义的三大发明：指南针、印刷术和火药。

元明时期，中国古代科学技术继续发展。这一时期，中国在军事技术、造船和航海技术等方面表现突出。郑和七次下西洋，其船队规模、造船技术、航行距离在当时都属于十分先进的。伴随着明代在中国起始的资本主义萌芽，科技研究在固有模式下大力发展。明末时期，极具实用价值的四大科技名著的诞生把我国传统科技研究推向极致，它们分别是李时珍的《本草纲目》、徐光启的《农政全书》、宋应星的《天工开物》和徐霞客的《徐霞客游记》，其中前三本都是中国传统科技知识集大成的著作。

明末清初，中国实用科技体系开始走向衰弱。主要因为中国古代的科技研究是以实用性为出发点，以直接满足宫廷各方面的需要为根本目的，当现实不再提出新的要求时，科技发展也就失去了动力。再加之，满清政府的严酷专制和闭关自守的政策，更是令神州大地传统科技研究水平裹足不前，发展极为缓慢。从明末开始，先进的西方科技知识源源不断地传入神州大地，这股"西学东渐"的潮流前后持续了上百年的时间，在瓦解中国传统科技体系的同时，也使科技研究无论在研究对象、研究方法，还是研究思想都发生了极大的改变。至1840年鸦片战争以后，中国沦为半封建半殖民地社会，古代实用科学技术体系至此宣告终结。

（2）近代科学技术

从15世纪下半叶到19世纪末是近代科学技术的形成与发展时期。近代科学技术以古代科学技术为基础，继承和发展了古希腊科学技术中最优秀的成果，也吸收了中国以及世界各国的各项先进科技，逐步形成了理论与实践相结合的近代科学技术体系。

中世纪后期，文艺复兴运动使欧洲各国开始复兴古典文化，以"人文主义"为指导思想，提倡人性、人权、个性解放，反对宗教桎梏，长达千年之久的"以神为中心"的经院哲学逐步解体。可以说，文艺复兴运动也是一次思想解放运动，也是人类文明发展史上一次空前伟大的变革。在此期间涌现出大批的伟大人物，对近代科学做出了贡献。

达·芬奇既是画家、雕塑家、工程师、建筑师，又是物理学家、生物学家、哲学家，他以完全理性的思想，从多方面接近科学。例如，用虚速度的方法证明了杠杆原理；证明了连贯器中液体的高速与密度成反比；对尸体进行解剖，绘制了许多人体解剖图等。哥白尼在古代日心说的启发下，确立了科学的"日心说"，著有《天体运行论》，推翻了宗教神学颠倒的地日关系。其冲破宗教和古代学术权威的意义，在于引发了一场科学和思想的大革命，甚至对整个唯物主义世界观的进步都产生了重大影响。开普勒运用数学方法，从大量的天文观测资料中归纳和证明了行星运动的定律，将前代和同代天文观察的知识系统化，成为牛顿天文学的基础。伽利略发明和制造了望远镜，证明哥白尼理论的正确性，并为力学奠定了基础。哈维的血液循环理论打破了宗教神学"三位一体"的学说，与"日心说"一起成为近代科学革命的闪光点。牛顿发现了万有引力，并创立了近代经典力学。这些科学家都在近代自然科学的诞生过程中，扮演着重要角色。

17—18 世纪形成近代自然科学思维方式，虽然也存在形而上学性、机械论、唯心主义的历史局限性，但它抛弃了古代自然哲学的思辨性、笼统性，无疑是巨大的进步，也确实使近代自然科学取得了辉煌的成就。

19 世纪是近代科学技术全面发展的时期。第一次技术革命改变了资本主义的经济技术基础，实现了从工场手工业到机器工业的转变。蒸汽机的发明与应用是动力技术的一大突破，大大改变了资本主义生产的技术基础和生产组织方式，加快了资本主义工业化的进程。在纺织方面，从由飞梭的发明，到手摇纺纱机、水力纺纱机、骡机，直至自动织布机，织布效率提高了 40 倍。天文学上，从数学和力学上分析和论证了星云假说，确立了天体演化发展的理论。并发现了天王星、海王星。法拉第的电磁学理论以及西门子发明的自馈发电机宣告了电气时代的到来，也迎来了第二次技术革命。热学的发展代表着以内燃机为主导的新技术群的诞生。内燃机的发明，导致了汽车制造业的兴起。达尔文系统地论证了生物进化论。由电报机发展到电话，电信技术有了突飞猛进的发展。

科学技术越益成为社会生活中不可缺少的重要组成部分。正因如此，科学技术引来当时社会的广泛关注，人们更为自觉地将科学技术引入社会科学的研究领域，从而为科技研究的发展开辟了崭新的视角，提供了科学的方法论。

（3）现代科学技术

在 20 世纪，科学技术得到了前所未有的迅猛发展。以科学哲学的观点来看，现代科学思维方式的主要特征是，确立了物质、能量、信息以及时间、空间大统一的观念。在这个基础上，把微观世界、宏观世界和宇观世界统一起来；原子论机械论的思维模式被系统论组织论所代替，从追求简单性到面向复杂性；从确定性到不确定性，包括确认事件发生条件的不确定性和时间类别的不确定性；新概念的创造已成为这个时代科学精神的重要内容，人的智能进一步物化。

第二次世界大战以来，现代科学与现代技术紧密结合，一批新型的尖端技术在几十年里涌现出来，汇成了新技术革命的洪流。几乎每过 10 年，科技都要发生一次革命性的巨变。1945—1955 年，以原子能的释放与利用为标志，人类开始了掌握核能的新时代；1955—1965 年，以人造地球卫星的成功发射为标志，人类开始了摆脱地球引力向外层空间进军的时代；1965—1975 年，以重组 DNA 实验的成功为标志，人类进入了可以控制遗传和生命过程的新阶段；1975—1985 年，以微处理机的大量生产和广泛使用为标志，揭开了扩大人脑能力的新篇章；1985—1995 年，以软件开发和大规模的信息产业的建立为标志，人类进入了一个信息革命的新纪元；1995—2005 年，以互联网为核心的技术渗透到人类生产和活动的各个领域为标志，人类开始进入知识经济社会。其涉及的主要科技领域包括电子计算机技术、材料科学技术、新能源科学技术、航天技术、生物技术、激光技术、海洋技术领域。

电子计算机技术广泛地用于事务管理、文字与图像的处理、自动控制等领域，是信息时代的支柱技术。新能源的发现和利用以及节能技术的发展给人类社会的进步提供保障。新材料技术将极大地提高人类利用自然、构筑人类物质文明的能力，拓展人类生存和发展的空间。激光技术应用于各种精密仪器、激光加工、医疗手术和制造武器等，光纤通信也是其重要的应用领域，并已进入产业化阶段。航天技术对太空探测、气象预报、资源勘探、环境监测、通信传播等都有重要作用并具有军事意义。生物技术使培育出具有优良和特殊性能的生物新品种或生命物质成为可能，给农业和医疗领域带来了巨大变革。海洋技术为发现和利用海洋资源做出贡献，它与原子能技术和空间技术成为当代最重要的三大技术。

在现代科学技术发展的同时，也带来了一些新问题，如网络与计算机病毒问题，自动化技术的应用所带来的失业问题，基因工程的发展和克隆技术、器官移植等新技术等，这些都引发了一系列社会问题，产生了许多社会伦理观上的矛盾。但总的来说，现代科学技术的兴起和应用，极大地改善了人们的生活质量，推动了社会的发展，增强了综合实力。

二、服饰科技学的学术定位

（一）科技对服饰的影响

科技的影响力已渗透到各个领域，服饰领域也不例外。服饰曾经被认为是低科技含量的领域，事实上不尽然。科技对服饰功能性的实现和现代化生产制作的实施，乃至现代服饰所需体现的艺术美感方面都有深刻的影响，科技给服饰带来了本质上的变化。随着科学技术不断提高和发展，其在服饰中的作用也将会越来越大。

1. 科技改变了服装业的生产模式

过去，服装主要依靠家庭或裁缝店即个人的手工制作，为着装者量体裁衣。服装工业在各国形成时间，基本上始于"二战"后，每一次缝纫科技的推进都促使服装工业向前发展。1851 年，第一台普通脚踏式缝纫机问世，从这时出现成衣。虽然在当时条件下仍属于家庭作坊生产方式，但已推动成衣生产的演变。随后出现的电动缝纫机等，完全改变了手工制作服装的历史。服装开始规格多样、款式屡变，生产工艺也由若干个独立的工序连接而成，这使服装工业形成规模。因为机器需要人来操作，服装又非大型设备，因而服装制造或说加工业一直属于劳动密集型行业。

20 世纪中叶以来，全球科学技术有了突飞猛进的发展，发达国家的服装工业发展较快，重点向高质化、高技术、企业结构高级化转移。成衣生产广泛采用各种高速、自动缝纫设备，服装 CAD（计算机辅助设计）、CAM（计算机辅助生产）、MIS（管理信息系统）、CIMS（计算机集成生产系统）等先进技术在服装企业中也有应用，并取得了良好经济效益。通过各项科学生产管理技术，使生产全过程合理化，提高生产效率和产品正品率。服装形成企业，通常采用批量流水模式，21 世纪 20 年代，智能型服装生产线将会普及并实用化，这些技术进步将彻底改变服装成衣劳动密集型的状况，向知识（技术）密集型转化。

2. 科技改变了对服装的审美观念和评价标准

新技术、新工艺、新材料创造了新风格、新产品，也迫使服装业必须充分迎合人们求新求异的流行心理，不断更新设计理念。只有使科技融入服装，科技与艺术才能够完美结合。

缝纫工业的发展，改变了传统手工的烦琐，流行意识由华美的装饰、繁杂的结构倾向为追求穿着简便、款式干练、随意休闲的审美思潮。纺织机使纺织品种类迅猛发展，质地不同、风格迥异的服装面料和辅料层出不穷，服装设计师的灵感和思路必然大为拓展，求新求异的流行心理引发了一次又一次的服装流行潮流。从 1889 年法查顿发明了化纤的人造织物后，给面料界带来了伟大的变革，化纤服装风靡一时。如今，随着社会的全面进步和生活水平的提高，人们越来越追求个性化时尚，要求穿着新颖、独特，同时也追求生活的品位和生活乐趣，对服装的质量和舒适性有了更高的要求。高科技领域中，由于人类利用高科技装备征服自然，登山服、航空服、太空服等服装新产品，以其独特面料、造型、色彩脱颖而出。象征高科技的款与型，抓住青少年的猎奇心理，风行一时。

这些科技的发展使设计师们改变原有的设计方式和装饰手法，大量运用了如立体雕花、塑料流苏、金属珠片、玻璃管及各种人造宝石等。为了给冷酷的高科技材料增添一些人情味，服装设计师们全力挖掘各种具有异国情调和民族风情的资源，寻求高科技材料和民族文化地相依共融。在服装的加工过程中，运用有特色的艺术处理，如不对称的针脚、翻转地拼缝、立体起埂线条，并将针织品中出现的错查、飘悬的线迹等作为设计的有效手段。这些对于追求个性文化品位的消费者来讲，都会引起新的消费热点。

3. 科技使服装经营管理科学化

企业管理的进步是随生产力和生产关系的发展而不断演进的。从 18 世纪 40 年代开始，服装业已经进入现代意义上的管理阶段，第二次世界大战后，资本主义国家经过经济恢复和发展，经营管理出现很大变化，主要表现在：经营国际化；技术更新周期缩短，产品更新换代的周期缩短；企业规模不断扩大，生产的社会化程度提高，专业化、协作化加强。这使得自 20 世纪 80 年代以来，服装的生产与销售链发生了戏剧性的重组。

其一，企业规模扩大与行业经营的规范。面对日益艰难的竞争环境，服装制造业要想实现增长就要及时调整发展战略，通过收购企业增加产品种类，提高市场占有率；树立新的品牌；拓宽、加深分销渠道等方式增强企业实力。

跨行业经营也是一种方式，是服装生产或销售介入行业内的其他部门。如今，服装业中曾明确界定的纺纱、制造、服装制造以及服装零售已经不再孤立存在，而是互相渗透。服装跨行业经营如同企业的合并与收购一样，减少了企业的数量，同时加剧了行业竞争。

其二，管理科学的引入。科学严谨而又完善的管理体制是现代企业的一个重要特征，也是现代服装企业区别于传统服装企业的根本所在。企业管理是一门科学技术，能使企业在低耗费、高效率的情况下产生高回报、高收益，新技术加上新概念，就可能创造出新产品，新技术加上新的管理方式，则可能创造出新的产业作业规范。

其三，电子产业的发展。电子信息技术的发展几乎改变了服装业的每一个层面，它不仅缩短生产周期，而且改善了设计与制造过程，很多先进的通信技术也被用来完善和修正产品设计。电子技术的发展促使零售技术日益提高，先进的零售企业使用计算机来提高流行预测的水平，控制仓储成本，用电子技术向供货商订货，在商店之间用电子技术传递信息，甚至在店内用电子技术向顾客售货。

其四，服装业的国际一体化。交通与通信系统的发展，使相互独立的国家经济日趋全球化。企业将从生产、营销和管理所形成的规模经济中获益，并将此利益转换成较低的世界价格。过去大家熟悉的国家和地区性差异没有了，国家之间的品位和贸易的差异也逐渐消失，在共同的偏好下，产品和生产标准化，贸易和商务的制度化已是大势所趋。

这些变化使服装企业之间的竞争不断升格，服装业要像其他产业一样向现代企业的方向迈进，从整体运作方式到局部环节都必须摆脱传统作坊式的运作模式。这要求企业有一套完整的科学管理技术，如此运行才能给企业带来生机。

4. 科技改变服饰信息传播方式

随着现代传播技术的发展，使流行信息的传播速度越来越快，从传统的实物展示、报纸杂志、书籍的传播方式发展为范围更广的广播电视，直至现代更为快捷、方便的互联网。

实物展示是一种最传统也是最有效的传播途径，发布会就是一个很好的例子。时装表演不仅能反映出时装流行趋势，也展示了设计师的才能和创造力；不仅展示了面料、色彩、款式、设计和做工，也反映出时尚风格、价值观与生活方式。时至今日仍是服装业必要的展示方式。普通报纸杂志到时装杂志和专业书籍，是最为普遍的流行信息的传播方式，可以符合不同人群的时尚咨询需要。由于电信事业的发展，广播电视就成为 20 世纪信息传播最快的途径，尤其是电视，把动态的可视信息源源不断地传播到千家万户。进入21 世纪，国际互联网（Internet）诞生标志着通信及传播方式的根本性革命，它正从一种开放的先进科学技术发展成为一个新兴的媒体介质和交流渠道，可以浏览、发布信息、发送电子邮件（E - mail）。如今，许多企业通过网络进行营销，称为电子商务，这将成为 21 世纪第二个 10 年后半期服装企业的营销模式之一。

（二）服饰科技学的研究范围与意义

1. 研究范围

科学技术学尚属新兴学科，服饰科技学则更是一个新的提法，我们尝试给服饰科技学进行定位，与其他学者探讨这一新学科的范围体系。

科学技术学是一门对科学技术进行整体研究的学科群，我们可以认为"服饰科技学"加上了"服饰"二字则是给科技学规定了一个领域范围，即研究服饰领域内科学与技术的学科。包括研究服饰与科技内在联系与机理，研究与探讨服饰与科技之间的相互作用、相互联系的历史、现状及发展方向，研究科技在服饰领域中的应用性与实践性，从而指导服饰与科技的良性互动。

服饰作为日常生活用品，具有防护、舒适的功能性；作为一种艺术品，拥有美学层面的一切艺术性；作为商品，也必定会涉及生产、销售等产业化特性；此外，服饰由人穿着进入社会，又使服饰带有了标识、象征等社会性。虽然科技对服饰领域影响的广度和深度是不断扩大和加深的，但科技在整个服饰发展的过程中一直处于辅助地位。基于这样的考虑，本书以服饰的各种属性和特征为主线，研究科技与服饰的实用性、艺术性、社会性、产业化、现代化等之间的关系和具体表征，还包括服饰领域所进行的基础理论的科学研究，涉及了材料、机械、生产加工、电子信息、经营管理、心理学、卫生学等众多领域。当然，随着越来越多新兴科技的发展，科技与服饰结合的趋势和可能性会越加鲜明，服饰科技学的研究范围也将持续扩大。

2. 研究意义

服饰科技学的研究对科技学本身与服饰领域都有着积极的意义。

第一，服饰科技学的研究将会成为科学技术学的分支学科研究做出贡献。分析特定的服饰领域中科技的发展规律，以及科技与艺术性的关系与体现，从而能与其他分支学科一起，组成科学与技术的整体研究。

第二，服饰科技学有利于服饰的跨学科研究，充实人类服饰文化学的学科体系。服饰科技学是一门综合性的学科，它涉及自然科学、社会科学和人文科学。深入研究服饰科技学，不仅揭示服饰与科技相互联系的内在机理，引导服饰与科技间的良性发展，还能极大推动人类服饰文化学的发展，为科技与服饰史、服饰社会学、服饰心理学、服饰美学等学科的融通开辟一条可以共存并行的路径。

第三，服饰科技学的研究有利于更深刻的理解科技与服饰的内在关系和本质联系。可以促进人们理性推进服饰与科技的互动，自觉发挥服饰与科技的本质功能。对两者之间的负面关系和负面影响有所警惕和防范，从而更加持久充分地发挥服饰与科技结合的优越性，对服饰业的发展方向有指导意义。

第二节　服饰的实用性与科学技术

一、服饰的实用功能

服饰最初的穿戴目的虽然有很多种学说，但以两种类型就可以归纳它们，一是自然人对自然环境的适应，如御寒说、温差说等；二是社会人对社会环境的适应，如遮羞说、炫耀说等。前者是出于个体的生存保护功能性需求，后者是人类欲在社会生活中显示个性、标识身份等目的。随着社会的发展，服饰的实用性已经成为服饰所应具备的基本性能，其实用功能主要表现在以下几方面。

（一）适应气候的功能

这是人类服饰最为基本的功能。人类需要在不同季节、不同地域，适应外界气候所带来的变化，使服饰穿着者始终处于舒适的状态。这种变化包括地域所本原的气候特点，以及不同季节不同情境下气候所显示的温度与湿度变化。

1. 人对自然气候的适应

一年中的四季变化是气候中最鲜明的特征，气温、湿度、辐射线、风等气候要素总会因之改变。由于地域的不同，气候要素也会有所差异。例如，海洋性气候，由于海水对冷热有调节作用，所以温度变化较小，而湿度大，在低纬度的地区，特别闷热。内陆性气候，温度变化比较突出，雨量少、湿度低，干燥，夏季日光强烈，冬季寒冷。中间型气候，受季风的影响，冬季寒冷干燥，夏季湿热。人体对这些气候变化的反映，决定了服饰所需要具有的功能。

人体对外界气温的感觉，主要是通过皮肤来进行的。一般人体的标准体温是36.5℃，但身体各部位的温度是有很大区别的。在外界气温不同的情况下，皮肤温度也会产生差异。对于同样的温度，皮肤温度低于它时，就会感到温暖或热，反之就感到凉或冷。虽然人体对气温会自动进行生理性调节，但这样的调节也是有限的，因此服饰就应该有相应的防寒保暖性、隔热防暑性。

2. 衣服对自然气候的适应

人体的皮肤表面总有水分发散。在暑热环境下，人体会通过外分泌汗腺向外发散水分，就是我们常说的温热性出汗。出汗是防暑机能的一种，通过汗水把体内的热量带到体外。轻度出汗时，汗液随之蒸发，有助于热量的散失；而大量出汗时，汗水就会附着在皮肤上或从皮肤表面流下来。因为人类进化之后是要穿衣服的，因此要求衣服要有一定的吸湿性和吸水性。当衣服吸收汗水后，其重量增加，含气量减少，通气性就会降低，衣料容易紧贴皮肤，减慢汗水蒸发速度，会给人体带来闷热、潮湿的不舒适感。所以，衣服除了要有良好的吸湿性外，还要有透湿性和透气性，衣服款式也要有利于热量的发散。

相反，如果在寒冷环境下，人体代谢产生热量的80%以上经过皮肤表面对流和辐射向周围环境散发，如果服装覆盖人体表面积82%左右，就能阻断约95%的发自人体的长波红外线，从而产生温暖感，因此秋冬季节的服装款式设计要保证面料的覆盖率。衣服纱线之间的空隙中和纤维中含有不活动的空气，这些空气导热性小，能减少服装内表面的热传导，使服装更具保暖性，所以，用于御寒的衣服要保证面料的厚度或者纤维中含有足够不活动的空气。

（二）适应活动的功能

1. 人类一般活动适应

人不会总是处于静止状态中，一般的活动是日常生活中不可缺少的行为状态。行走、弯腰、抬臂、登高等，都是我们日常工作和生活中的一般活动。虽然是一些简单的活动，但这些活动带来的人体围度和长度的变化，与直立静态下有很大不同。例如，背部，当双臂抬起，与背部呈水平形态时，是背部没有受到外力，较为自然的状态。当双臂向前伸展至平行，垂直于背部时，背部比静态时伸长 12.9%。当双臂继续向前，交叉至环臂状，也是背部拉伸的最大的时候，伸长率为 23.4%。同理，腰部向前屈至 80 度时伸长率为 21%，人体坐下时的臀围尺寸比直立时大出 7.7%。一般行走时的步距为 65 厘米左右；大步行走时为 73 厘米，两膝围度为 90～112 厘米；上台阶时，两膝围度为 126～128 厘米。这些尺度的变化，决定了服装要在围度和长度上加以适当的呼吸量和活动量，才能满足人们的基本活动需求。

2. 适应体育运动

当人体处于运动状态时，人体外形尺寸和形状的变化幅度会更大。例如，运动时，屈肌收缩，其肌腹和筋腱就在皮下隆起，使肌肉的厚度和宽度发生变化；骨骼的移动也伴随着显露于外表的长度变化，皮肤不均匀的有机伸缩变化等都改变了原来的体形。衣服就需要有足够的容量来适应身体的变化。此外，为了衣服不阻碍运动，提高运动效率，运动时服装也不能过于肥大，适体的服装最为理想。因此，运动类服装多以伸缩性好的面料来制作。面料的弹性、回弹性、适体性等则是这类服装所要具备的功能。

（三）保护身体的功能

人类通过穿着衣服来达到保护身体的目的，主要包括自然物象的防护与人工物象的防护，具体表现为以下几种类型。

1. 防风、防雨

防风、防雨在古代时就有相应的衣物，斗笠、蓑衣、雨伞到现代的雨披、风雨衣，都说明这一性能是衣服防护功能中非常需要具备的一种。防雨性要求服饰材料对水有一定的抗拒能力，根据抗水效果由强到弱，分为耐水性、拒水性或是疏水性，可以用于不同用途的服饰。例如，耐水性材料可以用于雨衣、雨鞋，疏水性材料可以用于一般风雨衣。防风性能一般要求服饰材质达到一定的密度，这两种性能虽然防护目的不同，但它们反映在服饰上特征是类似的，因此，两者时常会在同一服饰上具备。

2. 防拉伸和磨损

强度包括拉伸强度、撕破强度和顶裂强度，是在施加各种外力时衣服所应具有的强力。耐磨性就是经过反复摩擦后织物所具有的抵抗磨损的特性。随着生活水平的提高，衣服的这些性能已不像以前那么强调，但对童装和工作服来说，仍然很重要。尤其对于强体力劳动者、野外作业等人员来说，拖拉背扛的工作或与树枝、山石为伍的工作人员，服装撕裂、磨损的概率较大，因此强度和耐磨性就显得很重要。

3. 抗细菌

人体皮肤上存在一些常驻菌起着保护皮肤的作用，但一旦微生物中的菌群失调，它们中的少量致病菌就会大量繁殖，对人体造成危害。衣服面料即纺织品在人体穿着过程中，会沾上很多汗液、皮脂以及其他各种人体分泌物，同时也会被环境中的不洁之物所沾污。这样，纺织品就会成为病菌繁殖和传递的重要媒介物。因此，纤维织物的抗菌性就成为保证衣服清洁、人体健康的重要性能。

4. 防静电

静电在日常生活中经常能遇到，当物质获得或失去电子时，它将失去电平衡而变成带负电或正电，正电荷或负电荷在材料表面上积累就会使物体带上静电。而材料间互相接触分离并发生摩擦引起的静电，称为摩擦起电。纺织品静电的发生大部分由于摩擦起电。它不仅给人体带来不适感，在石化、电子、矿业等环境下，还容易带来安全隐患。因此，防静电成为某些工作服的必备性能，它也逐渐成为日常服装中有竞争力的功能之一。

5. 防辐射

工业的发展使我们的生活现代化，当然也带来了环境问题，臭氧层遭到破坏，能源辐射等越来越多地影响了人体的健康。高能辐射线主要包括中子射线、γ射线、紫外线、电磁波、激光和微波等，人们平常最易接触到的有危害性的辐射就是紫外线、电磁波。紫外线对人体的长期照射，会给人体带来各种不同程度的伤害，如导致白内障、人的免疫功能下降等；而长期受到电磁波的辐射，在一定程度上会影响人的收缩压、心率、血小板和白细胞的免疫功能，并会引起神经衰弱、眼晶体混浊等症状。这就对衣服的防紫外线、电磁波等功能提出要求。

6. 其他特殊性能

对于一些特殊工种，如消防、冶炼钢铁等，都会经常与火和高温接触，因此，衣服的隔热防火性能尤为重要。对于经常与化学药品、生物实验等打交道的试验人员、医务人员等，则要求衣服与配件要具有防毒性能。用于警界和军事用途的避弹衣，当然是要有防弹性能。现代人们的生活由于质量提高和理念变化，使得医疗保健功能也逐渐受到人们的重视，如护肤、理疗性能的服装等，这些都是服饰科技学面临的新问题。

二、服饰实用性与科技的内在联系

服饰的功能性是与科技分不开的，对于人类的日常生活来说，科技对服饰功能性的影响最为本质。服饰基本功能的实现得益于服饰技术理论的研究与技术实践活动的实施，理想的效果是使服饰能更好、更科学地满足人们日常的生活和工作；同时，科技的发展与进步又将服饰的功能进行了拓展，使服饰拥有了更为广阔、更为有效的实用价值。

（一）服饰功能的科学理论基础

服饰技术理论的研究是服饰基本功能实现的基础。对人—服装—环境三者之间的研究，使人们了解人体的活动机理与环境气候、服饰本身之间的关系。这些研究使人们掌握这些科学原理，进而将服饰的功能更科学、更准确地体现出来。这些服饰理论包括对服饰功能性的研究和衣服结构设计研究两方面，涉及服饰环境学、服饰生理学、服饰人体功效学、服饰结构设计等。

1. 服饰功能性研究

关于服饰功能性的研究是从对人体生理机能与环境气候的研究开始的。19世纪，培丁考佛（Pettenkofer）教授在慕尼黑大学开设了实验卫生学讲座，开始研究服装对环境卫生的重要作用。"二战"中，各国战士都受到了严寒气候的威胁，使人们进一步认识到了衣服御寒的重要作用。之后，有关国家开展人与环境、服装、装备的研究，美国进行的湿热生理研究和日本进行的服装气候研究已成为当今服装卫生学的基本内容。中国关于服装卫生学的研究始于 20 世纪 60 年代，对分段暖体假人，综合测试服装热阻，对防辐射性能、织物透湿性能、织物热湿传递等开始进行研究。总之，关于服饰功能性的研究，国内外均于 20 世纪起开始积极地进行，并且在有关测试方法、测试仪器和评价指标方面都取得了相当的进展。

目前，中国相关的书籍有《服装环境学》《服装卫生学》《服饰生理学》《服装舒适性与功能》等。这些理论书籍从不同角度和侧重点，研究了人体的生理机能，包括体温、皮肤、毛发等；大环境气候与服装气候，及其与人体之间的关系；服装的卫生学性能、防护性能与舒适性理论，包括吸湿性、透湿性、透气性等；甚至对人体在不同的状态下，对于不同类型服饰的性能要求与特征都进行了分析和研究。服装的功能很大程度上是织物的功能所赋予的，所以，对纺织品的功能性研究也属服饰功能性研究之一。例如，《功能纺织品》《功能纤维及功能纺织品》《纺织品功能性设计》《衣用纺织品学》等都对功能纤维和功能纺织品、衣用纺织品的结构、性能、生产方法、用途和发展趋势进行了研究。

2. 服装结构设计研究

对于服装适应活动的性能，除了对面料的弹性要求外，主要是由服装结构设计来完成的。其中服装的人体功效学是服装结构设计的依据。服装人体功效学是人类工效学的分支，是研究"人—服装—环境"系统，从适合人体各种要求的角度出发，对服装设计与制作提出要求，以数量化形式来为设计者服务，使设计尽可能最大限度地适合人体需求，达到舒适卫生的最佳状态。该研究涉及了人体形态结构（包括形态、运动机构、服装定型与人体部位等）；材料卫生学（设计服装与人体的可动性、热特性、舒适性以及美观性）；人体测量学（包含服装必要部位的计测方法、标准化数据、型号划分）；特设职业环境与服装的关系等。其中的人体构造与活动、人体尺寸与服装功能性关系是服装结构设计的基本依据，甚至也是部分款式设计的指导。

如果说服装人体功效学是适应活动性能的理论指导的话，那服装结构的设计研究则是此性能技术上的实现。主要研究符合人体基本功能的服装结构设计原理及其运用，服装各部件及整体服装的结构设计，以及既适合人体活动又美观的结构尺寸。例如，前文所说的人体站立和坐姿的臀围变化，人体坐下时的臀围尺寸比直立时大出 7.7% 等，在不考虑面料弹性的情况下，下装的臀围尺寸至少要加上 4 厘米的松量；由于行走时的步距与两膝围度，裙装下摆一定要设计一定的松量或者设计开衩等功能性细节都是需要特别注重的。

（二）科学技术与服饰实用功能的实现

服饰实用功能的实现离不开科学技术的发展，可以说科技是服饰功能实现的保障。服饰的功能很大一部分是材料所应具有的功能，与材料的密度、精细程度、化学物质的加入等有着密切关系，相关的技术有纺纱、织造、后整理、应用化学等。纺纱技术使织物纤维更好地满足服饰的基本功能；织造技术的发展，在力学性能上保证衣服的强度；后整理技术使衣服能被赋予新的功能和外观；化学科技改良传统纤维，创造新型纤维，使材料的功能性更为强大；新兴科技完善和拓展了服饰现有功能，一些新兴技术的发展将服饰功能带到新的高度。

1. 纺纱与织造技术

衣服的形成是由原料纤维通过纺纱成为纱线，再用纱线进行织造，纺成面料，由面料制成衣服。因此，纺纱和织造是形成衣服的初始工序，它们影响着服饰基本功能的实现。

纺纱是把纺织纤维制成纱或线的加工过程。通过开松、梳理、牵伸、加捻的工艺过程，充分解除纤维原料原有的局部横向的粘连，牢固建立首尾相连的纵向联结，使之具有一定力学性能。从中还可以实现纤维的混合，去除杂质，精梳加工。这些工序和技术处理能使纱线更加均匀、洁净、提高成纱质量。

根据织物的成形方法及原理，织造技术分为机织成形技术、针织成形技术、非织造织成形物技术。机织物是目前应用最为广泛的服装材料，它主要以纱线为原料，经过织前准备，用织机把互相垂直的经、纬纱线按一定交织规律编制成织物的工艺过程。机织是通过织机的开口、引入纬纱、打纬、输送经纱和卷取五大运动过程实现经、纬纱线交织的。其中，开口可控制综框或棕丝的升降规律，来织制所需的花纹和织物组织；织物的幅宽和经纱密度由打纬机构的钢筘确定，卷取机构控制织物的纬纱密度和纬纱在织物中的排列。

针织成形技术分纬编和经编两种类型。纬编针织是以纱线为原料，用纬编针织机将一根或多根纱线沿织物横向形成线圈，并将线圈做相互套结的工艺加工过程。经编针织则是用精编针织机将一组或多组纱线同时形成线圈，后做相互套结的工艺过程。针织物品质的控制主要取决于各个线圈的大小是否均匀整齐，形态是否一致。由于它们的线圈组织易移动、易变形，从而构成了特有的性能：延伸性和弹性，并且质感柔软、蓬松，通透性好，广泛用于内衣、运动服、时装。

非织造织物是以纤维为原料，通过摩擦、抱合或黏合制成的片状物、纤网或絮垫，主要工艺过程是原料准备—成网—加固—烘燥—后整理—成卷。其中，后整理能提高最终产品的使用性能，增加花色品种，改善外观。目前在衣着和装饰用纺织品领域的运用日益增长，在服装中多用于辅料，如衬料。非织造工艺突破了传统的纺织原理，综合了纺织、化工、塑料、造纸等工业的加工技术，充分利用了现代物理学、化学等学科的有关知识，正成为提供新型纺织结构材料的一种必不可少的重要手段。

2. 后整理技术

后整理主要是指织物经漂、染、印加工后，为改善和提高织物品质，赋予纺织品特殊功能的加工处理。织物后整理大致分为定形整理、手感整理、外观整理、特殊整理，来满足服饰所需要的功能。定形整理包括定布幅宽，防缩防皱和热定形，使织物幅宽整齐，尺寸形态稳定，增加易保养性能；手感整理是为了改善织物的手感，使织物感觉厚实丰满或是平滑柔软，赋予面料以一定的舒适性；外观整理是改善织物外观，使之在光泽度、白度、悬垂性等方面达到要求，满足美观性；特殊整理使织物具有其本身不具备的性能，如拒水、阻燃、防静电、防紫外线、防菌等，提高织物的应用范围，同时也拓展了服装的功能。后整理过程一般常用两种方式实现，一是借助机械设备，将织物进行物理改变，如进行机械预缩处理，采用的是预缩整理联合机，将织物先经喷蒸汽或喷雾给湿，再施以经向机械挤压，使屈曲波高增大，然后经松式干燥达到预缩的目的；二是利用相应的化学制剂，将织物浸轧或涂抹在织物上，使织物具有了化学物质的性能，这是运用比较广泛的方法。例如，树脂整理，应用树脂单体通过浸轧，均匀渗透到纤维内部，经高温焙烘后在纤维内部形成耐久性的免烫整理产品，N－羟甲基酰胺类化合物是常用的树脂。

3. 化学科学技术

化学科技的应用是纺织品生产中非常重要的一环，它对织物的外观、性能都有很大的影响，现代一些新功能的实现也是得益于它的发展。化学制剂广泛地用于织物的生产过程中。

表面活性剂是纺织、印染工业中必不可少的化学助剂。无论纺织、上浆、针织以及麻、毛纤维的前处理都需要使用各种助剂。它能在很低的浓度下，显著降低液体表面张力或两相间界面张力，是两亲化合物，即分子结构中一部分是含有磺基（—SO_3Na）、羧基（—$COONa$）等的亲水基，另一部分则是含有 $C_{10} \sim C_{18}$ 的烷基或芳烃基等的憎水基。根据这两种不同性质的基团，可作用于不同的用途。表面活性剂可按用途和化学结构可分为离子型和非离子型表面活性剂，离子型表面活性剂又包括阳离子型、阴离子型和两性离子型。阳离子型表面活性剂根据成分可用于纤维的柔软剂和抗静电剂等；阴离子型可用于渗透剂、洗涤剂等；两性离子型则结合两种试剂的用途，还可用作缩绒剂、染色助剂等。非离子型表面活性剂具有良好的乳化作用，主要用于印染工业中的分散剂和乳化剂。

上浆是纺织行业中常见的一道工序，为了提高经纱的可织性，使其在制造时能承受织机上强烈的机械作用。上浆材料是重要的助剂，传统使用的是淀粉，由于纺织材料的不断出新，即对上浆的要求不断提高，浆用材料也在不断发展更新中。浆料分为天然浆料、变性浆料、合成浆料三种。天然浆料基本能满足要求，但要依靠化学辅助剂才能令人满意。变性浆料是应用物理或化学方法使天然浆料变性，如分解、氧化、分子交联、加入脂化剂等，提高天然浆料的上浆效果。合成浆料是直接以化学制剂为原料，既节约成本也提高了性能。

黏合剂是一类应用广泛的材料，在纺织领域中如浆料、印染工序中的糊料都属于黏合剂一类材料。在非制造布生产中，黏合剂的使用也在上升。黏合剂的主体通常为高分子聚合物，需要加上不同的辅助剂，如固化剂、填料、防腐剂、稳定剂等，来用于不同的功能。黏合剂用量占非制造布中纤维重量的 5% ~ 20%，对非制造布的性能、外观及使用领域都起着重要影响。根据黏合剂的成分，非制造布可用于衬料、装饰用品、卫生用品、合成革等。

化学纤维是用化学方法合成、改性、成型而制成的纤维，始于 19 世纪末，主要包括两大类别。一是人造纤维，是将天然可成纤的高分子溶解（或改性后再溶解），制成高分子溶液，然后经特定的成纤工艺成型为纤维。二是合成纤维，是用化工原料聚合制备可成纤的高分子化合物，之后再经特定的成纤工艺将这些合成高分子成型为纤维。以化学方法制成纤维，使织物的成本降低，能更准确、更方便控制纤维本身的性能，也更易于发展其他功能的新型纤维。

化学科技中的分析化学还用于物质化学组成或结构的分析方法及有关理论的研究，用以对物质成分的定性分析和物质成分含量的定量分析。用于对纤维原料、半成品、成品以及辅料材料进行及时准确的分析，以及对新纤维的研究。

4. 新兴科学技术

（1）纳米技术

纳米科技的兴盛始于 20 世纪 90 年代，目前纳米材料的研究和应用，美国、日本、德国、俄罗斯、英国等国处于世界领先地位。其中美国是最早开始研究纳米技术的国家之一。2000 年美国把纳米技术列为 21 世纪前十年的关键领域之一，认为是 21 世纪可能取得突破性进展的三大领域之一。1992 年，中国将纳米材料科学作为重大基础科学项目列入国家攀登计划，并成为 = 0 - 9 国高科技应用研究的热点之一。

实际上，纳米（nano eter）是一种长度计量的单位 1 纳米 $= 10^{-9}$ 米，即十一分之一米，用符号"nm"表示。纳米技术通常是指纳米规模级的技术。纳米技术即在纳米尺度上制造材料和期间的能力，其实质就是在分子水平上一个原子一个原子的制造具有崭新的分子组织的纳米结构的能力。纳米材料的广义定义为：在三维空间中至少有一维处于纳米尺度，即 1 ~ 100nm 的范围。分为零维、一维、二维纳米材料。

纳米材料之所以能受到欢迎而广泛应用，是因为它具有独特的性能。其最大的特点就是尺寸小，比表面积大，导致其表面能和活性增大，从而产生了小尺寸效应、表面或界面效应、量子尺寸效应和宏观量子隧道效应，在化学、物理（光、电、磁、热等）性质方面表现出特异性。目前纳米材料在纺织行业的开发、应用及发展趋势大致有三种途径，即多种纤维添加、多种粉体复配、多种功能复合。通过共混纺丝法、聚合时添加法和后整理等应用途径，使其在抗紫外线型、抗菌除臭型、远红外线反射型、凉爽型、拒水防污型、导电型、阻燃型等功能纺织新产品中有了广泛地开发。进而奠定了纳米系列材料在纺织行业中的应用基础。

（2）微胶囊技术

微胶囊技术是一种微包装技术，传统上是固体、液滴或固体在液体中分散体的微小颗粒上包覆以聚合物薄层的方法。最初大约在 20 世纪 40 年代，美国 NCR 公司的 Barret Green 研究此项技术，并建立了无碳素复写纸工业。以后微胶囊技术迅速发展，并应用于医药、农业、散装化学品、食品加工和洗涤用品工业等各个方面。当时纺织工业对此新技术的应用反应迟缓，20 世纪 90 年代初，仅出现了几种在纺织工业上应用的研究试验工作。直到进入 21 世纪，在纺织工业上的应用才进展较快，尤其在西欧、日本和北美等地，应用于医疗和工业纺织品等方面，使具有新的功能和附加值。而一些纺织品的加工，如用其他技术往往是不能进行或者经济上不是有效的。

微胶囊是一种具有聚合物壁壳的微型容器、包装物，是直径为 $5 \sim 200 \mu m$ 的微小胶囊，它能包封和保护其囊芯内的固体微粒或液体微滴。包封用的皮膜（壁壳）物质称为壁材，被包的囊芯物质称为芯材。芯材可以是单一的，也可以是混合的；可以是固体、溶液、水分散液或油剂，也可以是气体。芯材是选用水溶性或油溶性物质，应依微胶囊的制备方法而定。制备微胶囊的过程称为微胶囊化（Microencapsulation），微胶囊化后的芯材与外界环境隔绝，可以防止大气的氧化，便于挥发性物质、香料等的储存，可使有害化学品无毒化；皮膜可控制囊芯物质的释放速率或具有半渗透性。皮膜的厚薄、强度及其性质不同，导致对热、光、射线、压力产生敏感。其优越性在于：可以有效减少活性物质对外界环境因素（如光、氧、水）的反应；减少芯材向环境的扩散和蒸发；控制芯材的释放；掩蔽芯材的异味；改变芯材的物理性质（包括颜色、形状、密度、分散性能）、化学性质等。

纺织品方面微胶囊技术，多数应用于相变材料、新颖染料、某些助剂、拒虫剂、抗微生物剂等对常用纺织品的施加；以及抗生素、激素、维生素和其他药物等对医疗用纺织品上的应用。例如，香味微胶囊、变色微胶囊、阻燃剂微胶囊等。

（3）智能电子信息技术

现今，智能化已经逐渐走入我们的生活，建筑、家居、电器、管理等都开始了智能化设计与管理。在服装领域，也开始了智能化服装的开发。所谓智能化服装，就是服装会跟随一定的环境气候（包括自然环境和服装微气候）、人体生理等变化，而做相应的改变，使穿着者感觉舒适、方便。例如，具有温控性能的材料，具有音乐功能的服装、手套，能监控身体状况的"生命服装"等。智能化使服装更加人性化。

实现服装的智能化不止有一种方法，如前文所说的利用纺纱和后整理过程中加入化学制剂，微胶囊技术与纳米技术与其他技术结合也能使服饰材料具有一定的智能性。电子信息技术是新兴的技术，它的开发研究始于20世纪，是在过去材料的物理性和功能性基础上加入了信息科学的内容，这是服装材料的一大发展趋势。

服装中电子信息技术的运用，通常是将电子装置植入面料或服装中，如通信装置、电子储能装置、传感器、音乐播放器、发电产能器，甚至计算机。来满足现代人们对健康、舒适、娱乐的要求。

三、服饰功能中科学技术的运用

随着全球经济的发展，人们的物质生活水平不断提高，温饱和安居不再是唯一的追求，人们开始重视舒适、美好的环境空间和优质的生活品质，对于贴身的服装材料也注以更多的期望，让人感觉更舒适的具有吸湿、拒油、抗菌、保温、防臭、芳香、抗静电、保健等特殊功能的服装材料受到了人们的关注和青睐。随着"环保"的意识越来越强烈的深入我们的生活，作为人类生活最为密切的衣着材料，也向着天然、环保、健康的方向发展。对于这些需求，有许多纺织品研究机构和生产企业更加重视化学纤维材料的开发，这些材料有超越传统纤维的优势。这些材料的特殊功能主要从吸湿透气性、气候适应性、卫生保健性、防护性、拒水性、环保性几个方面研制开发。

（一）吸湿透气材料

吸湿、透气性与舒适性有着密切的关系，其原理就是利用物理方法使纤维表面微细凹凸形成的沟槽，迅速将汗水芯吸、扩散、传递，由织物内侧迁移至外侧，使水分蒸发而达到快速干燥的目的；或是利用化学改性，在纤维内引入亲水基因，可增加其导湿排汗的性能。这类纤维织物不会粘贴在皮肤上，不产生冷湿感，因此人们称它为"会呼吸"的纤维（见图 3－1）。

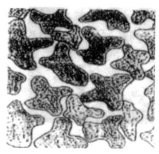

图 3－1　吸湿导汗凉爽纤维截面

这类纤维能够广泛的运用于运动服、紧身衣裤、衬里等。下面介绍一些具有典型性的吸湿透气材料。

例如，Coolmax 是杜邦公司独家研发的高去湿涤纶纤维，纤维内有四个管状沟道，而且管壁可以透气，使水分可快速传导，从而达到吸湿、透气、快干的功能，使皮肤干爽、舒适。它的吸湿性能优于棉，实验证明，它的干燥率明大约是棉的 2 倍。一件湿运动衣，用 Coolmax 纤维制成的只需干燥 30 分钟几乎可完全干燥，而一般棉织物仍有 50% 左右的水分，羊毛织物也仍有 28% 左右的水份。并且，Coolmax 湿气处理的优点在于能将湿气排除，而棉仅仅是吸收水分。另外 Coolmax 不仅对身体核心体温有正面效应，还具有柔软、不褪色、不缩水、不残留汗臭或发霉的特点。

Modal 纤维是奥地利兰精公司开发的高湿模量的再生纤维素纤维，Modal 是商品名，中文译为莫代尔纤维。该纤维以欧洲榉木为原料，制成木浆，再纺丝加工而成。由于原料为天然材料，并能够自然分解，对环境无害。制成的面料透气性、吸湿性都很好，手感柔软、穿着舒适等，目前活跃于内衣、针织衫等服装产品。

吸湿透气型材料还有很多，如日本可乐丽公司开发的 Sophista 纤维，由台湾中兴纺织厂开发的 Coolplus 和 Topcool 纤维，由我国金纺集团开发的导湿干爽性涤纶长丝等，这些都是近年来开发的高吸湿透气性纤维，现在也有不少体育服装品牌将他们运用于运动服饰，提高了服用性能，也增加了服装的科技含量。

（二）保温材料

人体向外界传递热量是通过热传导、热对流和热辐射三种形式进行的，要保持体温不散失，就要阻止或减少这些形式的发生。这样能使我们在寒冷的季节也不用穿着厚重的衣服，既减轻了身体的负担，又能保持外在形象。要达到这个目的，通常是采用以下方法：使纤维织物紧密，尽可能隔绝人体与外界环境的冷热交换；使纤维内芯具有空腔，用以储存空气，保持稳定的热量；甚至通过在纤维上附着特殊物质能够吸收外界的热量或是反射人体散发的热量，达到保温的目的。

1. 超细纤维

超细纤维被定义为 0.4 旦至 1 旦的纤维。由于单纤维细度细、直径小，纤维的比表面积很大，因此超细纤维织物的质地紧密、覆盖率高、保暖性好。除此之外，它还具有很多优点，如手感柔软、细腻，韧性好、光泽柔和、吸湿性好、清洁能力强。超细纤维的研制最初是用于运动服装。现在，这种类型的面料还用于时装、内衣、休闲服、家用纺织品和技术纺织品等。实例产品如，杜邦公司推出的 Tactel，它能在后整理过程中被改变成许多不同的效果，其中，Tactel Aquator 是 Tactel 长丝与棉结合的双针织面料，由于两种纤维不同的性能，使面料干燥、维持平衡的体温，这种性能极其适合于运动衣和内衣。

2. 中空纤维

中空纤维是在横截面沿轴向具有空腔的异性纤维，其结构是仿生学应用的结果，羊毛、木棉、羽绒等都是具有空腔的天然纤维。纤维的保暖性取决于其夹持静止空气的数量和状态。空腔的存在，能将空气基本静止储存在纤维内部，从而提高了纤维的保暖性。中空纤维的产品是极为丰富的，涤纶、丙纶、粘胶纤维、维纶等都能作为其原料；纤维的空数也由原来的单孔，发展为四孔、七孔、九孔等；空想截面的形状也不仅仅是圆形，还有三角形、梅花形等。它以其质轻、蓬

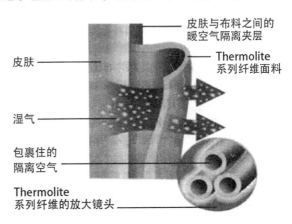

图 3-2　Thermolite 纤维面料

松、保暖等性能主要作为棉絮、防羽绒、玩具方面的填充料；还广泛地运用到地毯、人造毛皮、高级仿毛织物。

例如，Thermolite 是由杜邦公司推出的，极具保暖功能的材质。采用 Thermolite 的中空纤维设计，可包住隔离的空气，保持人体温度，并将冷空气隔离，且较同等轻质布料暖和。它还能将湿气迅速而自然地排出，使其蒸发至布料表面表层，以保持穿衣者的温暖性，是轻盈保暖材质的首选。适于用保暖内衣、衬衫、袜子和防寒服。（见图 3-2）

3. 远红外线纤维

再添加特殊物质达到保温作用纤维中，远红外纤维是比较典型的一类。远红外线可以转换成热量，在纤维中增添能够吸收远红外线的物质，就能增强纤维织物的保暖性，这种类型的纤维就被称为远红外线纤维。目前所开发的远红外线发射性物质主要是陶瓷。陶瓷纤维能吸收、储存并散发来自外界的远红外能量，人体接收到这种远红外线后，细胞分子运动加快，体内加热，起到保温效果。在制作工艺上，将这种陶瓷的超微粉体加入后整理的整理剂中，对织物进行涂层和浸轧；或是加入纺丝原液中，直接混纺出高聚合物纤维。由于远红外线纤维发射出的 4~14μm 远红外线与生物生长有极密切的关系，因此，它除了保温作用，还具有抑菌、防臭、促进血液循环、新陈代谢等健身作用。

近几年开发的保温材料产品极为丰富，除了上述的典型纤维，还有 Viloft 纤维、混纺羽绒纤维、聚烯烃纤维等，在机织和针织服装领域得到广泛运用。

（三）卫生保健材料

现代工作压力日益增大，人们在努力工作的同时，比以往更加关注自己的健康环境。在现代纺织品中同样也体现了这一点，纺织工业与科技的结合，使更为清洁、有利于健康的各种新型纤维织物问世，向着抗菌、防臭、保健功能等方向发展。

1. 抗菌性材料

（1）天然抗菌纤维

有一些天然纤维就具有一定的抗菌能力，如甲壳素纤维，它多从虾、蟹壳中提取，无毒、无刺激性，是环保型纤维。由于其本身带有正电荷，分子中的氨基阳离子与构成微生物细胞壁的磷壁酸或磷脂阴离子发生离子结合，限制了微生物的生命活动。同时甲壳素纤维与人体皮肤汗也接触时可激活体液中的溶菌酶，防止微生物有害细菌侵入体内，因此甲壳素纤维具有优良的抗菌洁肤的作用，主要用于医疗，如缝合线、医用敷料（纱布、绷带、止血棉等）、人造皮肤。

竹原纤维，它是继棉、麻之后的第三种天然纤维素纤维，是由天然竹材经物理方法处理，脱胶分解为纺织用纤维。竹原纤维的纵向与横向都有细微的凹槽以及裂纹，可以在瞬间吸收或蒸发大量的水分，透过大量的气体，具有良好的吸湿性与透气性，因此，也被称为"会呼吸的纤维"。竹子自身具有抗菌性，它天然的具有无毒、无污染、抗菌、防臭及保健等特性，由于竹原纤维的生产过程是通过物理方式，其抗菌物质未被破坏，制成面料后即使反复洗涤、日晒后也不会失去抗菌作用，这与在后整理过程中加入抗菌物质的纤维类型有着本质的区别。还有一种竹纤维为再生纤维素纤维，名为竹浆纤维，是以竹子为原料，将竹子中的纤维素分离出来制成浆粕，再加工成纤维，也有较好的抗菌性和抗紫外线的功能。

亚麻是由古丝绸之路从国外引入中国的品种，被誉为"西方丝绸""第二皮肤"。它不仅吸湿透气、强度高，而且其本身具有性温无毒、活血润燥、祛风解毒、益肝肾、养肤护肤等功效，特别对于皮肤病的治疗，效果甚佳。

金属纤维，是银、铜及镍铬合金等金属丝经拉拔、电镀、分解等特殊工艺加工成极细的纤维束，一般每束纤维由 12400 根单丝构成。它不仅具有较好的防静电、防微波辐射功能，也具有良好的抗菌性。这是由于带正电荷的金属纤维与带负电荷的细菌相互吸引，是细菌活体运动受阻，从而达到抑制细菌生长的目的。

（2）人造抗菌纤维

人造抗菌纤维主要是通过制造抗菌剂并与普通纤维结合，或是在织物后整理过程中进行抗菌防臭处理。抗菌剂又分为有机类、无机类、金属氧化物以及天然抗菌类。例如，英国阿考迪斯（Acordis）公司开发研制的 Amicor 纤维，是一种新型的内涵抗菌剂的高科技纤维。它是通过内置式设计，将有机抗菌剂以颗粒状存在纤维里。纤维内部形成抗菌剂仓库，抗菌剂不断溶出到纤维表面，形成抗菌层和抑菌圈。当旧抗菌层被洗掉后，又能形成新的抗菌层，形成一个细/真菌难以繁殖的小环境。

中国纺织科学研究院研制的纳米抗菌丙纶，也有较好的抗菌效果。它是以特种沸石为载体，与抗菌的银、铜、锌等重金属离子反应制得纳米抗菌粉体，然后与丙纶切片共混熔炼，制成抗菌粉体较高的一级母粒，再与丙纶切片共混，制成最终抗菌母粒，烘干后经高速纺丝制得特细丙纶抗菌低弹丝，具有高效、广谱、长效的抗菌功能。

2. 保健型材料

使纤维具有药物的性能，是有助于治疗和保养。有一些天然纤维本身就有药物的性能，如罗布麻纤维，含有黄酮类化合物、蒽醌、强心苷类（西麻苷、毒毛花苷）、芦丁、多种氨基酸（谷氨酸、丙氨酸、缬氨酸）、槲皮素等化学成分，可以调节血压、清火、强心、利尿等，提高人体机能，对高血压、气管炎等有一定的疗效，达到的功效。研究者还发现，罗布麻纤维是一种天然远红外线辐射材料，能发出 4～16μm 的远红外光波，可以促进人体血液新陈代谢，增强人体免疫力。可以与其他纤维混纺制成各类外套，也可以制成内衣、睡衣、护肩、护腰、袜子等是优良的保健产品。

图 3-3　海藻纤维织物

人造保健型纤维需要在纤维织物中加入药物或营养物质，方法有两种：一种是使用微胶囊，使有益的化学药品和维生素装在微小的胶囊中，悬浮于中空的纤维内，通过与皮肤接触摩擦，逐渐的释放到穿着者体内。另一种是在纤维中添加营养剂和有益物质，如氨基酸、维生素、木糖醇等，有助于保持人体皮肤 PH 酸碱度值的平衡。例如，海藻纤维，是海藻酸钠与纤维素共混改性粘胶纤维，富含矿物质、维生素、蛋白质及海洋生物活性物质，可以营养肌肤、促进人体血液循环、抗菌、止痒、消炎等保健作用，保湿效果好，易于生物降解。适用于内衣、T恤、运动装、床上用品等

（见图 3 - 3）。此外，日本研制出一种含有维生素催生剂的特殊织物，当这种催生剂与皮肤内的化学物质发生反应时，就会变成维生素 C，并且无味，质感良好，适用于女式内衣。

在纤维中含有益的放射性物质，是指带有理疗的性能，也能达到保健的目的。如之前介绍的远红外线纤维织物就是含有能发射远红外线的陶瓷超微粉，来达到促进血液循环、新陈代谢等作用。

（四）安全防护型材料

一直以来，人们对自身的安全都是非常重视的，加之工业化进程不断加快，大气环境的破坏，对安全防护材料的开发和运用也越来越受到重视。穿上具有防护功能的服装是保护自己的最简单、最直接的方式。目前防护型材料主要在阻燃防火、防电导电、防辐射、防弹等方面进行开发。

1. 防火阻燃材料

根据防火纤维的耐燃程度，可以分为三种类型：纤维本身能燃烧但燃点高，为难燃，防火性能相对较低；纤维不燃烧，但赤热后会碳化，但仍然保持形态的稳定性，为抗燃，防火性能好；纤维在火中不燃烧、不反应的称为不燃，防火性能最好。防火材料根据其阻燃的程度，可以用于防火工作服、消防服、军服、冶金和石油化工的作业服、宇航服等。

燃点高的纤维有腈氯纶、维氯纶等，它们熔融时才分解，不自燃，属于难燃纤维。除了自身燃点高的纤维，防火纤维的阻燃性主要是通过纤维阻燃后整理以及原丝阻燃改性等手段实现。例如，防火氯纶，氯纶本身就有耐高温的性能，在进行阻燃整理后，其阻燃效果更显著，具有长效性。安纺阻燃纤维是永久性防火纤维，采用了溶胶凝胶技术，使无机高

图 3 - 4　PyroTex 纤维抗燃试验

分子阻燃剂在粘胶纤维有机大分子中以纳米状态或以互穿网络状态存在，既保证了纤维优良的物理性能，又实现了低烟、无毒、无异味、不熔融滴落等特性，其应用性能、安全性能和附加值大大提高。例如，德国 PyroTex 公司生

产出一种改性聚丙烯腈纤维，被认为迄今为止最抗燃的纤维（见图 3 - 4）。这种纤维极限氧指数达 43%，不熔融、不熔滴、不产生有害烟雾，并且耐碱性、抗紫外光和耐溶剂性都很好，该纤维通过了直接接触皮肤的 Ueke - Tex 一级标准，它可与羊毛、棉花或粘胶纤维等混织，混入 30% 该纤维，便可有足够的抗燃性，主要运用于冶金工业、军队和消防员的工作服及头套和内外衣、公共建筑内饰材料等。

2. 防电导电材料

消除静电危害可以通过在纺丝工程中加入抗防静电剂；进行防静电整理；也可以加入有机导电物质，如碳素化合物或金属化合物；还可以采用直接喷镀法或化学镀法，将导电金属镀在纤维表面。

例如，日本钟纺公司开发的 Belltron 纤维，将碳素高密度碳黑化合物和白色金属化合物粒子，通过熔融复合纺丝而制得的导电性维。Belltron 纤维有很好的抗静电性能，并且不受湿度的影响。有很好的混合、摩擦、冲击等物理性能，并且在洗涤、染色、紫外线照射后性能稳定可靠。由于比金属纤维具有更高的电阻，所以安全性高。适用于抗静电工作服、无尘服、羊毛及羊绒制品、西服、普通服装等。此外，纳米银纤维、Epitropic（埃匹克）导电纤维等都是具有优良导电性能的纤维产品。

3. 防辐射材料

防紫外线材料通常是通过共混、芯鞘等方法纤维中添加紫外线屏蔽物质，一般为陶瓷材料，如二氧化钛、氧化锌、氧化锰、二氧化锡等，都是很好的反紫外线超微粉成分物质。通常以涤纶、腈纶等为基材，通过与超细粉碎的陶瓷粉体混炼熔融纺丝而成。适用于衬衫、T 恤、户外服、泳衣、郊游服、遮阳伞、手套、遮阳帽等。国内外在这里领域内的开发都取得了很好的成绩，如日本可乐丽公司开发的 Esumo 产品，它混入了可吸收紫外线、反射可见光和红外线的陶瓷微粉末的聚酯纤维；我国天津石化公司开发的涤纶几种防紫外线面料，经国家计量研究院测试结果表明，其对紫外线的阻挡率可达 97% 以上。

防电磁波材料一般利用能防电磁波的金属纤维与其他纤维混纺成纱，再织成布，成为具有良好防辐射效果的防电磁波织物。最为先进的方法是利用物理和化学工艺，对纤维进行离子化处理，制成多离子织物，将有害的电磁辐射能量通过织物自身的特殊原理转变成热能散发掉。它还同时具有防静电、防部分 X 射线及紫外线等功效。例如，银纤维，能屏蔽 0.15MHz ~ 20GHz 范围内，效能 60dB 以上的电磁辐射频率，新开发的银纤维以"溅镀"技术将纳米银织入纱线将银和纤维紧密聚合而成，目前的银纤维有涂银尼龙长丝、超细纤维、短纤维和织物产品，可用于屏蔽服、飞机隐蔽帐布、屏蔽帐篷、银纤维特种织品等。

4. 防弹材料

防弹纤维是一种具有特殊功能的材料，基本只用于警界、国防安全部门，但也是比较重要的功能性材料之一。防弹衣发展至今已出现了硬体、软件和软硬复合式三种类型，而应用的原料可分为硬质材料和软质材料两种。硬质材料有钢板、钛合金、铝合金板及氧化铝防弹陶瓷等，软质的则多为高分子聚合物，高性能纺织纤维在目前国际盛行的软件及软硬复合式防弹衣中发挥着重要的作用。其中，芳纶纤维应用最为广泛。它都具有强度高、韧性强、高模量和耐高温、耐酸耐碱、重量轻等优良性能，其强度是钢丝的 5 ~ 6 倍，模量为钢丝或玻璃纤维的 2 ~ 3 倍，韧性是钢丝的 2 倍，而重量仅为钢丝的 1/5 左右，是重要的国防军工材料。杜邦公司生产的 Aceline（凯夫拉）纤维，是最为经典的防弹纤维。Kevlar 纤维、Twaron 纤维、Technora 纤维等，都是以芳纶一族为材料制成。碳纤维也可以用于防弹防刺。碳纤维是含碳量 90% 以上的纤维状碳材料，它具有高比强度、高比模量、耐高温和低温、耐腐蚀、耐疲劳、抗蠕变、导电、传热、热膨胀系数为很小的负数等优越性能。剑桥大学研究人员研制出了新型的碳纤维，这种纤维是有大量的小碳纳米管组成，可纺织用于超级防弹背心，重量轻，非常结实，擅长在高速运行中吸收能量，性能优于目前的防弹背心。

（五）新型环保材料

在环保意识的指导下，倡导"绿色服装"，推进"绿色环保"。人们认为，21 世纪最理想的产品必须具备三个条件：原料必须是绿色、可再生的；制造工艺应该是有利环保的；最终产品是无毒、无副作用的，可以降解的。环保型材料包括天然材料和化学材料两类，下面以比较典型的材料作简单介绍。

1. 天然环保材料

天然材料分为两类，一类是纤维素材料，是来源于绿色植物并且可以再生的原料，资源丰富，如彩棉、亚麻、竹纤维等；另一类是蛋白质材料，原来被认为是来源于动物蛋白的原料，如羊毛、蚕丝等。随着技术的更新，其他类型的蛋白质纤维改变了这一传统定义，如大豆蛋白纤维，牛奶蛋白纤维等。这些新型天然材料在柔软性、吸湿性、舒适性、耐磨性、悬垂性、环保等性能上都有不同的优越表现。

（1）天然彩棉

彩棉被称为"21世纪绿色纤维"，据专家预测，21世纪全世界将有60%~70%的人使用彩色棉产品，这将成为国际流行趋向于健康新时尚。它是通过改变棉花种子基因而生产出来的，色泽柔和、格调古朴，利用的是棉纤维具有的天然色彩，无须化学漂染、煮练等工艺处理，杜绝了印染过程中对织物环境造成的污染。彩棉保持了棉纤维的柔软、舒适、透气的特点，研究表明，它还有屏蔽紫外线的作用。彩棉由于未受到染料、助剂的腐蚀，整个生产过程都是"零污染"，加之呈弱酸性，所以用天然彩棉制造的服装，尤其是内衣，对皮肤无刺激和伤害，有利于人体健康。目前中国对彩棉的研究处于世界领先水平，在彩棉的产量方面仅次于美国，有助于打破纺织、服装的非关税壁垒，是21世纪国际纺织品与服装市场上最具发展潜力的产品之一（见图3-5）。

图3-5　天然彩棉与纱线

（2）天然彩色蚕丝

天然彩色蚕丝并不是通过化学染色而成，而是由家蚕经过人工培育的彩色家蚕吐的丝。能够吐彩色丝是由遗传基因决定的，对蚕采用各种新的育种方法，选育出具有特殊基因的蚕品种，他们能够利用桑叶中的类胡萝卜素、叶黄素以及类色素等形成不同颜色的茧丝。彩色茧丝可分为黄红茧丝系和绿茧丝系两大类，有淡黄、金黄、肉色、红色、锈色、淡绿、绿色等。色彩丰富鲜亮、色调柔和，有些颜色甚至是目前染色工艺难易模拟的。天然彩色蚕丝具有一定的抗氧化供能，其分解自由基的能力高于白色，其中绿色最好分解率在90%左右，黄色为50%，而白色只有30%。此外，彩色蚕丝具有很好地吸收紫外线的能力，比白色蚕丝具有更好的抗菌效果，对于波长280mm左右的紫外线的透过率不足0.5%，适用于制作衣服以及化妆品，避免紫外线晒伤（见图3-6）。

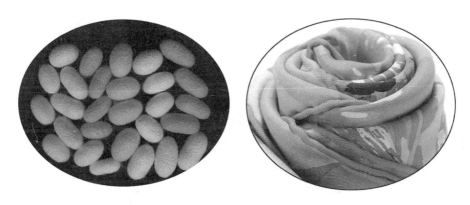

图3-6　天然彩色蚕茧与天然彩色蚕丝丝巾

（3）牛奶蛋白纤维

牛奶纤维是我国研发的新型蛋白质纤维，其原料是从液态牛奶制成奶制品后的奶粕中提取的，经过干法新工艺和高科技手段处理后制成的牛奶长丝或短纤维（见图3-7）。牛奶蛋白纤维含17种氨基酸，纤维制成的织物贴身穿着润滑，具有滋养肌肤、抗菌消炎的功效；质地轻盈、柔软、导湿、爽身，穿着透气，纤维PH值呈微酸性，与人体皮肤相一致；不含任何致癌物质，可以生物降解，属于环保型材料，是制作儿童服饰和女士内衣的理想面料。现已有服装企业将其制成服装，如江苏红豆实业股份有限公司于2001年成功开发了红豆牌牛奶纤维 T 恤衫；上海福沁高科技企业发展有限公司研制了牛奶纤维保暖内衣材料，并申请了专利。

（a）横向　　　　　　　　　　　　　　（b）横截面

图 3 - 7　维纶基牛奶纤维外观形态

2. 化纤环保材料

（1）Tencle 纤维（天丝）

新型人造纤维是使用天然高聚合物为原料，具有绿色环保的特性。目前，在消费领域里得到推广的主要有 Tencle 纤维（天丝）、Modal 纤维（莫代尔）和 Richcel 纤维（丽赛）。Tencle 是开发较早的代表性新型再生纤维素纤维，是英国考陶尔兹（Caurtaulds）公司开发的，纤维的正式名称为 Lyocell，Tencle 是商品名，在中国注册中文明为"天丝"。其原料为针叶树通过精制而成的浆粕，不经过化学反应，使用的溶剂可全部回收，对环境不会造成污染，废弃物具有可生物降解性。干、湿强力远远大于黏胶甚至棉花，接近合成纤维，手感爽滑，穿着舒适、透气，服用性能好，被誉为纤维皇后。

（2）Lycra 纤维（莱卡）

Lycra 是杜邦公司驰名世界的注册品牌，属于环保型合成纤维。它的性能与氨纶基本一样，都具有强弹性，Lycra 可以被自由拉长至原长的 4 ~ 7 倍，并能迅速原有长度。它还拥有特殊的化学结构，并采用干法纺丝，避免了生产过程中分离有毒物质，不会造成污染。Lycra 的使用范围很广，几乎能和所有类型的纤维混纺，给增添织物的弹性，也大大改善了织物的手感、悬垂性及折痕恢复能力。也适用于针织、机织及各种服装类型，包括内衣、运动装、外套、裙装等，使之穿着舒适，成为当今最受推崇的弹性纤维材料。所以

Lycra被认为是"友好的"纤维。

（3）大豆蛋白纤维

大豆蛋白纤维是中国第一个具有自主知识产权的新型纤维，是由大豆蛋白与聚乙烯醇高分子聚合物（维纶）接枝共聚共混形成的，制成的面料手感近于羊绒，纤细柔滑，透气性、吸湿性好、强力高，悬垂飘逸。与人体皮肤亲和性好，还有多种氨基酸，并在纺丝工艺中加入定量的具有杀菌消炎作用的中草药，药效显著持久，广泛应用于衬衣、床上用品，如采用大豆、羊毛、羊绒、PTT半精纺纱，织成内衣或T恤，是很好的物美价廉的羊绒产品。

（4）聚乳酸纤维（PLA纤维）

聚乳酸纤维（PLA纤维）是人工合成的环保性纤维，由于它是以玉米淀粉发酵形成的乳酸为原料而制成，故又称为"玉米纤维"。是由日本岛津公司和钟纺公司联合开发而成的可生物降解的化学纤维，商品名为"Lactron"。聚乳酸纤维具有良好的耐热性、热稳定性、透明度及耐紫外线性，不易褪色。其产品手感柔软，悬垂性好，弹性好，卷曲特性保持好，缩水率可控制，光泽柔和而明亮。由于其生物相容性和人体可吸收性，它在生物医学方面，可用于制作各种医用制品，如手术缝合线、骨结合部固定材料、绷带、纱布、脱脂棉、婴儿尿布等。在服装方面是制作内衣、贴身衣服、野外工作服、运动服、制服以及时装的理想材料。还可以用于家用纺织品、园林、建筑业的包装袋等。

（六）仿生材料

对于纺织业而言，利用人工材料进行仿生设计是获得优异性能纺织品的重要途径。模拟自然界的生物现象或功能，使纺织品获得某种特殊功能。近年来通过各种先进的科技手段，有些仿生纺织品具有了非常接近被模拟的自然生物结构，而产生了令人耳目一新的功能。

1. 仿蜘蛛丝纤维

蜘蛛丝是一种高分子蛋白纤维，较之其他已知的天然纤维、化学纤维具有优越得多的机械性能和力学性能，它强度大、弹性好、质轻、耐高温、耐紫外线辐射，有抗菌性和可生物降解等优点。通过基因工程途径，重组DNA技术，获得需要的与天然蜘蛛丝相同或相似的丝蛋白，然后将蜘蛛丝蛋白提纯、配置纺丝液，就可以纺出人造蜘蛛丝了。由于蜘蛛丝的优越性，被科学家认为它具有非常广泛的应用前景。在服装方面，其强度是钢丝的5倍，弹

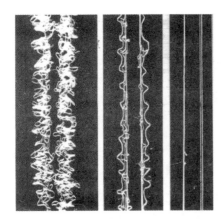

图 3 –8 蜘蛛丝伸长 1 倍、5 倍与 20 倍的形态变

性高于锦纶，具有吸收巨大能量等能力，用蜘蛛丝制造的轻质防弹衣性能优于芳纶，还可用于宇航服装，高强度的防护服、超耐磨服装等（见图 3 – 8）。在航天、建筑、医疗保健领域，仿蜘蛛丝纤维都发挥着重要作用。

2. 仿荷叶织物

许多表皮具有毛状体、褶皱或蜡晶等微结构的陆生植物的叶片往往具有疏水性（见图 3 – 9 图右）。德国学者 Barthlott 对万种植物叶面进行研究，以荷叶为例，荷叶表面既有特殊的凹凸结构（见图 3 – 9 图左），又有蜡晶层的叶片，对水的表面接触角很高，基本在 160°左右，这类结构的叶片被灰尘沾污，经雨水清洗后，残余污染物不到 5%。这种植物自身经天然雨水冲刷和保持表面清洁的功能被称为"自清洁（self – cleaning）"功能，其中尤以荷叶为代表，因此这种效应又被称为"荷叶效应（Lotus – Effect）"。国内学者进一步研究认为，荷叶的自清洁功能不仅源于其叶面的结构和蜡晶，其表面微米结构乳突上还存在纳米结构，这种微米结构与纳米结构相结合的阶层结构设计荷叶表面具有自清洁功能的根本原因。根据这一原理，Barthlott 申请了欧洲专利，并注册了"Lotus – Effect"的商标。德国防治研究所 ITV Denkendorf 将其转移应用于纺织品，开发了具有荷叶效应的膜、运动服、防护服、医用纺织品及卫生间用品等。他们都具有易保养，节省生产时间、材料质轻，耐老化等优点。

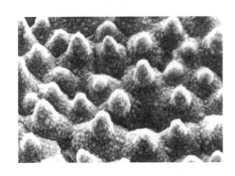

图 3 – 9 荷叶表面结构与水滴在荷叶表面形态

3. 仿鲨鱼皮织物

鲨鱼拥有出众的游泳能力，除了它的流线型体型，更关键的原因在于，鲨鱼皮表面覆盖着一层成为"denticles（小齿）"的 V 字形鳞片。鳞片上有隆起的长短不一的棱，棱间形成一条条沟槽。当鲨鱼游动时，这些沟槽可减少体表水流的交叉，完全阻止湍流的形成，水流阻力降低，鲨鱼能平稳、快速而省力的游动。根据鲨鱼皮流体力学性能的启发，SPEE-DO 公司开发了 Fastskin 系列泳衣（见图 3 – 10），模仿鲨鱼皮这种沟槽结构，是水流沿着织物上的沟槽流动，减少游泳者在前进过程中受到的阻力。在第一代到第四代泳衣的发展中不断改进，布料上模仿人类的皮肤，富有弹性，并融合了高科技的超声缝合技术，达到无接缝，减少阻力。整体功能第四代鲨鱼皮比第 2 代提升 10%，比第 3 代提升 5%，起步和转身时，比第 3 代鲨鱼皮速度快 4%。

图 3 – 10 仿鲨鱼皮泳衣

此外，还有其他的仿生纺织品的研究，如模仿夜蛾角膜的结构开发的超微坑纤维，快干和吸水性较好的仿珊瑚织物等。在科技日益发展的时代，开发功能各异的仿生纺织品，无疑为纺织技术、纺织产品的更新换代提供了更广阔的空间。

（七）智能化服装

1. 调温功能服装

服装的调温功能是指它在环境温度较高时具有吸热功能，而在环境温度较低时具有放热功能。这种纤维材料将从根本上扩展了原有纤维的功能，极大地改善了传统服装的舒适性和环境湿度适应性。具有这种功能的纤维有相转变物质类、塑性晶体类、添加溶剂类机电发热类等。

相转变物质类温控纤维是将相变材料包裹在纤维中，这种材料根据外界环境变化，发生液态到固态的可逆相变，或从环境中吸收热量储存于纤维内部，或放出纤维中储存的热量，在纤维周围形成温度相对恒定的微观气候，实现温度调节功能。

在中空纤维中填封具有热胀冷缩性的溶剂，如惰性气体与溶剂，或添加温度调节聚合物，或镀上具有温度调节功能的特殊蛋白微粒子超薄膜，这些物质可以随温度变化来调节纤维的密度，以达到温控目的。

电发热温控纤维是将到点的树脂涂覆在纤维或纤维织物表面，当通过电流时便会发热，并可以通过调节电流的大小及织物的密度来控制温度。

2. 音乐功能服装

目前，具有音乐功能的服装有两类，一类是服装内安置了音乐播放器，另一类是服装能通过人体的运动可以奏出逼真悦耳的音乐。

韩国的高科技企业在服装中安装了内置的数字音乐播放器，这种服装能让人们享受全部的 MP3 功能，同时避免单独携带播放器的麻烦，在洗衣服的时候，拔去一些装置即可。澳大利亚联邦科学与工业研究协会（CSIRO）的科学家发明了一种"可穿着的乐器衬衫"，又被称为"空气吉他 T 恤"，是计算机、作曲及纺织品制造等方面研究的学者们通力合作的产物。T 恤的每个肘部和袖子内均放置了一定数量的传感器，以及时捕捉到吉他演奏者双臂的动作并对其进行分析——其中一只胳膊负责选择想要演奏的和弦，另一只则会亲自去拨动那些想象中的琴弦。这些动作会被以无线电通信的方式传送到吉他音频采集器中，并最终合成出人们所听到的音乐。

3. 监控功能服装要实现监控功能，就要将微型电子传感器甚

图 3-11 监控功能服装

至是计算机安装在相应部位，使能随时将人体活动时的身体状况向信息汇集器报告，这种功能可以多用于医护领域。例如，美国开发成功"智慧衬衣"（Smart shirt），能连续的监控心率、血压、体温及其他情况，可广泛用于运动员的运动服、宇航员的宇航服和病号服。英国最新研发中的穿戴式计算机足球运动衣，可以通过无线网络追踪运动员的动作，监控运动员的步伐、加速度、体温、心跳，有助于立即分析运动员在竞赛中的各种表现，有助于提高训练成绩。（见图 3 – 11）

（八）其他功能性纤维

防皱材料 在穿用过程中引起的褶皱会影响服装的外观，洗后的服装需要熨烫而带来的麻烦，使面料的防皱性能得到关注。通常是通过后整理过程对纤维进行免烫整理，传统的整理剂成分主要是醛（酰）胺缩合树脂，含有对人体有害且污染环境的物质。几年来，通过改进工艺、化学改性等方式研究开发低甲醛、无甲醛抗皱整理剂，制成环保型抗皱材料。

防污织物 近年我国自行开发了纳米自洁防油水服装面料，研制超双疏技术让纳米材料处理过的物体表面形成一层稳定的气体薄膜，使油水不能与织物表面直接接触，这将使人们的洗衣习惯有很大改变。

芳香纤维 运用了为胶囊技术，从纤维中释放香味。胶囊是在穿着时逐渐破裂的，所以香味持续时间长，并且服装也耐清洗。芳香纤维还能被制成袜子和内衣。

抗起球纤维 起球就是织物表面存有松散的纤维末端，这些纤维被磨成了小球。通过物理改性法，增加纤维的抱合力，纺织纤维松散，减少起球的概率；也可以采用化学改性法，使纤维强度降低，使摩擦而出的小球很容易从表面脱落，对织物外观影响不大。这些都是可以获得抗起球性能的好方法。

在科技不断进步的今天，纺织纤维的性能不再只是单一的，一种纤维可能同时具有几种功能，如远红外线纤维不仅具有保温的性能，也具有保健、抗菌、防臭的功效；罗布麻纤维不仅是天然远红外线辐射材料，也具有抗紫外线的功能。纺织科技的发展使服装的服用性能得到升华，使人们穿着服装时更加舒适、健康、安全。

第三节　服饰的艺术性与科学技术

一、服饰的艺术性

（一）服饰艺术性的本质与特征

1. 服饰艺术性的本质

艺术性是指艺术作品通过各种艺术手段反映社会生活、表现思想情感所达到的鲜明、准确、生动的程度。艺术性作为对一部艺术作品艺术价值的衡量标准，主要是指在艺术处理、艺术表现方面所达到的完美程度，主要包括：艺术形象的鲜明具体性和典型性；艺术情节的生动性和曲折性；艺术结构的严谨性和完整性；艺术语言的准确性和鲜明性；艺术手法的精湛性和多样性；艺术表现的民族性和独创性等。各门艺术的艺术性的表现是不同的。

服装虽然以实用性为基本属性，但从艺术角度来说它也是一种艺术品，它是以视觉来感知和接受，包含着诸艺术的特点，与其他诸艺术相比，又独具特色，从多方面给人以美的享受。

从空间的观点看，服饰是一种平面与立体交融的艺术。平面与立体是针对服装的造型而言的，这也是东西方传统服饰的一大差异。中国传统服饰美学观念表现在服装造型上的意象的结构，那种平面的直线与曲线的裁剪方法使衣服适体而又不完全合体，不裸露张扬也不尽力束缚。以一种没有明确凹凸的平面裁剪方法，求得了一个自成纹理、和谐统一的空间造型，更趋向于整体感。而西方服饰在塑形美学观念下产生的竭力表现人体的立体裁剪的服装，反映了西方人崇尚人体美，表现个性，体现对空间的探求心理，有明显的"自我扩张"的心理动机，充分体现性的心理、生理特征。现代的服饰由于东西方文化和技术的交流，平面与立体的造型相互并存、融合，从艺术上营造一个新境界。

从时间的观点看，服饰又是一种活动的艺术。服饰并不是用于陈列的静态艺术品，它在被人穿着后才能充分体现其价值，因此服饰必须适合人体的活动，考虑服饰与人体动态相切合的元素设计。人们穿戴上服饰出现在不同地点、不同场合，展现出服饰的动态美，衬托人的体态美，传达服饰中的文化内涵、精神理念，同时也将艺术美的信息广为传播。

服饰还是一种无声的音乐。音乐艺术通过一系列乐音构成旋律、节奏，抒发音乐情思，人们用听觉来感受音乐所带来的愉悦和艺术性。服饰是一种用视觉来感受的艺术，它之所以能以音乐来比喻服饰，是因为服饰与音乐同样具有节奏和旋律。视觉心理学的研究认为，人类视觉具有一定感受节奏的能力。在服装造型艺术中，通过设计元素的排列、转折，色彩质感的对比，光影明暗的变化等，体现节奏和旋律感。

2. 服饰艺术性的特征

（1）服饰形象具有艺术感染力

人们所喜爱的服饰风格是不同的，无论是端庄、大方，还是浪漫、个性，都不仅仅是因为服饰本身，而是被服饰穿着后所呈现的形象所感染。服饰形象犹如艺术的载体，依靠多样的艺术语言将丰富的艺术风格和情怀展示给人们。人们会被服饰形象所感染，是在于其艺术的自由创造力。自由创造唤起人们精神上的喜悦，才在形象上具有了不可抗拒的感染力。当然这里的艺术不一定都是美的，美与丑之间是相对的。在近代和现代，美学家和艺术理论家逐渐发现已不能完全用传统的美学定论和审美观念去诠释不断涌现的艺术作品，丑不再作为美的衬托，而与美一起共享人类的感性天地。后现代主义艺术体现的是美与丑的重审，在前卫时装界中，服饰以其自由性和颠覆性的表现形式给人们以心灵上的震撼和艺术观念的改变。

（2）服饰设计遵循艺术形式的规律

人类在艺术创造的过程中，运用并发展了形式感，由于是在大量被认为是美的事物中归纳概括出相对独立的、有共通性的形式特征，所以又被称为是形式美法则。就是以点、线、面、体为设计要素，以比例与分割、对称与均衡、对比与变化、强调与突出、节奏与旋律、统一与协调为原则，设计出给人以艺术享受的艺术作品。服饰设计遵循了这一具有普遍性的形式规律，使服饰的艺术性为人们所接受欣赏。服饰与人的密切联系使服饰所具有的艺术性更为感性、多样，这致使服饰艺术形式将会扩展，而使其更丰富。

（3）服饰艺术具有独特的精神内涵

艺术性的高低与艺术品的思想性有着密切的关系，只有形式而没有内涵的艺术是空洞的。设计师赋予作品以思想性，融入其主观审美意识，作品就成为审美意向的物化形态。令欣赏者和使用者能感受精神层面上，艺术作品所显现的灵动生命力。优秀的服饰作品都应具有令人遐想、回味、深思的精神内涵，他们可能来自历史悠久的传统文化，来自神秘而绮丽的大自然，也可能是来自民族民间的奇异之花，其他艺术领域的丰硕果实，又可能是源自某种艺术思潮，或刹那间闪现的艺术灵感。设计师透过服饰来反映他的思想意境，也使穿着者体现了特定的精神面貌。

（二）服饰艺术性的精神体现

服饰的内在精神就在于服饰中所能体现的情感内容与文化底蕴。以传统文化、大自然、民族风情、社会动向为源泉，将赋予服饰艺术生命力。

1. 体现传统文化

传统文化是现代服饰设计中的灵魂，是现代艺术创作的灵感与根基。虽然当代有许多新的设计手法和理念，但传统文化一直是设计师们热衷的乐土。这既可以是注重自然、和谐、含蓄的中国传统文化，也可以是主张个性、张扬的西方传统文化。虽说是传统风格，也不是将"陈年古董"原封不动搬出来，而是将其与现代理念结合后，汲取其中的精髓，并传承、发展，与时代理念和手法结合，赋予它新的形式和新的变化。要深刻的表达传统文化，就要充分地理解它，多了解文化背后的动因和社会背景，才能使服饰不流于表面的形式借鉴。

2. 展现自然魅力

浩瀚缤纷的大自然有着取之不尽的素材。从江河湖海到田原山川，从朝午暮夜到春夏秋冬，从风云雨雪到冰雾霜露，从花草树木到瓜果薯粮，从飞禽走兽到鱼贝昆虫，从宏观宇宙到微观世界……在这些生态领域中，大自然经过亿万年的进化和演变后，其本身已具有固有的美的规律，蕴含着最为原始、未经过修饰加工的和谐景物和色彩。秋林的红枫，绚丽的朝霞，鲜艳的花朵，光泽丰润的鸟羽，深邃幽绿的森林，神奇曼妙的极光等，无不有着奇妙、动人的艺术价值，被许多服装设计师作为其创作元素和灵感源泉，体现自然的设计理念，返璞归真的情感或是达到某种意境。对于自然的表现需要设计师本人的细心观察、体会和感受，找到适合的切入点，并恰当的手法来表现，达到人与自然的协调。

3. 营造民族风情

由于不同的习俗、种族、信仰、行为、地域、文化的不同而产生了多个民族。作为整个人类文明的组成部分，各民族的历史、文化、风俗、民情都有其自身的特点与传统，也成为服装艺术进取的原动力。民族服饰具有鲜明的特点，色彩单纯鲜艳、材质朴素亲近、结构奇异别致，一些工艺手法也是值得借鉴的要素。将民族风格与现代风格融合的形式在于对民族服装款式的理解、色彩的运用、图案纹样和工艺手法的借鉴。融合的实质不是简单的民族元素的叠加，而是在于体现民族的内在精神，或古老、纯朴，或神秘、奇丽的民族风貌中都蕴含着深邃的哲理寓意。对民族风情的表达，首先要了解此民族的风俗、特点，服饰的寓意。可以通过亲身经历去体味，也可以在书籍中汲取养分。

4. 反映社会动向

从一定角度来说，服装是社会生活的一面镜子，文化思潮、社会发展、科技进步等社会动向往往也反映在服饰的设计及风格上。从现代艺术到后现代艺术中，产生了若干个艺术思潮与流派，它们在当时的艺术领域中都扮演了举足轻重的角色，并且影响至今。贯穿了文学到绘画、戏剧到电影，并无一不表现出告别传统、全面创新的激进倾向。超现实主义、波普艺术、抽象主义等，都对服饰的风格形成了不小的影响。社会的发展、科技的进步都渗透进人们的生活与着装理念。例如，宇航事业的发展一度令太空服成为热点；保护动物主义的盛行使服饰从形式上和材料上都予以响应；环保理念的提出使服装向更加安全、健康发展。对于社会动向要及时把握其真正的含义和目的，尤其对文化思潮要了解它的形成缘由、价值理念、美学取向等，这样才能准确表达出内在含义，才能真正将其中的元素运用自如。

（三）服饰艺术性的形式表达

服饰的精神内涵要依靠外在的形式来体现。服饰设计的三要素为样式、色彩、材料，其相应的艺术性表现为造型的风格和方法、色彩的运用、材质的变化。服装还少不了工艺的辅助，如今装饰性工艺手法已经成为服饰中不可缺少的细节。

1. 造型

造型是人对服饰进行视觉感知的重要元素，有时它所带来视觉冲击力是很强烈的，甚至超越任何一种服饰元素，因此，在造型上求新求变，一直是设计师追求服饰艺术性的必要方式。造型包括外轮廓的造型和整体造型。外轮廓是指服装的投影呈现出的图形，是平面的，非常直观的传达服装的最基本的外部特征；整体造型是对服饰的全面造型，从立体的角度去考虑结构线的设计、细节的装饰、饰品搭配等方面。造型的关键就在于利用点、线、面、体四大元素，并处理它们之间的关系，运用各种造型方法达到服饰与人体的和谐。

2. 材料

现代服饰设计不断推陈出新，这与其材料的运用与设计密不可分，服装材料作为丰富的设计语汇之一，已越来越凸显其不可估量的价值和不容替代的地位。服装材料设计的目的就是在了解材料特性的前提下，合理运用现成材料进行和谐搭配与组合，或对材料再设计，从而形成材质的对比与统一，体现服装材质的艺术美感。材料的图案、光泽、肌理等艺术形式，以及悬垂性、飘逸性等物理性能的表现是服饰材料艺术性的重要参数。其中，肌理的美感不仅能丰富材质的形态表情，而且时常能给人生动的、活泼的、极其富有动态的审美特征。饰物的缝缀，面料的褶皱处理，钩编等都是现在常用的材料设计方法。现代的科技也在服装材质上有了突破，带来了风格多样的外观效果。

3. 色彩

色彩是服饰在视觉中最为精彩、最为活跃、最富情感的语言。人们对色彩的情有独钟是由于色彩被视觉感知后，在人的心理所产生的反应，也就是我们常说的色彩的联想或情感。色彩的情感是人的主观感受赋予色彩抽象的生命意义。人们以往的视觉经验和对环境色彩的体验会不知不觉地融进自己的主观情感，当人们再次看见它便会联想到这种体验，产生同样的感受和心理活动。这一点使色彩成为服饰所反映内涵的重要一环，但由于人的体验不同，同一色彩会有不同的理解，如大红，既可以代表热情、活泼、喜庆，有时又代表血腥、杀戮。设计师可以依据不同的色彩情感表达自己的作品。同时，色彩的纯度、明度和彩度也会造成光影感，与色彩的冷暖感一起形成服饰色彩上的层次感。

4. 工艺

工艺是将面料变成服装的必经流程，可分为手缝工艺、机缝工艺、装饰工艺等。手缝工艺是采用手针进行缝制的工艺，也是中国的传统手工技艺。具有线迹精细、平整、针法丰富等特点，很多针法及其作用尚不能用现代缝纫机替代，被誉为高档工艺。也是现代服装中极力挖掘与运用的工艺。包缝、车缝、缉明线、加固缝都是工艺中最为基本的机缝方式，运用缝制机械使服装的平整、结实、有型。这些一般的工艺方法被恰当地运用，同样也可以增添服饰的美感。装饰工艺包括传统的镶、嵌、滚、荡、盘、绣等，现代的电脑绣花，抽褶、打裥、荷叶边、穿绳等花式装饰，手绘、蜡染等特殊工艺，直接表达细节装饰的艺术性。

二、服饰艺术性与科技的内在联系

（一）服饰艺术性的科学理论研究

服饰艺术性的理论研究主要分两类，服饰设计类与艺术文化类研究。服饰设计类针对服饰设计基础类介绍或是相关研究，包括服饰美学、服装学概论、服装设计基础、服装材料设计、服装色彩设计等。艺术文化类理论是关于传统文化、艺术理论、服饰民俗学等，有助于设计师寻求服饰内在含义的研究，是服饰艺术性表现的精神基础。

1. 服饰设计类理论研究

服饰美学是服饰艺术领域的基础学科，研究美学的起源，服饰审美的含义，服饰美学的原理、风格及意境，服饰的美学价值，服装穿着的美学理念等，涉及领域也非常广泛，包括心理学、哲学、设计学、社会学等。揭示服饰领域中审美规律，深层次探究服饰的价值。服饰美学基于一般美学理论的研究及其特殊性，对服饰行为有引导作用；服饰美学的研究与理论家的介入对服饰文化地位起着促进作用；服饰美学深化丰富了服饰文化的内涵；服饰美学的研究促进服饰艺术品质的提高，提高行业利润，推动服饰经济的发展。

概论类理论包括服装学概论和服装设计概论。服装学概论是对服装领域理论的总体概括，从美学、文化人类学、社会心理学、人体工程学、设计学等综合角度，对服装学这一边缘性学科进行了较为系统的理论性探讨。主要包括服装的基本概念和性质，服装的起源，服装的机能，服装变迁的规律，服装设计的美学原理、设计的方法，服饰的流行等理论问题。规范服装学的研究范围，介绍服装学的基本理论，对服装领域的理论研究和服装设计有指导作用。服装设计概论主要针对设计的基础知识，介绍服装设计的含义，服装的功用，服装的美学特征，服装造型、色彩、材料的设计等。研究服装设计的原理、造型元素、设计方法、表现风格等，通过对基础知识的理解，培养人们的专业服装意识。

从服装设计理论中还扩展出许多专项设计研究，如对服装创意、配饰的设计、服饰色彩设计、服装材料设计等。详细地探讨服饰设计相关元素的设计原理和方法，是对服饰设计的较为深入的研究。其中的部分理论是从实践中得来的，并与美学原理和设计法相结合，上升为理论，用于指导设计。

2. 服饰文化类理论研究

艺术文化类理论主要是对艺术领域内的纯艺术理论、文化现象、艺术思潮、民族民间风俗等进行分析和探讨。服饰类的各少数民族服饰研究，民俗学、民族学，研究民族民间生活、文化模式、特色习俗，深入探索了服饰与民族、民俗文化有渊源关系，从而具体地运用服饰民俗阐述民族文化的发展脉络；对服饰民俗惯制的发生、传承、变异及未来作历史与现实的剖析、研究，为服饰设计的创意提供灵感源。

艺术思潮、文化现象类理论主要是对历史和现代出现的艺术风格、流派和理念进行研究，从波普艺术到新现实艺术、观念艺术、超级写实主义、新绘画、大地艺术……研究艺术创作与鉴赏、艺术家与艺术作品的形式表现和风格特征；研究艺术批评与艺术的社会文化功能等理论问题；研究艺术中的哲学问题及美学问题；以及关注新的创作手段、媒介、新的艺术门类，以及大众艺术和边缘艺术等。为服饰设计中传统文化的表现提供更深层的意义和内涵。

艺术理论是对艺术的本质与特征、艺术的起源、艺术的功能、文化系统中艺术的研究。从美学和文化学的角度进行阐述，并掌握对艺术作品的理解和鉴赏作品的方法。从各种艺术种类分析各个分支艺术的特征和表现，以及艺术创作的思维和心理，从而使读者理解艺术真正的内涵和意义，从而为艺术创作提供方向。

设计理论类研究对服饰设计实践有直接的指导作用，并与实践训练结合，能掌握服饰设计的基本技能。而服饰文化类研究为服饰创作时所需深层次的内涵具有理论指导意义。

（二）服饰艺术性表现与科技的支持

虽然服饰的艺术性很大程度是与设计师个人的审美理念与艺术修养相关，但对于这些艺术理念的实现，需要有技术的支持。随着科技的发展，科技在服饰艺术性的表现中的地位越来越重要。服饰缤纷多变的色彩依靠染色技术与化学科技来实现，服装面料上美丽的图案要靠印花技术的支持，新型质感和造型的面料需要依托于各种新兴技术才能完美展现。

1. 染色印花技术

（1）染色技术

染色是纺织行业中重要的后道工序，是把纤维材料染上颜色的加工过程。它借助染料与纤维发生物理化学或化学的结合，或者用化学方法在纤维上生成染料而使整个纺织品成为有色物体。使织物被染上色彩，选择染料与染色方法是非常重要的。染色产品不但要求色泽均匀，染色牢度也是衡量染色成品质量的重要指标之一。染色牢度很大程度上取决于染料的化学结构，染料在纤维上的物理状态、分散程度、染料与纤维的结合情况、染色方法和工艺条件等也有很大影响。染料的性质和结构要用化学方法，通过分析染料成分与分子反映情况来确定。常用的染料有直接染料、活性染料、还原染料、不溶性偶氮染料、酸性类染料等。这些染料都有着各自的优点，也有不足。例如，靛类和蒽醌类为主的还原染料，色谱交全、色泽鲜艳，耐皂洗、耐日晒牢度都比较高。但某些黄、橙等色有光敏脆损现象。

此外的染料还有涂料染色、植物染料。涂料不溶于水，对纤维没有亲和力，不能渗透纤维内部，但能在制造化学纤维过程中，将其直接加入丝体或靠黏合剂的作用机械地粘着于织物上。涂料作为一种颜料，长期以来在印花上广泛使用。具有适应性较强、操作简便、配色直观、色相稳定、色谱齐全等特点。但其机械固色决定了它的耐搓洗牢度低、手感发硬等缺点。植物染料多在少数民族地区，作为蜡染、扎染的染料。它无毒无害，具有较好的可降解性，色谱较全，颜色不够鲜亮，但这也是少数民族地区的布料显得质朴。天然植物染料中，有不少品种的水洗和气候牢度不够令人满意，其浓度和色相也不稳定，色牢度较差，即使使用媒染剂牢度仍然不理想。

染色的过程中，为提高生产率，获得均透坚牢的色泽而不损伤织物，要有先进的设备为辅助。染色机械有很多，感召染色方法可分为浸染机、卷染机、轧染机等；按被染物状态可分为散纤维染色机、纱线染色机、织物染色机、成衣染色机。合理选用染色机械设备对改善产品质量、降低生产成本、提高生产效率有着重要作用。

（2）印花技术

印花是通过一定的方式将染料或涂料印制到织物上，形成花纹图案的方法。织物的印花也称织物的局部染色。当染色和印花使用同一染料时，所用的化学助剂的属性是相似的，着色机理是相同的，燃料在服用工程中的牢度也是相同的。但印花有着自己的特点和流程，需要在燃料中加入糊料和染化料一齐调制成印花色浆，防止花纹的轮廓不清或花型失真影响效果，以及防止印花烘干时染料的泳移。印花后烘干的糊料会形成膜，阻止了染料向纤维内渗透扩散，必须借助于汽蒸来提高染料的扩散率。印花时经常用不同类型的染料进行共同印花或同浆印花。

印花的方法主要有直接印花、拔染印花、防染印花、防印印花、涂料印花、喷墨印花及特殊印花。其中直接印花是运用最多的方法，可印制白地花、色地花和满地花图案。拔染印花是加入可以破坏地色的拔染剂进行印花，得到拔白和色拔两种效果，色地丰满、花纹细致、轮廓清晰，用于高档的印花织物。喷墨印花是利用计算机辅助设计技术，将图案输入计算机，经分色处理后由计算机控制色墨喷嘴的动作，将图案喷射在织物上完成印花。具有颜色丰富多彩，印花精度高，素材灵活，无颜色、回位的限制，无须制版，批量灵活，易修改等优点。喷墨印花又可以分为在纺织品上直接印花，纺织品转移印花，成衣喷墨印花。此外，印花还包括烂花印花、静电植绒印花等特殊印花类型。

印花同样要靠设备来实现。主要分两大类，即平板型和圆形。有辊筒印花机、圆网印花机、平网印花机，还有蒸化机，通过不同的制版和制网来达到不同效果的印花，如激光制网、喷蜡制网都是不久前比较先进的制网技术。

2. 新型风格织物的开发

服装面料对服饰艺术性的作用是显而易见的，织物的风格是面料审美和流行的决定性因素。织物风格能给人柔软、爽滑等舒适感；同时还能从质感上感受毛绒、闪光灯表面肌理特征；还会影响织物的刚柔性、悬垂性等，这些性质共同影响面料的造型特征和形象感。

影响织物风格的因素主要有纤维原料、纱线、织物组织结构、后整理。纤维的原料是很重要的影响元素，不同的原料都有自己的化学成分和分子结构，决定了特有的自然属性。进行风格化设计时，要充分注意材料的固有特性，进行恰当的处理使其特性能有效地发挥。纱线是纺纱工艺的产物，因此纺纱技术也是影响外观的因素。通过对细度和捻度的把握，混纺的纱线类型和色彩，选择的纺纱方法等使纱线呈现不同外观。织物组织的构造对于不同类型的织物也会有不同的工艺领域，如机织物的平纹组织和缎纹组织，针织物有罗纹组织和提花组织。在组织相同的情况下，织物还会有许多变化余地，如密度的变化会影响织物的刚柔性、透明度、飘逸感等多方面。后整理是织物获得必要的稳定性和某些功能性，也能影响其外观，如起绒整理、涂层整理、皱纹整理、仿旧整理等。

3. 辅助服装造型的技术

服装的结构设计与制板技术结合，在人体关键性的活动部位中，如背宽、袖笼等，把握符合人体净尺寸及活动松量，就可以满足服装适应人体活动的功能。服装的结构设计也是服装造型的主要方式，在确定满足人体活动的数据同时，也制定了服装的基本廓型，为服装的造型打下基础。省道、断缝和褶裥是结构设计的三大元素。它们最为基本的造型方法是将人体各部位的差值包含其中（含有省量），塑造立体的效果。省量的分解和省道的多组排列，使服装既含有功能性尺寸又具有艺术效果。断缝以其能将整体服装分割的特性，可将服装艺术性分解成多个裁片，形成有序或无序的块面组合，形成或柔美，或刚直的线性表情；还可以通过改变省量的大小和省道的位置，使各裁片具有各种内收或外展的造型。褶裥则能含蓄的表达功能性设计，并能无限扩展，以多种方法形成的褶皱给服饰带来丰富的层次感和肌理感，成为设计师们一直钟情的造型形式。结构设计既能表现服饰造型的柔和，也能表现其夸张，通过三个元素的运用及其尺寸把握，完美的表现服饰造型的艺术性。

还有被设计师们用来辅助服装造型的有热处理技术，主要用于化学纤维织物或服装的处理。化纤在高温的条件下易改变形态，利用这一特点，将面料或服装在高温条件下进行变形、压膜，冷却后形成永久性形态，如形成永久性褶皱，形成浮雕装的立体效果等。还有某些材料本身就是可塑性很强的材料，如泡沫材料和橡胶，化纤泡沫大多数是由化学聚合物而来，它可以与其他纤维很好地结合，使制成品既有强度又有回弹性。近来最有发展的化纤维泡沫日益多样化，穿着在人体感觉良好，活动自如，在挤压后可以快速恢复到原状。这类材料也为服饰造型提供了新思路。

三、服饰艺术与科技的结合

（一）新型风格织物

1. 差别化织物

差别化织物是由差别化纤维构成。差别化纤维泛指对常规化纤有所创新或具有某一特性的化学纤维。主要通过对化学纤维的化学改性或物理变形制得，它包括在聚合及纺丝工序中进行改性及在纺丝、拉伸及变形工序中进行变形的加工方法。其品种很多，主要用于服装以及装饰织物。服用型差别化纤维可由两条途径开发：一是对衣料织物外观及结构的改进；二是改进穿着舒适性。第一条途经可以开发出仿丝、仿毛、仿麻、仿麂皮和能深染的各种织物。第二条途经已开发出吸湿性优良、隔热、防菌及抗紫外线织物。后者已在实用功能中介绍，本节主要就前者介绍外观与结构的改性纤维织物。

从形态结构上划分，差别化纤维主要有异形纤维、中空纤维、复合纤维和细特（旦）纤维等。异形纤维是经一定几何形状（非圆形）喷丝孔纺制的具有特殊截面形状的化学纤维。根据所使用的喷丝孔不同，可得到三角形、多角形、三叶形、十字形、扁平形、Y形、哑铃形等（见图 3-12）。具有特殊的光泽、蓬松性、耐污性、抗起球性，可以改善纤维的弹性和覆盖性。三角形纤维肯定闪光性，五角形纤维有显著毛型感和良好的抗起球性，五叶形复丝酷似蚕丝。而复合纤维则是由两种及两种以上聚合物或具有不同性质的同一聚合物，经复合纺丝法纺制成的化纤纤维。复合纤维如为两种聚合物制成，即为双组分纤维。可用于制造毛型织物、丝绸型织物、人造麂皮、防水透湿织物、无尘服和特种过滤材料等。

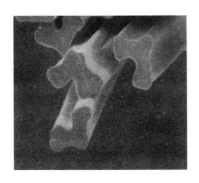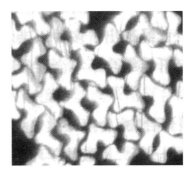

图 3 – 12　人字形截面纤维

在进行差别化设计时会对传统的织物风格进行反向设计，改变人们对某种类型的织物固有的认识，所以感觉上会反差较大，符合人们求新、求异的心理。下面介绍几种比较典型的差别化织物。

膨松丝织物是由于在缫丝加入了膨化剂，使蚕丝的直径增加 20% ~30%，而显得蓬松得名。这一变化使蚕丝的外观和手感发生了相应的改变，改变了传统丝织物闪亮、轻薄、爽滑的特点，使产品变得丰满、柔糯、挺扩和富有弹性。

高级丝光棉织物是对棉织物进行丝光整理工艺的处理，使之产生较好的光泽度和爽滑的手感。一改传统棉织物没有光泽的特点，提高了她的档次。为了加工效果更加明显，可以选用精纺高支纱并采用双四、双烧工艺，这样就可以呈现出细致、光滑、明亮的外观特征。

30% 的羊毛与其他天然或人造纤维混纺创造出的羊毛牛仔布。改变传统牛仔布的粗犷、朴实，呈现优雅的外观，而且手感柔滑、舒适，成为牛仔布中的顶级产品。

2. 特异化织物

特异化设计是利用织物风格所特有的象征作用，通过某种不同寻常的风格特点来表达设计概念，是时尚流行的产物。或是体现织物某一方面性质在程度上的特殊变化，或是使织物的形态特点与某种物体和形象相近，进而借助人的联想能力，赋予织物的某种特别属性。特异风格织物分为两种类型：一是手感特异化织物，二是外观特异化织物。手感的特异表现在织物性能上，如柔软性、悬垂性、摩擦性等，通过组合原料、组织、织造、后整理等异化手段后，表现为超柔软、超垂感、超硬挺等。外观的特异表现为织物的表面形态的变化，通过纱线的选配、组织的创新、特殊染整等工艺方法，使织物呈现砂石、树皮、破损、陈旧、皱缩、立体、雕刻、视幻等外观，用以象征一些自然物态、科学与艺术现象、生活事物等。

例如，采用经纬异色纱，不均匀的组织以及起皱效果，使织物呈现出自然而蓬松的外观特征，具有很强的层次感。针织物出现起皱和透孔两个变化，采用长丝编织，以规律的组织花形使织物具有立体感或是细致而又层次的外观。通过对面料的二次设计，也能给织物以特殊的外观，如采用局部的皱缩处理，或是补花、镶拼、抽纱等，使服装面料呈现很强的装饰效果。

3. 传统创新织物

顾名思义，传统创新织物就是对传统的织物进行创新，赋予时代意识和流行风尚。通常是通过两种方式创新。一是把传统织物风格移植到新型材料上，利用新材料与新工艺，再现传统面织物的特点，如仿古设计、民间织物外观织造等，表现怀旧意识。二是利用传统风格织物表达新的意义，通过技术改造，对某些典型的织物进行形象创新，保留其风格特征的前提下，给人一种新的感受。对蕾丝面料、网眼织物的织纹、花样、质感等加入流行元素，给人时尚的气息，如进行仿珍印花、静电植绒、刺绣等。

例如，仿珍印花，是在纺织品上印上闪闪发光的图案，使花型具有珍珠光、宝石光、金银光等效果的印花方法。将珠光宝气和金银首饰与服饰面料通过高新技术有机结合，将特种材料印到织物上。珠光印花是把类似珍珠闪烁光芒的珠光粉、透明成膜黏合剂和增稠剂等物质加到印花色浆中，印制到织物上。经过一定温度的烘燥后，织物上就会在光照下发出珍珠般光泽。银光印花则是将纯度为99.5%的铝粉与抗氧化剂加入色浆中，或是采用云母包覆银光印花浆，印制到织物上，使织物呈现银色光芒。后一种方法所引出的银光效果更为理想。

（二）变色材料功能

色彩是表达服饰艺术性的重要元素，五彩缤纷的色彩也给人们以美好的享受。变色材料制成的服装能够随着光照、温度、干湿的不同而变化颜色，色彩时深时浅，斑斓迷蒙，给人以神奇的感觉，色彩的变幻使服装成了一幅"风景画"。

能随光照而变色的物质，被称为光敏变色物质。光敏纤维在光的作用下，颜色、力学等性能会发生变化，这种性能称为"光敏变色性"或"光致变色性"。光敏纤维是通过在纤维中引入光致变色体而制得。具有光致变色性的物质主要有氯化银、溴化银、二苯乙烯类、三苯甲烷类衍生物、水杨酸苯胺类化合物等。将它们制成涂料，在服装、服饰品表面进行涂层处理，或局部印染，目前，光敏变色材料已发展到四个基本色：紫色、黄色、蓝色、红色，也可以和一般染料混合使用，使服装或图案在光照下呈现出色彩丰富、艳丽的图案或花纹，光线消失则恢复原有颜色。光敏变色材料可以作为军事上的隐蔽材料，用于军事人员的服装或武器外罩上，起到保护作用。研究光致变色材料最多的国家是美国、日本、法国等，日本和美国已有相应的民用产品出售，如在日本，这种变色染料印染的变色 T 恤衫、绒衫和短裤等系列休闲装，由于色彩的变化不定，产生出浪漫和潇洒的感觉，因而十分走销。

随温度而变色的物质，称为热敏变色材料，某些物质可在特定的环境温度下，发生结构变化而致使颜色变化，这种特性称为"热变色性"或"热敏变色性"。热敏变色染料主要有无机类、液晶类、有机类之分。无机类主要为过渡金属化合物，如碘化汞的复盐，在 70.6℃时从红色变为黑色，50.7℃时从黄色变为红色。液晶类物质具有独特的层状、螺旋状分子结构，使其表现出独特的光学性质。有机类化合物大多是由于介质的酸碱变化而引起的分子结构变化，如三方甲烷类、荧烷类等。温敏纤维的加工主要是将温敏变色燃料通过共聚、共混、交联及涂层等方法引入纤维中或纤维表面。温敏变色显色剂是由算显色燃料、酸性物质及有机溶剂组成，其变色原理是酸显色染料与酸性物质之间的电子链受反应温度的影响而改变。例如，日本公司开发的织物是将热敏燃料密封在为胶囊内，然后涂层整理在织物表面。胶囊内包含三种成分，有热敏变色性色素、显色剂和消色剂。调整三者比例就可得到可逆的温敏变色纤维。在温差超过 5℃时发生变化，温度变化范围是 −40℃ ~85℃。针对不同用途，可有 64 种不同的变化。温敏纤维是高新技术与传统纺织技术有机结合的产物，有广阔的市场前景，在服装、建筑、军事等方面都有很大潜力。

随着湿度变化的材料，称为湿敏变色材料。是由于湿度能够导致染料本身结构的变化，致使吸收光谱发生改变，从而产生变色效应。湿敏变色染料主要成分为钴复盐，加入特定黏剂与增稠剂，黏附于织物上，使其易于吸收周围水分子，同时还加入一定的增色体，提高变色织物的色泽鲜艳度，用于纺织品的印花加工。如果将印花色浆中变色涂料巧妙结合，用于毛巾、浴巾、手帕、泳装等的印花，那么干燥是为白色，湿润后显示各种颜色，或别致的印花图案。

（三）服装设计师作品与科技的运用

在时装界，设计师通常对面料有着很强的鉴赏力。在日本大多数时装设计师自己创造面料或是雇请与他们在工作上联系紧密的面料专家来开发新面料。仅仅是最近 30 年，面料和时装设计师才以这种方式一起工作。最成功的服装其特殊面料的内在特征都是经服装设计师与面料设计师细心考虑的。

1958 年，杜邦公司研制出化合橡胶纤维——莱卡（Lycra），由于有极好的回弹性，质轻、结实，渗透和干燥迅速，受到各大品牌的推崇。香奈尔（Chanel）、卡尔文·克莱恩（CK）、阿玛尼（Armani）等世界著名品牌都纷纷推出莱卡服装，莱卡从一种高科技面料成为世界潮流，标志着高科技时代新型的时装设计已经出现。

20 世纪 60 年代，一些顶级服装设计师就对科技十分感兴趣，如皮尔·卡丹（Pierre Cardin）采用真空及模压面料，安德烈·库雷热（Andre Coureges）采用了黏合平针织物和化纤面料，帕科·拉巴纳（Paco Rabanne）用金属和链状连接盔甲服装，这三位设计师给予现代的前卫派以灵感。纽约设计师唐娜·凯伦（Donna Karan）认为"科技是时装的未来"，她设计的服装一直以黑色为主，现在她也运用了一些闪光的金属色在内的色彩。她对新型的化纤极为感兴趣，包括先进的后整理技术，有面料设计组专门为她研制面料，而这些面料通常是唐娜·凯伦的时装设计的灵感源。她起用过的面料包括反光、高服用性的面料和特殊混纺织物，如莱卡和克什米尔羊毛。她有一件设计作品是将新式面料分割而制成软管，再附于软管极为多样的外观和特征。

日本的面料业与时装业成功合作的典范是森英惠（Hanae Mori）与高田设计室（Design House Kenzo），这个设计室对法国高级时装和成衣精品进行设计。对每一件高级时装精品，森英惠和松井忠熊（Tadao Matsni）所选择的主题，大都是从自然界或是经典的日本图画中获取灵感。这个面料公司所感兴趣的是经过预热后整理的化纤，但这种处理很昂贵并且制成的面料通常是难以缝制，因此，主要用于高级时装。至于进行热处理的面料。高田设计室选择了性能良好的聚酯纤维（涤纶），并设计印花，然后在别处完成后整理过程。该公司位于京都，这儿有浓郁的纺织传统以及对最新科技的认识。与其他日本公司一样，高田设计室紧跟最新的科技，如十年前要靠手工制作不同的色位，如今只要在一小部分时间内由计算机来完成变化，直接由计算机来控制运行的印花机，免去了传统的绢网印花过程，大大降低了成本，并且走向既经济又环保的道路。日本时装设计师松田惠里（Eri Matui）以高科技影像技术表现崭新的服装设计理念，他以聚乙烯制成的大凹面镜组合排列，构成裙子，模特的双腿在所角度凹面镜的透视下，好似一个万花筒，呈现多变纷繁的影像。记录下同一个时间单位里，同一姿态不同角度的变化，表达出设计师将非生命体的服装作为时间变迁的刻录机而表现的创作理念。

对于在时装/面料和艺术界的学生及专职人员来说，三宅一生代表了赋予面料和服装真诚热情的无限创造性。他采用先进技术去研究新面料和新技术以制出既实用又美观的独特服装。他通常把天然纤维和化合纤维面料混纺，如丝与涤纶，并且对面料进行多种处理，包括扎染、用热过程进行永久性压褶和用热裁剪进行无缝制闭合接缝，制成几乎是压模服装。他的服装外观前卫，然而从未放弃世界传统的时装及面料文化，古老和褶皱外观的面料有着某种魔力使他在采用最新技术的条件下能长期引人注目。

三宅一生的服装既是雕塑又是绘画艺术，他对形式和结构的注重可以与许多艺术时期相媲美。定名为"请用褶裥（Pleats Please）"的时装系列体现了三宅一生的设计理念，体现出他创新、进步的思想。他所创制的服装把古代技术和面向未来的外观及耐穿性相结合。他关注新型热塑面料的动态，并运用它的性质从100%涤纶平针织物，非常飘垂、质轻和多功能材料中创制出永久性褶裥。一般情况下，设计师用已经经过压褶的布料来制作服装。三宅一生的褶皱服装的制作过程是享有专利权的，他的服装首先被裁剪并缝制成一特大的二维廓型，然后夹在两层纸的中间，通过机器压褶缩小到正常尺寸，并用工业"烤炉"进行高温加热，这种加热过程与面料的存储器相对应，产生永久性褶裥服装。三宅一生更像是以一名典型的建筑师或工程师的方式创造了一种新的时装技术。三宅一生还进一步试验热塑化纤织物，进行压模、扭曲、起皱和折叠，通过加热处理保证它们的形状。近期的时装采用全息图面料于充气塑料，创制出令人感觉欢快而略带孩子气和科幻色彩的服装。

图 3 - 13 菱沼良树的热定型面料

菱沼良树被认为是第四代国籍认可的日本设计师之一，他也是一位对面料及富热情的服装设计师，他监察从纤维到服装的整个过程。当他没有找到他所要的面料时，就开始制作面料，灵感来源于世界各地。菱沼良树还给他的雇员示范制作技巧并让他们仿制他的样衣。进行预热处理能创制出所有的质地，与传统的日本工艺制作出的起皱效果没有很大差别。他的目的不是要改变整块面料，而是集中于一小部分用内部的细节来替代整体变化（见图 3 - 13）。菱沼良树利用热定型技术对化纤面料进行不同的变化，在局部的压褶热定型，在色彩造型强烈的艺术效果。他还用热压膜技术是纱质上衣形成凸起的浮雕样式。

服装领域中高科技不仅在于面料，还在于服装本身的功能。科技装置的植入使服装具有自身难以实现的各种功能，自动机械装置更是可以使服装改头换面。韩国的高科技企业在服装中安装了内置的数字音乐播放器，能让人们享受全部的 MP3 功能；澳大利亚联邦科学与工业研究协会（CSIRO）的科学家研制出"可穿着的乐器衬衫"，在 T 恤的每个肘部和袖子内放置传感器，捕捉到吉他演奏者双臂的动作并对其进行分析，以无线电通信的方式传送到吉他音频采集器中，合成出音乐。胡赛因·查拉扬在 2007 年秋冬系列服装中加入发光的电子元件——LED（发光二极管），使一件简单的连衣裙，变得与众不同。他在 2007 年春夏"101"系列服装中将机械装置安置进了服装，通过自动机械，使分别代表 1906 年、1926 年、1946 年、1966 年和 1986 年风格的裙子，各自"进化"了 20 年，带来完全不同的外观，极具未来感（见图 3 - 14）。

图 3 - 14　胡赛因·查拉扬"101"系列

第四节　服饰的社会性与科学技术

一、服饰的社会性

（一）服饰社会性的成因

在现今人们生活水平提高的社会中，服饰的艺术性特征显现得更加鲜明，在某些情况下超越了实用功能。在很多年轻人眼中，服饰只是装扮自己形象的物品。其实服饰作为社会中的一种商品，与社会中人的密切关系决定了服饰必定具有许多社会的属性和内涵，这些社会因素对服饰科技的发展起着关键的作用。

如果只看社会性一词，其内涵是十分广泛的，它包括社会关系的各个层面、各种表现及其变化发展所体现出的规律，各种社会现象之间的相互关联等，具体来说要涉及社会结构、社会群体、社会规范、社会角色、社会组织结构、社会的发展、社会制度、社会问题、社会控制及社会秩序等。只要是出于社会背景下的事物就会赋予社会性，即使是充满感性色彩的艺术。可以说，艺术的诞生与存在是依赖于他所生长与服务的社会，无论艺术家的想象与创造的世界、艺术品的价值世界，以及艺术品所进入的境界与召唤的力量如何的出神入化、深邃迷离，归根结底是由艺术生产的个别丰富复杂的文化与社会语境所决定的。要把握它们的关系，必须将自己置于同一文化背景和社会语境中去理解。

作为艺术领域分支的服饰也同样如此。首先，服饰本身就是社会生产力的产物。社会生产力是指人类征服和改造自然的客观物质力量，从自制的兽皮、树叶、骨质的服饰，发展到机械化大生产的各类材质的服饰品，都是由于社会生产力的不断推进，才得以一步步走向华美、高档品质的。没有机械发明，没有科技的进步，也许服饰的加工和生产还局限在小作坊中，服饰品的材质也不会有如今的纷繁景象。其次，服饰是服务于人，也是由人所设计创造的，更确切地说是社会的人。身处于社会的人必定被赋予社会属性，必定受过社会教育，具有社会经历，观察社会现象，遵守某些行为规范等，这些都影响着设计师的思维理念、创造能力和内心情感，更加左右着着装者对服饰品的喜好和选择，因此，它们使无论是设计师还是着装者都带着社会的深刻烙印。再次，服饰作为商品参与了社会交换。商品是为进行交换而生产的，是对他人或社会有用的劳动产品，最初人们自给自足的方式制作的服饰不属于商品。随着社会的发展，文化的交流，服饰商品已经形成符合消费群体的系统运营模式，并且消费群体需求不断提高，从一定程度上也促进了服饰业的发展，推动了社会经济的进步，这一点在服饰史上以法国为首的典范是最好的证明。因此，从宏观角度来说，服饰产业是社会经济的重要组成部分之一。最后，服饰从古至今都在社会群体中产生社会效应。服饰从古代开始就被运用为身份的标识，表明社会地位、职业、企业形象，传达出个人身份、品味、修养和气质等；它作为人们日常生活不可少的物品，随着年代的变更自然成了传承社会文化和民俗风情的载体之一；服饰品的艺术性成为社会群体追逐的时尚潮流，引领人们的着装趋势和品味。

（二）服饰社会性的表征

1. 服饰的标识性

古今中外，服饰的标识性一直是作为服饰的重要社会功能而存在，它不仅是自我的标识，而且还是一个氏族、民族、国家的标识，以及一个国家中不同的阶级、集团、派别、阶层的标识。对不同时期，服饰的标识性的体现是有分别的。在古代，服饰的标识性重在氏族、阶层和等级的区分，而现代，则更倾向于自我个性、集团、国家民族的标识。

早在服装诞生之时，服装的标识作用就已经出现，原始人喜欢把自己打猎得来的兽皮、兽牙做成饰物挂在身上，以显示勇气和强壮；或在同一氏族的人们身上纹有统一的标记，作为可辨认的记号；再或者利用自伤造成的伤痕等"美容"手术标榜自己的勇敢，显示自己能够忍受巨大的肉体痛苦。而后，衣装的等级制度出现了，这自然是以逐步完善的制衣技术为前提的。人们可以利用各种制作技艺让服装拥有不同的色彩、质地和式样，炫耀财富和地位，从此有了规定好的严格且固定的象征形式，以区分等级和贵贱，东西方皆如此，如色彩，周朝以紫为贵，秦朝尚黑，汉代后以黄色为皇族色彩；从商周的十二章到明清的官服补子，从皇帝到各级官员都有严格的图案和色彩的规定，起着区别官阶，起着巩固皇权阶级的作用。在西方，贵族服装以华贵丝绸为主，而庶民则多用毛麻织物，皇族也同样规定了不同的服饰品和纹样，平民不得穿着贵族衣裳，否则将受到严厉的处罚。

现代随着科学技术的飞速发展，丰富的面料、款式、颜色、性能，让穿着者的个性得到极大程度的张扬；服装的品牌观念、企业形象观念植入人心，人们通过服饰来对不同行业、社会职业角色与特定身份加以区别。例如，象征和平的绿色邮递员装、硕士博士的学位服、法官司律的法庭着装及各式军装制服，国际上公认的"高筒白帽"的白色厨师职业服等。各国家民族多年传承下来的民族服饰现已成为各国各民族体现文化特色的标志之一，甚至成为文化交流和传播的媒介，如中国的旗袍、日本的和服、美国的牛仔帽和领巾等。这些无不是服饰标识性的完美展现。

2. 服饰的文化性

所谓服饰文化性，意指服饰所具备的承载、记录、展示、传播人们物质生活状态和精神生活状态的价值和作用。从某种意义上来讲，服饰本身就是文化，在中国几千年来的历史进程中，在相对稳定、自闭保守的状态下，儒和道的学说信仰汇成了古代哲学思想的主流，这些思想已渗透进中国古代宽衣服饰文化中，形成了特有的美学与哲学观念，造型上表现出了一种中国风格的神气与韵味，流露着民族的潜在精神和文化的内在灵魂，这种服饰文化背景对中国着装观念和习惯影响至今。

西方则强调主观世界与客观世界分离，明确提出主观为我，客观为物，"物"与"我"是相对立的，不容混淆的，致使他们习惯于理性观察世界和探讨规律，并形成一种追求自然法则以获得真理的做法。因而，表现出以一种理性的或科学性的态度对待服饰。在塑型美学观念下产生的是竭力表现人体的立体造型服饰，这种空间意识反映了西方人对空间的探求心理，有着明显的"自我扩张"的心理动机，在服饰上大力表现个性，强调夸张了人体之美。

服饰品为文化的交流也做出了贡献，早在汉朝，通过将丝织物和中国文化带到了匈奴，据史料记载，汉文帝在公元前174年赠送匈奴单于的礼品中，有绣10匹，锦30匹，赤绨绿缯各40匹，均为丝绸，另有绣袷绮衣，绣袷长襦，锦衣合袍，都是丝绸做成的衣服。"丝绸之路"是古代中国与中西方各国经济文化交流的通道。在这条道路上，运送的物品以中国丝绸为主，所以得此名。可见，在古代时服饰品就起到了文化交流作用。如今，中国风对国际时装界的影响也是有目共睹，"中国红"、旗袍也成为国内外时尚人士喜爱的元素。

"文化衫"的流行更直接表达了人们对服装文化功能的追求，同时也使服装文化功能得以强化。通过印染到文化衫上的各类文字和图形，表达出穿着者的精神状态和思想追求。最近，欧洲市场上出现一种高科技的文化衫，它具有液晶显示功能，可反复或滚动呈现若干条语言，令人耳目一新。正是凭借科技的神力，才使服装文化功能的表现方式、路径形态变得丰富多样。

3. 服饰的经济性

服装的经济性是指在商品经济下服装所具有的商品性、产业化和趋利性。在自给自足的经济条件下，服装的经济功能处于隐性状态。随着工业化时代的到来，商品经济日益发达，在市场的驱使下，原本作坊式的服装业迅速形成了规模宏大的产业，服饰的经济功能越发凸显。这首先体现在服饰的商品化上。凡是为用于社会交换而生产出的服饰品都属于商品，这就决定了服饰品从设计、采购到制作、销售等环节都与成本、利润、效益分不开，力图在低消耗、高效率的情况下产生高回报、高收益，赢利是生产者的宗旨，也是生产者进行生产劳动的动力。也正因这一动力，服饰品的生产从最初的自给自足走向了商品化，进而形成产业。在社会经济的大背景下，服饰产业成为经济的重要组成部分之一。根据国家统计局统计显示，2007年1—12月累计，全国社会消费品零售总额89 210亿元，比去年同期增长16.8%，其中，服装类消费增长 28.7%，增幅较 2006 年同期提高了 7 个百分点，较 2005 年同期提高了 11 个百分点。全年全社会累计服装消费超过 8000 亿元。据海关统计：2007 年我国累计完成服装及衣着附件出口 1150.74 亿美元和 296.62 亿件，同比分别上升 20.89% 和 11.42%。其中，梭织服装及附件出口 473.21 亿美元和 89.34 亿件，同比分别增长 8.23% 和 5.46%；针织服装及附件出口 613.31 亿美元和 207.27 亿件，同比分别增长 36.59% 和 14.2%。由此可见，服饰产业的发展成为社会经济的推动力之一。

随着人们生活水平的提高，对服饰品的需求也在不断变化，服饰行业的竞争也越来越激烈。服饰业纷纷选择和构建更为先进的科技理念，利用先进的生产设备技术，不断完善的科学管理技术，加强对功能化、智能化、数字化服装的研发，追求更高的附加值，以增强商品在市场上的竞争力，科技水平成为企业的关键指标，这是当代市场经济竞争规律使然。

4. 服饰的流行性

服饰的流行是指服饰在社会生活中的迅速传播和流传，这种传播和流传并不是自发形成的，是由社会需要、社会动机和社会行为所决定的。现代人们对服饰的需求主要来自安全需求、生理的愉悦、社会归属、性爱、自尊和自我实现，这些需求还在随着社会的文明程度、地域生活环境、社会思潮、风俗习惯、科技水平、个性等的不同而变化。一旦这些服饰需求有所欠缺或人们对他们有新期望时，就会引起社会心理上的不足感，进而产生了服饰消费需求，转化为消费动机。一般来说，对服饰流行影响较大的动机分为两类，一是求异，穿着者希望通过服饰突出自我，展示个性，成为服饰消费先锋和流行的领头人；二是趋同，着装者选择已经在流行中的服饰品，表示自己处于社会主流之中，他们是流行的追随者，也是服饰消费的主要社会群体。

服饰流行的最本质的社会性体现在于服饰传播的模式，它是一个比较复杂的社会过程。首先是服饰设计专家设计出新异服饰，通过发布会或直接的销售，传播给一部分个体，这部分个体被称为"一次参照体"，一般为社会地位较高的社会上层；其次是由于一次参照体的示范作用，引导了第二批使用新异服饰个体的追随，他们多半是社会中容易接受新鲜事物，或是出于对社会上层崇拜的群体，被称为"二次参照体"；最后传播到社会大众中，成为大众流行服饰。当然，在新异服饰传播过程中，个体都会根据自己的判断对服饰进行取舍，这就是我们能看到人们所穿着服饰的时尚程度和时尚样式有所不同的原因。

在服饰的流行过程中，贯穿了社会的各个阶层，并会引导人们的着装形象和审美观念。随着信息传播的便捷，服饰的流行越来越演变成国际性了，它的社会效应可见一斑。

服饰社会性的表征中，标识性和文化性表现出的是人文方面的，偏向于科学理论的研究，与技术没有直接的联系。服饰的经济性与服饰产业紧密相连，科学技术—服装设计和生产—服装消费—服装利润，在这一链条中，科技是引擎，同时又贯穿着服饰实现其经济功能的全过程。因此，在服饰社会性中，服饰的经济性与科技的关系最为紧密。科技让服装制作实现机械化、产业化，服装产业化使服装市场流行周期短，同时又对科学技术提出了更高的要求。服饰流行性则是介于理论研究与技术辅助之间。虽然服饰流行有着自己的传播形式和过程，但科技的发展加速了传播速度，扩大了传播范围，这在现代社会表现尤为明显，先进电子信息技术的发展推动了服饰信息的传播。

二、服饰经济性与服饰产业现代化

（一）服饰产业

1. 服饰产业的概念

产业是指有利益相互关系的、具有不同分工的各个相关行业所组成的业态的总称。这些行业的经营方式、经营业态、企业模式和流通环节会有所不同，但它们的经营对象都是围绕共同的产品展开的，其结构组成涵括了制造、营销、宣传，甚至教育、机械等行业。

服饰的产业有广义和狭义之分。狭义上服饰产业是指服装和配饰制造业，根据《国民经济行业分类》国家标准（GB/T4754—2002），服装制造业指以纺织面料为主要原料，经裁剪后缝制各种男女服装以及儿童成衣的活动。其中包括非自产原料的服饰制作和固定生产地点的服饰制作。① 配饰制造有着相似的产业构成。狭义的概念突出的是服饰产业的主体。

---

① 赵洪珊：《现代服装产业运营》，北京：中国纺织出版社2007年版，第1页。

广义的服饰产业范围则宽泛很多，关系到服饰的整个产业链。这也就是经济学中的产业关联，包括服饰产业与其他产业以及服饰产业各部门之间的各种投入品和产出品为连接纽带的技术经济联系。这里的投入品和产出品可以是各种有形产品和无形产品，也可以是实物形态或价值形态的投入品或产出品。服饰产业是门类繁杂的产业，它是以服饰设计领衔，即加工、商业和贸易为一体的都市型产业。以服饰商贸为产业主体，以面料、辅料、服饰加工等为产业支持，以饰件、化妆品、形象设计等为产业配套，以展览业、服装报刊及新闻传播、信息咨询等为产业媒介，以服饰教育为产业的人才资源基础的综合产业链。

2. 服饰产业的发展

服饰产业是由纺织服装工业发展而来的。纺织服装工业是世界工业革命的摇篮，在世界经济发展中始终担任着重要的角色，尤其是纺织业，一直是服装业的先导，也是发达国家和地区的工业化的先导产业，第一次产业革命就是从纺织行业开始的。

根据其发展的动因，世界纺织服装工业的发展历程大致分为五个阶段。在18世纪产业革命以前都属于手工纺织阶段，经历了最初的自给自足的家庭手工阶段到小规模的家庭作坊式加工。由于纺织机械的发展，手工的加工模式被迅速淘汰，确立了现代意义上的工业，使纺织服装业进入了机械化生产阶段。1870年格兰姆制造了工业应用的发电机，从此电能在工业生产中取代了蒸汽动力，成为新的动力基础，被广泛应用到所有的产业部门，纺织工业进入了电力纺织阶段。第三次产业革命以原子能和化学工业的发展为主要内容，在纺织服装方面的主要标志是化学纤维的发展。粘胶纤维的工业化，锦纶和聚酯的开发，都体现了纺织科技的进步，改变了纺织工业依附于农业原料生产的格局，不仅满足了人们衣着需要，也运用到相关的各个领域，使纺织工业进入高速发展的现代阶段。自20世纪70年代以来，全世界范围内兴起的信息技术、新材料技术、新能源技术、生物技术等高科技对纺织工业的渗透，大大拓展了纺织服装业的发展空间。纺纱、织布和染整技术，在高效率、自动化和智能化方面取得了突破性的进展，纺织工业进入新经济纺织阶段。

1984年，布莱恩·汤因在《全球纺织工业》一书中提出纺织经济阶段理论，认为纺织工业在国民经济中的地位以及自身产业构成发生改变，形成特点鲜明的六个阶段。

萌芽期，以作坊式工业为主，利用天然原料生产简单面料和服装供给国内消费，少量生产天然纤维供出口，多数非洲国家处于这一阶段。

初级服装出口期，以劳动密集型生产服装为特征，以向发达国家出口为目的，产品质量偏低，技术含量低。以相对廉价的劳动力，从事来料、来样加工，以出口带动整个产业的发展。尼泊尔、孟加拉国、斯里兰卡以及一些拉美及东南亚国家处于这一阶段。

高级面料和服装生产期，不再仅靠来料、来样加工，有一定能力生产和改善纤维面料，并能供给本地需求和出口，在国际市场活跃，能占据中、低档产品的国际市场。纺织工业规模不断扩大，产品多样化、集中化。一些较发达的东南亚国家处于这一阶段。

黄金期，生产规模进一步扩大，面料和服装生产更加巩固、多样。拥有现代化企业，并向国外投资。例如，我国内地、台湾等就处于这一阶段。随着技术的成熟，这些国家地区开始调整产业结构，向更复杂的工业如电子工业发展。

全盛时期，这一阶段生产水平大大提高，生产工艺日臻成熟，产品复杂高档，产业趋向资本和技术密集型转化，化纤和高新技术部门占有重要地位，如中国香港地区、意大利、日本等国家。

衰退期，纺织企业数量和人数减少，进口增大，出现贸易逆差，纺织服装业态萎缩。产品主要集中于较高档市场，劳动密集型企业被资金和技术密集型企业替代。处于这一阶段的国家主要在欧盟一些国家，如英国、法国、德国、比利时、荷兰等。

3. 服饰产业的层次

服饰产业可以分为四个层面：初级（原材料）层面，二级（设计生产）层面，三级（零售）层面，四级（相关辅助）层面。

初级（原材料）层面

这一层面有服饰装原料的种植上和生产商构成，如纤维、面料、皮革、毛皮的供应商。初级原材料部门是供应链的最底部的一环，距离终端服饰销售市场的时间最长，需要对面料颜色和质地进行规划。

二级（设计生产）层面

二级层面包括生产商和承包商，他们对原材料进行加工，制成服饰的半成品或成品。例如，各类男装、女装、童装，还包括手套、袜子等配服，饰品、化妆品以及家居装饰用品。行业内将产品类别和使用对象进行细分，可分为女装业、男装业、童装业、内衣业等，每一细分产业又可进一步细分为更具体的品种。这一层面是服饰产业的主体，在产品推向市场前需要提前六个月到一年半进行规划。

三级（零售）层面

三级层面是最终销售产品的分支行业。零售商从二级生产商购进产品，然后销售给消费者。初级、二级和三级层面是垂直的，需要紧密协作、协调生产，才能提供满足消费者需求的产品。零售商在销售旺季前 3～6 个月就开始订购产品了。

四级（相关辅助）层面

相关辅助层面是与其他三个层面同时发生联系的分支行业，包括营销咨询、服饰展示、出版业、广告宣传、流行资讯等服务。这些部门行业由机构支持，与前三级行业合作，促使消费者全面了解产品，从而达到销售目的，增进销售业绩。

尽管以上四级产业层面都有各自的市场主体，但各个分支层面都有着环环相扣的关系，他们需要紧密合作，才能使整个服饰产业运营顺畅。

（二）服饰产业的现代化

1. 服饰产业的现代结构特点

从服饰产业发展的历程来看，服饰的产业结构在不断发生着变化，传统的模式已经逐渐被现代的生产模式和科技动力所代替，从世界范围来看，现代服饰产业结构主要呈现以下特点。

第一，高附加值化。从整个服饰制造业来看，现代的服饰产品越来越呈现高附加值化。传统的服饰注重实用的基本穿用功能多于注重美化装饰。服饰生产是对于原材料的低加工，服饰的价值只是在于原材料的成本和生产中的损耗和低利润的总和，产业附加值很低。随着经济和人类文明的发展，服饰的实际意义已远远超出遮体避寒等生理功能，其内涵和外延的拓展使服饰的美学意义、社会价值和科技运用显得日益重要。据专家统计，服装工业对纺织工业的高加工度系数发展速度是 435.3%，呈现十分明显的高附加值化趋势。

随着服饰产业的发展，高附加值产业部门将在服饰产业的发展中占据主要地位，生产力的主导逐渐向知识型、科技型的高附加值倾斜时，发达国家特别是世界时装名城把更多精力集中到了高附加价值的品牌生产中。新材料、新理念的运用，文化内涵的注入，数字化技术的发展和品牌效应等为服饰产业带来成本之后的高附加值，这也是我国服饰产业目前的发展重点。

第二，知识技术集约化。传统的服饰产业结构是由劳动密集型为重心的服饰加工业，现今逐步向资本密集型为重心再向知识技术密集型产业方向发展。这一趋势被称为知识技术集约化。意味着劳动力、资本、技术等资源要素在服饰产业中的地位和作用将随服饰产业发展而发生变化。

先进生产设备得到开发，从脚踏缝纫机到电动缝纫机再到电脑缝制设备，发展到如今的机电液气一体化的专用设备，加之计算机辅助技术的运用，服饰生产越来越多地渗透资本和知识的要素。在服饰设计与信息咨询的环节，网络的运用彻底改变原有的讯息交流模式，使之更快捷、便利，体现出服饰产业向知识、技术集约化转移的特征。

第三，高服务化。完整的服饰产业链涉及面辅料、服饰的生产与流通，还包括服饰服务咨询业等，即包括信息、金融、教育、加工、仓储、运输、原辅材料、研发设计、人才培养、物流管理等，涵盖了一级到四级产业。从服饰产业结构的发展历程来看，由最初的一级产业占优势发展到二级产业占优势，再发展到目前的三级产业占优势。在此过程中，服饰设计、服饰表演业、服饰信息咨询业等服务体制得到了扩展，并赋予传统的服饰制造业以额外的价值。这种价值已经无形地体现出来，使服饰的价值已远非能精确度量，服饰服务产业的价值已渗透制造业中，服饰产业的发展已由原来的制造业作为支柱产业向高服务化方向转移。

2. 服饰产业的现代表现特征

从上述可以看出，服饰产业的现代表现特征主要在几方面：材料的创新，设计与生产的现代化，企业经营管理技术的科学化和信息化。

（1）材料的创新

服饰材料的创新在前几章中已经论述，在此做简单概括。材料的创新是根据日新月异的设计理念和市场需求，依托于纺织科技，与各类新兴技术结合，使服饰材料不断推陈出新。可以说，科技的发展使一切大胆的设想成为可能，多元化成为现代服饰材料的特点。在令人目不暇接的潮流中，占据主导地位的是以下三大热点：

第一，舒适美观。这是人们在着装时的基本标准，在其符合人们对职业形象要求的同时，也满足轻松的渴望。主要是增强面料的舒适性，如手感、弹性、透气性等方面都有很好的表现。同时还赋予了材料一些更为新颖的功能，如防辐射、抗菌等保健及特殊防护性能。服饰的美观性是现代人们追求个性、确立自信心的精神砝码，精美材料的运用也在服饰设计领域占有很大的市场份额。技术的创新使新型风格的材料应运而生，特殊质感的织物满足了人们求新求丽的需求。

第二，天然环保。"环保"的意识已越来越强烈的深入我们的生活，作为人类生活最为密切的衣着材料，也向着天然、环保、健康的方向发展。可再生新型天然材料的研制，即保持自然的外观，又弥补了天然材料的某些不足；在材料的生产加工环节中，尽可能避免有害人体及环境的物质加入；以节约资源为主导思想，将废旧材料再利用，即使是辅料也同样受到关注。例如，研发天然染料，防止合成染料中的化学物质对人体产生危害；利用丢弃的椰壳、蟹甲壳等制成纽扣。

第三，智能化。智能化是服饰材料设计乃至服饰设计理念的一大革新，利用科学技术将服饰为人体活动而服务，监控生理变化，改变服饰颜色，甚至带有娱乐功能，使服装更加人性化，穿着者感觉更舒适、方便。

（2）服饰设计与生产的现代化

在服饰设计与生产中现代化主要表现在电子信息技术的发展，它为服饰的个性化设计和高效率的工业化生产提供了一个效率倍增的途径和手段。

服饰设计流程一般是先做市场与潮流分析，进行设计定位；后进入实际设计过程，对服饰的色彩、材料、款式及风格进行设计，考虑图案、装饰等细节，给予服饰系列感。设计师以绘图的形式来表达设计方案。在这一流程中传统的资源获取方式是通过书报杂志，以手绘的方式进行设计。电子信息技术改变了信息流通方式，使流行咨询通过互联网能快捷、及时地获得，网络中无限广阔的资源也为设计师们获取素材提供了一个平台。服装 CAD 系统运用计算机辅助服装设计，具备款式设计、花纹图案设计、面料组织设计、打板、放缩、排料等功能，使服饰款式的设计、换色搭配、材质变化、细节设计变得方便而直观。

服饰生产，尤其是服装生产中对电子信息技术的应用最为深入。CAM 与CAD 一起有助于改进生产流程，提高生产率。据统计，在 2000 年时，欧美等国家的服装企业直接应用 CAD 与 CAM 系统已超过 70%，在这 70% 中的大约50% 的企业运用了 CAM 自动裁剪系统。我国目前已有 450 个服装企业使用大约 22 个国内外厂商推出的 CAD/CAM 系统，有 100 多家使用电脑绣花打版系统，大大提高了生产效率。CAPP 系统运用计算机代替人工进行工艺过程的自动设计。这一技术实现了工艺设计的标准化和最优化。CAM 系统通过从 CAD系统和 CAPP 系统接收衣片及工艺信息，利用计算机控制相关的加工设备，实现自动铺布、验布及裁剪等缝制准备工作，并将信息传输给 FMS 系统。FMS是柔性加工系统，为适应小批量多品种的生产方式而研制的计算机控制的吊挂单元生产系统。CIMS 系统是计算机集成制造系统，以 CAD/CAM 系统、MIS 系统、FMS 系统、CAPP 系统和 GIS 系统为基础，应用计算机网络通信技术，将设计、制造、管理等经营活动所需的各种自动化系统，通过新的生产管理模式、工艺理论和计算机网络有机联系起来，提高企业的市场反应速度，从整体上实现了服装企业的优化运作。

服饰生产的现代化还表现在先进生产设备的运用上。纵观缝纫技术的发展历史，可以看到缝纫技术从简单到复杂、从低级到高级，机械缝纫代替手工缝纫已成为必然趋势。最早出现的缝纫机是由美国胜家公司制造，其结构简单，只用一根线缝纫，主要机件是机针和钩针。目前，一个大型服装厂，从剪裁、缝纫、熨烫成形到成衣包装出厂，都已有全套的机械设备。带有微处理机的专用设备是发展趋势，如缝牛仔裤的双针机，前后片的接缝机，上袖、打折、开口袋、锁眼、钉扣等均有专用机。目前，服装机械设备上形成了机械化、连续化、自动化的工业生产体系。现代服装机械设备品种繁多，功能和用途各异。

（3）企业经营管理技术的科学化和信息化

传统的生产经营理念以产品为市场营销对象，其经营方式表现为大而全或小而全，在市场竞争中，虽然功能齐全，但力量单薄。品牌作为一种无形资产，已为现代企业普遍接受。品牌化为服饰企业提供建立消费者忠诚的机会，而品牌忠诚是服饰企业在竞争中占据一定竞争优势，并使他们在规划市场营销时具有较大的控制能力。以品牌为市场营销对象的品牌经营，以品牌运作为核心，融入了资产运作与重组、经营风险划分与控制、工业利润与商业利润分割、销售渠道的管理与控制等现代市场营销观念。品牌经营者通过其在品牌商誉、市场开发、销售渠道、产品开发、生产技术管理、品质控制、人力资源、信息控制等市场营销软件方面的八大优势，形成强大的附着力，将供应、生产、销售等环节的外部资源纳入本企业资源的运作范围，从而使品牌经营者的市场扩张能力及竞争实力迅速提高。

随着近年来信息技术的突飞猛进，社会发展已进入知识经济时代，服饰行业正由劳动密集型向技术密集型转换，服饰行业的竞争不再只是产品产量、产品质量、生产成本的竞争，而已转变为服饰企业对市场响应速度、服饰产品品牌和技术创新能力的竞争。而这种竞争的核心就在于企业对知识经济时代的理解和追赶，也就是服饰企业要实施信息化管理，这已成为时代对企业发展的要求。信息技术的应用会大大提高企业市场的应变能力。企业应用信息化管理后，特别是应用 ERP 系统后，企业在生产过程中的管理水平能得以提高，同时，也加快决策速度。应用库存的信息化管理能够对企业原料、成品、半成品、机物料等仓库进行科学的管理，使企业库存保持在一个合理的水平，减少库存资金的占用。信息化管理还能够使企业对生产过程进行有效的跟踪和监控，从而及时了解产品在生产过程中的质量状况，并使 ISO 的管理思想通过系统得以贯彻执行，从而保证了产品的质量，降低了成本。

后两章中，将针对服饰设计与生产的现代化科技与企业的经营管理具体进行阐述。

三、服饰信息的传播科技

（一）传统传播方式

随着现代传播技术的发展，使流行信息的传播速度越来越快，主要传播方式有：实物展示、服饰流行杂志、普通报纸和杂志、专业刊物、广播电视、互联网。

实物展示是一种最传统也是最有效的传播途径，发布会就是一个很好的例子。时装表演不仅能反映出时装流行趋势，也展示了设计师的才能和创造力；不仅展示了面料、色彩、款式、设计和做工，也反映出时尚风格、价值观与生活方式。

服饰流行杂志从19世纪起开始在法国和英国发行，这些杂志以效果图和赏析的方式使最新流行的理念由巴黎传播到世界各地，服饰制造商以所能得到的最好面料生产这些流行款式。从此，流行杂志成为流行趋势最普遍的传播方式。编辑选择并特别报道国内外有新闻价值的款式，提供给读者能够接受的产品，督促其生产和销售被特别报道的款式并重点介绍流行趋势的方式和参与零售活动。最后，他们不仅提供有关推荐款式的信息，也提供这些生产者和销售者的消息。

普通报纸和杂志都参与流行，只是依据读者和宗旨不同，宣传力度和角度各异。这些流行媒体的编辑以大众的眼光来看待信息传播和流行。专业书籍和手册一般指面对从事服饰业的专业人员，发布有关服饰生产或零售的信息、流行趋势，帮助销售商明确流行的认识，人们也能从中获知各种专家的观点和见解。

广播电视随着电信事业的发展，它们以其即时互动的优势成为信息传播最快的途径。尤其是电视，把动态的可视信息源源不断地传播到千家万户。如今，国际互联网（Internet）以其快捷、便利的特点成为最受欢迎的传播途径之一。它正从一种开放的先进科学技术不断发展成一个新兴的媒体介质和交流渠道。可以浏览、发布信息、发送电子邮件（E - mail）。它不仅具有报纸、广播、电视等传统新闻媒介能够及时广泛传播信息的一般功能，而且还具有多媒体、实时性、交互性传播新闻信息的独特优势。

现代传播媒介使各种不同的文化交融在一起，使人们更深地觉察到生活方式和穿着方式的改变。传真设备、数码技术和互联网的发展大大加速了信息的传递。最新的服装发布会、流行动态和趋势，都可以用数码相机、摄像机拍摄，通过互联网在几十秒之内将地球上任一角落的信息传递到目的地。这也使传统的传播媒介——报纸、杂志以及现已普遍使用的电视等，有了得到最新信息的先进传递方式，保证了公众获得信息的时效性，加速了流行的传播与扩展。

（二）网络传播方式

国际互联网（Internet）是现代传播媒介中已较为普及的信息传递方式，

在我们生活中已经起着不可替代的作用。Internet 就是用一种统一的协议来完成各种重要网络之间连接的网络，这个协议就是 TCP/IP 协议，它将世界范围内许许多多的计算机网络连接在一起，从而使 Internet 成为当今最大的和最流行的国际性网络。Internet 具有开放、共享、协调、合作、创新和服务的含义。

开放，这是相对封闭而言的。Internet 是全球最开放的网络结构；Internet 的应用提倡自由竞争、公平竞争，反对垄断。

共享，是指资源共享，这是相对专利而言的，如 Microsoft 公司将 Window NT、WIN CE 操作系统据为专利，作为知识产权，而 Linux 操作系统（首次问世至今已有近二十年），一开始就将源代码公开，符合 Internet 的共享文化。

协调，这是相对控制而言的，Internet 及其应用的发展涉及各种多变因素，涉及各方面比较复杂的关系，需要平衡各方面的利益，甚至涉及国与国的关系和利益，有待于制定全球性的游戏规则，因此重要的是建立相互之间的信任，加强协调、协商、仲裁。

合作，这是相对单干、独占或兼并而言的。所谓合作，就是提倡合作精神，倡导联合共建，倡导结成联盟。

创新，这是相对保守而言的。互联网向全社会推广始于 1992 年，互联网的商业化应用，始于 1994 年，至今仅十几年时间，已经被广泛认可和运用，成为颠覆传统传播方式的新型媒介。

互联网可以快速地查阅信息是其最大的功能。大洋彼岸的流行讯息一经上网，则可以在世界任何有网络的区域都能查阅，真正达到资源共享。除此之外，互联网还可以传递信息。这是其最基本的服务，也是最重要的服务，就是电子邮件 E—mail。电子邮件速度快，是一种高效率的通信工具，无论信件内容的长短和形式的异同，无论发往那个地区，仅在须臾之间就可传到收信者的手中。价格便宜，传统邮件的价格是电子邮件的几十倍。电子邮件具有传统邮件所没有的附加功能，如定时发送、电子贺卡、语音传送等。结合数码产品可以将图文信息甚至是图像信息瞬间传送到目的地。电子邮件使人们更方便、更快捷的进行交流。据统计 Internet 上百分之三十以上的业务量是电子邮件。它与传统邮件和通信手段相比，有其不可比拟的优越性。

随着 Internet 商务化趋势，越来越多的商家开始利用 Internet 进行商务交往，使贸易活动实现了电子化。它们从最初单纯的网上发布和传递信息已发展到在网上建立商务信息中心，从在传统的贸易方式下使用不成熟的电子化交易手段发展到能够在网上建立虚拟市场完成供产销全部业务流程的电子商务，电子商务已逐渐成为商家从事商业活动的新模式。在 Internet 下的全球经济一体化已成为不可抗拒的世界潮流，使人们传统的行为方式和观念受到巨大的冲击及影响。

第五节　服饰设计生产的现代化与科学技术

一、现代服装生产设备

（一）服装生产设备的发展现状

服饰生产的现代化首先体现在其生产设备上，因为生产设备是服饰产品产量、质量的保证，是现代化程度的标志。

服装中的高级时装虽然是以少量订制的形式进行手工制作而成，但批量生产还是当今服装产业的主要生产模式。根据服装产品的复杂性和成熟性，每个工人一天能完成 1.53~3.4 件服装，对于日产 200 套典型西服的生产而言，直接生产工人有 167 人，一天能生产大约 255~567 件，生产效率之高是传统工艺无法比拟的。因此，无论是大规模集约化生产还是小批量的快速反应加工，现代专业的流水线和先进生产设备的结合是产量保证，也是按期交货的时间保证。相对来说，以纺织品为材料的配服如围巾、手套、帽子等的生产设备与服装的基本相同，制作起来比服装简单。鞋与部分非纺织品饰件的制作工艺与服装大为不同，采用的设备也就大不相同。本章中的设备以服装生产设备为主。

美观性和实用性是现代服装最为基本的性能，而质量是这两种性能实现的保障。现代的缝制设备向全面化发展，各个工序逐渐有专门的设备来实现，针对针织、皮革和特种新颖织物等不同面料的服装加工，也有不同的缝制设备及车缝附件。这些设备可使服装各个部件接缝牢固结实，线迹车缝得整齐均匀，装饰细节规整细致。因此，专业化的缝制设备才能达到高品质的缝制质量，也才能充分体现服装的实用和美观。

1790 年，英国人托马斯塞特发明了第一台手摇式缝纫机，在近两百年的时间里缝纫设备发展缓慢。1909 年发明了电动机驱动的缝纫机后，开始进入缝纫工业的新纪元。20 世纪 60 年代之前，缝纫设备已经进入机械化阶段；70 年代，进入了自动控制阶段；80 年代，开始了计算机控制的历史性飞跃；90 年代至今进入了计算机网络化控制阶段。服装设备开发研制的科技水平同机械和电子行业科技发展水平是同步的。在知识经济的信息时代，服装设备的科技研发主要表现在三个方面：一是机、电、液、气一体化的专用设备，如开袋机、整烫机；二是广泛应用电脑及先进测试技术，提高缝纫质量，实现缝纫高速化、精密化。服装机械向多功能、自动化方向发展，功能各异的数控缝纫机广泛用于生产实际，并向多台机操作和自动生产线方向迈进；三是产品系列化程度不断提高，确定了基础产品，开发派生系列产品，向一机多用方向发展。以选用数量较大的平缝机作为基础产品，通过改变不同数量的机针及缝线，改变线迹形状和配置各种不同用途的附属装置，形成派生系列产品。总之，生产设备向着数字化、多功能化的方向发展，不仅满足生产的需要，也富于更多人性化的一面。

（二）服装设备与机电液气一体化技术

1. 服装设备及主要原理

目前，服装机械可有 3 种不同的分类。按动力分类，有手摇式、脚踏式和电动式；按用途功能分类，有裁剪设备、缝纫设备、钉扣设备、锁眼设备、包缝设备、套结设备、黏合设备、蒸烫设备以及各种专用设备等；按服装款式分类，有西服生产线设备、衬衫生产线设备、牛仔裤生产线设备及劳动服线设备等。

一般情况下，服装机械依据设备的功能和用途进行分类。一是准备机械，包括验布机、预缩机等；二是裁剪机械，有拖铺机、断料机、裁剪机、黏合机等；三是缝纫机械，包括各种不同功能和用途的缝纫机，如平缝机、锁眼机、钉扣机、包缝机等；四是整烫机械，有熨制、压制和蒸制设备等；其他设备还有服装检验仪器与吊装运送机械设备等。下面就服装设备中的重要结构原理进行介绍。

（1）缝线张力原理

缝线要通过一定的穿线路径和装置获得张力后才能形成线迹，缝线也只有在合理的张力状态下才能保持需要的形态。在满足工艺要求的情况下，要求缝线张力峰值越小越好，张力波动量越小越好。获得张力的方法有两种，一是使缝线通过曲面，张力以指数级数的关系放大，张力递增快，但也存在不均匀性。二是使缝线通过张力器，张力以等差级数关系放大，张力递增较慢，但张力的不均匀性程度不会放大。这一原理普遍用于服装缝制机械，具体的运用机构有：缝线的穿线路径，线迹的形成，针距变化时用线量的调整，线迹变化时线圈形态调整和断线自停机构。

（2）设备润滑原理

服装设备的润滑形态是鉴别服装设备性能的主要条件之一，没有可靠的润滑保证，就没有服装设备的正常运转。润滑作用的原理是在运动机构之间填满润滑介质，形成润滑膜，零件相对运动时产生的摩擦阻力就变成了介质内部的分子运动阻力，从根本上改变了无润滑膜时的干摩擦运动状态，从外摩擦变为介质的内摩擦，摩擦发生的介质分子之间，摩擦阻力将变得很小。润滑的基本形态分为边界润滑、液体润滑和半液体润滑。润滑的方式由手工点滴润滑、自动润滑、油浴润滑、有点润滑等。只有对机械设备进行润滑，才能使设备高效率、长寿命的运转。

（3）熨烫机理

熨烫是通过改变纱线纤维密度和走向来达到服装造型目的的工艺手段。熨烫要经过加热、喷湿、加压和吸风抽湿四个过程才能达到良好的效果。加热用以软化纤维分子，增加热塑性，使面料中纱线编织点的约束力下降；喷湿使水蒸气透过面料，渗入纤维分子内起到均匀传热的作用，同时，纤维分子吸收水分后会膨胀变形，达到松解纱线和纤维之间抱合的目的。加压是面料熨烫造型的"作用力"源，只有通过加压，纤维分子才能按造型的需要进行排列，达到改变结构密度、弯曲变形和保持平挺等造型目的。吸风抽湿是在加压后瞬间进行的，目的是面料迅速失去热量和水分，用冷却和干燥的方法使面料迅速提高抗变形能力，达到定型的效果。

立体整烫是目前较为发达的熨烫技术，从物理学上讲仍然采用温度、湿度、压力对服装实现三维整烫，它与压烫最大的不同是取消了压烫机的加压力，服装表面和里面不受压力，因而服装表面每根纤维无倒伏现象，无极光现象，立体感丰满度特别好。缩短了熨烫辅助时间，提高了生产效率，一般可提高30%～35%。立体整烫设备适用广泛，能应用于各种类型的服装和面料，适用于首次整体造型，也适用于后整理造型及服装整形销售。

服装机械设备能快捷、准确的完成高质量服装的制作，其中，一些机械附件也起到了非常重要的辅助作用。缝纫附件大概分为线迹定位附件、折边附件、缝感附件，还有镶边器、成型导向器等。用以改善线迹外观，缝制面料成型规范准确。在各种设备上安装附件，不仅能增多或扩展缝制作业的功能，而且还能使缝制作业减小操作难度，从而更加简便，达到省力化、高速化和自动化效果，显著提高劳动生产率，改善产品质量。

2. 机、电、液、气一体化技术

机、电、液、气一体化是综合应用机械、电子、液压、气动等先进技术，简化机械结构，实现机械设备操作自动化的技术。服装中采用的技术主要有：应用各种先进的控制电机，对服装机械进行可控制的驱动；采用微电脑对整个服装机械进行有效的控制和监视以及程序控制下的自动化生产；采用电子、气动等技术实现切线、抬压脚、拨线等缝纫辅助操作的自动化；用显示、操作面板按键等进行操作和参数选择；用传感器进行监测与报警。

现在服装机械发展的主流是采用伺服马达、非接触离合电子马达、定位马达、步进马达等电子离合马达替代传统的摩擦离合器马达。这类控制马达的动力驱动系统可以很容易由电子、微电脑控制系统控制，从而实现服装工艺所需的各种工艺速度要求。由于这些马达采用了直接控制或非接触式离合控制技术，取消了接触离合器摩擦片，减少了维护保养的工作，使材料的消耗减少，电机部分的故障率也减少。例如，日本重机公司新近生产的工业缝纫机采用SC—800型、EC—10B型等交流伺服电子马达，可实行慢速启动，快速运行，准确停车，按预定的程序和图形进行缝纫。通过与控制电磁线圈、自动倒缝装置配合，实现自动倒缝。

当前缝纫设备的速度已经非常高，再进一步提高速度非常困难，也会提高成本，却对生产效率的提高没有实际意义。因此，对于高速缝纫设备向着减少辅助加工时间发展，以便进一步提高生产效率。气动技术与电子技术用于自动剪线、自动拨线、自动抬压脚、自动润滑机构，成为高速缝纫设备的特点。例如，日本重机公司的X—7系列，台湾高林公司的银箭T828系列等，自动剪线均有电磁铁控制的电子剪线机构或气动控制的启动剪线机构。自动拨线、自动抬压脚也同样有电磁控制和气动控制两种机构。

微电脑和数控技术的应用使缝纫机械配置了操作面板，使操作步骤程序化与参数化，使缝制工艺的可控性、准确性增强。对于一些机电一体化技术运用水平较高的设备，将许多工艺参数的调节也集成在面板上，使参数的调节和品种的变化变得更容易。例如，德国杜克普爱华公司的全自动圆头锁眼机，其钮孔的类型和顺序及钮孔的矫正等，均可以通过控制面板上的图形指导方便地进行选择和调整。

二、服饰设计生产中的电子信息科技

（一）服装 CAD/CAM 系统

随着科技的发展及生活水平的提高，消费者对纺织服装产品品味的追求发生着显著的变化，促使服装生产向多品种、小批量、短周期、高质量的方向发展。服装 CAD/CAM 系统是计算机技术与纺织服装工业结合的产物，它是应用于设计、生产、管理、市场等各个领域的现代化的高科技工具。由于使用 CAD/CAM 系统可以加快新产品的发展速度，提高产品的质量，降低生产成本，使用户在设计、生产以及对市场的加速反应能力方面有很大的提高，所以 CAD/CAM 系统是企业提高自身素质、增强创新能力和市场竞争能力的有效工具。目前，国内、外许多服装厂商、设计机构都引进了 CAD/CAM 系统。

服装 CAD（Computer Aided Design）的意思是计算机辅助设计，CAM（Computer Aided Manufacture）是计算机辅助生产，是服装行业技术更新的重要内容。这两个词经常一起使用，但它们之间有很大区别。CAD 一般用于设计阶段，辅助产品的创作过程，如绘制效果图、板型设计、图案与色彩的变化组合等；CAM 则用于生产过程，用于控制布面疵点检查设备、铺布机、裁床、电脑缝纫机、熨烫机和吊挂系统的自动化运作，进行纸样放缩、排料和裁剪，自动裁床、自动针织机和自动梭织机等都属于 CAM 系统。

服装 CAD/CAM 系统有三个主要的特征：灵活性、高效性和可存储性。他们允许用户在设计和生产过程中修改自己的设计，提高服装的设计质量，加快产品设计速度。计算机的运行速度极快，以往几天的工作，现在可以缩短至几十分钟甚至几分钟，在单位时间内能提供更多产品，有助于提高生产

率。可以基本上实现无"纸"设计，取消了大量衣片纸样，所有款式、衣片图可以存储在计算机内或移动存储设备上，查询、检索效率大大提高，便于管理、使用，也迎合了环保概念。采用 CAD/CAM 系统能降低公司的管理费用，优化产品设计和产品的开发的投资，使企业更好地适应市场需求的快速变化，提高产品的竞争能力，有助于企业的运作。

几十年来，服装 CAD 给服装企业带来了巨大效益。据统计，通过运用 CAD 系统，有的服装企业的设计成本可降低 10% ~ 30%，产品质量可提高 2 ~ 5 倍，设备利用率可缩短 2 ~ 3 倍。但由于服装市场向多样化、高级化、个性化发展，服装生产加速向多品种、小批量、高质量、短周期的生产方式推进，这对服装 CAD 提出了更高的要求；加之现有的服装 CAD 的操作难度较大，对操作人员的专业水平要求很高，使大多数中小型服装企业难以普遍应用这种高技术，这就使服装 CAD 更进一步的发展。其发展有以下发展趋势：

第一，发展三维立体设计。服装的合体性一直是服装设计师追求的重要目标，也是提高服装产品市场竞争力的重要因素。有关专家认为，由平面设计发展到立体设计是解决上述问题的有效措施。如何应用计算机图形学和几何学的最新成果，使纸样设计和调整、产品展示实现三维立体化，是 CAD/CAM 系统的发展方向之一。针对三维服装 CAD 技术，工业发达国家都先后开展了多年的研究，如美国、日本、瑞士等国都有研究成果推出。其中美国 CDI 公司（Computer Design Incorporation）以其在计算机图形学方面的雄厚技术基础对三维服装设计软件进行了连续的开发与研究。该公司推出的 CONCEPT3D 服装设计系统具有建立三维动态人体模型、直观地表现服装多个侧面的效果、产生布料悬垂立体效果、在屏幕上逼真地显示穿着效果的三维彩色图像及将立体设计近似地展开为平面衣片图等功能。

第二，向智能化方向发展。所谓智能化就是把计算机科学领域中富有智能化的科学和技术，如知识工程、机器学习、联想启发和推理机制、专家系统等技术应用到服装 CAD/CAM 系统中。随着计算机硬件性能的迅速提高和二维服装 CAD 技术的逐步完善，在辅助设计的基础上，融合机器学习、智能推理和知识工程等智能化机理和技术，使服装 CAD 系统提高智能化水平，起到启发设计灵感、激发专家的经验和想象力的作用，具有学习能力，应用专家的经验和知识的机制，已成为众所瞩目的发展方向，现有的服装 CAD 样板系统采用的是人机交互式的打板方式，如图。依然要做出很多的点、线、圆。

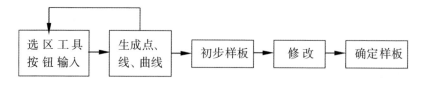

图表　现有服装 CAD 系统的打板方式

智能化服装 CAD 样板系统省去了这一过程，如图。它把服装结构专家知识存储在计算机中，让计算机自动生成样板。用户可根据自己的款式在智能化系统中找出最与之相对应的样板调出档案。并且可以根据用户输入的尺寸进行自动修改。这样，打样的效率可较之以前成几十倍的增长。

图表　智能化服装 CAD 系统的打板方式

智能化是服装 CAD 技术发展的热点之一，国内外多家公司致力研究并取得了初步成效。例如，Gerber（格柏）公司、Lectra（力克）、Assyst 公司等。国内的几个系统正在进行这方面的研究工作，如航天工业总公司 710 研究所、爱科系统等。

第三，向网络化发展。应用 CAD/CAM 技术的人员层面很多，这些人都需要同样的数据，这就需要一个管理这些设计资料档案的优质系统，使 CAD/CAM 技术和网络结合在一起。它不需要完备的功能，但要满足大部分设计需求。这样设计人员就可以共享设计结果，供应商也可把不涉及技术秘密的产品设计通过网络提供给大家。网络服装 CAD/CAM 系统能以其精确、快速、便捷的方式，迅速提高整体工作效率，改善工作环境。

（二）服装 CAPP 系统

CAPP（Computer Aided Process Planning）是指计算机辅助工艺过程设计，用计算机代替人工进行工艺过程的自动设计。这一技术实现了工艺设计的标准化和最优化。该系统的工作原理是，在对大量服装工艺调研的基础上，对工序进行分解，将作业要素转化为动作要素。利用系统提供的动作要素和标准公式计算总工时；根据面辅料、针迹、缝纫长度、机器种类、生产速度等参数，将工时、工序分析结果进行分解，产生工艺过程。

CAPP 系统功能开发要考虑提取服装工艺信息，如何生成缝制工艺，如何进行工艺审查与修改，如何将系统内部数据格式转化内外部要求的工艺文件以及如何存入共享数据库。实现以下几个步骤：便于计算机识别，采用人机交互的方式输入服装信息，建立描述模型；研究服装工艺知识的描述方法，归纳建立服装加工工艺规则、标准；建立服装工艺知识库；提出服装工艺设计对服装 CAD 的信息要求；引进服装工艺专家系统，进行逻辑决策；用半创式生成服装加工工艺；生成提供吊挂传输式缝制加工系统实行动态调度生产线节拍平衡的工艺规程；输出工艺文件和将工艺设计结果存入共享数据库，实现系统数据共享，为实现服装企业 CIMS 打下基础。

工艺过程设计是连接产品设计与制造的桥梁，是整个制造系统中的重要环节，对产品质量和制造成本影响较大。应用 CAPP 技术，可以使工艺人员从烦琐重复的事务性工作中解脱出来，迅速编制出完整而相近的工艺文件，缩短生产准备周期；从发展趋势看，CAPP 技术可以从根本上改变工艺过程设计的"个体"劳动与"手工"劳动性质，提高工艺设计质量，并为制定先进合理的工时定额，改善企业管理提供科学依据；同时还可以逐步实现工艺过程设计的自动化及工艺过程的规范化、标准化与优化。

CAPP 被认为是 CAD/CAM 真正集成的关键，是许多先进制造系统的技术基础。近年来，随着计算机集成制造系统（CIMS），并行工程（CE）、智能化制造系统（IMS）、虚拟制造系统（VMS）、敏捷制造（AM）等先进制造系统的发展，无论是从广度上还是深度上，都对 CAPP 的发展提出了更新、更高的要求。

CAPP 技术的发展方向存在两种趋势。一是在原有 CAPP 的开发模式和体系结构框架内，结合现代计算机技术、信息技术等相关技术的进展，采用新的决策算法，发展新的功能，并已在并行、职能、分布和面向对象等方面进行有益的尝试。二是跳出 CAPP 传统模式，面向具体生产环境，面向设计应用，面向最基本的需求，利用成熟的技术，建立各种计算机辅助功能模块，帮助工艺人员更快、更好的完成任务，意在通过广泛的实际应用促进真发展，这是一种实用化趋势。

现今，针对服装企业的 CAPP 系统已经比较成熟，国内也开发了 CAPP 工艺设计系统软件，帮助企业在最短的时间内根据企业自身的人力资源状况，制定出最有效、省时、经济的生产安排。有效改进工序流程，降低生产总时间和生产成本。智能化的工序自动编排算法，能帮助用户排出最优工序流程，方便用户的使用合理的工序单元设计，符合国际标准和管理科学的原理，又符合服装业的特点工序文件的建立、修改、保存方便，满足小批量、多品种、变化快和以销定产的时装业的发展要求。

（三）服装 FMS 系统

服装 FMS（Flexible Manufacture System 柔性加工系统）是为了适应小批量多品种的生产方式而研制的计算机控制的吊挂单元生产系统，快速反应工作站系统以及具有机器人功能和电脑控制的各种缝纫、熨烫等加工设备。（见图 3 – 15）

图 3 – 15　FMS 吊挂流水线

服装吊挂输送系统贯穿应用于从裁片输入、裁剪、缝制、整烫、半成品和成品的输送，直至成衣仓储的整个过程，连接每一道生产工序。先进的服装吊挂输送系统一般包括数控机械、自动仓库、自动输送等自动化设备和 IT 信息系统等。按功能分，FMS 主要由柔性物料加工单元、柔性装配单元和柔性检测单元组成。它能使一个工位完成一个或多个缝纫工序。在连续传输中完成整个服装生产工序，这样可使生产过程的等待时间压缩到最低限度，能提高设备的利用率，减少加工辅助时间，提高生产效率。通过计算机控制，机器配置传输速度，生产节拍可随服装品种的不同而改变。配上先进的缝纫、熨烫设备，减少半成品占地面积，保证了产品的产量和质量。

FMS 按控制方法可分为机械控制和计算机控制，现代生产中多采用后者。每个工位按照生产节拍平衡进行规定工序的缝制加工，所以一个工位是组成 FMS 的基本单元。整个服装吊挂系统的生产、管理由计算机控制。管理人员通过计算机上参数的设定实现衣片的按工位传送和各工位之间的实时调节与控制。FMS 的电脑控制将各工位自动化缝制的断流、缝制工段到整烫工段的断流、整烫工段各工位的断流、整烫工段到服装成品物流配送的断流，进行信息的直接连接，是服装企业实现信息化制造不可缺少的设备，企业信息化的通道，对实现服装生产的 QR（快速反应）有重要意义。

（四）服装 CIMS 系统

CIM 直译为计算机集成制造（Computer Integrated Manufacturing），亦称计算机综合制造、计算机集成生产。它是 1974 年美国约瑟夫·哈林顿（Joseph Harrington）博士针对企业所面临的激烈市场竞争形势而提出的组织企业生产的一种哲理。哈林顿认为，企业的生产组织和管理应该强调两个观点：一是企业的各个生产环节是不可分割的，需要统一考虑；二是整个制造生产过程实质上是对信息的采集、传递和加工处理的过程。

对 CIM 和 CIMS 至今还没有公认的定义，CIM 的通俗解释是用计算机通过信息集成实现现代化的生产制造，求得企业的总体效益。我国 863 计划 CIMS 主题专家组在 1998 年提出 CIM 的定义为："将信息技术、现代管理技术和制造技术相结合，并应用于企业产品全生命周期（从市场需求分析到最终报废处理）的各个阶段，通过信息集成、过程优化及资源优化，实现物流、信息流、价值流的集成和优化运行，达到（组织、管理）、经营和技术三要素的集成，以改进企业新产品开发的时间（T）、质量（Q）、成本（C）、服务（S）、环境（E），从而提高企业的市场应变能力和竞争能力。"

计算机集成制造系统 CIMS（Computer Integrated Manufacturing System），又称为计算机综合制造系统，是 CIM 思想的具体实现，是随着计算机辅助设计（CAD）与制造（CAM）的发展而产生的。它是在信息技术、自动化技术与制造的基础上，通过计算机技术把分散在产品设计和制造的过程中各种孤立的自动化子系统有机的集成起来，形成适用于多品种、中小批量生产的高效益、高柔性和高质量的集成化和智能化制造系统。集成化反映了自动化的广度，智能化则体现了自动化的深度。简单地说，是在网络、数据库的支持下，由以计算机辅助设计为核心的工程信息处理系统、计算机辅助制造为中心的加工、装配、检测、储运、监控自动化工艺系统和经营管理信息系统所组成的综合体。它将成为 21 世纪占主导地位的新型生产方式。

CIMS 系统由六个分系统组成，它们分别是管理信息系统 MIS（Management Information System）、工程信息系统 EIS（Engineering Information System）、柔性制造系统 FMS、质量管理系统、QMS（Quality Management System）、数据库管理系统 DBMS（Data Base Management System）、计算机通信网络系统 CCNS（Computer Communication Network System）。其中前四个分系统统称为功能分系统，后两个分系统称为支持分系统。MIS 系统主要是进行各类管理信息的处理，为领导层提供决策信息，是 CIMS 的神经中枢；EIS 是进行工程设计、分析和制造，主要功能模块有计算机辅助设计（CAD）、计算机辅助工艺过程设计（CAPP）、计算机辅助制造（CAM）、计算机辅助工程（CAE）、成组技术（GE）等；FMS 是自动化分系统，在上文已经介绍，它是 CIMS 中信息流和物料流的结合点，是最终生产经济效益的聚集地。QMS 主要功能是制订质量计划，进行质量信息管理和计算机辅助在线质量控制等，覆盖了从产品设计、制造、检验到售后服务的产品生命周期的全过程；DBMS 是支持 CIMS 各个分系统，覆盖企业全部信息的数据存储和管理系统的分系统，是 CIMS 信息集成的关键，用以保证企业数据的安全性、一致性、易维护性；CCNS 以分布为手段，满足各应用分系统对网络支持服务的不同需求，支持资源共享、分布处理、分布数据库、分层梯阶和实施控制。

在服装 CIMS 实现过程中，最有影响的要数英国的 CIMTEX 系统，该系统从 1989 年开始研究，1992 年该中心年底建成了一座针织服装的 CIMS 中心，将服装 CAD 的二、三维转换、服装面料的悬垂性建模与仿真、自动铺布、服装自动裁剪、自动和手动缝制、自动熨烫和包装、储运等各个自动单元进行集成，用视觉机器人对面料评估和成品检测。还有日本 Brother 公司和法国 Lectra 公司在 1991 年联合推出了综合服装系统 BL—1000，该集成系统能最大限度地发挥服装企业中人、设备、物流和信息的作用。目前我国服装 CAD、CAM、FMS 以及 CAPP 等单项搞技术的开发已日臻实用化，从 20 世纪 90 年代开始，经过多年的开发研究，一座年产高档西装六万套的 CIMS 应用工程在南方一服装企业建成，这是我国第一条服装 CIMS，是与世界服装 CIMS 并驾齐驱的高新技术。

随着各国科技的进步，CIMS 技术向集成化、智能化、全球化、虚拟化、标准化和绿色化发展。

①集成化：CIMS 的"集成"已经从原先的企业内部的信息集成和功能集成发展到当前的以并行工程为代表的过程集成，并正在向以敏捷制造为代表的企业间集成发展。

②智能化：智能化是制造系统在柔性化和集成化基础上进一步的发展和延伸，目前已广泛开展对具有自律、分布、智能、仿生和分形等特点的下一代制造系统的研究。

③全球化：随着"网络全球化""市场全球化""竞争全球化"和"经营全球化"的出现，许多企业都积极采用"敏捷制造""全球制造"和"网络制造"的策略。

④虚拟化：在数字化基础上，虚拟化技术的研究正在迅速发展。它主要包括虚拟现实（VR）、虚拟产品开发（VPD）、虚拟制造（VM）和虚拟企业（VE）等。

⑤标准化：在制造业向全球化、网络化、集成化和智能化发展的过程中，标准化技术（STEP、EDI 和 P–LIB 等）已显得越来越重要。它是信息集成、功能集成、过程集成和企业集成的基础。

⑥绿色化：绿色制造、面向环境的设计与制造、生态工厂、清洁化工厂等概念是全球可持续发展战略在制造技术中的体现，是摆在现代制造业面前的一个新课题。

（五）三维人体测量系统

非接触式三维人体测量技术（Interactive 3D Whole Body Scanner System）是人体全身扫描技术，通过应用光敏设备捕捉设备投射人体表面的光（激光、白光及红外线）在人体上形成的图像，描述人体三维特征。国际上常用的人体扫描仪有 Telmat 的 SYMCAD、Turbo Flash/3D、TC2–3T6、TechMath–RAMSIS、Cyberware–WB4、Vitronic–Vitus 等。三维非接触式扫描系统具有扫描时间短、精确度高、测量部位多等多种优于传统测量技术和工具的特点。

非接触式三维人体扫描仪在服装工业中应用于以下环节。

①服装号型的修改与制定：此项技术可灵活准确地对不同客体人群、地域、国家的人体进行测量，获得有效数据，建立客观、精确反映人体特征的人体数据库。数据方便易查，便于管理和使用（比较、分析、应用）。可以追踪、研究客体、客体群组的整体变化情况，建立"流动"的人体数据库。为

服装号型的修订、更新及人体体型的细分提供理论依据。

②标准人台、人体模型的建立：应用这一技术同样能建立特殊体模型开展对特殊体型的服装产品的研究（驼背、肥胖，以及人体在不同状态下皮肤的拉伸变形等研究服装放松量等问题）。

③服装三维设计：三维服装设计建立在人体测量获得的人台或人体模型基础之上，通过再现"实人"，在"真人"上进行交互式立体设计（在人模上用线勾勒出服装的外形和结构线），配合相应软件生成二维的服装样板片。它也为原型板的建立和服装样板的系列化设计提供快捷、便利的研究方案。

④量身定制（MTM）：通过三维扫描系统获得的客户尺码信息，通过电子订单传输到生产的 CAD 系统，系统根据相应的尺码信息和客户对服装款式的要求放松量、长度、宽度等方面的喜好信息，在样板库中找到相应的匹配样板，最终进行系统生产的快速反应方式。按照客户具体要求量身定制，做到量体裁衣，是服装真正做到合体舒适；对于群体客户职业装或者制服的制定，需要寻找与之相应的合身的尺码组合。

⑤时装产品虚拟展示：在电脑中虚拟人体或模型，陈列系列服装款式及与之配套的饰品，客户可根据自己的喜好挑选服装样式、颜色及饰品并进行组合搭配。

⑥虚拟试衣、时装表演：根据扫描数据模拟出"真人"，将服装穿着在其身上，从而展示着装状态，同时能模拟不同材质的面料的性能（悬垂效果等），以往的设计软件实现虚拟的购物试穿过程，减少购物时间。应用模型动画模拟时装发布会进行时装表演，减少了表演费用。时装发布会的网络传输，使更多的人能够观赏，对传播时尚信息也有非常重要的作用。

第六节   服饰生产经营管理与科学技术

现今，服饰业已从典型的传统产业逐渐向现代化产业发展，从劳动密集型向知识技术密集型发展，从款式的设计、样板设计、生产工艺以及裁剪、缝纫、整烫等方面，运用现代生产设备和操作系统，逐步走向了信息化的道路，从生产到经营也不断提高管理水平，正确运用科学而系统的生产管理与经营管理方法，以提高服饰产品的附加值，在日益激烈的竞争中保持生命力。

企业的全部活动按其性质可分为生产活动与经营活动。生产活动主要内容是充分利用企业内部的资源和条件，提高生产效率，以最经济的办法按预订计划把产品制造出来。经营活动主要是了解企业的外部环境和竞争形势，根据外部环境的变化趋势制订企业目标、战略计划、投资决策，保证企业在满足社会需要的前提下，取得良好的经济效益。以生产活动为对象的管理成为生产管理，以活动为对象的管理称为经营管理。

一、服饰生产管理

（一）服饰生产管理

生产管理是指对企业生产活动的计划、组织、分析和控制。根据其研究对象包括内容的不同，分为广义和狭义两个层次。

广义的生产管理是指对企业生产活动的全过程进行综合性的、系统的管理。其研究对象是企业的整个生产系统，包括生产物质与信息要素的输入、生产制造、生产转换的物质和信息输出与生产系统反馈四个环节。现代意义上的生产不再仅仅是制造有形产品，还包括了提供劳务等无形的服务价值。狭义的生产管理的研究对象是产品的生产过程，是指对企业的生产技术准备、原材料投入、工艺加工、生产过程组织直至产品完成等具体活动过程的管理。生产管理的内容主要包括生产准备和组织、生产计划工作和生产控制三方面，每一方面都有具体的管理步骤和管理机构。

1. 生产准备与组织

生产准备和组织是指生产的物质技术准备工作和组织工作。它包括生产路线和工艺方法的制定、工厂布置、生产过程组织、方法研究、工时测定、物质保管和发放、设备和工艺装备管理等。主要的管理步骤由作业研究、生产流水线的组织、供应链管理、设备管理、人力资源开发等。

作业研究的目的在于对各加工环节寻求科学的作业方法，以最少的劳动消耗取得最佳的生产效果。其中包括工作状态分析、工序分析、动作分析和时间分析。服饰生产流水线专业性较强，与技术管理关系密切，合理地组织生产流水线可以使其优势发挥到最佳状态。根据服饰企业的规模和生产效益，可以制定出不同的流水线形式。供应链管理 SCM（Supply Chain Management）

是指对从原材料采购到产品销售的整个供应链系统进行计划、协调、操纵、控制和优化的各种活动和过程，包括物料管理、采购管理及库存管理。设备管理是指依据企业的生产经营目标，通过一系列的技术、经济和组织措施，对设备寿命周期内的所有设备物质运动形态和价值运动形态进行的综合管理工作。人力资源管理 HRM（Human Resource Management）是一个综合性很强的概念，是研究如何最有效、最合理的管理和使用企业所拥有的最宝贵的资源——员工们的才能和热情，从而实现企业的既定目标，使其经济效益最大化。

2. 生产计划

生产计划是对企业的生产任务做出统筹安排，规定企业在计划期内产品生产的品种、质量、数量、生产期限、生产能力、生产手段、进度等指标。编制生产计划需要了解市场信息，掌握产品需求动向，使对各项生产指标能做出正确决策。实施服饰生产计划，主要是为了加强企业生产的计划性，避免和减少服饰生产的盲目性，以提高企业的整体效益。

依据服饰生产的特点，其生产计划的种类按时间可以分为长期计划、中期计划和短期计划。长期计划一般在一年以上，应反映企业的基本目标和组织方针，主要制定企业的产品战略、生产战略、综合投资战略、销售和市场份额增长战略等。中期计划又称年度生产计划，是企业年度方针目标的重要项目，同时要进行生产能力的核定以及生产能力与生产任务的平衡。短期计划包括生产作业计划、材料计划、能力计划、生产控制与反馈等。

生产计划工作的主要内容包括：调查和预测市场对产品的需求，核定企业的生产能力，确定目标，制定策略，确定生产计划、生产进度等工作。要以市场为导向，产量、质量、品种、效益相兼顾，全方位同步，动态的原则来编制。服装企业生产产品的品种、款式、规格、颜色、材料要符合消费者的需求，以满足经营计划为目标。并且要注意计划的综合平衡，包括产销平衡、供产平衡、生产环之间的平衡与各项指标之间的平衡。

3. 生产控制

生产控制是指围绕完成计划任务所进行的管理工作。可以说每一任务都需要进行控制，主要的有成本控制、生产计划控制和质量控制。

在企业的发展中，成本控制处于极其重要的地位。它是指在企业经营方针指导下，贯彻执行降低成本或维持标准成本的目标，对各项成本进行预定，按限额开支成本和费用，以实际成本和成本限额进行比较，衡量企业经营活动的绩效，并以例外管理原则纠正不利差异，以提高工作效率。

生产计划控制是指在生产计划执行过程中，对产品生产数量、品质和进度的控制，目的是保证完成生产计划所确定的各项指标。主要是通过生产调度，进行生产记录来掌握生产进程。主要包括生产作业控制和生产进度控制。

产品质量是企业市场竞争的重要因素，也是其生存和发展的根本。随着生产成熟化和规范化，质量管理越来越凸显出其在企业管理中的重要地位和不可替代性。质量管理是为了经济的生产满足用户需要的质量而采取的各种措施的系统。服饰质量控制不仅是为了满足用户要求，而且可以借此减少成本，提高工作效益，使产品因减少不合格品、退货及降等级等带来的损失，因而质量控制与检验标准的制定是服饰生产中不可忽视的重要部分。

（二）服饰经营管理

1. 经营管理概述

经营管理指企业的经营管理活动，是由经营活动及其过程决定的。它包括五个方面的内容，即战略职能、决策职能、开发职能、财务职能和公共关系职能。

其中，战略职能是企业经营管理的首要职能，它体现在树立战略观念并制定经营战略，包括战略目标、战略重点、战略方针和策略、战略规划。决策职能是经营管理的重心，对企业经营的各项职能无不属于决策范畴。开发职能是使企业经营有效的开发和利用各种资源，重点在于产品的开发、市场的开发、技术的开发和人才或能力的开发。财务职能就是资金的筹措、资金运用、增殖价值分配的职能以及经营分析职能，它是一种制约职能。公共关系职能是以企业为中心，有意识地进行积极的协调和必要的妥协，使各种利益集团根据各自的立场，对企业的生存和发展给予协作或承认。

企业一般经营管理过程中，首先要明确经营战略与目标了解它们对市场营销管理的具体要求和各种约束，以此作为制订营销计划的依据。其次各战略经营单位的营销部门需要全面分析面临的现状，进行战略性市场营销决策、战术型市场营销决策。再次制订市场营销计划，各个经营企业需要分别为自己的产品（服务）、产品线、品牌、细分市场和区域市场，甚至顾客，制订市场营销计划。最后实施计划并进行控制，即将市场营销计划转变为市场营销行动，并对市场营销活动的进程和各个方面进行控制和市场营销审计，以保证达成预定的营销目标。

2. 服饰经营管理的主要策略理论

（1）目标市场选择与定位策略

市场是由商品、生产者、消费者共同构成的一个庞大的实体，是商品经济中生产者与消费者之间实现产品（服务）价值，满足需求的交换关系、交换条件和交换过程。市场的发展是一个由消费者决定，由生产者推动的动态过程。在组成市场的双方中，买方需求是决定性，并且买方又是一个复杂的群体，其消费心理、购买习惯、收入水平和所处环境等都存在很大的差别，这就使不同消费者对同类产品的消费需求和消费行为具有很大的差异性。任何一个企业都无法满足整个消费市场的需求。因此，企业需要将消费者分为若干个群体，选定目标市场，并确定自己的特色，制定营销策略。

服装市场的目标市场选择与定位，首先要依据消费者的某些特征对服装市场进行细分，如根据性别和年龄笼统可分为女装市场、男装市场、中老年市场、童装市场，女装中又可细分为少女市场、成熟女性市场等；根据服装类型分为，职业服市场、休闲服市场、运动服市场等。其次需要为目标市场进行定位。企业需要塑造出本企业服装产品与众不同的鲜明个性或形象传递给目标消费群体，使其服装产品在细分市场中脱颖而出，这也是企业增强其竞争性优势的策略之一。最后确定市场定位战略。企业确定了目标市场后，就要进一步分析目标市场和自身的优势，制定和实施可行的定位策略。

（2）产品策略

现代市场营销学中，产品的概念不仅局限于有形的物品，还包括无形的服务，对于服装产品也是如此，它具有同其他产品一样的产品整体概念。即一个产品是由核心产品、形式产品、期望产品、附加产品和潜在产品五个层次构成。在服装产品中具体表现为：首先要具有基本效用、利益和功能，例如，保暖和保护身体的功能；其次要有品质、款式、色彩、包装等产品形式；要符合消费者对产品质地、工艺等属性的期望；具有除了基本属性外的附加利益与服务，如提供搭配建议、免费修改等服务；最后企业必须有未来可能发展成为系列产品的潜在产品，如以服装为主体的企业，发展出鞋、帽和饰品的连带相关产品。

对于服装产品不仅要了解他季节性强、流行性强、有地域差别等特性，还要研究服饰产品的生命周期，制定不同的营销策略。例如，在投入期内，由于新品服装刚刚投入市场，企业需要通过大量的广告宣传或其他促销活动调动消费者热情，有实力时可以采用集中进攻的策略，将产品迅速在目标市场掀起高潮。在成熟期的后期小量开始下降，需要采取应急性策略，如降价倾销，移地销售策略等。此外，对产品进行优化组合也很重要，通过分析、评价和调整现行产品组合来达到优化的目的。例如，产品组合的长度、深度和关联度，对服饰品的产品线数目、产品花色、规格、质量和产品种类等进行合理的配置。

（3）品牌策略

品牌不仅包含着商品形象、设计品位等信息，还包含着该品牌的企业形象。服饰品牌的意义首先在于它能够创造更多的附加值，高附加值是所有成功的品牌所具有的共同特征，这一点在服装上表现尤为鲜明。品牌的美誉度、知晓率、认知形象和质量等，往往使同品牌的高价位服饰品也会有购买人群。品牌价值的实现不仅要依靠企业刻意营造，还要靠顾客的个人体验，因此其个性和文化修养影响着她们对待品牌的态度和审美取向。

给服装品牌取名是品牌建立的第一步，可以传统，或现代，可以取自自然，又或意会文化，总之要符合其产品特色，并具有一定的文化内涵和品位，帮助消费者理解和记忆，并激发目标顾客对品牌的认同与好感。服装企业根据自身的情况和选择的市场环境来制定品牌策略模式，主要有单一品牌策略、多品牌策略、主副品牌策略、品牌联合策略、品牌特许经营和虚拟经营。单一品牌策略主要是各类服装产品（包括服饰配件）都用一个品牌。多品牌策略是企业通过将品牌延伸、品牌拓展与并购实现经营一个以上的品牌目的，可以较大范围的占有市场，实现对消费者的交叉覆盖。主副品牌策略是指同一产品使用一主一副两个品牌，副品牌可以借助成功的主品牌的优势发展，这种策略适合主副品牌性质不同或质量有别的商品。品牌联合策略是服装企业在同一个产品上使用一个以上的品牌，可以相互借势，多牌共推一个产品。品牌特许经营是将自己所拥有的商标、产品、专利和专有技术、经营模式等以特许经营合同形式授予受许者使用，受许者按合同规定在统一的业务模式下从事服装经营活动，并向特许者支付相应费用，这样能使品牌快速扩张。虚拟经营是企业专注于核心优势和任务，而非核心能力环节与其他企业合作，如外包、联营、联盟等形式，在国外虚拟经营较为普遍。

（4）定价策略

服装定价策略是市场营销组合策略中十分活跃、重要的手段，对市场供求、消费者购买行为和企业的经济效益有重要的影响。价格的高低是根据服装成本、品质、品牌、价格目标、营销战略、消费者心理因素等多种因素而制定的，大体可以用成本导向、需求导向、竞争导向三种方法来制定。顾名思义，成本导向法是以成本为定价基础，借助一些计算公式来核算出价格，简便易用；需求导向法以市场需求强度及消费者感受为依据来定价，同一服装产品价格可根据不同时期消费需求和认知价值的不同而改变；竞争导向法是参照竞争对手的价格水平来制定，与竞争对手的价格保持一定的比例。

以上三种定价方法所确定的服装价格只是基础价格，企业还需要运用灵活多变的定价策略，综合考虑市场中各种影响价格的因素如运输，及时修订和调整实际销售价格，实现定价目标的企业营销战术。其中包括根据新品服装的品质和市场占有率制定的新产品定价策略；降低部分价位来争取更多顾客的折扣定价策略；根据不同的市场情况对同一产品以不同的价格销售的差别定价策略；针对消费者的不同消费心理来制定价格的心理定价策略。此外，随着市场情况的变化，这就需要企业仔细研究顾客和竞争对手的反应，对服饰产品价格做出相应的降价或提价。

（5）分销渠道策略

分销渠道是指服装产品或相关服务从生产者转移到消费者手中的一整套相互依存的所有组织和机构，包括服装企业自己设立的销售机构、代理商、经销商、零售店等。分销渠道的作用在于收集和传播营销信息，以吸引消费者，收集和分配资金，负担渠道各个层次存货所需要的费用，在执行渠道任务的过程中承担有关风险，提供附加服务等。

分销渠道一般以三种方式进行，一是直接营销渠道模式，是服装生产企业将产品销售给消费者；二是间接营销渠道模式，是只由服装生产商借助于中间商将产品传递给消费者，中间所传递的环节各有不同；三是垂直营销渠道，是指由服装生产商、批发商、零售商等中间商所组成的一种统一联合体，使销售渠道比较稳定。无论是采用哪一种渠道模式，对于渠道的设计还是要确定渠道目标与限制、明确各主要渠道的交替方案和评估各种可能的渠道交替方案等。对中间商还要进行选择、激励与定期评估，做好分销渠道的管理。

（6）促销策略

促销就是企业向消费者传递本企业及产品的各种信息，帮助其认识产品特点及所能达到的利益，达到吸引消费者，扩大销售的目的。服饰企业通常采用多种方式进行组合促销，主要有四种：一为广告形式，通过公众媒体将服饰信息传递给消费者，如电视、报纸、杂志、网络等形式的广告；二为服饰销售促进，鼓励购买或销售服饰产品或服务的短期刺激行为，如有奖销售、服装展示会、会员卡等；三为服饰企业公共关系，通过在媒体或公众场合进行无偿性的宣传，使企业获得高知名度、建立良好的品牌形象和公司形象，传播管理理念，协调利益冲突等，旨在谋求企业内部的凝聚力，以及企业与外部公众之间建立和谐的关系，如慈善捐赠、赞助、公司期刊、公关广告等；四为人员销售，是服饰企业的销售人员为了完成销售和建立顾客联系所做的人员演示介绍，如销售会议、展览会等。

促销是服装企业与顾客之间的双向交流，运用促销组合策略时企业还应注意与产品策略、价格策略和渠道策略协调使用，以期达到良好的促销效果。

二、服饰产业的科学管理技术

（一）服饰管理信息化技术

企业信息化最初源于1993年美国率先提出"信息高速路计划"，此后，日本、德国等国纷纷效仿提出各自国家的信息化发展战略，当时提出的信息化泛指整个社会的信息化，而企业信息化是其中最重要的组成部分。

企业信息化是企业实现信息化的过程，指企业利用现代化的信息处理技术和信息设备、网络技术和网络设备、自动控制技术和现代化的通信系统等现代信息技术和产品，通过信息资源的深入开发和广泛利用，在企业的生产、经营、管理等各个层次、各个环节和各个方面，全方位、多角度、高效而安全的更新和改造传统的生产技术、工艺以及管理方式，充分整合、广泛利用企业内外信息资源，以实现通过信息流来控制物质流和能量流；通过信息资源的开发和信息技术的有效利用来提高企业的生产能力与经营管理效率和水平，进而提高企业生产、经营和管理水平，提高企业经济效益和企业竞争力。[①]

企业信息化涉及经济学、管理学、信息学、工学（计算机科学、机械制造、电子学）等学科，可以从多个角度对企业信息化进行概括，但现有的描述大多侧重于从技术角度进行定义。实际上，企业信息化包括企业利用现代信息技术产品，如计算机、机器人、数控机床等；企业建立办公自动化系统、生产自动化系统、管理信息系统等局部系统；利用外部信息网络，采用电子商务方式；获取信息资源、雇佣信息人才；采用生产过程优化技术、流程模拟技术、CAD/CAM 等技术以及组织机构优化等方面。

对于服饰行业，生产类型已由原来的大批量、少品种、长周期向小批量、多品种、短周期发展，产品更新速度快，具有明显的时尚性，在激烈的市场竞争和内外环境的压力下，服饰企业若要达到预期的市场占有率和经济效益，提高企业的应变能力和竞争能力，就必须在产品质量、性能、交货期、价格方面具有自己的优势。这就要求有一个高效率的生产管理系统与之相适应，实施信息化管理已成为服饰企业经营管理变革的一种趋势，是科学管理的要求，也是市场竞争的要求。

服饰企业信息化的技术方法主要包括生产过程的信息化技术与管理的信息化技术，具体为计算机辅助设计（CAD），计算机辅助制造（CAM），计算机辅助工艺规划（CAPP），柔性加工系统（FMS），计算机集成制造系统（CIMS），产品数据管理（PDM），企业资源计划（ERP），供应链管理（SCM），电子数据交换（EDI），客户关系管理（CRM）及因特网技术的应用集成等。可以看出，上一章中所介绍的服装 CAD、CAM、CAPP、FMS、CIMS 系统是企业信息化的一部分，属于生产过程的信息化技术。本章中以管理信息化技术为重点，阐述服饰产业管理中的科技运用。

1. 管理信息系统

管理信息系统 MIS（Management Information System）是由人、计算机等组成的能进行管理信息收集、传递、储存、加工、维护和使用的系统。它能实测企业的各种运行情况，利用过去的数据预测未来，从全局出发辅助企业进

---

① 宁俊：《服装企业信息化》，北京：中国纺织出版社 2005 年版，第 3 页。

行决策，利用信息控制企业行为，帮助企业实现其规划目标。不同的服饰企业有不同的组织结构、产品结构以及工艺流程，造成了不同信息系统在结构上的差异性，但其基本生产流程大体上是相同的。一般由基础数据管理子系统、服饰生产管理子系统、服饰销售管理子系统、财务报表管理子系统、成品库存管理子系统等组成。

管理信息系统起源于 20 世纪 60 年代，当时被称为电子数据处理系统 EDPS（Electronic Data Processing Systems），也被叫作事务处理系统 TPS（Transaction Processing Systems），主要用于企业日常业务的处理活动。例如，工资核算、销售订单处理等。它的特点是数据处理的计算机化，目的是提高数据处理的效率。EDPS 在今天的各行各业中也正发挥着不可替代的作用，不仅直接支持组织的各项基础业务活动的实现，而且也为组织内各级管理人员提供业务运行状况的第一手资料，同时也是组织中其他各类信息系统的主要信息来源。

20 世纪 70 年代，随着数据库技术、网络技术和现代管理方法的发展，把企业中各种 TPS 集成起来，实现信息的高度集中与共享，MIS 逐渐成熟起来，提供集中、统一的信息资源，为各级管理决策人员服务。但实际上尽管管理信息系统能够提供大量的报告，但由于它们不支持决策而使决策者很少看这些信息。因此，MIS 不仅要支持信息的处理，而且还要向上发展，支持决策。决策支持系统 DSS（Decision Support System）利用决策模型和分析功能，通过人机交互帮助决策者探索可能的方案，为决策者提供决策所需的信息。DSS 是 MIS 的重要组成部分，同时又是 MIS 功能上的延伸，DSS 是 MIS 发展的新阶段。可以认为，DSS 是具有管理、辅助决策和预测功能的 MIS。

EDPS、MIS 和 DSS 各代表了信息系统发展过程中的某一阶段，但至今他们仍各自不断发展着，而且是相互交叉关系。EDPS 是面向业务的信息系统，MIS 是面向管理的信息系统，DSS 则是面向决策的信息系统。

2. 服装企业资源计划

ERP（Enterprise Resource Planning），即企业资源计划，产生于 20 世纪 90 年代，它是由 MRP II 发展而来的。就是将企业内部的各部门，包括生产、财务、物料管理、品质管理、销售与分销、人力资源等，利用现代信息技术整合连接在一起。其目标是利用现代信息技术和管理方法，改革企业的管理模式与管理手段，以提高企业的市场竞争力。

ERP 系统是一种适应性强，具有广泛应用意义的企业管理系统，它能简化工作程序，加快企业反应速度，做到信息的即时性，在线的沟通减少了工作流程，减少了营销费用，降低了企业经营的成本。ERP 系统是一个综合性的企业资源计划系统，完整地集成各种应用领域的所有业务功能。将企业由人工管理向以信息技术管理为主的科学管理转变，从而改变信息流动的途径和方式，改变物流和资金流的流动方式，提高企业管理效率。ERP 供应链管理的核心思想，使企业之间的竞争由单个企业之间的竞争发展成为一个企业的供应链同其竞争对手的供应链之间的竞争。一个完善的 ERP 系统能够大大优化企业的组织结构和业务流程，从而保持信息敏捷通畅，提高企业供应链管理的竞争优势。

对于服饰企业来说，有着自身的特点，那就是大规模、小批量、多款式，产品周期短、季节性强。这就要求服饰企业的 ERP 系统能够提高对消费者生产的新需求，即新的市场需求的快速反应，帮助企业能够迅速转入需求市场，同时还要帮助企业提高灵活性已处理复杂的产品、复杂的流程、变化的原材料和成倍增加的产品系列。因此，在这种复杂性极高的经营管理中，服装企业的 ERP 系统主要功能有：服装生产管理、服装工艺质量管理、成衣库存管理、面料与辅料采购管理、销售管理、车间作业管理、客户关系管理等。其中，精确的预测、材料采购管理、生产计划和分销管理尤为重要。

3. 供应链管理

供应链管理是以同步化、集成化生产计划为指导，以各种技术为支持，围绕供应、生产作业、物流来实施的。主要涉及供应（Supply）、生产计划（Schedule Plan）、物流（Logistics）和需求（Demand）四个领域，包括计划、合作和控制从供应商到用户的物料（零部件、成品等）和信息。

现代供应链管理离不开现代信息技术的支持，近年来，互联网（Internet）发展尤为迅速，现已成为信息传递的重要媒介，通过互联网可以了解最新的流行信息，获得更多的贸易机会，直接采取网上交易，为供应链管理创造了便捷的条件。ID 代码和条码技术作为自动化识别技术，能够快速、准确而可靠的为供应链收集信息，使错误概率降低，实现了入库、销售、仓储的自动化管理。电子数据交换 EDI（Electronic Data Interchange）被确认为公司之间计算机与计算机交换商业文件的标准形式。该技术是供应链管理中，上下游信息交互的有效技术手段，能够提高企业内部的生产效率，降低运作成本，改善渠道关系，提高对客户的响应，缩短事务处理周期，减少订货周期以及不确定性。

通信技术的发展也极大地提高了供应链管理水平。其中，射频技术可以使叉车驾驶员获得实时的指示，增强作业的灵活性，一般用在配送中心和仓库。卫星通信技术所用的范围较广，利用此技术开发的全球定位系统能够实现对货车的调度和货物的追踪管理，并能够随时通过网络或电话了解货物的目前所处位置，提高了服务水平。

高级计划与排产技术 APS（Advanced Planning and Scheduling）是支持供应链管理进行供应链各个环节之间计划和协同的最重要的手段。该技术是一种在资源约束前提下的优化技术，既可以用于单个企业内部短期的计划和排产，又可用于在已知条件下的长期预测和在企业间进行计划。

4. 客户关系管理

客户关系管理 CRM（Customer Relationship Management）一词最早由全球著名的 IT 公司 Gartner Group 提出，在不同时期、不同的人从不同角度给出了不同的定义。CRM 的发明者 Gartner Group 对其的定义是，"CRM 是企业的一项商业策略，它按照客户的分割情况有效的组织企业资源，培养以客户为中心的经营行为，以及实施以客户为中心的业务流程，并以此为手段来提高企业的活力能力、收入以及客户满意度。"

CRM 是一种管理理念，其核心思想是将企业的客户作为最重要的企业资源，通过完善的客户服务和深入的客户分析来满足客户需求，保证实现客户的终生价值。在 CRM 系统中客户的观念和传统的稍有不同。传统意义上的客户是指那些购买过或正在购买产品或服务的人或组织，在 CRM 中我们称之为现有客户。CRM 的客户除了现有客户还包括那些虽然现在还没有购买但是抑或有可能进行购买的潜在客户，这些客户的信息都是建立 CRM 的基础。随着 CRM 的应用，人们逐渐意识到它也是一种管理软件和技术，它将最佳的商业实践与数据挖掘、数据仓库、一对一营销、销售自动化以及其他信息技术紧密结合在一起，为企业的销售、客户服务和决策支持等领域提供了一个业务自动化的解决方案。

CRM 系统软件所具有的基本功能包括：客户管理、联系人管理、时间管理、潜在客户管理、销售管理、电话管理、电话营销和电话销售、销售管理和客户服务等，有的软件还包括呼叫中心、合作伙伴关系管理、商业智能、知识管理和电子商务等。CRM 应用系统将从各个渠道获取到的客户信息统一存放于数据库进行统一管理，输入数据库中，还可以提供给客户各种方便的方式和设备来获取客户信息，以快速、方便的方式向系统用户传递，有效的管理客户关系。他还可以通过对客户信息的分析对企业的未来做出预测，支持企业的决策，同时与其他企业应用系统具有整合能力。

（二）电子商务

电子商务是在互联网的广阔联系与传统信息技术系统的丰富资源相互结合下，应运而生的一种在互联网上展开关联的动态商务活动。它依托于现代的信息化技术，又遵循服饰营销的规律，是一种正在快速发展的商务形式。服饰行业的电子商务也在迅速增长，成为服饰营销的不可小视的方式之一。电子商务的技术不仅局限于某类产品，而且是适用于各类商品，因此以下内容具有通用性。

1. 电子商务概述

电子商务有广义和狭义之分。狭义的电子商务也称为电子交易（E-Commerce），主要是利用 Web 提供的通信手段在网上进行的交易活动，包括通过互联网买卖产品、提供服务。广义的电子商务包括电子交易在内的利用 Web 进行的全部商业活动，如市场分析、客户联系、物资调配、内部管理、公司之间合作等，亦称作电子商贸（E-Business）。这些商务活动可以发生在公司内部、公司之间以及公司与客户之间，涉及企业的整个价值链。本章中的电子商务是指广义含义。

电子商务完全是以信息技术为依托、以网络传输为手段建立起来的网络经济实务运作模式。除了继承了互联网本身所具有的开放性、全球性、互动性、低成本、高效率的优势之外，还具有规则化、协作性、虚拟性、集成性的特点。

电子商务分类方法有很多，从不同角度进行的分类不尽相同，根据电子商务实体之间的关系对电子商务分类是一种常见的分类方法。按照电子商务实体之间的关系，主要分为三种：企业与客户之间的电子商务、企业与企业之间的电子商务、客户之间的电子商务、企业与政府之间的电子商务。

企业与客户之间的电子商务（BtoC）是通过网络为客户提供产品或者服务的活动。BtoC 是人们最熟悉的一种电子商务类型。目前这一形式的电子商务几乎涵盖了人们日常生活的各个方面，从书籍、音像制品到服装、计算机、食品外卖等，银行、通信等机构也提供在线服务。企业与企业之间的电子商务（BtoB）是指在互联网上企业与企业之间进行谈判、订货、签约、协同设计、制造等涉及企业运营全过程的商务活动，其形式主要有企业内部电子商务、企业内联网、网络营销和网上交易等。客户之间的电子商务（CtoC）类似于网上的二手市场，就是为个体买卖双方提供一个在线交易平台，使卖方和买方实现商品的拍卖和竞买。企业与政府之间的电子商务（BtoG）是企业与政府机构在网上完成原有各种业务，如政府采购、税收、商检、管理条例的发布等。

2. 电子商务的关键技术

电子商务的实现需要关键技术的支持，主要的技术有网络技术、电子商务安全技术、网上支付与结算、网络银行等。

（1）网络技术

电子商务的本质是建立在互联网基础上的商务活动，因此，互联网是电子商务发展的基石，也是商务网站开发和应用的平台。互联网是多个子网络互联形成的逻辑网络，各个子网络用传输媒体连接路由器而形成网络。从管理上看，互联网采用了层次网络的结构，即采用主干网、次级网和园区网的主机覆盖结构。

电子商务则是通过网络来实现产品和服务的交换活动。电子商务网站相当于在互联网上建立一个商业系统，包括众多的网页、后台数据库。其中网页是网站内容和服务的载体，技术上大致可分为静态网页技术与动态网页技术。数据库是建立各种信息的基础，数据库技术则是其核心技术。

①网页技术

静态网页是指内容不能被改变的网页，对访问者来说是单向的。对静态网页内容的改变要通过网站管理者来更新其 HTML 的文件数据。通过这种语言将文字、图片等信息进行标准化标记，它不需要经过编译，只需要通过能识别这些标记的浏览器则可以看到结果，它通用于网络。

动态网页是通过一定的编程技术，完成网页上的交互功能的实现。实现技术主要有浏览器技术和服务器端技术，其中浏览器端的技术是以 HTML 为基础，综合应用 DOM（文档对象模型）、CSS（叠层样式表）、Script（脚本）等标准和技术的结合体。JavaScript 和 VBScript 是两种最为常用的脚本语言，使站点中网页对客户响应更快。服务器技术包括 Web 服务器和数据库技术，其中 Web 服务器提供信息发布的平台。

②数据库技术

数据库技术是一种计算机辅助数据管理的方法，研究如何组织和存储数据，高效的获取和处理数据。数据管理方法根据数据管理的特点，其发展可划分为人工管理阶段、文件管理阶段和数据库系统阶段。一个完整的数据库系统是由计算机软硬件系统、数据库、数据库管理系统、应用程序和数据库管理员五个方面，其核心是数据库管理系统（DBMS）。

③数据交换技术

电子数据交换（EDI）作为企业信息化技术，具有涉及面广、影响深、容量大的信息处理、管理和通信等多方面的综合能力。当 EDI 与服装企业中产品设计和开发上的服装 CAD、产品生产的 CAM、生产管理的 MIS、商品零售的 POS 等计算机系统结合起来形成 EDI 一体化后，能发挥更大作用，大大加速了贸易的全过程，提高了企业的工作效率和竞争能力。

此外，可扩展置标语言 XML（eXtensible Markup Language）也是随着电子商务、电子出版等基于 Web 的新兴领域而发布的一种标准。XML 技术提供了一种统一数据定义模式，它可以将存在各种差异的信息，都转换成一定的标准结构样式，然后各异构数据库再将标准化的信息转换成本的数据，进而完成信息的集成共享。XML 的诞生为电子数据的交换提供了新思路，他充分利用了现有的网络资源，通过制定 DTD/Schema 可以方便灵活的体现新的商业规则。

（2）电子商务安全技术

电子商务的一个重要技术特征是利用信息技术来传输和处理商业信息，它是在开放的网络环境下运作的一种新型的商务模式，随着网络技术的发展，网络安全问题也成为电子商务发展的关键。电子商务的安全机制是关于电子安全的一个完整的逻辑结构，从信息系统安全的基本原理和电子商务的特点出发，电子商务的安全机制包括加密机制、数据完整性机制、访问控制机制、恢复机制和纠正机制等。当前主流的技术包括加密技术、防火墙、虚拟专用网、数字签名、电子商务安全应用协议等。

加密技术是电子商务采取的主要安全措施，贸易方可根据需要，在信息交换的阶段使用。主要的方法有对称加密法（Symmetric – Key Cryptography）和非对称性加密法（Asymmetric – Key Cryptography），又称为私用密钥加密和公用密钥加密。防火墙（Firewall）是用来隔开内部网络与外部共用网络的第一道屏障，用以阻止外界入侵者，确保内部网络的安全。它属于最底层的网络层安全技术，负责网络之间的安全认证与传输。虚拟专用网（VPN）是用于互联网交易的一种专用网络，可以在两个系统之间建立安全的信道，用于电子数据交换。为了解决电子商务交易安全及在线身份识别鉴定的问题，可以使用"数字签名"的技术来鉴定签署者的身份，并可以证明签署者同意文件内容。目前国内外普遍使用的、技术成熟的、可实际使用的是基于公钥基础设施 PKI（Public Key Infrastructure）的数字签名技术。电子商务安全协议是针对电子交易安全的要求，IT 行业和金融业一起，推出了有效的安全交易标准和技术。其中 SSL（Secure Sockets Layer 安全套接层协议）和 SET（Secure Electronic Transaction 安全电子交易协议）与电子商务的关系最为密切。

（3）网上支付与结算

网上支付与结算是指通过电子信息化手段实现交易中的价值与使用价值的交换过程，即支付，以及交易双方权利义务终结的过程，即结算。网上支付与结算是网上商务活动的一个重要环节，是双方商贸交易业务的最终实现，同时也是电子商务中的准确性、安全性要求最高的过程，涉及经济利益、信用等方面。支付系统是支付清算服务的中介机构和实现支付指令传送及资金清算等设施、技术和手段共同组成的一个系统，以实现债权债务清偿及资金转移的业务。网上支付结算系统是一个由买卖双方、网络金融服务机构、网络认证中心以及网上支付工具和网上银行等各方组成的大系统。目前网上支付系统主要分为两类：预支付系统和后支付系统，即客户预先支付一笔资金用以购买物品或服务，以及客户在购买商品一段时间后再进行结算。网络支付工具大体包括数字现金（Digital Cash）、电子钱包、智能卡（Smart Card）、电子支票、信用卡。

网上银行是支付结算系统中很重要的一个组成部分。是指银行使用电子信息工具通过互联网向银行客户提供银行的产品和服务，是银行业务在网络上的延伸，几乎囊括了现有银行业的全部业务，代表了整个银行业未来的发展方向。在网上购物方面，是银行与企业合作，使银行成为客户和企业之间的信用中介和支付中介，客户需要通过网上银行进入支付网关，才能提供支付工具。

服装电子商务在所有电子商务中一枝独秀，艾瑞市场咨询根据韩国统计厅发表的《2006 年网络购物统计调查结果》整理发现，2006 年韩国在线购物交易规模为 141.7 亿美元，其中服装类产品交易额超越食品居第一，为 24.9 亿美元，较 2005 年增长 49.8%。英国几家机构调查结果显示，同欧洲其他国家相比，英国网上购物者占人口比例最高，增长速度最快。早在 2003 年，网上购物在英国总零售额中已达 10%，仅到 2008 年网上购物增长就高达 55%，2009 年网上销售额将达 800 亿英镑，市场容量巨大。1994 年年初，我国服装企业开始参与电子商务，到 1999 年，我国已陆续有几百家服装企业涉足电子商务，其中有十多家企业提供了网上购物服务。在电子商务平台淘宝网、易趣网的发展，和各服装品牌自己的网络销售平台的发展下，除了 2009 年受金融危机的影响，我国服装电子商务的网购人数和网购规模将继续保持 2 位数的增长。2007 年我国服装网络购物市场规模为 75.2 亿元，我国网上购买服装的人数达到 2756 万人；2008 年我国服装网络购物市场规模达到 171.1 亿元，我国网上购买服装的人数接近 5000 万人；2009 年中国服装网络购物市场规模为 305.2 亿元，我国网上购买服装的人数为 8788 万人；2011 年网络购物交易额超过了 7735.6 亿元，比 2010 年增长 67.8%，其中服装类产品占 26.5%，交易额达 2047 亿元；预计 2014 年我国服装网购市场规模将超过 5000 亿元。

第七节　服饰科技发展的前景展望

一、服饰功能更加人性化

自 20 世纪 70 年代由设计师提出"为人的设计"这一理念后，人性化就逐渐成为人们关注的焦点，要求无论是在生理上还是精神上，更多地重视人自身的需求与感受。在社会竞争日趋激烈、生活和工作更加忙碌的今天，人们的确需要更加人性化的设计，来推动我们生活中的方便，规避生活中的不便，满足我们的需求，同时也缓解现代人的各种心理压力。服饰功能的人性化表现在其舒适性、环保性、智能化等。

（一）舒适性

人们对舒适性的需求是最基本的，穿着的服饰要更柔软、光滑，夏季要透气、吸汗，冬季保暖、无静电。现今功能性纺织材料的研发，特别是新型复合材料、改性材料、高端功能纺织品等已经在这方面做了很多的努力。例如，吸湿透气性材料和保温材料的研发，使人们能在夏季穿着更凉爽的服装，冬季不用里外三层的穿衣也能非常暖和了。对未来的发展，天然纤维继续占有优势，如高档、有着整洁外观的纯毛、毛/麻织物的地位越来越突出。如今对纤维的需求量不断增长，预计到 2050 年比人口增长高出约 4 倍，并且到 2050 年，化学纤维的产量约为天然纤维产量的 3 倍，因此，化学纤维以其产量大、品种丰富、可控性好的特点成为新型纤维研发的趋势。各类"舒适性"面料主要是在吸湿排汗、拉伸弹性、防水透气、温度控制等方面进行研究。例如，吸湿透气高湿模量粘胶纤维 Modal、弹性纤维 Lycra，由薄膜层及压涂层制成的高性能防水排汗的 Gore－Tex 纺织品，还有可根据温度变化而储存、释放热量的相变材料（PCM）。新型工艺技术运用也将为面料的舒适性做出贡献，如"纳米技术"植入服装面料的设计中，开发出新型纺织爽洁面料，能降解因出汗所带来的不快感觉，实现了速干的清凉感。新型纤维的应用拓展了面料的开发空间，使面料在手感、舒适性、抗皱性、吸湿性等方面得到进一步发展和改善。

（二）环保性

21 世纪以来，"环保"的意识已越来越强烈地深入我们的生活，作为人类生活最为密切的衣着材料，也向天然、环保、健康的方向发展。具有环保性的绿色纤维和纺织品需要在纤维种植或生产过程中未受污染，特别是未受到农药、化肥及有毒化工原料的污染。其生产原料要来自再生资源或废弃物。在生产过程中不会对环境造成污染。制成成品后可回收或能自然降解，不会对环境造成危害。纤维以及制成品要对人体有某种或多种保健功能。可再生新型天然材料的研制，既保持自然的外观，又弥补了天然材料的某些不足；在材料的生产加工环节中，尽可能避免有害人体及环境的物质加入，近些年出现的玉米纤维、竹纤维和牛奶纤维等就是主要代表。以节约资源为主导思想，将废旧材料再利用，即使是辅料也同样受到关注。例如，研发天然染料，防止合成染料中的化学物质对人体产生危害；利用丢弃的椰壳、蟹甲壳等制成纽扣；金属配件采用不锈钢合金制成，不进行电镀，以免产生有害物质。这一性能在未来将成为面料生产的标准，确保人体不受有害物质的威胁。随着人们环境意识和自我保护意识的加强，对服饰品的要求也逐渐从柔软舒适、吸湿透气、防风防雨等扩展到防霉防蛀、防臭、抗紫外线、防辐射、阻燃、抗静电、保健无毒等功能方面，而各种新型纤维的开发和应用以及新工艺新技术的发展，则使这些要求逐渐得以实现。

（三）智能化

智能化也是服装科技的一大趋势，先进的材料科学、生物科学、电子技术等高科技推动了纺织品与服装的智能化发展。生物工程技术通过基因转移和细胞重组来改造现有的动植物品种，如在蚕卵中"注射"蜘蛛基因，能获得高强蜘蛛丝的新品种蚕，同样将这种基因转移到奶牛、奶羊身上，它们基础的奶将具有高强蜘蛛丝的成分，将这种奶浓缩、提纯、纺丝后，可制造出"牛奶钢""羊奶钢"。材料科学促使纺织品能够智能温控纺、形状记忆、变色、防水透湿等功能。智能温控纺织品早在 20 世纪 90 年代开始就发展迅速，保温纺织品、降温纺织品、自动调温纺织品都以研发成功并用于生产，如欧美市场出现的 Outlast 纤维，也被称为空调纤维，将微胶囊包裹的热敏材料置于纤维内部，通过纺丝或后整理实现自动调温，如外界温度在 25～39℃变化时，Outlast 纤维制成的服装可以将温度控制在 30～35℃。大量应用于户外服装、内衣、毛衣、衬衣、帽子等。利用复合技术制造的形状记忆纤维也是在发展和应用上有广阔空间的纤维类型，它在外部环境改变和受外力作用下，会发生变化，而外力取消或环境恢复原样后，也会回到原来的形状，用于功能性纺织品。意大利人毛罗塔利亚尼设计了一款"懒人衬衫"，面料中加入了镍、钛和尼龙纤维，当外界气温偏高时，衬衫袖子会自动卷至肘部，当温度降低时，袖子自动复原。并且，"懒人衬衫"具有超强抗皱能力。此外，它还可以制成医学固形材料、运动护套、织物等，用于军事、航空、医疗等领域。

电子技术的发展也为智能化服装注入了新鲜的血液。通过将柔性的微电子元件植入纺织品内部，使传感器、柔性体开关、电子线路板和导电纱线等与纺织品、服装融为一体，使服装具有更全面的娱乐功能和医疗保健等多种功能。服装能够听音乐、上网，在内衣里面织有小的电子仪器，可检测心跳、体温、胰岛素等信息，还可以帮助拨叫救护车；耐克和科技公司 AGG 合作，推出一种可以传送无线电波的外衣，登山者穿上可以隔山和朋友通话。这些智能服装大部分还处于试验阶段，或小批量上市，将来智能服装将成为人们友好的伴侣和帮手。军事用智能化电子服装中，采用"嵌入式"电子技术，使服装具有卫星定位、导航、变色等功能，提高部队的战斗力。未来电子智能化服装在功能上由单一向多功能转换，技术更多样高端，操作更方便，降低电子产品对人体辐射，保证环保性，在日常生活领域的前景也更为广阔。

二、服饰外观更加多样化

服饰的时尚化是现代人们追求个性、确立自信心的精神砝码，精美材料的运用也在服饰设计领域占有很大的市场份额。服饰的时尚感体现在于通过创新设计，将新型加工设备和新型服饰材料运用其中，使服饰品具有时代审美的情趣。技术的创新使新型风格的材料应运而生，特殊质感的织物满足了人们求新求丽的需求，新材料的新视觉、新功能性、新技术等方面给人带来了视觉或心理、身体上的美感与享受，因此服饰时尚所内含的科技美在成熟的现代服饰设计领域，已成为服饰设计公司、品牌服饰所追求的新卖点。服饰的外观变化主要体现在先进设备的运用、织物组织结构的变化和染整技术。

先进设备的运用使服饰做工更加精细，外观更整洁。现有的双针机、缝边机、绱袖机、绣花机、粘衬机已经不是新鲜的设备了，在这些技术基础上将会有进一步的发展，如绣花机的模式转换、刺绣的精度；缝边机通过超声波进行连接等。将来更多的生产设备、专用机械会方便服饰加工，他们的发展是提供服饰加工制造重要的物质基础，另外也推动了服饰多元化风格的形成。

织物组织结构变化能产生各种新观感、新风格的面料产品。如今的消费者越来越重视自身的风格和气质，与之相应，织物的质感和风格也越来越被强调。各种具有精细表面平滑有光泽的高支纱织物、手感柔软的起绒织物和表面效应独特，有立体感的织物大受欢迎，如经轧光整理、呢面平整的马海毛织物，各种丝绒织物和双层组织的绉织物以及异支纱的凹凸花纹织物等，都具有独特质感与风格。

高超的染整技术为服装面料锦上添花。一方面，印染技术的进一步发展会使染料更加环保，颜色更加鲜艳，固色性更强，使织物花色更加亮丽。另一方面，人们追求自然的心态使舒适和易护理成为发展趋势，从而使各种柔软整理、抗皱免熨整理得到高度发展并延伸到防风、防污、抗紫外线等领域；另外，人类爱美的天性和对装饰的渴望使各种花式面料、闪光织物、印花织物走向新的纪元，如在纯棉平纹布上镂空绣花、贴花，印花和提花织物上再绣花、轧花、订缝珠片等使之装饰性更强，既省去了后期加工的烦琐，又呈现了美丽的外观，受到人们的喜爱，这也将成为织物时尚化的趋势。

生物科技与电子技术使面料和服装不仅具有多种功能，同样也带来与众不同的外观。通过基因转移能获得天然的彩色棉、彩色蚕丝、彩色羊毛、彩色兔毛等，色彩种类也将更加多样。避免了染色过程，可以使服装色彩艳丽且绿色环保。电子装置植入服装，使服装外观变得更新颖，充满创造力。服装设计师胡赛因·查拉扬是这类服装设计的先导者，这也将成为今后服装舞台上表现创意的最好表现形式之一。

三、服饰业生产与管理技术更加智能化

随着电子计算机的发展和运用，不仅强化了技术发展的自动化趋势，而且也不断地强化了技术发展的智能化趋势。计算机辅助进入了服饰业的各个环节，设计、裁剪、工艺、加工，乃至企业管理，提高了设计速度、加工质量，对各类数据信息进行快速分析和处理，这使服饰业已初步的实现了电子化和自动化。随着网络经济的来临，反应速度成为市场竞争的关键因素，这是高新技术武装现代生产力和现代跨国生产方式的必然结果，也是生产适应现代生活方式的客观要求。计算机辅助下的服饰工业生产与管理仍存在一些阻碍反应速度的问题，如各系统环节之间的联系有待完善，对使用者的专业水平要求高，工艺设计缺乏动态优化等，影响了服饰生产的效率和质量，这些问题将会逐一得到解决。

服饰生产与管理智能化的核心因素就是网络化和信息化。随着国际互联

网的高速发展，一个现代服饰企业的 CIMS 已成为国际信息高速公路上的一个网点，其产品信息可以在几秒之内传输到世界各地。随着专业化、全球化生产经营模式的发展，企业对异地协同设计、制造的需求也将越来越明显。基于 Web 的辅助设计系统可以充分利用网络的强大功能保证数据的集中、统一和共享，实现产品的异地设计和并行工程。建立开放式、分布式的工作站网络环境下的 CAD 系统将成为网络时代服装 CAD 发展的重要趋势。

在设计生产加工方面，服装 CAD、CAM、CAPP 等都向集成化、自动化和智能化方向发展。利用人工智能技术开发服装智能化系统，可以帮助服装设计师构思和设计新颖的服装款式，完成款式到服装样片的自动生成设计，从而提高设计与工艺的水平，缩短生产周期，降低成本。服装机械朝着更加专业化、自动化、智能化、电机高速化、功率器件模块化的方向发展。随着人们对服装的质量和合体性的要求越来越高，服装 CAD 迫切需要由当前的平面设计发展到立体三维设计，三维立体测量将会普及。计算机集成制造系统（CIMS）正成为未来服饰企业的模式，它能充分发挥企业综合优势，提高对企业对市场的快速反应能力和经济效率，是服装 CAD 系统发展的一个必然趋势。管理方面在西方发达国家的自动化管理体系和智能化的决策支持，以及电子商务的应用已经十分广泛，ERP 的发展已经非常成熟。例如，澳洲时装巨头 RM Williams，他们运用时装系统能够为企业提供全方位的集成管理，能够覆盖业务流程的所有方面，从分销、出口业务、制造、产品研发到终端销售及零售。最终通过 Movex 时装系统的管理，他们将采购成本节约了近 20%，提前期由原来的两个月缩短到 9 天。

由于服饰是集功能性、舒适性、美观性于一体的柔性体，在服饰工业生产实现智能技术还存在难点。例如，现有的智能技术对人类逻辑冲向思维模拟取得了一定成果，但创造性形象思维是极其复杂的过程，具有不可预测性和不可重复性，计算机的模拟比较困难；对于打板系统，各个国家和地区都有适合自己的制板方法和技巧，难以统一和规范；而加工制造阶段由于衣片的柔软及面料性能的变化，统一规格的裁片有不同的物理特性，再加上服装结构和工艺的复杂性等，都使智能化服装加工制造进展缓慢；在实现三维立体设计方面，由于服装是柔性的，它会随着人体的运动不断变化，服装 CAD 在实现从二维到三维的转化过程中，如何解决织物质感和动感的表现、三维重建、逼真灵活的曲面造型等问题，还是三维 CAD 走向实用化、商品化的瓶颈所在。虽然如今面临种种的技术问题，服饰生产与管理智能化的实现受阻颇多，但这是未来服饰业发展的方向，各国专家和学者也在为这一方向不断地努力。

四、服饰科技学更加系统化

如第一章中所说，服饰科技学是一门新的学科，研究的是服饰与科技内在联系与机理，以及科技在服饰领域中的应用性与实践性。现今对于这门学科的理论研究尚属起步阶段，实践上的分析和综合还存在不足，因为服饰科技学是一门综合性的学科，涉及范围非常广泛，甚至是跨行业的。服饰科技学的研究光凭借服饰领域内人士的研究是不够的，要靠各个领域内专家学者的齐心协力，将服饰科技学更加完善，使之系统化，做到真正的理论指导实践，实践得以推广。

按照《国家中长期科学和技术发展规划纲要（2006—2020 年)》的指导，《中国服装行业科技发展指南》充分体现了我国关于科技工作"自主创新，重点跨越，支撑发展，引领未来"的指导方针。在服装科技创新基地与平台建设一栏中，确立多项优先主题：搭建中国服装产业科技文化研发平台，开展流行趋势、服装设计、服饰文化、服装营销推广、服装企业管理、服装品牌策略等方面的理论研究和应用研究，着力提高科学技术、自主原创品牌对行业持续增长的贡献率；构建中国服装企业科技评估平台，研究科技评估理论、方法、程序及指标体系，针对服装企业开展科技型企业认定，企业信息化、标准化、科技创新能力评估等工作；搭建服装行业标准化体系服务平台，引导产学研联合研制技术标准，促使标准与科研、开发、设计、制造相结合，加快国外先进标准向国内标准的转化，鼓励和推动我国技术标准成为国际标准；创办服装科技学术刊物，搭建服装专业学术交流平台。

基础研究是服装科技发展的源泉，是服装行业持续健康发展的动力和保障。如今我国已确定对单个方面进行研究：服装基础科技体系建设，加强号型系列、原型系列、板型系列、标准人台系列等国家服装基础科技体系建设；服装舒适性基础研究，针对我国服装业的主要市场销售区域的人体体型进行收集和分类研究，确定急需研究的服装品种，如内衣、功能性服装等，研究体型分类与这些服装之间的关系，解决服装产品设计中的舒适性问题；加强国际标准、国外先进标准与国内标准比对研究，了解发达国家服装系列产品已颁布的一系列法规和条例，研究应对措施。

人才培养方面，建立开放式立体教育模式，针对服装专业教育与服装企业需求之间的差距，开展教学体系改革研究。在教学过程中，要特别注重实践环节，使学生能直接动手、参与市场和企业。在专业设置上，要针对性地适应不同企业、不同岗位的需求，积极探索服装与新材料技术、服装与艺术设计、创意服饰文化产业、服装与信息技术、服装与生命科学、服装与现代经管的有机结合，不断更新和优化学科与专业。在培养目标层次上，要根据实际情况，合理制定不同层次的目标定位。逐步建立开放式立体教育模式。建立再教育培训体系，加强运用职业教育、行业培训、企业培训等多种形式，建立从技术工人到高级管理层的再教育培训体系，提高行业从业人员整体素质，为服装行业的持续发展提供人才保障。

从以上可以看出人们在服饰科技方面所做出的规划和努力，笔者相信在不久的将来，服饰科技这一领域的理论和应用实践都会取得长足的进步，使之更完善、科学、系统。

第四章

服饰教育学

第一节　教育学与服饰教育学

服饰教育学是以研究服饰教育为基础，隶属于服饰文化学构架之中，通过研究世界各国不同时期的服饰教育现象，探讨其文化内涵及本质属性的一门社会学科。简单地说，服饰教育学是对服饰教育现象与本质的理论概括。

服饰教育学作为服饰教育活动的基本理论，是服饰教育活动与教育学渗透融合的结果。服饰教育学是在对古今中外的服饰教育现象进行总结、归纳、概括的基础上，得出的一般性规律，并构成科学完整的理论体系。服饰教育学理论体系来自服饰教育活动，反过来又指导服饰教育实践，使服饰教育活动避免盲从和误导，使之更加科学、有效、合理，在教育体系中可充分发挥它的功能与效应，在服饰文化学中又起到一个分支的作用。

一、教育学概念及研究历程

（一）教育学的确立与基本内涵

自人类社会形成以后，随着社会生产力的提高和生活经验的日益丰富，文字应运而生来记录总结这些经验，因而社会中产生了专门的教育机构和专门从事教育工作的人。随着教育实践经验的不断积累和概括，教育思想及其理论不断发展，就开始有了教育学的诞生。

教育学（pedagogy）起源于希腊语中的"教仆（pedagogue）"，意思是如何照管儿童的学问。文艺复兴以来，对教育过程的研究，被叫作"教育学"，在师范学校或师资培训学校中传授。如果从捷克著名教育家夸美纽斯1632年撰写的名作《大教学论》开始算起的话，教育学至今已有370余年的历史了。

中国最早于1898年在京师大学堂开设这门课程，当时的教学内容基本上都是从日文转译过来，泛指与教育相关的学问。总之，教育学是研究人类教育现象，揭示教育规律的一门科学。所以，教育学的研究对象是人类的教育现象以及存在于其中的教育规律。在实际运用中，"教育学"可以是一本教材，可以是一门课程，也可以是一个学科门类。

根据教育对象的年龄及特征，教育学可分为学前教育学、普通教育学、高等教育学、业余教育学和特殊儿童教育学等。通常我们所说的教育学，一般是指普通教育学。普通教育学的内容，由教育基本理论、教学论、德育论、体育、美育、学校管理等几个部分组成。教育学具有综合性、理论性和实用性的特点。需要用哲学、政治学、经济学、社会学、生理学、心理学、病理学、卫生学等方面的知识对教育进行综合性研究，以利于揭示教育规律，论证教育原理，说明教育方法，指导教育实践。为教育的发展和改进提供决策依据，为提高教育管理水平和教学水平提供理论指导。

自教育学产生以来，教育学在其实际的应用过程中被赋予了不同的含义。纵观世界各国教育理论界对"教育学"这一概念的表达，能看出学者们为此付出了许多心血。德国教育家赫尔巴特说："教育学作为一种科学，是以实践哲学和心理学为基础的。前者说明教育的目的；后者说明教育的途径、手段与障碍。"[1] 赫尔巴特还十分明确地指出："教育学是教育者自身所需要的一门科学，但他们还应掌握传授知识的科学。"[2] 日本的田浦武雄说："对教育进行学术性研究并综合成一个理论体系，这就是教育学。"[3] 苏联教育家斯皮库诺夫认为："教育学是关于专门组织的、有目的的和系统的培养人的活动的

---

[1]　赫尔巴特：《普通教育学·教育学讲授纲要》，李其龙译，杭州：浙江教育出版社2002年版，第207页。

[2]　赫尔巴特：《普通教育学·教育学讲授纲要》，李其龙译，杭州：浙江教育出版社2002年版，第13页。

[3]　瞿葆奎：《教育学文集·教育与教育学》，北京：人民教育出版社1993年版，第320页。

科学，是关于教育、教养和教学的内容、方式和方法的科学。"① 德国教育学者朔伊尔等认为，关于教育学，主要是就教育学内容所呈现出来的特征来说的。概括起来就是，教育学可分为研究教育思想、教育理论、教育科学以及作为指导教育实践的几个类型。

中国教育学概念大体有三种意涵。一是作为一门科学的教育学，即把教育学看作一门研究教育现象、教育问题，揭示教育规律的科学。二是作为一门学科的教育学，即把教育学看作一个学科门类或学科。三是作为一门课程的教育学，即在师范院校的教师教育课程体系中，教育学是作为师资培养的核心课程，通常与心理学、教学法（学科教育学）和教育技术学等并列，也被人们称为"公共教育学"。由于在日常的理解中，狭义的学科即课程，因此人们也把这种意义上的教育学理解为狭义的学科。

（二）教育学研究历程

1. 萌发期

一般认为，中国春秋战国时期和西方的古希腊城邦时期，即公元前 7 世纪左右，人类开始了早期的教育认识活动。

这一时期的教育思想主要体现在一些哲学家、思想家的言论和著作中，如中国的孔子、孟子、荀子、墨子等，西方如古希腊的苏格拉底、柏拉图、亚里士多德，古罗马的昆体良等。《论语》是中国古代儒家经典之一，是孔门弟子辑录的孔子言行录，在这里也可以当作孔子教育弟子的言论，应该是中国最早的教育言论了。在《论语》中，孔子提出"有教无类"的早期普及教育的思想，在教育内容中提出"六艺"（礼、乐、射、御、书、数），在教学方法上倡导启发式教学，提出"因材施教""思学结合"等原则，主张学生要"博学之""审问之""慎思之""明辨之""笃行之"，还要求教师"学而不厌，诲人不倦"等。孔子的教育思想内容非常丰富，既涉及许多教育理论问题，又包括许多教育、教学的实践经验。例如，《礼记·大学》中记："古之欲明明德天下者，先治其国。欲治其国者，先齐其家。欲齐其家者，先修其身。欲修其身者，先正其心。欲正其心者，先诚其意。欲诚其意者，先致其知。"② 这是儒家思想中很重要的教育理论，"修身为本"即教育主客体的

---

① 瞿葆奎：《教育学文集·教育与教育学》，北京：人民教育出版社 1993 年版，第 320 页。
② 钱玄：《礼记》（下），长沙：岳麓书社 2001 年版，第 796 页。

目的。孔子是一位大教育家，这已被全世界所承认。（见图 4-1）

图 4-1 孔子杏坛讲学（局部 《陈全胜画集》）

在西方，追溯教育学的思想渊源，首推古希腊著名先哲苏格拉底。苏格拉底以其"产婆术"闻名于世。他在与青年人交谈时首先佯装无知，其次通过巧妙的诘问暴露出对方观点的破绽和违背逻辑之处，从而帮助他们发现问题，得出正确结论。其弟子柏拉图在其传世巨著《理想国》中虚构了一个理想的国度，把国家分为三个阶级，即统治者、战士、劳动者。统治者必须是充满理性、充满智慧的哲学家；富有激情和勇敢精神是军人的品质；欲望是人灵魂的低劣部分，主要存在于农工商和奴隶等劳动者身上，这些人要学习的就是节制自己的私欲，懂得服从。这样他就为所有人各安其位，并着力设计课程来培养他们。而古罗马著名教育家昆体良所著《论演说家的教育》，则是西方最早的教育专著。在该书中，昆体良提出学校教育应该考虑每个学生的个别特性，使学业适应于学生的特性；紧张的智力劳动应当与休息轮流调剂，而最好的休息乃是游戏；教师应处处给学生做模范、做榜样，应爱护学生；最好的学习方法应该是模仿、理论、练习三个阶段。昆体良是第一个极详尽地研究了教学法的教育理论家。

2. 创立期

从欧洲文艺复兴开始，随着生产力的发展、社会的进步以及科学文化的繁荣，教育学有了长足的进步。教育实践的丰富、教育经验的积累，使人们对教育现象、教育问题的认识逐步深入，许多教育专著相继问世，教育学开始从哲学和其他学科中分化出来，逐渐形成一门相对独立的学科。作为一种独立形态的知识领域来说，教育学有其创立的主要标志，大致可以体现在以下几个方面的指标上：在对象方面，教育问题已经成为一个专门的研究领域；在概念方面，这一时期形成了专门的教育概念或概念体系，标志着理论体系的形成；在方法方面，有了科学的研究方法；在结果方面，出现了系统的教育学著作；在组织方面，产生了专门的教育研究机构。这些标志并不是同时出现的，而是在较长的历史时期内逐渐形成的。因此，教育学的创立不是在某一瞬间完成，而是有一个漫长的过程，前后经历了二百多年的时间。

1623 年，英国哲学家培根发表了《论科学的价值和发展》一文，在科学的分类中，首次将教学的艺术作为一个独立的研究领域提出来。

17 世纪到 18 世纪是文化和思想的启蒙时代，教育上也出现了重视自然、遵循自然的科学精神。捷克著名教育家夸美纽斯的《大教学论》、英国哲学家洛克的《教育漫话》、法国思想家卢梭的《爱弥儿》和瑞士教育家裴斯泰洛齐的《林哈德与葛笃德》等著作，都在一定程度上反映出了这种时代精神。他们都强调教育活动必须注重感性、直观，必须遵循儿童的自然本性；强调用广博而有用的知识教育儿童，注重自然环境及社会环境对儿童发展的影响，提倡根据儿童的个性特点及其发展规律实施教育。

人们一般认为，教育学形成独立学科开始于夸美纽斯的开拓性工作。其代表作《大教学论》发表于 1632 年，是西方第一部教育学著作。书中对课程、学科教学法、教学组织形式——班级授课制等，尤其是对教学原则（直观性、系统性、巩固性和量力性）的论述，十分详尽、丰富，对后世的教育实践产生了重大的影响。

教育学作为一门学科在大学里传授，最早出现在德国。1776 年康德在哥尼斯堡大学开始讲授教育学，是最早的大学教育学教师之一。在其著作《康德论教育》（1803 年）中，他明确提出"教育必须成为一门科学方法"。赫尔巴特更是接受了康德的教席，长期从事专门的教育学教学和研究工作。

对后世影响最大、最明确地构建起了教育学体系的就是赫尔巴特。他的著作《普通教育学》（1806 年）的出版，被认为是使教育学成为一门独立的规范性学科的标志，他也因此被誉为"现代教育学之父"。赫尔巴特的贡献主要在于，他是第一个提出要使教育学成为科学的人。他认为，教育学要成为一门独立的科学，必须形成教育的基本概念和独立的教育思想。而要形成这样的概念和思想，就必须把教育学建立在相关的基础学科之上。由此，他把教育学理论建立在心理学的基础上，把道德教育理论建立在伦理学的基础上，从而奠定了科学教育学的基础。赫尔巴特的教育思想对教育理论与实践都产生了极大的影响，并因其强调教师的主导作用而被称为传统教育学的代表。从夸美纽斯到赫尔巴特，独立形态的教育学初步形成。

3. 多元期

这一时期也可称为教育学的多元化时代。从 19 世纪中叶起，教育学的理论基础更为多样，哲学、心理学、社会学、伦理学，甚至一些如数学、生物学等自然科学也都成为研究教育的视角和方法。有关教育学的各种流派纷呈，并逐渐分化出许多二级学科，如德育理论、教学理论、美育、课程论等，这标志着教育学作为一门学科逐渐走向成熟。

该阶段的主要代表人物及其代表作品有：英国著名的实证主义哲学家斯宾塞，在其著作《教育论》中，他倡导科学是最有价值的知识，重视科学教育，提出教育的任务是教导人们怎样生活。

德国教育家梅伊曼和拉伊是这一时期主要的教育学流派之一——实验教育学的代表人物。拉伊 1903 年出版了《实验教育学》，完成了对实验教育学的系统论述。他们坚持科学主义的研究传统，把实验心理学的观察、实验、统计等方法引入教育学的研究当中。此外，实验教育学还强调要让学生学习系统的、具有实用价值的科学知识，强调教学过程要考虑儿童的实际情况等。这些论述都对教育学如何从研究方法到具体内容上走向科学化，提供了可供后人借鉴并且影响深远的见解。

19 世纪末 20 世纪初，欧洲出现了"新教育"思潮，在美国则出现了以"进步教育运动"为代表的实用主义教育思想。其共同点都是反对传统的以传递知识为教育教学的中心，而是主张以儿童为中心，强调儿童的自主性与创造性，以及教育与社会生活相结合的理论体系等。1916 年出版《民主主义与教育》（杜威著）一书，对现代的教育和教育学产生了深远影响。杜威明确提出"儿童中心论"，其核心思想体现在他所提出的"教育即经验的不断改造"；"学校即社会"；"教育即生活"；"教育即生长"有关教育的四个基本命题中。

中国最初的教育学都是舶来品，1898 年京师大学堂成立后，基于师范教育的需要，开设教育学课程，大量引借日本的教育学。从王国维翻译日本立花铣三郎的《教育学》开始，逐步尝试编写适合中国国情的教育学书籍，先后出版了一些比较好的教育著作，其中就包括孟宪承的《教育概论》，庄泽宣的《教育概论》，吴俊升的《教育哲学大纲》，石联星的《教育学概论》，钱亦石的《现代教育原理》等。中华人民共和国成立后，教育学开始了全盘"苏化"，与苏联决裂后又开始着力探索教育学的中国化问题。20 世纪 80 年代以后，中国教育学的研究回归了应有的学术位置，并出现了百家争鸣的局面。据统计，21 世纪以来各种版本的《教育学》已有数百种。

二、服饰教育学的学术定位

（一）服饰是教育中的显性形象

服饰教育是以服饰为媒介进行的教育活动，强调的是针对服饰内容的教育效应。服饰教育透射出的是一种时代的风尚、民族的习惯、社会的精神、全面的审美。对于主观的社会意识来讲，服饰教育则属于社会存在的范畴，它所蕴含的思想观念是社会中每一个人都无法摆脱、难以超越的。服饰教育承载的内容不仅体现在人们外在的穿着面貌、行为规范和典章制度上，而且还会渗透人们内在的心理习惯和思维方式中，在历史的积淀下形成一种文化心理的自觉。

总之，要了解服饰教育的主旨、功用和导向就一定要了解当时时代的主流思想。主体文化观念无一例外地会体现在服饰教育中，左右人们的穿着面貌以及穿着方式。

同时，人们的意识是随着生活条件、社会关系以及社会存在的改变而改变的，因此，考察服饰教育就不能从它本身或从一般的服饰教育理论中进行，而要从它据已存在的社会物质生活条件中去寻求规律。

（二）服饰教育学的研究范围与意义

1. 服饰教育学的研究依据与系统设置

关于服饰教育学的研究范围，我们从以下三个方面进行理解：一是服饰教育的理论依据；二是服饰教育的体系设置；三是服饰教育的实施应用。此外，服饰教育不仅包括服饰本身的观念教育和专业教育，还包括服饰规范、服饰艺术欣赏和服饰现象批评的教育，更应该是人对现实的服饰审美关系的教育。服饰本身所具有的教育意义是通过服饰的社会价值体现出来的，服饰的教育价值和人类素质教育是一致的。

（1）服饰教育学的理论依据

服饰教育学理论的提出，是为了服饰教育理论自身的完善、深入与发展，揭示服饰教育的规律、观念、方法、内容与发展方向等，以理论形态表述出来，构成服饰理论和知识的逻辑体系。这需要我们从哲学、自然科学、教育学、美学、艺术学、历史学、社会学、心理学、生理学、民俗学等各个领域汲取与服饰教育有关的知识和经验，经过分析和综合，阐明服饰教育的各个因素、环节以及层次的关系，揭示服饰教育的内涵和外延，从而确立服饰教育的宗旨，并以一定的概念、范畴使经验上升到理论高度，以构建服饰教育实践过程的理论指导体系。

服饰教育学植根于教育学，故离不开教育学的基本原理，它又隶属于服饰文化学，因此也离不开服饰文化学的理论框架。据20世纪末英国学者预测，21世纪最受重视，同时最为需要的科学研究项目，应该具备三个特征：一是全人类的，二是跨学科的，三是贴近民众生活的。服饰文化学恰恰具备这三点，而肩负普及和推广服饰文化学的服饰教育学则显得尤为重要。

服饰教育学研究的是以服饰为内容的教育活动，它是一种社会教育，也是社会现象和行为，必然受特定社会的社会制度、风俗伦理、生产工艺、科学技术以及审美趣味的影响。因此，服饰教育学应该和社会的经济基础及上层建筑的结构和运行相互协调一致。不同历史时期的服饰教育均受其社会政治、经济、文化等因素的影响和制约，在中西方历代思想家的著作中都有对服饰教育的观点评述，这些观点的提出是为其哲学思想、伦理道德等作为论据成立的，同时反映了他们对服饰教育的态度和观点，影响了当时和以后的服饰教育思想。

服饰教育的目的在于满足人们精神文化生活的正当需求，并在为满足人们需要的过程中影响人的精神风貌、生活品质，使人具有更高的精神享受和陶冶，这也是服饰教育的最高境界。现代服饰教育是服饰教育学研究的重要内容，专业性增强，范畴扩大，受众更广，其文化性、经济性与社会性也是现代服饰教育的重要表现，更需有科学系统的理论做指导。

（2）服饰教育学的系统设置

首先是服饰教育观念。原始服饰教育的萌生，是人类发展过程中生活、生产的必然产物，对社会进步和发展具有重要意义。服饰教育活动从古代至今天，由西方到东方，无论在内容上还是意识形态上，无一例外地反映了时代的社会生活和文化形态，因此服饰教育的主导思想被深深地打上了社会文化的烙印，中国传统思想观念对服饰教育的影响深远，至今仍旧影响着中国人的着装观念；西方传统思想对服饰发展的引导贯彻也是在服饰教育中。只有对东西方不同的服饰教育观念进行梳理，才能总结出影响一个民族服饰流行和着装心理的内在因素。

另外，传统服饰教育的实施，服饰教育的主体与形式，服饰教育的功能等，都是需要分别予以关注的。例如，服饰教育学的价值体现在服饰教育功能上，对外具有社会教化功能、政治同化功能、文化传承功能、美化生活功能、教育大众塑造服饰形象功能、推动服饰产业发展功能；对内具有提高审美功能、修身功能、谋生功能、培养劳动素质功能、引导服饰消费功能。

这里还要考虑到现代服饰教育，现代服饰教育的现代性体现了自身的特征；各国都有适应本国教育方式和服饰产业要求的现代服饰教育体系和方法；中国的高校服饰教育从起步到成熟经历了种种困境、误区和思考，随着服饰产业的发展，高等服饰教育开始步入正轨，从教学体系、课程设置，教法教制直至办学机制，逐步深化改革，渐渐满足现代服饰产业的要求。

（3）服饰教育学的实施应用

文化性是服饰教育的基本特性，现代服饰设计及服饰品牌风格等最需要的就是文化。虽然当代国际服饰产业随着科技的进步而不断发展，但正因如此，传统文化在现代服饰教育中的作用更加不容忽视，将本民族或其他民族的传统文化带入现代国际流行时尚中，增加服饰的内涵，使时尚变得隽永，已显得时不我待。

实施应用研究是服饰教育学学科的重要内容，服饰教育学需要从实用的角度去建构理论，反过来又以应用为目标，以应用为主体衍生出理论体系，再来指导服饰教育学的研究与实施。

在实施服饰教育时，服饰专业技能教育偏重于技能层面，因技术问题长久以来是服装设计专业教育的瓶颈，服饰产业设计师更多考虑的是技术问题。

这些技术问题包括服装面料、工艺、结构、后期处理、营销和品牌包装，以及地域性、流行性等诸多环节。服饰设计的表达就是对社会形态的认识，因此服饰教育学肩负的使命是使受教群体具有前瞻性和理性的宏观视角。进而与文化创意产业联系起来，从而树立起服饰设计艺术的文化理想、文化自觉、文化觉醒，在把握服饰艺术时代性的同时，树立起民族文化的尊严，增强服饰的文化属性，肩负起传承服饰文化的责任和使命。

处于高速发展中的中国服装设计学界和教育学界，特别是高校的专家学者，已经深深地意识到对服饰产业的现状、未来、流行思潮需有准确和理性的把握，并把关乎民众生活的服饰设计当作大文化事业来看待，希望服饰教育学对中国流行文化发展提出指导性意见。事实上，一种再时尚的时装设计，都只是某种品牌文化存在的表现形式。"设计是服装的灵魂"，这只是事物的表象，深层的核心应该是"文化是时装的灵魂"，而设计则是通过时装这个载体来展示服饰文化的工具和手段，所以，服饰教育学的实施应用应建立在文化的基础上。

2. 服饰教育学的研究意义及指导作用

服饰教育学伴随着人类的进步呈现出瑰丽的前景，我们尽力以中西教育现象、典籍、教材等为线索，深入分析研究，使其纵横有序，条清缕细，这就需对一般服饰教育事象进行探寻，做到"举其始终，察其源流，明其因革，论其古今"。服饰教育学的研究有助于使施教者掌握服饰教育理论，并指导实践；为服饰教育改革和开展服饰教育科学研究奠定理论基础；使人们认识到服饰教育在当代国际化教育中的地位和作用。

服饰教育学是文化交融激荡的硕果，各民族文化均体现其间，更与文化中其他学科、门类融合交汇。透过服饰这一母题，与创造精神相契合，对影响当代服饰发展的流行文化、设计观念，商业策略等随时保有清晰的认知和敏感的预知力。

在服饰教育学的研究中，做到了古今中外的融会贯通还不是目的，而是应该在前人的学术基础上，形成当代服饰教育的理论框架，提高审美，开拓思维，真正把理论知识与创作、实践结合起来，这才是出路。

（1）有助于施教者掌握服饰教育理论并指导实践

服饰教育学的研究可以使从事服饰教育工作的施教者增强文化深度、拓宽专业视野，并使其从不同角度和方位全面了解服饰教育学的理论体系，明确现代服饰教育的文化理论研究在具体技能培训中的作用，掌握现代服饰教育中先进的教学方法和培养目标等。使施教者能站在一定的高度科学地指导教学实践，做到理论和实践的紧密结合，提高 21 世纪服饰产业人才培养的质量，同时对社会群体的着装观念、着装风貌等给予理论的指导。

（2）为服饰教育改革和服饰教育研究奠定科学的理论基础

新时代的教育呈国际化趋势，教育全球化，使教育要素跨国流动。教育服务贸易、学校、教材、教育评估、人才管理等国际化现象相继出现。如何做大做好全球最大的教育市场——中国教育市场的教育产业是中国进入世贸组织以来教育界面临的新挑战。服饰教育学是教育的一种专项内容，自然也面临着同样的问题。中国服饰教育起步晚，其发展速度和规模等距发达国家还有一定的差距。随着服饰产业的发展和更新，服饰教育的改革也势在必行。服饰教育学的研究将使服饰教育的国际化与本土化、继承传统与开拓创新、发展速度与提高质量、素质教育与创新教育等热门话题得以探索与研究，为服饰教育改革提供理论依据。

同时，服饰教育学也为服饰教育研究奠定了科学的理论基础，对预测流行趋势、研究人类服饰发展规律、探讨服饰文化观念，分析服饰现象，提供理性科学的理论指导。

（3）服饰教育学在 21 世纪国际化教育中的地位与作用

21 世纪，各国服饰教育的目的之一是为经济发展培养人才，并传递和发展历史文化与社会文化，以促进社会文明建设。在国际竞争的潮流中，服饰产业迅猛发展，服饰品牌竞争激烈。国外的服饰品牌大量涌入中国市场，既是商机，也是挑战。服饰教育问题因此有一部分上升为经济问题，甚至是政治问题。无论是发达国家还是发展中国家，均需要大量的国际化服饰专业人才，当然包括各种层次的服饰教育人才及服饰产业所需要的各种岗位人才。

服饰专业人才的培养在西方发达国家很受重视，并已积累了大量经验。在中国，服饰专业人才的培养关系到服饰经济的发展和综合国力的水平的提升。现代服饰产业在国民经济中占有很重要的地位。从目前情况来看，中国的服饰产业产出量大利薄，在国际服饰业界缺乏竞争力，缺少具有国际感召力的国际性服饰品牌和设计师，这与中国近代历史及服饰专业教育起步晚有着直接的关系。当然，服饰教育学最终是作用于全人类的，这需要地球人的共同努力。

<h2 style="text-align:center">第二节　服饰教育的功能</h2>

一、服饰教育的外在功能

（一）社会教化功能

服饰的社会属性在文明程度日益发达的过程中，朝着模式化、概念化方向发展，逐渐成为着装者为表达某种特殊意义的物化符号，具有一定的规范性和普遍性，因此它的属性有很强的社会功能，在传统服饰教育上也着意注重它的教化功能。不同的历史时期和不同的社会制度，决定着不同的教育目的、教育方针、教育内容和方法，服饰教育作为社会存

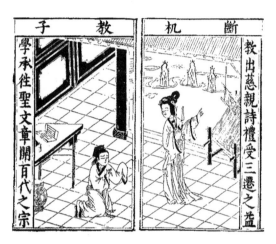

图 4 - 2　富春堂唐氏版"子不学，断机杼"
故事（明末金陵版画《古今列女传》万历十五年）

在，也广泛地受到这种教育观念的影响。从古至今，统治者就有意识地强调艺术的教化功能。中国《周礼》所记上层社会的衣冠具有严格的法度，按天子、诸侯、卿、大夫、士五等分出着装礼仪，不准僭上也不应趋下，教育子民用服饰所象征的尊卑来代表人的身份高低，这是中国服饰文化的一大特点。用上衣下裳的服饰，来意旨天与地的上下秩序，隐喻阴阳、尊卑和雅俗相对的观念；用帝王的冕服来象征"君权神授"的合理性；服饰色彩用"五德终始说"来顺应朝代的更迭和社会的变迁。在一般民众中，更是以服饰象征道德，在观念上使穿着与道德教化统一在一起，使穿衣戴帽也成为道德大节。（见图 4 - 2）

战国时期赵武灵王是一位留名青史的敢于冲破原有道德标准的服饰改革家和服饰教育家。但是，他虽为一国之主，也不能在短时间内仅凭号令就迅速改变人们着装的传统观念，由此可以看到社会传统所具有的强大约束力。他凭借一国之君的权力采取了强硬的服饰改革措施，可是在初期乃至整个推广期间都是被指责为大逆不道的人，只有到了后期，应该说是后世，赵武灵王的服饰改进良好效应才以他的军事成功而得到认同。在这一点上，俄国彼得大帝剃须改服向西欧学习的措施，和赵武灵王一样是运用服饰来进行社会教化的推行者。

在理学盛起的宋代，"存天理，灭人欲"的伦理教化真切地体现在了服饰教育上，极端地表现在妇女首服和足服上。入宋以后，早被废止的唐代遮蔽全身的首服又一次变换形式地回到妇女头上，称之为"盖头"，它的功能不再是为阻挡风沙，而是要遮挡世人的眼睛。女子出门时被要求以盖头拥面，不得让外人窥见，这意味着女子的人身所有，甚至她的容颜都不属于自己，而成为男权的私有物。宋代以降，这种服饰观念一直被奉为女子德行的重要操守，直至明、清，甚至民国时期民间女子婚嫁还保留着"揭盖头"的传统仪式。相对于盖头这一限制女性的形式枷锁，更为残酷的是缠足。从出土文物中可以看出，北宋缠足尚未普及，到了南宋，"三寸金莲"就普遍开来了。女孩子从四五岁时被家人以布帛紧束双足，使足骨变形，脚形尖小成弓状，成为封建士大夫们眼中瘦欲无形，越看越生怜惜的性别形象。这种畸形的审美追求一方面反映了在理学统治时期妇女社会地位的低下，没有人身自由。行动的不便使女性减少了参与社会活动的机会，削弱了女性作为个体而存在的独立性，使女性的生存方式逐渐演化为供家族传宗接代的繁殖工具和性服务的提供者；另一方面也是当时服饰教育的结果，社会各阶层的人娶妻，都以女子大脚为耻，小脚为荣，因此女子不论贫富贵贱都以脚小而受到推崇与关注，脚的形状、大小成了评判女子美与丑的重要标准。山西曾有"晒脚会"，女子们都全身在车内，唯独将小脚露出来，供人们品评。只是仅许看、评，不许动手。一个女人，是否缠足，缠得如何，将会直接影响到她个人的终身大事，不可马虎。伤筋动骨的摧残扼制的不只是身体，更是女子的心灵，造就了中国女性一千多年来对宿命的屈从和身心束缚的忍耐，畸形的社会教化影响之广之深令人震惊。

直至中华人民共和国诞生，由于受苏联教育模式的影响，人们习惯从德育的角度去规范艺术教育的目的，去评判艺术教育的成败，艺术教育在一定程度上成了德育的附庸，这种观念影响广泛，深入人心，可以说，从上到下大多自觉不自觉地把服饰教育中的教化功能也看作顺理成章的事，甚至把个人的着装行为上升为意识形态的高度，把爱美之心鄙视为"资产阶级臭思想"，把挽起裤脚赤足劳作的女性赞美为不怕苦不怕累的"铁姑娘"，使社会教化的导向功能发挥到了极致，甚至抹杀、漠视了人的审美天性。

（二）政治同化功能

自中国有了上衣下裳的服制，就开始了用服饰"治天下"的历史，衣冠成为政治化的道具，用不同的服饰符号来区分不同的人群和阶层，以服饰形象来别同异，明是非，形成了华夷有别、上下分明的政治环境和社会秩序。衣襟的左衽右衽本是着装习惯而已，一旦上升为文化层面，就成为象征华夷民族的重要标志，束发还是披发亦成为人格尊严的体现。

清代初年，满族人坚持满式衣冠，要求汉人削发易服，这是清王朝最强硬的统治国策。一方面，是以政治高压使汉民族为主的各民族屈从于满人统治，以保证清王朝的长久统治；另一方面，是因为统治者害怕一旦遵从汉服，汉文化的强大征服力很可能让人数不多的满族人淹没在全面"汉化"的潮流之中。清廷统治者通过禁绝"汉服"的普世教育，来抹杀"汉服"的政治同化功能。形式层面的消亡最终导致意义层面的断缺，以致汉人对清明的认同也在不知不觉当中渐渐形成。历史上有这样的事实，清初的北京居民见到身着汉式衣冠的朝鲜使臣，悲痛得涕泣不已，到了清中叶，再见到同样的衣冠，反觉惊讶，认为自己的剃发垂辫、窄衣紧袖才是"华夏正宗"。直至晚清的民主革命，革命者才以剪辫易装为标志，完成了"驱除鞑虏，恢复中华"的正名。

在欧洲也是如此，16世纪随着国家意识的明确，服饰呈现出鲜明的民族国家特征，在史料中经常出现"意大利风格的缎子罗布""西班牙风格的塔夫绸罗布"等记载，基于各国宫廷之间的政治联姻，各国服饰也有不同层次的交互影响。但是，到了17世纪，拥有无敌舰队的西班牙因哥伦布发现美洲新大陆而使国力空前强大，成为欧洲的先进国。强势的西班牙国王采用不同于以往各国之间自发性流通服饰的方式，而是将服饰上升为国家意志，强行向各国推行西班牙服饰，使周边国家也以黑色或暗色服饰来体现威严和庄重，连同服饰的审美教育一同推广，西班牙曾一度成为统领欧洲流行的中心。

（三）文化传承功能

在漫长的历史进程中，人类创造了灿烂的文化，这是人类生生不息赖以生存的基础。服饰是人类文化的一部分，从历史上的服饰教育内容来看，折射出不同历史时期价值观念和意识形态，服饰作为历史文化的物化载体，直观地呈现了文化的多样性和丰富性。服饰是文化的集中体现，从历史角度来看，服饰像一面镜子如实地反映了当时的社会文化生活、文明程度、审美观念、民俗心理、经济水平、技术手段等，它直接受到社会生产力与意识形态的制约。换个角度来说，仅依据一件衣服就可大体判断它所处的历史时代，那么，由无数个人组成的着装群体就构成了一个区域的文化表征。服饰教育就是要把社会上成型的规范价值系统向下一代一代一代地传递，否则人类社会就不能延续，历史就会中断。

服饰的文化传承功能突出地体现在信息不发达，交通闭塞的地区和民族。相较于现代社会，越是边远闭塞越能较长时间地保持稳定的区域文化特征，民族服饰越能得以完整保存。每个时代、地域、民族的服饰无一例外地受到社会大文化背景的制约，显示了文化内涵的张力，这是宏观背景使然；从个人来说，他的民族性格、社会意识、思维定式、民俗心理乃至个人情趣都使其形成了不同文化下的服饰形象，因此，一个民族的服饰必然带有其独特的文化特征，成为民族文化的具象体现。魏晋南北朝时期，北方少数民族接受汉族的先进文化就是从接受汉族的服装开始的，北魏孝文帝曾令群臣皆服汉魏衣冠，体现了北方统治者对汉族文化的重视和提倡。主动自觉地接受汉文化，完成了民族的大融合，也使汉族传统的冠冕衣裳传承下来，一直延续至明代。服饰作为一种文化符号，成为中华文化的遗传基因世代相传。

文化有相对稳定的民族传统，这是长期历史发展过程中形成的，我国有56个民族，每个民族都有自己绚丽的服饰。各族人民以超凡的智慧创造了独具特色、多姿多彩的服饰文化。在服饰教育中，有意识地培养学生或后代对民族民间服饰的了解，可增加他们对民族文化的认同，引导他们参与其间的学习和创作，对优秀的传统文化加深认识并形成自觉的民族自豪感。

（四）美化生活功能

一个国家的着装者群日常服饰直接影响到该民族或该国的国际形象，是国民生活质量的直接综合体现，同时，也对人民的精神面貌和心态产生重大影响。服饰教育的普及具有美化生活，提升民众精神和物质生活质量的功能。美且得体的穿着和所有美好的事物一样可以愉悦人的心性，丰沛人的心灵，使人们拥有生活的骄傲，进而唤醒道德良知，树立人格尊严，建立良好的品性，使人们生活在欢乐中。

服饰教育以其自由、超越的审美快乐使人们的情感诉求受到规范、节制和净化，从而陶冶和塑造一种超越低俗的人生境界，赋予人们一种良好的审美态度，使之对生活有更高的精神追求。因为服饰教育不但引导人求真、唯美、向善，让人衣装体面，形象健康，更是一种审美享受，它的价值在于促进学习者的身心发展，提高审美能力，丰富文化生活，造就完满的物质精神双重享受。

高度一致的审美理想也可以使人们自觉地遵守并维护着装行为的规范和法则，使社会意识和谐发展。这种自觉趋同的审美情怀融入群体道德意识和道德行为中，可以净化社会行为由感性冲动导致的盲目性，走向理性融合。随之而来的是社会群体行为的和谐有序。增强群体认同感，提高亲和力和凝聚力，在人际、组织、制度、习俗中发挥净化、交流、沟通、导向功能，有助于美化生活提高生活质量，使社会稳定、有序、自由发展。

（五）教育大众塑造服饰形象功能

服饰是文明的重要标志，在现代社会，一个城市、一个民族或国家，民众的整体着装面貌体现了它的文明程度，包括经济、教育、科技、艺术等方面的发展水平，因此，着装者群的着装形象也就成了一个地区或国家人民的生活态度和文明水平的重要标志。

徜徉在塞纳河畔、香榭丽舍大街上的巴黎人似一道亮丽风景给人以悦目的感觉，为这种城市增添了一股艺术气息，法国巴黎似乎也成为现代时尚朝圣者的麦加。之所以给人以这样的印象，可以从 17 世纪路易十三时说起。当年的法国就已经注重商业和织造业的发展，把蕾丝、哥白林双面挂毯及一些其他的织造产业作为国家企业加以保护和奖励，形成了法国服装产业的强有力的基础。加上路易十四执政时期鼓励艺术创作和文化发展，使大批艺术家、高级匠人云集巴黎，最终使巴黎成为世界时尚艺术中心。在当时，装有巴黎最新时装的时尚玩偶的箱子，被人们誉为"潘多拉盒子"，这些时尚玩偶每月从巴黎运往欧洲各大城市，指导人们穿着，受到时尚人士的追捧，由此巴黎品味、巴黎风格和巴黎样式成为人们心目中时尚、优雅、艺术的代名词，并一直延续至现代。

文化的先进，工业的发达，艺术的积淀才使一个城市显示出蓬勃的生命力和创造力，才可以使身处其间的民众受到深层次的教育，形成成熟的服饰风貌，体现整个区域的发达程度。

（六）推动产业发展功能

服饰教育是一种精神生产过程，是精神财富生产和传递的活动，它同物质生产过程既有区别又有联系。它可以为社会物质生产过程提供各种水平的劳动者和科学知识形态的生产力；它是物质生产过程不可缺少的条件，且对物质生产具有重要作用。按照马克思主义的观点，劳动生产力是由多种情况决定的，其中包括工人的平均熟练程度，科学的发展水平和它在工艺上应用的程度，生产过程的社会结合，生产资料的规模和效能以及自然条件。在这里，劳动生产率的提高主要取决于工人的教育程度，正是教育提高了工人的技能水平，促进了科技的应用。

服饰教育在服装产业中的作用，是通过培养高质量的劳动力来实现的。通过服饰的专业教育可以将没有任何专长的普通劳动者转化为服饰产业的专门人才，教育会改变人的劳动能力的形态。这种劳动力比普通劳动力需要较高的教育费用，它的生产要花费较多的劳动时间，因此它具有较高的社会经济价值。随着服装产业的不断发展和科技在生产中的广泛应用，从设计、制版、缝制以及销售等环节，都需要具有一定专业技能的复杂劳动，因而至近现代出现了智力化、科学化和复杂化的趋势。这样一来，对服装制作从业人员的教育程度要求也越来越高，由于复杂劳动为社会创造了更多的价值，相应地，复杂劳动者的工资报酬也自然增加，从而使服装产业综合水平得到提高。

服饰教育可以把一般劳动力加工成为专门的劳动力，可将经验型、手艺型的劳动力转化成知识型、科学型的劳动力，可将可能的劳动力变成现实的劳动力。与此同时，服饰教育还是科学知识形态生产力再生产的重要途径，它具有高效传递、积累、发展和再生产的科学功能，而且是使科学技术转化为直接生产力的重要途径，可推动服饰产业向更高层次发展。

二、服饰教育的内在功能

(一) 审美功能

服饰教育的审美功能，是通过审美关照满足服饰审美的心理需要，从而引起审美的快乐。服饰教育的直接效应在于，通过对穿衣打扮的领悟或操练，可以培育、锻炼、提高人们对服饰的鉴赏力，特别是提升认识服饰美、鉴赏服饰美、追求服饰美、创造服饰美的情趣、能力和素质，感受和体验服饰审美给人带来的快乐，陶冶、塑造、升华人们的精神境界，从而完善人性和文化心理，使人们身心向更自由、更健康、更和谐的生活发展。

服饰教育对于个人而言，可使其仪表得体，有良好的举止与品位，行为更加和谐自然，拥有更多自信与自尊，与他人有更自觉主动地交往；服饰教育作用于大众，可把个体的感性欲求融合，通过审美情感引向道德情感，使整个社会的道德由"他律"化为"自律"，即服饰审美的情感因素牵动道德情感走向与个体感情的融合，从而构成道德认知、道德行为转化为道德自由。服饰教育效应远不限于个体素质的培养与陶冶，对群体素质的建构和培养作用也是巨大的，服饰教育对个体素质教育，实际也构成了对群体素质教育的重要基础，二者不可分开。服饰教育对于服饰生产活动，可以引导劳动者提高劳动技能，把握和创造技术操作能力，促进技术的艺术化，改变劳动技能的单一化操作，使之转变为出自意愿的自觉自由的操作方式，提高劳动效率和生产效率。

服饰教育在学校是艺术教育的一部分，在本质上是审美教育，而不应理解为德育、智育或其他教育的隶属。服饰教育的确具有辅德、益智的功能，而且服饰教育也应该尽可能地发挥出这种功能，但服饰教育主要不是为辅德、益智而存在。从根本上说，服饰教育是审美教育和技能教育，而不是德育或智育的附庸，服饰教育的主要功能是审美功能，辅德、益智只是其派生的功能。服饰教育可以与艺术教育一样对学生的智慧和心灵产生更为深远影响这就是其必须具有的审美功能。

服饰教育是审美教育的一部分，应具有独立存在的价值。目前来看，只有在学校教育中获得独立的地位，它才能发挥出审美的功能，从而也才能发挥出辅德、益智的功能。通过服饰艺术教育使人们的审美情感得到培养和发展，审美情感的发展在一定程度上又能促使人们的审美趣味变得纯洁，审美能力获得提高。健康的审美趣味为高尚的道德观念的形成提供了动力和条件。而有了审美能力，一个人的心灵就能在不知不觉中接受各种美的观念，并且最后接受同美的观念相联系的道德观念，从而使人的身心得到净化，达到人格的完善，这是服饰教育在审美功能上的终极目标。

（二）修身功能

佛教有一句话，叫"相由心生"。佛学的"相"一般是指事物的表现形式，在看相玄学中"相"的意义一般是指面相，也泛指整个相貌，"相由心生"即使说有什么样的心境，就有什么样的面相，一个人的个性、心思与作为，可以通过面部特征表现出来。我们这里说的"相"是指服饰形象，从一个人的相貌气质、言谈举止到穿衣戴帽、化妆、佩饰，整体外观所呈现的人的形象，皆是受人的内心世界的欲求所支配，所以相由心生是指人的服饰形象是受主观情感的支配表达出的物质表象，是通过服饰来表达内在情感的一个方式，就像文字和语言一样表达了着装者要成为怎样的人，用服饰来树立鲜明的自我形象。就如昆丁·贝尔所说："我们的衣服对于我们大多数人来说已是我们的一部分了，我们不可能对环境完全漠不关心，穿在我们身上的那些纺织品就像是我们的身体乃至灵魂的自然延伸。"①

服饰体现着装者的思想、意图，人的思想意识起着主导作用，但有时，服饰也会格外积极、格外重要地对人发生影响。体面光鲜的服饰会让着装者获得自信，庄重华丽的服饰会让着装者获得尊重的目光。职场中人在着装上首要考虑的是如何利于工作前途，社交场合的着装严格遵守的是礼仪法则，因此得体比时髦更重要，着装在一定程度上体现了社会交往中约定俗成的法则，要求着装者具有自律精神，按主流意识塑造自我形象。服饰教育的形式体现在社交反馈上，在这里的服饰教育，很大程度是着装者的自我感知教育，智慧善察的人在他人评价的眼神中品悟到什么是正确的着装，怎样装扮才能获得信任与尊重，塑造良好的社会形象，从这个意义上讲，服饰教育具有规范、强化社会礼仪，修身自律的功能。

①　［英］乔安妮·恩特维斯特尔：时髦的身体——时尚、衣着和现代社会理论，桂林：广西师范大学出版社 2005 年版，第 52 页。

（三）提升就业谋生功能

服饰教育的独特性表现在不仅是美化自我形象，美化生活的生活技能传授，更是具有实用价值的技术技能传授，技术技能的价值在于把生活技能转化为一种力量或一种生产力，使之成为安身立命的谋生手段。

在古代，服饰作为生活资料，在人们日常生活中占有重要地位，从耕、织、染、裁、缝、绣等各个环节，从原料到成品都在家庭内部完成，这是古代人生活的重要家务与生产，主要由妇女完成。随着时代的发展，社会分工越来越细化，服饰的功能越来越丰富，人们对衣饰的要求也越来越高，服饰最终从家庭劳作中分离出来转变为社会化生产，出现了专门从事服饰品加工与制作的人，因此这项专门技术也成为专职人员的谋生手段。

初期的服饰生产相对简单，劳动者需要的技能并不复杂，仅靠师徒式的模仿就可以传授。正因其技术不复杂容易掌握，因此大多手工作坊的工匠在授业上都非常保守，轻易不把最核心的专业技术传授给徒弟，长期恪守"传子不传女"的陋习，极力避免"教会徒弟，饿死师傅"的竞争关系。

随着工业革命的到来，对劳动者的专业知识要求越来越高，服饰教育也从其他技能教育中分化出来，成立了专门学科进行专业教育。据英国的统计资料表明，1770年纺织机械技术普遍发展，科技革命大大地提高了生产率，机械生产比一般手工生产效率提高了4倍；到了1840年英国基本完成蒸汽机革命时，效率提高到108倍，如纺纱、织布、刺绣等工作由以往的手工操作发展为机械化生产，劳动性质和个人所承载的工作重心都发生转变。加上新科学、新知识、新技术、新信息层出不穷，使生产工艺、设备、产品不断更新换代，知识更新速度也就越发加快，使知识老化周期进一步缩短，传统的教育思想显得落后和不适应新时代发展对人的要求，因此必须要有与时俱进的现代教育，在大学里出现了服饰专科教育。

据有关资料表明：在人的一生中，大学阶段只能获得需用知识的10%左右，而其余90%的知识都要在工作中不断学习才能获得。无论一个人所学的专业知识多么"现代化"，若干年后，也会遇到相对应用领域而言的专业知识过时的问题，这就要求摒弃"一次教育"的旧观念，而提倡终身教育。大学只是为服饰专业人才做了一个专业培养的基础，提高其专业学习的能力和创造力，合格的从业人员不能单由高等学校完成，而必须由学校与企业接力式地完成，所以要求从业人员要成为适应时代的专门人才，还有依靠实践、自学、继续教育，因此专业人才接受终身教育是知识经济时代的必然结果。在现代服饰产业中，分工细化使技术更加专门化，而且越是有创造性的工作，要求的教育程度越高，现代服饰产业的从业者一定要经过专业的职业培训和专门教育才能胜任。

(四) 培养劳动素质功能

劳动素质包括热爱劳动的态度、自觉劳动的习惯、一定的生活自理能力和简单的劳动技能等。这是少年儿童未来投身改造自然、社会的物质生产劳动和精神生产劳动的基础，也是通过实践促进其他各种素质形式和发展的需要。服饰是生活必需品，通过服饰教育还可培养孩童自幼养成劳动的好习惯。

很多优秀的人对子女教育上就以服饰教育来培养劳动素质。苏联著名作家法捷耶夫曾经写给他的大儿子舒拉一封信，虽然当时舒拉在学校的功课很优秀，但法捷耶夫发现儿子不会劳动，因此责怪了他。法捷耶夫在信中说，我知道你自己不会钉纽扣，补衬衫上的窟窿，兴许连针都拿不像样。法捷耶夫觉得孩子过得太舒服了，不需要自己的劳动就可得到"满意"的东西——毛料衣、自行车、猎枪和高级点心。而这也就在无形中不适当地使孩子产生了某种优越感。要保持和继续提高生活水平，就不能忘记劳动。从小生活太好，靠着父母，什么都能满足，再不注意受教育，就有忘记劳动，不尊重劳动人民，甚至还有瞧不起劳动的危险。

居里夫人有两个女儿，她对女儿的教育也有许多独特的做法。不让女儿成为坐享其成的人，除了注意使女儿有健康的体魄，居里夫人还注意使孩子们的手和肢体不断受到锻炼，让她们学园艺、学雕塑、学烹饪和学缝纫。通过劳动技能训练，养成自食其力的品格和能力。

老舍的母亲很勤劳，做事一板一眼，从不敷衍。为了孩子们的吃穿，她给人家洗衣服或者缝衣服，总是仔仔细细。就连屠户们送来的黑如铁的布袜，她也都给洗得干干净净。老舍的衣服虽不考究，但都要整洁。他写的稿子从来都是整整齐齐、清清楚楚，他那朴实的文风和严谨的治学态度，都得益于母亲的熏陶，因为母亲给了他生命的初始教育。

家长对自己的孩子进行最初的服饰教育，首先是整洁的习惯，梳头、刷牙、洗澡必须成为日常卫生习惯，教育孩子衬衫和裤子是否相配，并及时地

表扬孩子自己梳头和洗手等一点一滴
的行为规则。家长注重培养孩子生活
中的劳动观念，教会孩子从小整理好
自己的衣服和房间，不为图省事就一
手代劳，而是有意为孩子创造一些条
件，如孩子衣橱里的挂钩和横杆放在
与孩子同样高的位置上，使他能够将
自己的衣服挂起来；放脏衣服的篓子
应放在孩子自己的房间里，而不是放
在卫生间，这样可以促使孩子把自己
的脏衣服放到应该放的地方去。生活

图4-3　明代仇英画《列女传》插图

中的点滴细节看似琐碎，不是大是大非的原则问题，但长此以往，一丝不苟
严于律己的生活信条就会在这些无意的劳动中建立起来，对人生的成长大有
裨益。(见图4-3)

（五）引导服饰消费功能

商品社会中的流行文化无处不在，现代媒体充任服饰普及教育的工作，
它们渲染、描绘、倡导的生活方式把时尚观念渗透其间，引导每一个观众、
读者都成为预设的目标消费者，在这里他们是消费群体的服饰教育者、引导
者，把流行观念和消费观念潜移默化地注入消费大众的头脑中，为时尚追随
者们洗脑。曾有人尖锐地指出，时尚的缔造者，其实也是时尚商品的制造者
们努力让人们有这样的错觉——衣橱里永远都少了你要穿的那一件；流行的
创造者就是让你的衣服永远都赶不上潮流，永远都要追随流行，永远都要不
断地更新，购买下一季的服饰。时尚杂志、电影、电视、小说等媒介充当教
科书，为服饰商品宣传，教化人们成为时尚文化的追随者和践行者，无休止
地购买流行商品，有意无意地起到教育引导消费的功能。甚至影视作品中有
意识地置入一些商品广告，手法隐蔽，让人感觉是自然而然，实际是精心设
计的"无意"流露，用暗示的方式教导大众消费商品。

对于身处校园的青少年来说，心智发育还不够完全，对事物还缺乏独立
的判断力，很容易受环境的影响，流行文化所带有的叛逆感和追求个性的风
格却正好迎合他们的心理，流行服饰代表了他们的看法，因而会受到广大青

少年学生们的热情追捧。如不进行正面引导，在大众媒体上大肆渲染商品，这些资讯就会一股脑地注入青少年的头脑中，对社会认知不足对自身评价不成熟的青年学生就会被商品市场洗脑，盲目攀比，虚荣追随奢侈品，以造成过度消费，这不利于他们价值观、人生观的培养，因此需要学校从正面进行服饰教育，引导学生以审美的眼光辩证的去看待和分析流行文化，清醒地认知时尚商品，用正确的价值观去判断自己所看到的流行现象，进行广化而深化的思考，并指导他们形成高尚、实用的消费观。课堂中给他们更多关于审美与个性、气质与风格塑造的知识，使他们树立起一个成熟的衣着打扮观念和消费观念，对流行风尚有清晰的认知，不至于盲目跟风。教师自身的装束也会起到示范作用，让学生懂得服饰不单是好看与否，还跟人的职业特点、性格特点、个体特征、穿着场合等有着密切的联系，教育学生树立正确的消费观念，对其人生观、世界观都会产生深远影响。

第三节　中国传统服饰教育

一、服饰礼仪教育

每一种文化都具有自己的模式，中国传统文化模式是以"礼"为中心的，"它以血缘为纽带，以等级分配为核心，以伦理道德为本位，渗透政治、经济、文艺、教育、人际交往、道德风尚、社会生活的各个领域，从权力财产的分配到日用器物的消费，几乎无所不在。"① 因此，在中国长达几千年的封建社会里，统治阶层把"礼"当作维护统治的根本，历代统治者几乎无一不对车旗服御投以极大关注，因为维系国家统治的制度建设在很大层面上就具体落实在诸如人们穿着是否奉规守法上。这里既包括高层礼仪服饰，也包括平民日常着装，针对全体国民制定一套限制什么人可以穿着什么服饰、什么人不可以穿着什么服饰的衣规服制，就需要以礼制律令来规范臣民的思想与

---

① ［美］凯瑟著，李宏伟译：《服装社会心理学》，北京：中国纺织出版社2000年版，第331页。

行为。这些服饰制度给人们提供了一些审美范式，即只有遵从国家的政治制度和伦理道德规范的服饰才是美的，只有充分体现社会各个阶层等级秩序的服饰才是美的，这都需要教育。

（一）礼法服饰制定

在中国古代社会，服饰礼仪规范成了政治秩序的一种体现，它从服饰类型、颜色、式样、花纹图案、质料等各方面，把不同身份的人在不同场合的地位、尊卑、等级，通过对人体外表的装饰，形象地显示了出来。哪一等人应在哪一种场合穿、戴、佩饰什么，都有严格的教导与规定，不能随意行事。这就是所谓"非其人不得服其服，所以顺礼也"①的根本之处。

汉代儒家继承先秦的"等级"观念，并把它提高到制度层面，有大量文献记载了这样的事实。据《春秋繁露·服制》载："天子服有文章，不得以燕公以朝，将军大夫不得以燕将军大夫以朝官吏，命士止于带缘，散民不敢服杂采，百工商贾不敢服狐貉，刑余戮民不敢服丝玄续乘马，谓之服制。"②严格的等级制度在服饰系统中表现得一览无遗。《后汉书·舆服志上》也有这方面的记载："夫礼服之兴也，所以报功章德，尊仁尚贤。故礼尊贵。不得相逾，所以为礼也。非其人不得服其服，所以顺礼也。顺则上下有序，德薄者退，德盛者缛。故圣人处乎天子之位，服玉藻邃延，日月升龙，山车金根饰，黄屋左纛，所以副其德，章其功也。贤仁佐圣，封国受民，黼黻文绣，降龙路车，所以显其仁，光其能也。"③显然，汉代服饰等级秩序是受儒家"尊仁尚贤""彰功报德"等观念的影响，把服装的材质、纹饰、配饰与秩序、仁德、尊贵联系起来。同一阶层的人只能穿着与其身份相符的服饰，否则即为僭越，是社会所不允许的。

有鉴于此，古人将教育人们在穿着上要守礼法提升到政治的高度上来。汉代著名文学家、政治家贾谊在《治安策》一文中说："今民卖僮者，为之绣衣丝履偏诸缘，内之闲中，是古天子后服，所以庙而不宴者也，而庶人得以衣婢妾。白縠之表，薄纨之里，緁以偏诸，美者黼绣，是古天子之服，今富人大贾嘉会召客者以被墙。古者以奉一帝一后而节适，今庶人屋壁得为帝服，

① 章惠康主编：《后汉书今注今译》，长沙：岳麓书社1998年版，第2920页。
② 曾振宇注：《春秋繁露新注》，北京：商务印刷馆2010年版，第106页。
③ 章惠康主编：《后汉书今注今译》，长沙：岳麓书社1998年版，第2906页。

倡优下贱得为后饰，然而天下不屈者，殆未有也"。① 文中批评那些卖奴隶的人，给他们穿上绣花边的衣服和牙条边的鞋子，然后将他们关进奴隶交易的栅栏中，而这种服饰是古时天子后妃的衣饰，而且平时只是进庙祭祀时才穿，即使赴宴也不能穿。结果是，后来平民百姓却让奴婢妻妾穿这种衣服。白绉纹纱做面子，薄细绢衬里，缝以花边，配有斧形花纹，这是古时天子的礼服，后代富商举行庆典招待客人时却用它来装饰墙。古时百姓奉养皇帝、皇后尚要适当节省，如今，平民百姓家里的墙壁都用古时帝王服饰的布料来装饰，那些地位卑贱的歌女艺妓可以用帝后的装饰来打扮自己，像这样下去，要使天下财源不穷尽，恐怕是办不到了。文章接着教育人们："且帝之身自衣皂绨，而富民墙屋被文绣；天子之后以缘其领，庶人孽妾缘其履：此臣所谓舛也。夫百人作之不能衣一人，欲天下亡寒，胡可也？……夫俗至大不敬也，至亡等也，至冒上也，进计者犹曰'毋为'，可为长太息者此也。"② 就此，贾谊认为民间的习俗已经到了长幼不敬，尊卑不分的地步了，必须适时教育。因为皇帝自己也穿黑色厚绨做的衣服，而那些富人家的墙壁却装饰着花纹秀丽的锦绣，天子后妃用以装饰衣领的丝绸，平民百姓、庶子婢妾却用来装饰鞋子，这就是贾谊认为的悖乱。一百个人努力织作却无法满足一个人的衣着需求，要想天下没有人受寒受冻，这怎么可能呢？最后贾谊针对服饰僭越现象，在《服疑》一篇中教导人们："制服之道，取至适至和以予民，至美至神进之帝。奇服文章，以等上下而差舆贱。"③，其目的是使人"是以天下见其服而知贵贱，望其章而知其势，使人定其心，各著其目"。④

作为帝王服饰具体穿着礼仪，主要是视其祭祀对象的不同而定，对不同场合穿着什么样的礼服都有明确的规定。例如，《旧唐书·舆服志》记载："大裘冕，无旒……裘以黑羔皮为之……祀天神地祇则服之。

衮冕，金饰，垂白珠十二旒……诸祭祀及庙、遣上将、征还、饮至、践阼、加元服、纳后、若元日受朝，则服之。

鷩冕，服七章……余同衮冕。有事远主则服之。

---

① （汉）贾谊：《贾谊集》，上海：上海人民出版社 1976 年版，第 190 页。
② （汉）贾谊：《贾谊集》，上海：上海人民出版社 1976 年版，第 191 页。
③ （汉）贾谊：《贾谊集》，上海：上海人民出版社 1976 年版，第 28 页。
④ （汉）贾谊：《贾谊集》，上海：上海人民出版社 1976 年版，第 28 页。

毳冕，服五章……余同鷩冕。祭海岳则服之。

绣冕，服三章……余同毳冕，祭社稷、帝社则服之。

玄冕服，衣无章，裳刺黼一章。余同绣冕。蜡祭百神、朝日夕月则服之。"①

在这些冕服中，大裘冕是皇帝专用的，臣下不能用。其余五冕，既是皇帝的礼服，也是官员的礼服。但是皇帝的衮冕和官员衮冕略异，一个是十二旒十二章，一个是九旒九章，其余四冕，皇帝和官员就没有区别了。

至于君臣之间，上下级之间，不仅因级别而穿戴不一，而且所执所佩之饰也以等差量化来区分。例如，《周礼·冬官·考工记》规定："玉人之事，镇圭尺有二寸，天子守之；命圭九寸，谓之桓圭，公守之；命圭七寸，谓之信圭，侯守之；命圭七寸，谓之躬圭，伯守之。"② 再如，《新唐书·车服志》记载："随身鱼符者，以明贵贱，应召命，左二右一，左者进内，右者随身。皇太子以玉契召，勘合乃赴。亲王以金，庶官以铜，皆题某位姓名。官有贰者加左右，皆盛以鱼袋，三品以上饰以金，五品以上饰以银，刻姓名者，去官纳之，不刻者传佩相付。"③

据《清代满族服饰》记载："顺治初年规定，从小拨什库、书吏、通事到兵、民、商等人，一律不许穿用质料较好，带有花纹的锦缎，诸如，蟒缎、妆缎、金花缎、倭缎、闪色缎等。总之，凡是各色花缎及各种彩绣做成的衣料，既不许成衣也不许做被褥、幔帐等使用。只许他们穿一般的青素缎、蓝素缎、绫、绸、纺、丝、素纱、棉布、夏布等。衣服上还不许用花缎镶领、镶袖，不许穿缎靴。在靴、袜上也不许镶花缎，还不许戴得勒苏凉帽。在皮毛上，不许穿貂皮、猞猁狲、狐腋和豹皮。但若自己有力量，可以戴貂皮帽，若无力许戴狐皮、灰鼠皮等帽。至于官民家下的奴仆、优人、皂隶，不许戴貂皮帽，不许穿各种绫、缎，但狐皮帽、沙狐皮帽及貉皮帽可以戴。"④ 虽然在具体的执行中，如此严苛繁缛的法律制度很难充分执行，但总体上，清代各个阶层和身份的男子"依制而服，依礼而着"的基本格局是可以确定的，

① （晋）刘昫：《旧唐书》，北京：中华书局1975年版，第1936页。

② 吕友仁译注：《周礼译注》，郑州：中州古籍出版社2004年版，第594页。

③ （宋）欧阳修、宋祁：《新唐书》，北京：中华书局1975年版，第525页。

④ 王云英：《清代满族服饰》，沈阳：辽宁民族出版社1985年版，第21页。

这都要依赖于服饰教育。既有官对民也有民众之间的祖孙相授和互为制约。

明太祖朱元璋非常注重服饰礼法的教化。他认为，天下不太平的原因是因为人们的私欲，只有控制人们的私欲，才能给天下带来秩序，而礼的重要功能便是制欲、防欲。朱元璋对儒家的教义有深刻体会，他指出："人之害莫大于欲，欲非止于男女宫室饮食服御而已，凡求私便于己者皆是也，惟礼可以制之，先王制礼所以防欲也"。① 对于"弘俭约，戒嗜欲"的原则，他本人身体力行，如毁掉臣子进献的陈友谅镂金床，以为鉴诫；在看营建宫室图时，去除"雕琢奇丽者"②。这正是以上行下效的思维去推行服饰教育。

中国礼法服饰的制定在古代要求如此严格，近现代也依然。1912 年 10 月，民国政府对男礼服进行了规定："男子礼服分为两种，大礼服和常礼服。大礼服即西方的礼服，有昼晚之分。昼服用长与膝齐，袖与手脉齐，前对襟，后下端开衩，用黑色，穿黑色长过踝的靴。晚礼服似西式的燕尾服，而后摆呈圆形。裤，用西式长裤。穿大礼服要戴高而平顶的有檐帽子，晚礼服可穿露出袜子的矮筒靴。常礼服两种：一种为西式，其形制与大礼服类似，唯戴较低而有檐的圆顶帽；另一种为传统的长袍马褂，均黑色，料用丝、毛织品或棉、麻织品。女子礼服用长与膝齐的对襟长衫，有领，左右及后下端开衩，周身得加以锦绣。下身着裙，前后中幅平，左右打裥，上缘两端用带。"③《服制》颁布 20 天后，民国政府又公布了《陆军服制》及《陆军官佐礼服制》。新式陆军制服从样式到剪裁完全西化，或者说是吸收了日本式的西式军服。以民国五色国旗作为"步、骑、炮、工、辎"兵种的标志色。服制对帽章、肩章、便服、外套和讲究的军礼服作了详尽的规定。民国 18 年（1929 年）4 月，民国政府又一次公布《服饰条例》，其中规定："男用礼服，一律蓝袍黑褂；帽冬式色黑，凹顶软胎；夏式色白，平顶硬胎，皆有边缘。女用分甲、乙两种：甲种色蓝，长至膝与踝之间，不用裙；乙种蓝衣黑裙，衣长过腰。裙长及踝。唯男女因国际关系，得采用国际通用礼服。"④ 表面上看，

---

① "中央研究院"历史语言研究所编：《明太祖实录》，北京：中华书局 1965 年版，第 1780 页。

② "中央研究院"历史语言研究所编：《明太祖实录》，北京：中华书局 1965 年版，第 653 页。

③ "中华民国法令大全"（增补再版），上海：商务印书馆 1919 年版。

④ 王宇清：《万古中华服装史》，新北：辅仁大学出版社 2005 年版，第 220 页。

这些都是关于服饰礼仪的规定，属于服装制度之列。实际上，这些都要通过教育的形式和手段使之贯彻下去，最终才能够实施。变规制为自觉，即教育的意义。

（二）成年服饰礼仪

德国教育家布雷岑卡说："在规范概念的意义上，教育目的意指一种规范，它描述了一种设想和有关一个或多个受教育者的人格状态或者人格特征，它们不仅应该变成为现实，而且受教育者还应该通过教育而有助于它们的实现。"① 也就是说，教育目的是教育者对受教育者可能性、不确定性的一种假设和设想，"认为受教育者可能会达到的人格状态、人格特征的一种预设。这意味着教育目的要么是一种主观的心理现象，要么是这些主观心理现象客观化表现的文化现象。它形象直观地表明教育目的是教育者把自己的希望、意愿和理想通过教育作用于受教育者。"② 这是教育家的理论阐述，具体实施则要从一点一滴入手。

在古代，冠礼作为成年礼的一种，其教育目的自然是要让冠者"成为一个人"，即达到一定年龄段的较成熟并有家族或部族某些义务的成年人。当然，成年人是有一定的条件和标准的，除了年龄、生理发育成熟以外，还要掌握一定的劳动技能、对伦理道德与社会生活准则具有自觉认同等。

《礼记·王制》把冠礼、婚礼、丧礼、祭礼、乡饮酒礼、乡射礼合称"六礼"，而将冠礼置于首位。同书《冠义》篇解释说："凡人之所以为人者，礼义也。礼义之始，在于正容体、齐颜色、顺辞令，而后礼义备，以正君臣、亲父子、和长幼。君臣正，父子亲、长幼和，而后礼义立。故冠而后服备，服备而后容体正，颜色齐，辞令顺。故曰：'冠者，礼之始也。是故古者圣王重冠'。"③ 就是说，人之所以成为人，因为有礼义。礼义从哪里做起呢？在于仪容端正、表情严肃、说话和顺，然后才进一步要求行为上的礼义。这样，君臣的名分得以确立，父子的关系更为亲密，长辈和晚辈也更加和睦，礼义方才予以实施。古时男子到了二十岁行冠礼，所以说冠礼是礼的开始。因为

① ［德］沃尔夫冈·布雷岑卡，胡劲松：《教育科学的基本概念》，上海：华东师范大学出版社2001年版，第99页。
② 吴晓蓉：《教育在仪式中进行》，重庆：西南师大出版社2003年版，第93页。
③ 钱玄：《礼记》（下），长沙：岳麓书社2001年版，第809页。

这个缘故，古代圣王以至民众十分重视成长过程中的这项改发戴冠形式。

可以看出，冠礼制度在中国古代享有很高的地位，而且有着完整而又烦琐的礼仪功能，如标志冠者成人，让冠者取得婚姻、治人、参加祭祀等权力，以及参加军事行动的义务等。但是，冠礼作为中国礼教的重要组成部分，它的核心功能就是教育。冠礼教育非常重视礼仪方面的内容，在孩子还很小的时候就开始学习简单的礼仪知识，如谦逊礼让、尊敬师长、团结同学等。一直到冠礼仪式举行以后，还要继续学习礼仪知识，包括服饰礼仪。可以说，礼仪知识是一个人必须长期甚至是终生学习的内容。由于冠礼是一种具有很普遍的仪式，几乎涉及全社会每一个成员，即使是在冠礼仪式日趋简化的时代，人们仍然十分注重成年礼的学习和成人意识的培养。

冠礼教育中所使用的方法是多种多样的，主要包括父母及家人言传身教，教师精心讲授，理论与实践相结合，嘉宾、卿大夫、乡先生的谆谆告诫，现场演示和情景教育等。通过这些无声和有声的教育，将教育主体、教育内容与教育客体结合在一起，形成一个有机的整体。冠礼教育，特别是冠礼仪式上的教育，具有情景性、生动性、形象性和直观性的特点，给受教育者留下的印象是非常深刻的。它与将冠者的向往、期待、兴奋和期盼等情感相互交织在一起，又与冠礼的其他参与者的张罗、期待、盼望和兴奋交织在一起，个体、群体以至现场的器物摆放、庄重气氛、每个人的仪表言行等因素之间的互动，构成了系统而完整的教育方法。

冠礼教育大致分为仪式前、仪式中和仪式后三个阶段，每个阶段都有不同的教育内容。《礼记·内则》曰："……八年，出入门户及即席饮食，必后长者，始教之让。九年，教之数日。十年，出就外傅，居宿于外，学书记，衣不帛襦裤，礼帅初，朝夕学幼仪，请肄简谅。十有三年，学乐诵诗，舞勺，成童，舞象，学射御。"[①] 古人 8 岁入小学，则"小成"府在 15 岁，"大成"应在 17 岁。上述学习内容，既有与生产实践相关的，如射箭、驾车、书写、计算等；但更多的则是文化规则，如经书、礼仪、文学、舞蹈等。当这些学业完成以后，就表明这个年轻人已能按照这种文化体系来规范自己的言行，可以作为本社会的正式成员了，而这一转变的标志就是冠礼。在中国传统社

① 钱玄：《礼记》（上），长沙：岳麓书社 2001 年版，第 396－397 页。

会中，礼是一切之首，而冠礼则是"礼之始也"，一个人一旦加冠，就要自觉地遵循成人之礼，一个真正意义上的社会人就确立了。

据《仪礼·士冠礼》记载，冠礼要在宗庙里举行，由父亲或兄长主持。行礼前，先要用蓍草占卜，选定加冠的吉日佳期，冠礼的前三天还要筮宾，宾是负责加冠的人，一般是父兄的僚友。宾选定以后，要一再敦请，直到宾答应为止。

举行冠礼时，宾给受礼的人加冠三次，首先加缁布冠，缁布冠是用黑色的麻布做成的帽子。加缁布冠的目的，主要是要受冠者"尚质重古"，不忘本。不忘本，加强自身修养，才能持家，进而才有可能治国，所以古人把加缁布冠做加冠的第一冠；其次加皮弁，皮弁冠是用白鹿皮做成的帽子。这种冠，大多缀有玉，冠顶尖高，常用象骨做成。由于受冠者地位等级不同，因此古代缀合成的皮弁冠所用鹿皮的块数也多寡不一。皮弁为朝服，加此冠的目的，是希望受冠者以后能行三五之德，勤政恤民，或希望受冠者能顺利进入仕途；最后加爵，因其颜色与雀头相似而得名，用极细的葛布或丝帛制成，表示从此有权参加祭祀。每加一次冠，宾都要对受礼者致祝词。例如，加缁布冠时说："今月吉日，始加元服，弃尔幼志，顺尔成德，寿考惟祺，介尔景福。"① 意思是加冠之后，你要去掉小孩子脾气，按照成年人的规矩办事，愿你寿命长，愿你福气大。三次加冠以后，主人要设酒宴招待宾赞等人（赞是宾的助手），叫作"礼宾"。"礼宾"以后，受礼者要回家拜见母亲，再由宾取"字"，然后依次拜见兄弟、赞者和姑姊。此后，受礼者要脱下最后一次加冠时所用的帽子和衣服，换上玄色的礼帽礼服，带着礼品，去拜见国君、乡大夫（在乡而有官位者）和乡先生（退休居乡的官员）。这种种拜见，都要说明受礼者已是成年人。最后，主人向宾敬酒，赠送礼品，于是冠礼遂告结束。冠礼行后，标志着受礼者已进入成年，社会予以承认，又予以管理和约束，并且可以择偶婚配。

冠礼仪式中的教育活动，可以说贯穿于冠礼的全过程。从冠礼举行前的筮日、筮宾、戒宾、宿宾、器物陈设，到仪式过程中来宾和父兄的举手投足，无一不是对年轻人的礼仪教育，而宾在每次加冠、行醴礼或醮礼及命字时对

---

① 李景林译：《仪礼译注》，长春：吉林文史出版社1995年版，第26页。

冠者所说的祝词，冠礼后卿大夫、乡先生的赠语，显然都包含有道德和理想教育的内容。

总之，冠礼是古代人生礼俗的关键内容，是人生道路上的重大里程碑。在冠礼的诸多功能中，教育是其中最重要的功能之一。一个人在接受了十多年本民族的文化知识教育之后，才能参加本族特有的成年礼仪式——冠礼，由此取得作为本族正式成员的各种权利和义务，如婚姻、参加祭祀与战争、了解本家族或氏族的历史等，特别是有权佩戴富有本族特色的成人标志——挽髻戴冠，所以古时华夏族人总是以"衣冠礼乐"自诩，这从一个侧面反映了华夏族人的民族自豪感，也反映出华夏民族文化传承的成功。这种教育以服饰为载体，正说明服饰教育的重要性。

（三）礼制下的"女德"之服

中国传统社会是一个讲究尊卑贵贱的礼制社会，同时是一个以农耕为经济方式的社会。在这样的社会背景下，古代人普遍重男轻女。女性服饰作为一种形象化的思想，折射出男尊女卑的社会观念。《礼记·曲礼上》记载："男女不杂坐，不同椸枷，不同巾栉；不亲授，嫂叔不通问。诸母不漱裳。"[1] 同样，妻子对丈夫也要毕恭毕敬，《女孝经·纪德行章》指出："女子之事夫也，纚笄而朝，则有君臣之严……"[2] 意思是，女子服侍丈夫，应给夫包好头发、别好簪子上朝，这样才使君臣之礼的森严。

其实这种男女有别的意识在婴儿出生后就开始培养了，而且在其成长的过程中不断地被强化着。《礼记·内则》曰："子能食食，教以右手。能言，男唯女俞，男鞶革，女鞶丝。六年，教之数与方名。七年，男女不同席，不共食……"[3] 从这段引文可以清楚地了解男女有别意识的培养与强化过程，在孩子开始学说话时，教儿童答话，男孩用"唯"，女孩用"俞"。其中"唯"声较直，"俞"声较婉；在佩戴装饰物时，男孩佩戴用皮革制成的小囊，而女孩则佩戴用丝线制成的小囊；从 7 岁开始，男女便"不同席，不共食"。从 10 岁开始，男女的差别就更明显了，男孩需"出就外傅，居宿于外，

---

① 钱玄：《礼记》（上），长沙：岳麓书社 2001 年版，第 15 页。
② 李振林：《中国古代女子全书女儿规》，兰州：甘肃文化出版社 2003 年版，第 62 页。
③ 钱玄：《礼记》（上），长沙：岳麓书社 2001 年版，第 396 页。

学书计……①"作为社会的中坚力量，他首先需要熟悉社会，掌握生存的本领，而女孩从 10 岁开始，便"女子十年不出，姆教婉娩听从，执麻枲、治丝茧、织纴组紃，学女事以共衣服。观于祭祀，纳酒、浆、笾、豆、菹、醢，礼相助奠"。② 所谓"姆"便是指女教师，郑玄注《仪礼·士昏礼》云："妇人五十无子，出不复嫁，以妇道教人者，若今时乳母矣。"③ 所谓"婉娩听从"之类便是这些"妇道"，包括妇德、妇言、妇容、妇功，从行为修养、性格脾气、言谈举止、衣着打扮到小活技能等方面都对女性做出了明确的规定和限制，这些教育活动的核心内容，就是对女性贤妻良母意识的强化，这实际上是女子举行成年礼的前提条件。

《礼记·内则》曰："十有五年而笄，二十而嫁，有故，二十三年而嫁。"④ 笄礼的仪式应与男子冠礼相类似，只是由主妇及女宾执其礼。《仪礼·士昏礼》曰："女子许嫁，笄而醴之，称字。"⑤ 笄礼与冠礼相似，是由主妇邀请亲属做女宾，请她为女儿插笄，还要用醴敬献给受笄的女子，并为她命字。

行过笄礼之后，受笄的女子还要系缨，表示已经许嫁。行过笄礼，系上缨之后，待嫁女子还须在嫁前三月，在祖庙接受婚前教育。《礼记·昏义》云："是以古者妇人先嫁三月，祖庙未毁，教于公官；祖庙已毁教于宗室。教以妇德、妇言、妇容、妇功。教成祭之。牲用鱼，芼之以苹藻，所以成妇顺也。"⑥

由此可见，在中国传统社会中，笄礼的功能和冠礼是一样的，即标志成年，使年轻人成为社会正式成员。男子通过成人仪式后，就获得了结婚生子、参加祭祀、做官治人等权力和参加对外军事行动等义务，而女子通过笄礼之后，只是得到了结婚生育、侍候舅姑（古时称公婆）与丈夫等义务。显然，二者有本质区别。

另外，"三从"的伦理教育表明古代妇女终身都得附属于男性，妇女的身

---

① 钱玄：《礼记》（上），长沙：岳麓书社 2001 年版，第 397 页。
② 钱玄：《礼记》（上），长沙：岳麓书社 2001 年版，第 398 页。
③ 李景林译：《仪礼译注》，长春：吉林文史出版社 1995 年版，第 26 页。
④ 钱玄：《礼记》（上），长沙：岳麓书社 2001 年，第 398 页。
⑤ 李景林译：《仪礼译注》，长春：吉林文史出版社 1995 年版，第 29 页
⑥ 钱玄：《礼记》（上），长沙：岳麓书社 2001 年版，第 815 页。

份地位完全由其所属的男性的社会地位及其在社会或本家族中地位所决定。在服饰上妇女要根据其夫的身份地位来取舍。历代正史《舆服志》以及一些典籍制度对后妃、贵妇的服饰都有严格规定和要求，不可逾越。据《旧唐书·舆服志》记"外命妇五品以上，皆准夫、子，即非因夫、子别加邑号者，亦准品。妇人宴服，准令各依夫色，上得兼下，下不得僭上。"① 《旧唐书·舆服志》还记载："武德令，皇后服有祎衣、鞠衣、钿钗礼衣三等。"② 皇后的三种礼服，在面料、颜色、形式上各有所不同，以供皇后配合皇帝在不同场合中穿着。在武则天执政时期，还经常举行大规模的命妇宫廷朝会，并且成为定制。尤其在武则天以皇后身份临朝听政后，命妇朝觐之礼更具规模。唐朝命妇礼服分为翟衣、钿钗礼衣、礼衣、公服、花钗礼衣、大袖连裳六种，为不同等级、不同场合所穿着的各种礼服。

除了传统的道德规范束缚着妇女们的一衣一衫，一言一行之外，还有就是在"重神韵，轻型骸"的思想作用下，女性着装极为保守，绝不允许有性别特征的显现，尤其在古代社会中，人们非常看重女子的德行，她们必须遵从三从四德，并以其端庄、典雅为美。东晋大画家顾恺之根据西晋张华所著《女史箴》绘制了一幅长卷，为《女史箴图》，作为教育宫廷女眷的教材读本，用它来教导皇后如何母仪天下，宫人如何修身的道德箴条，其中在"修容饰性"一节，中间画有一位神采奕奕的贵族妇女在对镜梳妆，左边的侍女在为贵妇梳理发髻。画面右边还有一贵妇，正左手持镜，用右手整理并欣赏自己的发髻。画中题词有"人咸知修其容，莫知饰其性；性之不猸，或愆礼正；斧之藻之，克念作圣。"③ 画作的创作目的在于教化，提醒妇女要不断地完善自己，不断反省自己，用服饰仪表的完美来对自己的内心进行反思与审问。做到内观其心、外观其表，不断地明确自己所追求的目标，不因世俗的诱惑而偏离目标。

东汉女史学家班昭所著《女诫》，直接记载了当时封建礼教对女子的服饰要求，如能够体现出她们顺从、柔弱，严禁女性性别体貌特征外显。文章中认为女子所受的教育除了做饭、缝纫技术外，还应知诗书礼仪。她对妇德、

① （后晋）刘昫：《旧唐书》，北京：中华书局 1975 年版，第 1957 页。
② （后晋）刘昫：《旧唐书》，北京：中华书局 1975 年版，第 1955 页。
③ 韩清华邱科平编著：《中国名画全集》，北京：光明日报出版社 2002 年版，第 15 页。

妇容、妇功等做了明确的规定："……妇容不必颜色美丽也；妇功不必工巧过人……盥浣尘秽，服饰鲜洁，沐浴以时，身不垢辱，是谓妇容。专心纺绩，不好戏笑，洁齐酒食，以奉宾客，是谓妇功……"①。"妇容"，是指女子不必倾城倾国、耀眼夺目，而要经常梳洗污垢，适时沐浴，保持仪表容貌自然大方，服饰装扮洁净得体。"妇功"，是指女子不必特别心灵手巧，而要专心于纺纱织丝之事。尽管《女诫》以男尊女卑为立足点，以"从一而终"为归宿点，对封建社会妇女道德教育提出规范，但是班昭所提出的女子"四德"标准是有其积极意义的。她强调女子应该加强自己的个人修养，包括遵守礼制，注重品德，三思而后言，不要惹人讨厌，讲究卫生，干净整洁，做好自己的本职工作，专心纺织，招呼客人，这些都是无可厚非的。仅就服饰教育而言，如上述强调妇德要"行己有耻"，妇容要"盥浣尘秽，服饰鲜洁"等都体现了那个时代对女子的教育宗旨和观念，具有一定的教育意义。

东汉著名文学家、书法家蔡邕，在班昭之后对女子服饰有了进一步阐述。针对女孩特点所作的《女训篇》提出了饰面修心的服饰教育观点，文章以女子修容来比喻女子修身，利用日常生活中都知晓的事情，来启发教育女子的行为举止。蔡邕教导女儿说："心犹首面也，是以甚至饰焉。面一旦不洗饰，则尘垢秽之；心一朝不思善，则邪恶入之，人咸知饰其面而不修其心，惑矣。夫面之不饰，愚者谓之丑；心之不修，贤者谓之恶。愚者谓之丑犹可，贤者谓之恶，将何容焉？"②。她认为人的心思和人的面孔一样，面孔不修饰，就龌龊了，心思不修饰，就变坏了。接着她进一步教诫道："故览照试（同拭）面，则思心之洁也；傅脂，则思其心主和也；加粉，则思其心之鲜也；泽发，则思其心之顺也；用栉，则思其心之理也；立髻，则思其心之正也；摄鬓，则思其心之整也。"③ 蔡邕紧扣女孩子梳洗打扮全过程的各个环节，要求女儿在注意外表美的同时，更要注意自己的心灵美，做到洁、和、鲜、顺、理、正、整。照镜子擦拭脸面的时候，就要想一想心灵的洁净；涂抹脂粉的时候，就要想一想心灵的和谐；添加脂粉的时候，就要想一想心灵的鲜明；润泽头发的时候，就要想一想心灵的滋润；梳理乱发的时候，就要想一想心灵的清

---

① 李振林：《中国古代女子全书女儿规》，兰州：甘肃文化出版社2003年版，第34页。
② 成晓军主编：《慈母家训》，重庆：重庆出版社2008年版，第204页。
③ 成晓军主编：《慈母家训》，重庆：重庆出版社2008年版，第204页。

理；端正发髻的时候，就要想一想心术的端正；修整发髻的时候，就要想一想心灵的修整。

另外，还有大量的蒙学通俗教材通过服饰来教育女子守妇道、习女事，成为贤妻良母。例如，成书于明、清之间的《女儿经》《改良女儿经》是我国古代社会对女孩子进行思想道德教育的教材，《女儿经》记载："修女容，要正经，一身打扮甚非轻。搽胭抹粉犹小事，持体端庄有重情……光梳头发净洗脸，缠足周正休怯疼。衣服不必绫罗缎，梭棉衣服要干净……勤女工，要紧情，早起莫到大天明。扫地梳头忙洗脸，便括针线快用功。织纺裁剪皆须会，馍面席桌都要经。件件用心牢牢记，会做还须做得精。"①

图4-4 举案齐眉成为美满婚姻的写照

《改良女儿经》中还通过一些与服饰有关的具体事例对女孩子进行道德说教，如"练裳与竹笥，戴女能自亲"②。是讲汉朝人戴良，祖上做过大官，家里很有钱，他有五个女儿，戴良给她们的嫁妆都是些布衣、竹箱之类不值钱的东西。但是他的女儿都没有怨言，很顺从地安心过日子。还有"荆钗与裙布，孟光能安贫。"③ 是说东汉孟光是梁鸿的妻子，当初两人结婚时，孟光打扮得很华丽，梁鸿见了不高兴，七天没理她。梁鸿说："我喜欢一个简朴的人，现在你穿绸抹粉，不是我梁鸿愿意要的。"后来孟光就身穿布衣与梁鸿隐居，对丈夫举案齐眉，

安贫乐道。另外，还有"少君更短衣，提瓮出自汲。"④ 讲的是汉朝女子少君生在有钱的人家，他父亲把她嫁给了穷书生鲍宣，并陪送了大批嫁妆。鲍宣

① （汉）班昭等著：《蒙养书集成》（二），西安：三秦出版社1990年版，第4-5页。
② 李振林：《中国古代女子全书女儿规》，兰州：甘肃文化出版社2003年版，第365页。
③ 李振林：《中国古代女子全书女儿规》，兰州：甘肃文化出版社2003年版，第365页。
④ 李振林：《中国古代女子全书女儿规》，兰州：甘肃文化出版社2003年版，第365页。

对妻子说："我家贫穷，可不敢接受你这么多的陪嫁。"于是少君马上就换上短布衣，与鲍宣一同回到家乡。到鲍宣家，少君拜见了公婆，连忙就去提水，做家务。（见图4-4）

从上述事例可以看出，女子们的服饰必须体现出三从四德的品行。在女子"四德"中，"妇功"是最具实践性和可操作性，也最能体现出女子贤惠、勤劳的品质。所谓"妇功"，应包含两个方面的要求："专心纺绩"，即通常所说的"女红"。它最初写作"女工"，《墨子·辞过》云："女工作文采，男工作刻镂，以为身服。"① 此处"女工"指的就是从事纺织、缝纫和刺绣工作的女性。后来"女工"的词义逐渐演变为女子在纺织方面的劳动成果，这些劳动成果多与"丝"有关，于是"女工"便被"女红"一词所取代，成为一门女子必修的职业课程。

《汉书》有言："雕文刻镂，伤农事者也，锦绣纂组，害女红者也。农事伤，则饥之本也。女红害，则寒之原也。"朴素地说明了农事与女红是最根本的民生活动，对整个社会的稳定和发展举足轻重。《女论语》也主张女子要勤学女工，操持家务，《学作》章第二劝诫道："凡为女子，须学女工。纫麻缉苎，粗细不同。车机纺织，切勿匆匆。看蚕煮茧，晓夜相从。采桑摘柘，看雨占风。滋湿即替，寒冷须烘。取叶饲食，必得其中。取丝经纬，丈定成工。轻纱下轴，细布人筒。绸绢苎葛，织造重重。亦可货卖，亦可自缝。刺鞋作袜，引线绣绒。缝联补缀，百事皆通。能依此语，寒冷从容。衣不愁破，家不愁穷。莫学懒妇，积小痴慵。不贪女务，不计春秋。针线粗率，为人所攻。嫁为人妇，耻辱门庭。衣裳破损，牵西遮东。遭人指点，耻笑乡中。奉劝女子，听取言中。"② 文中最后说，如果照此话去做，即使天气寒冷也将从容不迫，衣服不愁破，家里不愁穷。千万不要学习懒惰的妇人，积累少而愚笨懒慵，不勤女工，不思春夏秋冬。针线活计，粗劣草率，被人指责。嫁到夫家，做人媳妇，羞辱门风。衣着破败，胡乱牵缀，遭人议论，乡邻耻笑。由此可见，女红技术的高下无不体现着女子娴熟的手艺和独具匠心的智慧，在展现女子个人魅力的同时，还可以磨炼她们的心性气质和陶冶她们的思想情感。

---

① （清）孙诒让撰，孙启治点校：《墨子闲诂》卷1《辞过第一》，北京：中华书局2001年版，第34页。

② 李振林：《中国古代女子全书女儿规》，兰州：甘肃文化出版社2003年版，第81页。

图 4 – 5 宋代王居正《纺车图》中的纺线情景

为人妇后，女子精湛的女工技巧，不仅能使公婆折服，而且也让丈夫感到体面，俗语尝言，"要看家中妻，就看丈夫衣"，足以说明女红的实用价值。（见图 4 – 5）

尽管一些蒙学书籍宣扬了我国封建社会对女孩子进行"遵三从，行四德"思想，但在今天，我们应该取其精华去其糟粕。仅就服饰教育而言，仍有可取之处，如讲究卫生、注重女红等，这些无疑对现代女性行为举止、服饰礼仪教育具有一定积极意义。

二、服饰伦理教育

中国素为"衣冠之邦"，而且上古即衣毛而帽皮，说明服饰作为文化表达的符号与伦理有着悠远的关联，而"文化中的伦理道德观念体现在着装上最醒目，同时又最有潜在性和稳固性。"①。"服饰伦理是通过服饰这一载体，以一定的伦理现象或者伦理要求来规定人们的社会行为举止的，在具体的社会生产活动中又是以一定的道德准则和道德评价来完成其外化规定的。"② 在中国漫长的封建社会里，已逐渐形成了一整套约定俗成的社会伦理道德标准。虽然它不是法律，却严格地制约着人们的行为，使人们不敢轻易地跨越雷池。如果一个人的服饰装扮有悖于伦理道德规范，有时虽不违背礼法，但仍为社会所不容，或要受到人们的排斥和非议。

（一）服饰教育中的勤俭观念

在古代，勤俭有两方面的内容，一是与懒惰相对的勤劳，二是与奢侈相

---

① 华梅：《服饰社会学》，北京：中国纺织出版社 2005 年版，第 19 页。
② 杨凤飞："论服饰色彩的伦理思想价值探究"，《价值工程》，2010 年版，第 34 页。

对的节俭。勤劳与节俭是中国古代以来崇尚的优良传统。农耕时代生产力低，物质相对匮乏，上至达官贵族，下至黎民百姓都以勤俭为尚，并以勤劳节俭为家风祖训，世代相传。

宋人洪迈在《容斋随笔》里辑录了战国、汉朝时有关女子纺织的勤俭事例。卷七《女子夜绩》篇，"冬，民既入，妇人相从夜绩，女工一月得四十五日。"①就是说到了冬天农闲时，老百姓都待在家中，妇女们聚集在一起，晚上纺麻织布。一个月中，每天多出半夜，这样一个月就相当于四十五天。妇女们所以要聚集在一起，是为了"省费燎火，同巧拙而合习俗"②。同样，书中又一段话记载，"江上之贫女，与富人女会绩而无烛"③，富女嫌贫女分享了自己的烛光，"欲去之"，贫女说："妾以无烛故，当先至扫室布席，何爱余明之照四壁者？幸以赐妾。"④从中可以看出，纺织对女人来说，其繁重程度是需要夜以继日的，这样的情境无论家境贫富都是女子应尽的职责。因为制作衣服的过程是相当复杂和费时的。棉花从田里摘下来后，轧成皮棉，再搓成一根根筷子长短、大拇指粗细的棉条，用纺车纺成细线，上织机织成布，最后又送到镇上染好颜色。搓棉条、纺线、织布、裁剪、缝合每个程序都是女人天经地义的活，并且是手工活。女人的针线活，必须到社日才能停下来。过去的平常人家，一家人的衣裳、鞋袜，都是女人自己动手做的，任务相当繁重，这么大的工作量不勤勉是无法完成的，所以秉烛夜绩是相当普遍的。

如果"勤"被当作主观自律行为的话，那么"俭"则被上升为道德品质的高度。《左传·庄公二十四年》记载"俭，德之共也；侈，恶之大也。"⑤认为节俭是道德修养的主要内容，奢侈是最大的不良行为。这种思想奠定了中国人长久以来的道德约束，表现在持家、克己等做人的准则上。尤其是历代创业帝王都非常重视俭朴民风的建立，更有很多通过服饰来倡导俭朴，以身表率的事例。

唐文宗是一个提倡节俭的皇帝，在有关服饰典籍中提出许多服饰禁令，以教导人们节俭。《新唐书·车服志》记载："文宗即位，以四方车服僭奢，

---

① （宋）洪迈著：《文白对照全译容斋随笔》，郑州：中州古籍出版社1994年版，第500页。
② （宋）洪迈著：《文白对照全译容斋随笔》，郑州：中州古籍出版社1994年版，第500页。
③ （宋）洪迈著：《文白对照全译容斋随笔》，郑州：中州古籍出版社1994年版，第500页。
④ （宋）洪迈著：《文白对照全译容斋随笔》，郑州：中州古籍出版社1994年版，第500页。
⑤ 冀昀主编，《左传》（上册），北京：线装书局2007年版，第63页。

下诏准仪制令，品秩勋劳为等级。职事官服绿、青、碧，勋官诸司则佩刀、砺、纷、帨。诸亲朝贺宴会之服：一品、二品服玉及通犀，三品服花犀、班犀。车马无饰金银。衣曳地不过二寸，袖不过一尺三寸。妇人裙不过五幅，曳地不过三寸，襦袖不过一尺五寸。"① 《新唐书·车服志》又记载"妇人衣青碧缬、平头小花草履、彩帛缦成履，而禁高髻、险妆、去眉、开额及吴越高头草履。"② 这是唐文宗即位时对女性的化妆及服饰所提出的禁令，很显然，这一规定有倡俭抑奢的目的。

《旧唐书·弟朗传》还记载："内记大和末风俗稍奢，文宗恭勤节俭，冀革其风。宰臣等言曰：'陛下节俭省用，风俗已移，长裾大袂，渐以减损。若更令戚属绝其侈靡，不虑下不从教。'帝曰：'此事亦难户晓，但去其泰甚，自以俭德化之。朕闻前时内库唯二锦袍，饰以金鸟，一袍玄宗幸温汤御之，一即与贵妃。当时贵重如此，如今奢靡，岂复贵之？料今富家往往皆有。'"③ 从这段史料可使我们了解到大和时风俗确实趋于奢侈，文宗命有司整顿车服制度，是希望改变这种风俗。

《续资治通鉴卷·第七·宋纪》里还有这样的记载："公主尝衣贴绣铺翠襦人宫，帝见之，谓主曰：'汝当以此与我，自今勿复为此饰。'主笑曰：'此所用翠羽几何！'严帝曰：'不然，主家服此，宫闱戚里必相效。京城翠羽价高，小民逐利，辗转贩易，伤生寝广。汝生长富贵，当念惜福，岂可造此恶业之端！'主惭谢"。④ 文中大意是讲，永庆公主是宋太祖赵匡胤的三女儿，曾穿了一件衣领贴金饰翠的襦袄入宫。太祖看到了嫌她奢侈，便向公主说，你把这件襦袄给我吧，自今以后，再不要这样装饰了。公主笑说，这件襦袄所用翠羽才值多少，您就认为过费了。太祖说道，我的意思并非专为你的一襦袄吝惜，公主既穿这样的衣服，宫中妃嫔及皇亲贵戚们看见了，必都竞相仿效，所用翠羽一定会很多，京城中翠羽的价值一定会很贵，百姓们见此物有利可图必将逐利，都去捕捉翠鸟，辗转贩卖，杀生害命，这一切的根由都是你这件衣服导致的，这罪过可就大了。你生长在富贵之中，不知生活的艰

---

① （宋）欧阳修宋祁：《新唐书》，北京：中华书局1975年版，第529页。
② （宋）欧阳修宋祁：《新唐书》，北京：中华书局1975年版，第530页。
③ （晋）刘昫《旧唐书》北京：中华书局1975年版，第1910页。
④ （清）毕沅《续资治通鉴》，北京：团结出版社1996年版，第87页。

苦，应该珍惜享用已有的福分，以图长久，岂能造此恶业之端，自损己福呢！公主见太祖说得真切，于是惶恐谢罪。从这段史料记载可以看出，宋太祖赵匡胤十分了解社会最底层人民的疾苦，他富贵后不忘本色，照样简朴律己，日常生活很朴素，衣服、饮食都很简单，其衣服也只有登殿上朝时的赭服是用绫锦做的，其他大多是绢布，有的和一般小官吏的布质是一样的，而且总是洗了再穿，穿了再洗，很少换新的，这在历代帝王中是十分难得的。

皇帝如此，那么关于皇后提倡服饰节俭的教育事例也很多。明仁孝文皇后（明成祖文皇帝原配）亲自撰写的《内训》，是封建帝后撰写的最为全面的一部家训。她在《德性章第一》中指出的女德标准是："贞静幽闲，端庄诚一，女子之德性也。孝敬仁明，慈和柔顺，德性备矣。"[1] 她认为端庄娴静，柔顺而心志专一为女子的德性，华丽的衣服不足以使人为美，而有妇德的人才是美的。仁孝文皇后还认为"戒奢者必先于节俭也……若夫一缕之帛出工女之勤，一粒之食出农夫之劳，致之非易，而用之不节，暴殄天物，无所顾惜，上率下承，靡然一轨，孰胜其敝哉？夫锦绣华丽，不如布帛之温也；奇羞美味，不若粝粢之饱也。且五色坏目，五味昏智；饮清茹淡，祛疾延龄。得失损益，判然悬绝矣。"[2] 可以说，一缕帛要出自女子辛勤的纺织，一粒粮食要出自农民辛勤的劳作，获取它不容易，而使用时要不节制，任意糟蹋，无所顾惜，在上的带头奢靡，在下的仿效而行，颓靡成风，上下一气，谁能够制服得了这种弊病？锦缎固然色彩艳丽，却不如布帛保暖；珍奇精美的食物固然香甜，却不如粗劣的饭食能够充饥。况且五额六色可使眼睛损伤，美味佳肴可使智慧昏昧。文中最后说："古之贤妃哲后深戒乎此，故绤綌无斁，见美于《周诗》；大练粗疏，垂光于汉史。敦廉俭之风，绝侈丽之费，天下从化，是以海内殷富，闾阎足给焉。盖上以导下，内以表外，故后必敦节俭，以率六宫；诸侯之夫人，以至士、庶人之妻，皆敦节俭，以率其家。然后民无冻馁，礼义可兴，风化可纪矣。"[3] 意思是，古代的贤德后纪、明哲皇后极为谨慎，固守节俭这一美德，所以她们身着葛布而不厌弃，为《诗经》所赞美。虽然葛衣粗糙，但其美德却流传于汉文。崇尚节俭的风气，杜绝奢侈豪

---

① 李振林：《中国古代女子全书女儿规》，兰州：甘肃文化出版社 2003 年版，第 109 页。
② 李振林：《中国古代女子全书女儿规》，兰州：甘肃文化出版社 2003 年版，第 119 页。
③ 李振林：《中国古代女子全书女儿规》，兰州：甘肃文化出版社 2003 年版，第 120 页。

华的恶习，天下归化，因此海内殷实富裕，民间供给丰足，这是上面引导下面，宫内为宫外做出表率的结果。所以皇后一定要注重节俭，才能为六宫做出表率。诸侯的夫人以至官吏崇尚节俭，才能为民家之女做出榜样。

北宋史学家司马光，为了使儿子认识崇尚俭朴的重要，他以家书的形式写了《训俭示康》。文中记载："吾本寒家，世以清白相承。吾性不喜华靡，自为乳儿，长者加以金银华美之服，辄羞赧弃去之。二十忝科名，闻喜宴独不戴花，同年曰：'君赐不可违也。'乃簪花。平生衣取蔽寒，食取充腹，亦不敢服垢弊以矫俗干名，但顺吾性而已。"① 他在文中说道，古人以俭约为美德，今人因为俭约而遭到讥笑，实在是要不得的。他又说："近岁风俗，尤为侈靡，定卒类士服，农夫蹑丝履"。② 意思就是，近几年来，风俗颓败，讲排场，摆阔气，当差的走卒穿的衣服和士人差不多，下地的农夫也脚上穿着丝鞋。"顾人之常情，由俭入奢易，由奢入俭难。"③ 司马光以自己的人生阅历，体验到"以俭素为美"才是正统的道德观和传统的美德，并以此教育后代。

古代如此，中国近代服饰也提倡过节俭。例如，中华人民共和国成立之初，经过多年战争的国家正百废待兴，许多人还挣扎在温饱线上。当时，从毛泽东、周恩来到普通老百姓，都以服饰俭朴为美德，俭朴成了重要的道德标准和优良品质的主要内容。社会对青年进行生活朴素的教育，宣传穿着补丁的衣衫鞋袜是一种光荣。20世纪60年代初，有所大学曾为一位女生办过展览，展示了她经过多次缝补但清洗得十分整洁的衣裤，以教育其他的学生。当时，自己动手纳鞋底、做衣服和补衣服是重要的家务；裁缝铺乐于为顾客改制旧衣；皮匠摊善于纳鞋和为布鞋打掌；大街小巷则分布着"缝穷"的小店。百姓中还流传着这样的民谣："新三年，旧三年，缝缝补补又三年。"生活虽然艰苦，但很少有人抱怨，因为那时的贫富差别很小，人心又很淳朴。尤其是以俭为美德，已根植于民众情怀。

（二）服饰教育中的"孝"观念

"孝"的教育观念从周公提出以后，在中国传统服饰中最突出、最独特之处就是通过服饰体现孝悌思想，这是中国特有的文化现象。孝的观念表现在

---

① 郑玄等著：《名门家训》，西安：三秦出版社1991年版，第110页。
② 郑玄等著：《名门家训》，西安：三秦出版社1991年版，第111页。
③ 郑玄等著：《名门家训》，西安：三秦出版社1991年版，第111页。

诸多具体的服饰观念中，所谓"身体发肤，受之父母，不敢毁伤，孝之始也"①，这种观念被当作孝顺的首要训导一直贯穿了整个古代服饰中。（见图4-6）

《礼记·曲礼上》规定："为人子者，父母存，冠衣不纯素。孤子当室，冠衣不纯采。"②"纯"，在这里指冠饰

图4-6　陈少梅画《二十四孝图》中亲尝汤药

和衣缘，更确切地讲是指深衣镶沿的缘边，素一般指白色。这就是说，父母健在，儿子的冠饰衣缘不应用白色，这是做儿子应守的礼制。如果父亲去世了，丧礼完毕以后，别的孩子穿衣没有什么特殊忌讳了，但嫡子或者说正出长子仍不能穿带颜色的衣服或者用彩色布装饰衣边，以表示哀思无尽，不涉华彩。

其中《礼记·内则》中，关于儿女孝敬父母的服饰教育内容很集中，如"男女未冠笄者，鸡初鸣，咸盥漱，栉，縰，拂髦，总角，衿缨，皆佩容臭，昧爽而朝。"③意即未成年的子女在鸡初鸣时都要洗手漱口，梳理头发，拂去头发上的灰尘，把头发扎成两个向上分开的发髻，系上香囊，佩戴香物。在天将亮未亮时去问候父母，问他们吃了些什么。如果父母已经吃过了，那就告退；如果还没有吃，就协助兄嫂在旁边视膳。文中的"栉"是梳发，"縰"是用黑帛束发。拂去发上的尘土，将头发梳成两个向上分开的发髻，其余头发分垂两边，下及眉际。这说明发式也要有严格的礼教规定。

儿媳妇晨起侍奉公婆，与儿子的穿着礼节基本一致，礼在服饰上的规定更为严格。《礼记·内则》接下来写："妇事舅姑，如事父母。既初鸣，咸盥洗，栉，縰，笄，总，衣绅。左佩纷、帨、刀、砺、小觿、金燧。右佩针、

① （春秋）孔丘著《孝经》，北京：中国纺织出版社2007年版，第53页。
② 钱玄：《礼记》（上），长沙：岳麓书社2001年，第8页。
③ 钱玄：《礼记》（上），长沙：岳麓书社2001年版，第363页。

管、线、纩、施、鞶帨、大觿、木燧。衿缨，綦屦，以适父母、舅姑之所。"① 这是一套妻子应该遵循的着装规定，即鸡鸣时起床洗手漱口，梳理头发，用纚把头发裹起来，用簪子固定好，再用丝带把它束起来。穿上玄端绡衣系上绅带，这是士妻特定的服饰。左边配上器皿及擦手的纷、帨、小刀和磨刀石、小锥形玉饰、打火的金燧，右佩装上针的针管、线和丝帛，这三样都要装在一个小囊中，再佩上大锥形玉饰和取火的木燧。这些还不够，还要系上彩线的缀饰，把鞋带系结好。穿带齐楚，才能去见公婆，尽孝道。

当然，这仅仅是准备工作，到了父母、公婆面前，还有数不清的规定："父母舅姑之衣、衾、簟、席、枕、几、不传；杖、履，祗敬之，勿敢近。……寒不敢袭，痒不敢搔；不有敬事，不敢袒裼。不涉不撅，亵衣衾不见里。"② 也就是说，父母、公婆的衣服、被子簟席、枕头、小几等物，晚辈不经请示不许随意改变原来的位置；对他们的手杖和鞋更应尊重，不能无意之间触碰。即使身上感觉冷，也不能当着父母、公婆的面加上外衣，身上痒也不能当着他们的面去挠。如果没有必须的礼仪需要，不能脱衣露臂；不涉水绝不许掀起衣服，而且内衣的里子不许露出来。如果父母生病了，还应该："父母有疾，冠者不栉。"③

文中还记载："父母唾涕不见。冠带垢，和灰请漱；衣裳垢，和灰请滑；衣裳绽裂；纫箴请补缀。五日则燂汤请浴，三日具沐。其间面垢，燂潘请靧；足垢，燂汤请洗。"④ 文中大意是父母的衣服上应该看不见唾沫和鼻涕，他们的冠带脏了，就用草木灰浸汁，用手搓洗；他们的衣服脏了，就用草木灰浸汁，用脚踏洗；衣裳破了，用针穿好线，为他们补缀。每五天就烧热水请他们洗澡，每三天就烧热水请他们洗头。这期间如果脸脏了，就烧热淘米水请他们洗；脚脏了，就烧热水请他们洗。⑤ 即父母患病的时候，成年子女不可把头发梳理得精整，以示忧愁、焦虑。另外"父母命，不敢违"⑥ 表现在服饰

① 钱玄：《礼记》（上），长沙：岳麓书社 2001 年版，第 362 页。
② 钱玄：《礼记》（上），长沙：岳麓书社 2001 年版，第 365 页。
③ 钱玄：《礼记》（上），长沙：岳麓书社 2001 年版，第 363 页。
④ 钱玄：《礼记》（上），长沙：岳麓书社 2001 年版，第 366 页。
⑤ 钱玄：《礼记》（上），长沙：岳麓书社 2001 年版，第 22 页。
⑥ 钱玄：《礼记》（上），长沙：岳麓书社 2001 年版，第 22 页。

的要求是："加之衣服，虽不欲；必服而侍。"① 意思就是父母、公婆给的衣服，虽然自己不喜欢，也要穿起来给长辈看。

《女孝经》为唐玄宗时散郎侯莫陈邈之妻郑氏所作，其基本内容是以封建礼教训诫其侄女，但也包含一些做人的道理。在《女孝经·庶人章》中具体指出："为妇之道，分义之利，先人后己；以事舅姑，纺绩裳衣，社赋蒸献，此庶人妻之孝也。诗云：'妇无公事，修其蚕织。'"② 就是说，做妇人之道，要以义来分配利益，先人后己，服侍公婆，纺布制衣，祭祀土地神，给予更多的奉献，这乃是平民之妻的孝道。其中"妇无公事，修其蚕织"这里是对庶人女子行孝的要求，而"纺绩裳衣"则是对庶人女子提出的服饰劳动技能的要求。

还有在《女孝经·事姑舅章》中指出："女子之事舅姑也，敬与父同。爱与母同。守之者义也，执之者礼也。鸡初鸣，咸盥洗衣服以朝焉，冬温夏清，昏定晨省。敬以直内，义以方外，礼信立而后行。"③ 文中对女子敬奉公婆提出的种种要求是，敬爱他们如同父母，守执义礼。鸡一叫便起床洗脸漱口，穿着整齐地去朝见他们。冬天使之温暖，夏天使之凉爽，晚上服侍就寝，早上看望请安，做到戒慎敬肃。其中"咸盥洗衣服以朝焉"，强调女子每日早晨要以整洁的外貌朝见公婆的服饰礼仪。

孝除了包括"事生"这一层含义还包括"事死"，它表达了子孙对逝去长辈的敬重和思念。"事死"是传统孝观念中非常重要的一项内容，表现在丧服制度上尤为明显，即以血缘亲属关系的远近为等差的丧服制度，也就是五服制度。《诗·桧风·素冠》载："庶见素冠兮，棘人栾栾兮，劳心博博兮。庶见素衣兮，我心伤悲兮，聊与子同归兮。庶见素韠兮，我心蕴兮兮，聊与子如一兮。"诗中反映了西周末年桧国时的情景，大意是：我很少能看见一个头戴"素冠"的，情急哀戚而瘦瘠的人。尽管我非常留意地观察，也很少看见身穿"素衣"的人，我心中非常难过。假使能够看见，我愿和他一块到他的家中，跟他在一起学习。我很少看见穿"素韠"的人，我的心也很忧愁如蕴结一样，若有此人，我愿和他一块行走。这里书载的"素衣、"素冠""素

---

① 钱玄：《礼记》（上），长沙：岳麓书社 2001 年版，第 368 页。
② 李振林：《中国古代女子全书女儿规》，兰州：甘肃文化出版社 2003 年版，第 53 页。
③ 李振林：《中国古代女子全书女儿规》，兰州：甘肃文化出版社 2003 年版，第 54 页。

韠"就是西周时期的丧服，人们穿起这种衣裳和冠，以表示对死者的哀悼和纪念。但是这种服丧服的人毕竟还是少数，因为在路上根本看不到，诗作者可能是一个积极地提倡孝道的人，所以作者因见不到这样的人而苦闷，并说，如果能见到这样穿孝服的人，就和他一块行走，到他家中向他学礼。由此可见，西周时期，人们在亲人死后，为了表示纪念和悲痛而穿丧服，但身穿丧服的形式才刚刚出现并没有成为普通的现象。而且丧服的形式只是"素冠""素衣""素韠"，不着颜色，不带花边谓之"素"，是中国丧服的初期形式。

随着民智渐开，贵族集团统治经验的丰富，他们已经意识到，"孝"道的实施极有利于他们的统治，而丧礼、丧服就是推行"孝"道的最好形式。一些有远见的贵族政治家开始在丧服方面刻意地下功夫，以此来教导人们。《左传·襄公十七年》载："齐晏桓子卒（晏婴之父），晏婴粗衰斩，苴绖带，杖，菅屦，食鬻，居倚庐，寝苫，枕草①"。春秋时期齐国大夫晏婴死了父亲，他就是服的斩衰。另外，头上缚一条麻布带子，叫"首绖"；腰上系一条麻布带子，叫"腰绖"；手里拿一根哭丧棒，叫"苴棒"；脚上穿一双草鞋，叫"菅履"。这全副配备，就是所谓的"披麻戴孝"。除此之外，还要吃粥，住在草棚里，铺禾秆为席，垫草为枕。这样的苦日子要过三年，以寄托丧亲的哀痛。晏婴服丧的这些形式与《仪礼·丧服》所载基本相同，《仪礼》五十卷，有五分之一的篇幅专讲办丧事；其中关于丧服的占七卷，从重到轻，分斩衰、齐衰、大功、小功、缌麻五种丧服，合称五服，五服一旦成为制度，就成为人们在丧礼中运作的模式和教育的内容了。

斩衰是最重的丧服，比如儿子和没出嫁的女儿死了父亲或寡居的母亲，就要服斩衰。所谓斩衰，就是用粗疏的麻布裁制成的丧服，麻布剪断之处不缉边，期限三年。古代女子"二十而嫁"，如果在 20 岁时死了父亲，就要守孝三年，到了 23 岁才能出嫁。

礼教的束缚，是很严肃的。《册府元龟》记：唐宪宗元和九年四月癸未，京兆府奏陆博文、陆慎余兄弟二人在父死居丧期间，"衣华服过坊市饮酒食肉"，② 诏令各打四十大板，哥哥押回原籍，弟弟流放循州。居丧期间是不能穿好衣服的。朝服、公服也算华服，所以古代当官的如果家里的父亲去世，

---

① 冀昀主编：《左传》（上册），北京：线装书局 2007 年版，第 349 页。
② （宋）王钦若：《册府元龟》，北京：中华书局 1960 年版，第 1401 页。

朝廷给假三年，让他们回家，以尽人子之孝。

　　是不是只对老百姓打板子流放？也不是。唐宪宗十二年四月辛丑，宪宗的女婿、于颛的儿子、驸马都尉于季友，因在母亲丧期内与进士刘师"欢宴夜饮"，俩人都照打四十大板，于季友削去官爵，刘师服虽然是陪客，大概因为没有靠山，被发配到连州。于颛也因"不能训子"的罪名削了官阶。所以说服丧期间，尽管穿着丧服也不能欢宴夜饮，照孔子的说法，连音乐都不能听："资衰苴杖者不听乐、非耳不能闻也，服使然也。"①

　　古礼甚至规定了穿丧服者情绪宣泄与言行模式。《礼记·间传》表述得颇为具体："斩衰何以服苴？苴，恶貌也，所以首其内而见诸外也。斩衰貌若苴，齐衰貌若枲，大功貌若止，小功缌麻，容貌可也。此哀之发于容体者也。斩衰之哭，若往而不反。齐衰之哭，若往而反。大功之哭，三曲而偯。小功缌麻，哀容可也。此哀之发于声音者也。斩衰唯而不对，齐衰对而不言，大功言而不议，小功缌麻，议而不及乐。此哀之发于言语者也。斩衰三日不食，齐衰二日不食，大功三不食，小功缌麻再不食。士与敛焉，则壹不食。故父母之丧，既殡食粥，朝一溢米，莫一溢米。齐衰之丧，疏食水饮，不食菜果。大功之丧，不食醯酱，小功缌麻，不饮醴酒。此哀之发于饮食者也。"② 斩衰丧服为什么要用苴麻做绖、带呢？因为苴麻的颜色苍黑，外表粗恶，佩戴苴麻是本于内心的悲痛而表现于服饰。服斩衰的人悲痛得胜色如苴麻，服齐衰的人脸色如枲麻，服大功的人神情呆板，只有服小功和缌麻的人才有平常的脸色。这种不同的哀痛在容貌上的表现，严格的规定、详细的区分甚至想造成情感宣泄、言行举止的模式化，在今天看来也许有点过分，但它却是企图将内在的情感外在形式化，自上而下普施于大众，使旁观者悟出五服制所负载的情感色彩，有所期待，且具有一定评判标准。这是人们自小所接受的服饰教育。

　　（三）服饰教育中的修身观念

　　中国古代关于修身的理论是非常丰富的，而修身实际上主要是允恭克让、端正品德，于是物质形态的服饰就跟人的内心道德，精神生活联系起来，服饰的各项物态属性，即成为各种社会道德美和人格精神美的象征。

---

① 王先谦著：《荀子集解》，北京：中华书局1981年版，第357页。
② 钱玄：《礼记》（下），长沙：岳麓书社2001年版，第767页。

中国人的修身观念表现在服饰上最典型的范例，就是佩玉行为。《后汉书·舆服志》记："古者君臣佩玉，尊卑有度……佩，所以章德，服之衷也"① 以玉效德的理论依据在孔子的教育思想中已发展为完整的体系，成为全民认同的价值观念。《礼记》中记载子贡"敢问君子贵玉而贱珉者何也?"② 孔子教导子贡说："并不是因为珉多，所以鄙贱它；玉少，所以看重它。那是因为以前君子将玉与美德相比。玉温润而有光泽，像仁者的德性；细致精密而坚实，像智者的德性；方正而不伤害别人，像义者的德性；佩玉垂而下坠，像君子谦恭有礼；敲击一下，发出清脆悠扬的声音，结束时则戛然而止，像音乐一样优美动听；它身上的瑕疵不会掩盖自身的光彩，自身的光彩也不会掩盖本身的瑕疵，就像忠实正直的品性；它的颜色就像竹上的青色，光彩外发，而通达四旁，好像信实的德行，发自内心；它的光彩，如太阳旁边垂着的像虹一样的白气，因此像天一样有无所不覆的美德；它蕴藏在地下，但精气神采却呈现在山川之间，所以又像地一样有无所不载的美德；用圭璋作为朝聘时的信物，是因为玉有币帛所没有的美德。天下的人没有不看重玉的，这正如天下的人都尊重道一样。《诗经》说：'想念我那夫君啊，他性格温柔，就像玉一样。'所以君子都看重它。"③

服饰"比德"，这使某些与服饰相关的行为具有了某种特定的含义，从而成为表达情感、意愿、心境、态度的某种程式。战国时代楚国诗人屈原多次强调了香草佩饰、高冠"奇服"的"比德"作用，来显示自己高洁的志向，傲岸的人格和不屈的精神，这种用外表的修饰来表示内心世界自我修炼的意向多次在他的诗作中出现。在《离骚》里，他对自己穿戴的服饰有生动形象的描述："高余冠之岌岌兮，长余佩之陆离……佩缤纷其繁饰兮，芳菲菲其弥章，民生各有所乐兮，余独好修以为常。"④ 文中的意思是，我把帽子戴得高高正正的，把佩带结得参差而飘逸，佩着五彩缤纷的华丽服饰，散发出一阵阵芳香。人们各有自己的爱好，而我独爱好修饰并习以为常。对于服装的偏好流露出对自然的崇尚，想象着"制芰荷以为衣兮，集芙蓉以为裳。"⑤ 这种

---

① 章惠康主编，《后汉书今注今译》，长沙：岳麓书社，1998 年版，第 2920 页。
② 钱玄：《礼记》（下），长沙：岳麓书社 2001 年版，第 841 页。
③ 钱玄：《礼记》（下），长沙：岳麓书社 2001 年版，第 841 页。
④ 文怀沙著：《屈原离骚今译》，天津：百花文艺出版社 2005 年版，第 33 页。
⑤ 文怀沙著：《屈原离骚今译》，天津：百花文艺出版社 2005 年版，第 35 页。

出淤泥而不染的高洁雅美，正是他心灵的比照。荷中通外直，出淤泥而不染，以荷自喻正直、通达，最能形容屈原自身的修养。以荷花莲叶制作衣裳所创造的外在形象来比拟守礼重美的内在气质，达到外美与内美的完美契合，这就是屈原爱好奇服的最好诠释。不需绫罗绸缎，不喜金银珠宝，一切俗艳平庸之物都不得入眼，只用荷花江离白芷秋兰这些最纯净最天然的香花芳草做一袭美丽的衣裳，才得与他那颗高贵的灵魂相得益彰。

三、服饰文化教育

服饰一直以来都是文化信息积淀密集的载体。翻阅中国服饰文化史，我们可以看到，中国历史上一些伟大的哲学家、教育家、文学家以其解放自由的精神，去实践理性，虽各持颇多歧义的服饰观念彼此争鸣，却为中国服饰文化拓展做出多元的格局，也在不同层次上挖掘出了多元服饰文化的命题，从而为衣冠王国的服饰发展奠定了坚实的理论基础。例如，道家提出"被褐怀玉""甘其食，美其服"；墨家提倡节用，"食必常饱，然后求美，衣必常暖，然后求丽，居必常安，然后求乐"；法家提出服饰要"崇尚自然，反对修饰"；提倡礼制的儒家则提倡服饰要"君子正其衣冠，洁身自好""文质彬彬，然后君子"等，这些观点可以清楚地表达出各家学派的服饰教育思想。

（一）孔子的儒家重礼教育观

孔子的服饰教育思想内容非常丰富，既涉及许多服饰教育理论问题，又包括许多服饰教育的实际经验。在整理研习孔子言论的诸多典籍中，有很多内容涉及服饰，特别是礼更为其核心内容之一。其中在孔子论著中有很多章节都是孔子对学生不同情境中如何着装疑问的答复。可见孔子确曾用服饰礼仪的学问来教育学生。讲授时学生心记，再演习以巩固，

图 4 - 7　孔子诗礼教子

最后被整理记录下来。值得注意的是，服饰的种种讲究，在孔子并非是口头与书面传授的高台讲章，而是亲自研究并付诸实践的行为准则。（见图4-7）

孔子非常看重衣冠的周正，因为衣冠的周正是君子人格的重要内容。孔子在《论语·尧曰》中说"……君子正其衣冠，尊其瞻视，俨然人望而畏之，斯不亦威而不猛乎？"① 它不只是一般意义上的认为穿衣戴帽要整整齐齐，以示有文化教养，而是着力强调衣冠的周正本身就是成为君子的起码礼节和必备条件。孔子在教导弟子时还强调："君子不可以不学，见人不可以不饰，不饰则无根，无根则失理，失理则不忠，不忠则失礼，失礼则不立。"② 是说，品行高尚的人不可以不学习，接待宾客时不可以不修饰，不修饰便无好的仪表，没有好的仪表便会失去理性，失去理性便会不忠诚，不忠诚便不能立身处世。只有学诗、学礼、循礼、讲究仪表、待人忠诚，才能很好地立身处世。可知孔子对仪容服饰的要求严格到了这种地步，将服饰的正与不正，看作一个人能不能立足于上流社会的大事。

孔子的理想人格是"质胜文则野，文胜质则史。文质彬彬，然后君子。"③ 质是内在的资质，包括外在的形体与内在的智慧；文指外在的文饰，为衣服的装饰。倘若一个人的资质超过文饰，就显得粗陋、卑俗；若外在的文饰掩盖了资质，则显得呆板僵硬，只有资质与文饰互助互补，相得益彰，才是一个完美的君子风度。在他看来，一个人的精神与内涵相匹配才是君子所具有的德行。《论语·雍也》记载：孔子去拜访不重视穿衣戴帽的子桑伯子，弟子疑惑，问："先生为何要见此人？"孔子说："他本质美，却没有文饰，过于简易粗野，我想劝说他要懂得礼仪文饰。"孔子离开后，子桑伯子的门人不高兴，问："您为何要见孔子呢？"子桑伯子说："他本质美又文饰繁缛，我想劝说他去掉文饰。"从这个记事中可以看出，对仪表形式可以有不同理解和看法，但都需有高尚的品格和智慧的心灵。在孔子看来，有了内在的修养，再加上得体的仪止装束，才是君子所具有的全面素养。

孔子对服饰穿着配套上所能起到展示人格理想的作用是颇为重视的，因为这些穿戴技艺并非可有可无的纯形式上的装饰，而是直接与修身、齐家、

---

① 杨伯峻、杨逢彬注译：《论语》，长沙：岳麓书社2000年版，第192页。
② 杨伯峻、杨逢彬、注译：《论语》，长沙：岳麓书社2000年版，第196页。
③ 杨伯峻、杨逢彬注译：《论语》，长沙：岳麓书社2000年版，第196页。

治国、平天下的心境与才能有关。《论语》记载："君子不以绀緅饰，红紫不以为亵服。当暑，袗绤绤，必表而出之。缁衣，羔裘；素衣，麑裘；黄衣，狐裘，亵裘长，短右袂。必有寝衣，长一身有半。狐貉之厚以居。去丧，无所无不佩。非帷裳，必杀之。羔裘玄冠不以吊。吉月，必朝服而朝。"[①] 这是说，君子不用深蓝色和大红色做衣服的镶边，不用红色和紫色做平时家居穿的衣服。暑天穿粗细葛布单衣，一定要在里边穿衬服，使它穿在外面。穿羔裘配以黑色的外衣，穿麑裘配以白色的外衣，穿狐裘配以黄色的外衣。家居用的皮袍做得较长，但右边的袖子做得短些。睡觉一定有小被，为本人身长的一倍半。用狐貉皮做成厚坐垫。除了服丧期间，什么饰物都可佩戴。除了（用于上朝和祭祀时穿的）用整幅布做的下裳，一定要裁去一些布料。羔裘和玄冠都不穿去吊丧。大年初一，一定穿着朝服去朝贺。可以看出，孔子对礼的尊崇和执行都落实在了日常的行为和服饰穿着上，对"礼"的遵循，不仅表现在与国君和大夫们见面时的言谈举止和仪式，而且表现在衣着方面。他对祭祀时、服丧时和平时所穿的衣服都有不同的要求，如单衣、罩衣、麻衣、皮袍、睡衣、浴衣、礼服、便服等，都有不同的规定。并把这种信条贯彻到对弟子的教育上。

孔子虽然重视穿着，但是从礼仪法度来讲一定要得体，而不是讲究华丽奢侈浪费。他认为，在言语上装饰是浮华，在行为上骄傲是自夸，在容貌上显示很有智慧和才华是小人。《论语·学而》载："子曰：'巧言令色，鲜矣仁！'"[②] 是说，花言巧语，面貌伪善，这种人是缺少仁德的。《荀子·子道篇》中记载："由，是裾裾何也？昔者，江出于岷山，其始出也，其源可以滥。及其至江之津也，不放舟，不避风，则不可涉也，非惟下流水多耶·今汝服既盛，颜色充盈，天下又孰肯谏汝矣？"子路喜欢穿华美的服饰，受到了孔子的批评。孔子说：由呀，为什么穿的这样华美呢？要知道古时长江发源于岷山，可源头的水流只能浮起酒杯。到了下游渡口，不并船，不避风是不能渡过的。就是因为它的下游汇集了众多河流。现在你衣着华丽，面色丰润满足，天下的人谁还敢规劝于你呢？子路听罢马上将华服换去，人显得谦和了。

---

① （春秋）孔子《论语》，西安：陕西人民出版社 2006 年版，第 184 页。
② （春秋）孔子《论语》，西安：陕西人民出版社 2006 年版，第 185 页。

孔子着装观念中颇多理性色彩，尽管更多的时候不直接说教，但骨子里渗透着政治伦理意识，处处体现着一种礼仪的规范，特别强调中和而遏制突出的个性。不可否认，孔子以伦理的目光扫视服饰境界，从而为服饰开掘出丰厚的伦理内涵。

（二）老子的崇尚本真教育观

孔子侧重于将服饰教育与礼仪紧密地联系起来，而老子则更关注身体的"质朴"之美，教育人们穿着的服饰应该和"自然与本生"之美联系起来。要以现有的衣服为美，认为越是简单朴素的衣服越是美丽的。反对对身体进行过多的装饰，要将身体从累赘的装饰物中解放出来，还身体以"本真"和"自然"。在《道德经》中，老子提出"被褐怀玉"的主张明确地阐述着这样一种思想：不要穿着过于华美的服装，能够披着粗布做的短衣就已经足够了，再华美的衣服也只是身外之物而已，最可贵的还是心中所具有的玉一般的美质。老子要求"圣人"应该"去甚、去奢、去泰"。充分体现了道家强调"质"，重视人的精神、气韵与风度的内在美和高尚的人格象征以及"以人为本"的服饰审美态度，崇尚"朴素""自然"之美的服饰审美观。反对过度地修饰和不必要的浪费，认为过多的繁文缛节反而会刺激人们的欲望，使人们竞逐于外在的形式而忽视甚至放弃内在的修养。

另外，老子还提出"五色令人目盲，五音令人耳聋"，[1] 这里所谓的"目盲"并不是生理意义上的视觉丧失，而是因追逐花花绿绿的外在纹饰造成的空落，引发主体的丧失，思绪的纷乱。老子反对给身体披戴上鲜艳华美的服饰。老子追求的是一种"本真"之美、"自然"之美，而这种本真自然之美是不需要任何装饰的，也正是这种不需要任何装饰的美才是世上之大美。按照老子的说法"大巧若拙""大智若愚""大音希声"。

（三）庄子的自然质朴教育观

在对服饰教育的思辨中，庄子提出了一系列服饰教育观点，他认为人们要"堕肢体，黜聪明，离形去知，同于大道"，达到所谓"坐忘"的境地。

庄子服饰教育核心观点就是，不要以外表的美、形式的美去危害美的要素——生命，更不要去追逐外表美、形式美，做那些"舍本逐末、缘木求

---

[1] 李存山注译：《老子》，郑州：中州古籍出版社 2004 年版，第 87 页。

鱼"① 的蠢事。单纯地追求外在刻意的美，不仅不会起到良好的作用，即善；恰恰相反会走向"恶"，即产生负面影响。这是庄子审美教育的独特视角和积极贡献，具有强烈的针对性。《庄子·天地》曰："垂衣裳，设采色，动容貌，以媚一世，而不自谓谄谀；与夫人之为徒，通是非，而不自谓众人，愚至至也。"② 庄子说：穿上宽松的衣裳，涂上注目的颜色，搔首弄姿，取悦世人，而他却不认为自己是谄媚之人。和众人在一起，是非观念与他们相同，他却不认为自己是普通人。庄子把这些人称为极愚蠢的人。

《庄子·达生》还提出了一个重要的服饰命题："忘足，履之适也；忘腰，带之适也；志是非，心之适也。"③ 这段话意思是说，使人忘却脚的存在，必是最合脚的鞋子；使人忘却腰的存在，必是最舒适的带子；能让人忘却是非，必是最安适的得道之心。不管是否出于自觉，庄子这里将心灵的舒适与履带的舒适相提并论，显然是将舒适性放在了评判服饰的最高位置。

服饰是依赖于人的形体的。形体有全有缺，在老庄看来，应以自然为好。例如，《庄子·德充符》主张"全德全形"④ 为形体美的最高境界。庄子认为要在形体上保持完整，不因修饰而破坏形体或者因劳神劳力而使形貌衰敝。要保持形体的天然美色，反对雕饰："天子之诸御，不剪爪，不穿耳。"⑤ 认为穿刺耳孔、剪削指甲，会破坏形全，失去了天然美。庄子还有许多类似的言论，都旨在教育人们要以自然质朴为重，千万别以过分的修饰破坏了它。

（四）墨子的实用理性教育观

墨子的服饰教育观与儒家是对立的，而与他的政治主张是一致的。他在服饰方面主张实用简约，反对形式过于复杂，反对铺张浪费，他的这种主张蕴含在"节用""非乐""辞过"等观点之中。《墨子·佚文》部分说："诚然，则恶在事夫奢也。长无用，好末淫，非圣人之所急也。故食必常饱，然后求美；衣必常暖，然后求丽；居必常安，然后求乐。为可长，行可久，先质而后文，此圣人之务。"⑥ 墨子认为，食能饱腹，衣能暖身，房子能挡雷雨

① （战国）庄周：《庄子》，北京：中国纺织出版社2007年版，第102页。
② （战国）庄周：《庄子》，北京：中国纺织出版社2007年版，第139页。
③ （战国）庄周：《庄子》，北京：中国纺织出版社2007年版，第280页。
④ （战国）庄周：《庄子》，北京：中国纺织出版社2007年版，第459页。
⑤ （战国）庄周：《庄子》，北京：中国纺织出版社2007年版，第80页。
⑥ 周才珠译注：《墨子全译》，贵阳：贵州人民出版社2009年版，第618页。

避寒暑，舟车能载人，即这些物品能具有实用功能，具有实际效用，能满足人们的生活需求，就可以了。人们也应该满足于这种水平，没必要去追求艺术性或是以此去显示身份。

《墨子·辞过》中说："古圣人之为衣服，适身体和肌肤足矣，非荣耳目而观愚民也。"① 意思就是圣人制作衣服只图身体舒适就够了。即只以实用便利为标准，不要去追求赏心悦目之美。墨子进一步阐述这样主张的理由是，如若在衣服上投入大量的人力和物力，使其超出了实用的意义，势必造成浪费，而且上下都去追求服饰美，极易造成社会混乱，那么，这个国家就很难治理了。他在同一篇中说："当是之时，坚车良马不知贵也，副镂文采，不知喜也，何则？其所道之然。……当今之主，其为衣服，则与此异矣。冬则轻煖，夏列轻清，皆已具矣，必厚作敛于百姓，暴夺民衣食之财，以为锦绣文采靡曼之衣，铸金以为钩，珠玉以为珮，女工作文采，男工作刻镂，以为身服，此非云益煖之情也。单财劳力，毕归之于无用也，以此观之，其为衣服，非为身体，皆为观好，是以其民淫僻而难治，其君分奢侈而难谏也，夫以令奢侈之君，御好淫僻之民，欲国无乱不可得也。君实欲天下治而恶其乱，当为衣服不可不节。"② 墨子在文中斥责浪费，认为当年的君主，制造冬天的衣服轻便而暖和，夏天的衣服轻便而凉爽，其实这就够了，他们还要向百姓横征暴敛，强夺民众的衣食之资，用来做锦绣文采华丽的衣服，拿黄金做成衣带钩，拿珠玉做成佩饰，女工做文采，男工做雕刻，用来穿在身上。这并非真的为了温暖。耗尽钱财费了民力，都是为了无用之事。由此看来，他们做衣服，不是为身体，而是为好看。因此民众邪僻而难以治理，国君奢侈而难以进谏。以奢侈的国君统治邪僻的民众，希望国家不乱是不可能的。国君者若真希望天下治理好而厌恶混乱，做衣服时就不可不节俭。

总之，墨子的服饰教育本意是为民着想，其"节用"和"非乐"等观点提出本身是积极的，但必须看到，一点不讲艺术也是违背人性的，因为贫穷的人也爱服饰美，折一枝花叶戴在头上，不也是热爱生活吗？

（五）董仲舒的天人合一教育观

西汉时期大思想家董仲舒主张"罢黜百家，独尊儒术"，他使儒家思想在

---

① （清）孙诒让撰，孙启治点校：《墨子闲诂》，北京：中华书局，1986 年，第 31 页。
② （清）孙诒让撰，孙启治点校：《墨子闲诂》，北京：中华书局 1986 年版，第 34 页。

汉代发扬光大，占据了统治地位，而他所总结发展的儒家学说更是对后代产生了重要影响。贯穿在董仲舒全部思想中的"天人合一"说，与中国服饰有着密切的关系，对中国人融入自然的服饰观起到了理论上的指导作用。与董仲舒"天人合一"有关的，是服饰应季节而专设的"四时服"与"五时衣"。《春秋繁露·循天之道》中说："四时不同气，气各有所宜，宜之所在，其物代美。……故荠以冬美，而荼以夏成，故可以见冬夏之所宜服矣。……春秋杂物其和，而冬夏代服其宜，则当得天地之美，四时和矣，凡择味之大体，各因其时之所美，而违天不远矣。"① 对照五时衣所选择的五种服色来看，中国古人并未考虑到四季的温差，而是人们在努力寻求与大自然精神的统一，因此董仲舒的"天人合一"说，在带有神秘色彩的思想中，把儒家思想系统化、完整化地组织起来，对中国人的服饰观起到了一定的引导作用。

另外，《春秋繁露》中的"服制象第十四"和"服制第二十六"部分，集中地体现了董仲舒的服饰教育观点。其中"服制"记载："天地之生万物也以养人，故其可适者以养身体，其可威者以为容服，礼之所为兴也。剑之在左，青龙之象也；刀之在右，白虎之象也；韨之在前，赤鸟之象也；冠之在首，玄武之象也。四者，人之盛饰也。夫能通古今，别然不然，乃能服此也。盖玄武者，貌之最严有威者也，其像在后，其服反居者，武之至而不用矣。圣人之所以超然，虽欲从之，末执介胄而后能拒敌者，故非圣人之所贵也。君子显之于服，而勇武者消其志于貌也矣。故文德为贵，而威武为下，此天下之所以永全也。于《春秋》何以言之？孔父义形于色，而奸臣不敢容邪；虞有宫之奇，而献公为之不寐；晋厉之强，中国以寝尸流血不已。故武千克殷，稗冕而捬笏，虎贲之士说剑，安在勇猛必任武杀然后威。是以君子所服为上矣，故望之俨然者，亦已至矣，岂可不察乎！"董仲舒首先分析了刀、剑、韨、冠的象征意义，进而指出服饰只是外在形式，内在的文德比外在的威严更重要。只有通晓古今大道、明辨是非得失的君子，才配得上这种服饰。

董仲舒以"天命"说为内核的服饰观中，其"服制"的规定内涵和本质特征即"礼制"等诸种服饰文化观念，对于规定和规范封建社会的"礼制"即"礼乐文化制度"，具有重大的影响，这也是董仲舒服饰教育思想的价值之

---

① 曾振宇注：《春秋繁露新注》，北京：商务印刷馆 2010 年版，第 366 页。

所在。

（六）程朱的道学天理教育观

理学以传统的儒学理论作为基本框架，以是否有益于纲常等级作为价值标准和行为准则，同时又对佛、道的思辨哲学进行大量吸收，从而形成了一种新的思想体系。"存天理，灭人欲"是程朱理学的核心内容。宋代服制森严的等级差别，除去其中政治方面的内容，实际上也是"存天理，灭人欲"思想的具体表现。程朱理学将人的欲望与"天理"之间看成对立的，因此"天理人欲，人欲胜则天理灭"。在高度重视封建道德秩序的宋代，"天理"的地位必须高于"人欲"，在"天理"和"人欲"对立的情况下，也只能是"存天理，灭人欲"。这种以扼制人文自由的思想意识，影响到当时的服饰观念。

南宋哲学家、教育家朱熹在关于服饰美的见解中，教导人们："持敬之说，不必多言。但熟味整齐严肃，严威严格，动容貌，整思虑，正衣冠，尊瞻视此等数语，而实加工焉，则所谓直内，所谓主一，自然不费安排，而身心肃然，表里如一矣。"① 本来是丰富多彩的精神世界，本来是千姿百态的容貌衣冠，但是在程朱理学的解释下都变成了单一、僵化、身心肃然的死板状态。《朱子四·内任》中记载了朱熹本人燕居时衣冠服饰的情况：先生早晨拈香。春夏则深衣，冬则戴漆纱帽。衣则以布为之，阔袖皂缘，裳则用白纱，如濂溪画像之服。或有见任官及它官相见，易窄衫而出。问衣裳制度。曰："也无制度，但画像多如此，故效之。"② 从朱熹的服饰形态来看，表现了他自身所着衣冠服饰是符合于"利身""便事"原则的。朱熹以讲学、著述为事，故这种质朴而简易的衣冠服饰是便于他的教学和工作的。因此朱熹这种质朴简易的服饰，也影响到宫廷和民间，宋太宗、宋仁宗、宋徽宗等均颁发过宫廷服饰不尚奢华的诏命，教育人们服饰应当以简洁、朴素为美。

朱熹的服饰教育观点还有其"中庸之道"的理学思想。《朱子语类·中庸·纲领》记载："唯其平常，故不可易，如饮食之有五谷，衣服之有布帛。若是奇羞异味，锦绮组绣，不久便须厌了。庸固是定理，若直解为定理，却其中矣。"③ 朱熹由于以"平常"作为他服饰审美文化的价值取向，因此对于

① 张伯行辑订：《朱子语类辑略》，北京：中华书局 1985 年版，第 87 页。
② 张伯行辑订：《朱子语类辑略》，北京：中华书局 1985 年版，第 131 页。
③ 张伯行辑订：《朱子语类辑略》，北京：中华书局 1985 年版，第 201 页。

"非常"或称"超常"的服饰审美文化如"锦绮组绣"的"华美"，便是取贬抑乃至否定态度的。他的理由是这些"锦绮组绣"的鲜衣华裳，与"奇羞异味"一样，"不久便须厌了"。朱熹还对服饰文化做了进一步的解说："中、庸只是一个道理，以其不偏不倚，故谓之'中'；以其不差异可常行，故谓之'庸'……又如当盛夏极暑时，须用饮冷，就凉处，衣葛，挥扇，此便是中，便是平常。当隆冬盛寒，须用饮汤，就密室，重裘，拥火，此便是中，便是平常。若极暑时重裘拥火，盛寒时衣葛挥扇，便是差异，便是失其中矣。"

另外，朱熹认为，童蒙时期的儿童有特殊的心智水平，要对儿童的一言一行进行全面的训练和培养，使其养成良好的行为习惯和道德观念。他主张，将社会伦理日常化、条理化，让儿童在日常行为中自觉按照一定的礼仪守则和规范行事，以便"入于大贤君子之域"。① 例如，对穿着、整装、衣物保管提出的要求："大抵为人，先要身体端整，自冠巾，衣服、鞋袜，皆须收拾爱护，常令洁净整齐。我先人常训子弟云：'男子有三紧，谓头紧、腰紧、脚紧。'头，谓头巾。未冠者总髻。腰，谓以条或带束腰。脚，谓鞋袜。此三者要紧束，不可宽慢。宽慢，则身体放肆不端严，为人所轻贱矣"；② "凡着衣服必先提整衿领，结两衽纽带，不可令有缺落，饮食照管勿令污坏，行路看顾勿令泥渍"；"凡脱衣服必齐整折叠，箱箧中勿散乱，顿放则不为尘埃杂秽所污；仍易于寻取，不致散失。"③

朱熹还从对《曲礼》的质疑中考释出古人对幼儿的礼制教育是从"眼前事"的服饰仪容着手的。朱熹说："天命，非所以教小儿。教小儿，只说个义理大概，只眼前事。或以洒扫应对之类作段子，亦可。每尝疑《曲礼》'衣毋拨，足毋蹶''将上堂，声必扬，'将入户，视必下，等协韵处，皆是古人初教小儿语。"此外，还主张小儿穿衣，不可"太温"，要讲求节俭："问：'衣不帛襦袴，恐太温，伤阴气也。'曰：'是如此。今医家亦说小儿子不要太暖。《内则》亦是小儿不要著好物事。'"④ 这种讲求适合小儿生理状态的科学态度和从小养成节俭习惯的教育思想，无疑都是难能可贵的。

---

① 张伯行辑订：《朱子语类辑略》，北京：中华书局1985年版，第58页。
② 张伯行辑订：《朱子语类辑略》，北京：中华书局1985年版，第96页。
③ 张伯行辑订：《朱子语类辑略》，北京：中华书局1985年版，第97页。
④ 张伯行辑订：《朱子语类辑略》，北京：中华书局1985年版，第103页。

（七）李渔的"衣以章身"教育观

清代戏剧理论家李渔在《闲情偶寄》的"声容部"中，通过对选姿、修容、治服和习技的论述，强调女性应具有体态、修饰的外在美和才情技艺的内在美，并提出实现这两美的具体要求。首先，他提出了"衣以章身"的观点。他认为"人"在着装过程中占有主导地位，而人生活在具体的社会环境里，是具有思想、具有感情的社会动物，有着特定的社会关系，所以除了它的实用价值（蔽体、御寒）外，更重要的是它的审美功能，在追求美好的同时达到实用性与审美性的统一与和谐。他说："'衣以章身'，请晰其解。章者，著也，非文采彰明之谓也。身非形体之身，乃智愚贤不肖之实备于躬，犹'富润屋，德润身'之身也。同一衣也，富者服之章其富，贫者服之盖章其贫；贵者服之章其贵，贱者服之盖章其贱。有德有性之贤者，与无品无才之不肖者，其为章身也亦然。"① 不过，人们穿戴服饰总归会想到增加美，但事实上，如果不懂得服饰的搭配，特别是与人的协调关系，那就会适得其反。他说："珠翠宝玉，妇人饰发之具也，然增娇益媚者以此，损娇掩媚者亦以此。"② 所以说，懂得美的原则才是着装的关键。

李渔认为服饰与人的关系，应该是以人为主，服饰为次，服饰就是要起到烘托的作用，不应该喧宾夺主。万绿丛中一点红固然醒目，但是如果以绿掩红，而不是以绿衬红，那么，绿势必会让人忽略了红的"美丽"。照李渔说就是"若使肌白发黑之佳人满头翡翠，环鬓金珠，但见金而不见人，犹之花藏叶底，月在云中……使去粉饰而全露天真。还不知如何妩媚；使遇皮相之流，止谈妆饰之离奇，不及姿容之窈窕，是以人饰珠翠宝玉，非以珠翠宝玉饰人也"。③ 李渔已经讲解得再明白不过了。"妇人之首，不能无饰"，但万万不可以饰夺人之美，否则不但服饰没有达到衬托人的作用，而且连服饰自己的美也失去了，就是愚蠢之举了。可见，服饰的审美并不单单在自身，审美还要把服饰放到实用之中，与人的肤色、身份、年龄都相得益彰，服饰的美才可得以尽显。

对于服饰之美，李渔提出自然的规则，自然美包括几点；一是不要烦琐，

① （清）李渔著：《闲情偶寄》，重庆：重庆出版社2008年版，第201页。
② （清）李渔著：《闲情偶寄》，重庆：重庆出版社2008年版，第203页。
③ （清）李渔著：《闲情偶寄》，重庆：重庆出版社2008年版，第204页。

否则后果就是见物不见人；二是不要过分追求艳丽，会给人感觉俗气；三是搭配相宜，不但要与人相宜，而且服饰之间也要搭配得不着人工痕迹为佳。李渔认为饰品要用，但贵在用得恰当，而不在多少，把人埋在金银珠玉之中，既不见人，也不见珠玉之光，金银之色，所以"一簪一珥，便可相伴一生"，① 而且饰品也是"越小越佳，珠一粒，金银一点足矣。"② 可见，李渔认为饰品忌夸张、张扬之势，以小巧玲珑为胜，集一点之光芒，可避免金银珠宝的奢华气。李渔再三强调服饰要忌过分艳丽，他说："妇人之衣，不贵精而贵洁，不贵丽而贵雅，不贵与家相称，而贵与貌相宜人。"③ 他认为美的服饰应该是色彩浅淡的，造美于淡雅之间。"时花之色，白为上，黄次之，淡红次之，最忌大红，尤忌水红"，④ 而裙装也是"宜淡不宜浓，宜纯不宜杂"。⑤

此外，李渔还认为衣服必须要与人的年龄、文化素养、内在气质和社会角色等相称。那么，什么样的搭配才会与人"相称""相宜"呢？李渔认为，必须"相体裁衣"。⑥ 这和我们今天所说的"量体裁衣"是一个意思。所谓量体，就是指既要量人的外在体型，又要量人的内在气质。李渔说："相体裁衣之法，变化多端，不应胶柱而论。"⑦ 也就是说，服装的设计、制作、穿着具有多样性，必须因人而异，服饰的多样性要符合服饰美的整体和谐统一的原则。

服饰审美教育对人们思维观念的冲击巨大而深远，身处于特定时代的特定社会中，耳濡目染的都是普世观念，从小受的都是这种教育，一个人的思维、视野必然要被定格在这一观念系统中。因此，社会等级秩序和观念强化了人们的思维定式，势必会导致他们在具体的服饰教育实践活动中按照这一观念行事，这就是服饰教育观念形成的内在机制。

---

① （清）李渔著：《闲情偶寄》，重庆：重庆出版社 2008 年版，第 204 页。
② （清）李渔著：《闲情偶寄》，重庆：重庆出版社 2008 年版，第 204 页。
③ （清）李渔著：《闲情偶寄》，重庆：重庆出版社 2008 年版，第 209 页。
④ （清）李渔著：《闲情偶寄》，重庆：重庆出版社 2008 年版，第 205 页。
⑤ （清）李渔著：《闲情偶寄》，重庆：重庆出版社 2008 年版，第 205 页。
⑥ （清）李渔著：《闲情偶寄》，重庆：重庆出版社 2008 年版，第 209 页。
⑦ （清）李渔著：《闲情偶寄》，重庆：重庆出版社 2008 年版，第 209 页。

四、中国近代服饰教育

鸦片战争以后，中国进入了近代。20 世纪前期几次重大的文化思潮与运动对于服饰的发展也起到了很大的推动作用。由陈独秀、鲁迅、胡适、李大钊等一批文化名人所领导的波澜壮阔的新文化运动倡新摒旧，彻底地动摇了封建思想的统治地位，夯实了西方文化与观念在中国传播扎根的思想基础。新文化运动是一场伟大的思想启蒙和解放运动，它弘扬了民主和科学，轰轰烈烈地批判了专制思想和陈朽道德的根基，使人们的思想得到了空前的解放，对中国的未来起到了难以估量的重要作用。它对服饰文化的作用在于使人们更加深入地理解和认同了西方制度及其文明，从而更加广泛而从容地接受了服装和形象装扮上的西化。中国服饰结束了古代历时千年的衣冠制度，完成了由古代到现代，由中式向西式的"华丽转身"。

（一）近现代服饰人才的培养与教育

图 4-8 明代沈寿著《雪宧绣谱》

清末民初著名刺绣艺术家沈寿，是一位热心的教育家。要总结沈寿在刺绣教育上最重要的贡献，就不能不提到她在临终前为后世所留下的重要教材——《雪宧绣谱》。这是沈寿已经病痛缠身之际，回忆自己过去的刺绣经验，由张謇代笔记录而成的呕心沥血之作。这本绣谱除了是沈寿四十年艺术实践的结晶外，也是中国工艺美术史上第一部刺绣理论与实务操作相互结合的专门著作。（见图 4-8）

在沈寿的一生中，大部分精力都用在刺绣教育的推广上，她在早年就和夫婿余觉在苏州创办"同立绣校"。1907 年，应清政府之邀，在农工商部附设的女子绣工科担任总教习。1909 年南京举办"南洋劝业会"，沈寿担任负责审查刺绣展品的官员，她精确的鉴别力和严格的态度，令与会者不得不对这位女性刮目相看，也给当时任北洋政府实业部长的张謇留下深刻印象。1911年辛亥革命爆发，京城绣工科停办，沈寿于是在天津自办女红传习所。而真正使她在刺绣教育事业达到最高峰的，是晚清状元也是后来的北洋政府实业部部长南通人张謇。在南洋劝业会有了对沈寿的深刻认识后，1914年，张謇为使通州女子有一种自谋生计的职业，也为了让沈寿的技艺得以流传，于是一手策划创办了女红传习所，特别将沈寿从天津聘来担任所长。沈立、金静芬、沈粹缜等人也受沈寿之请，一同前往任教。传习所初期学生有67人，先后招生15期，共培养学员三百多人。沈寿一生诲人无数，其中培养出许多佼佼者，如金静芬、施宗淑、巫玉、庄锦芸等人，在苏绣的创新与延续上，均扮演了至关重要的角色。沈寿的女红传习所，将近代教育模式引进传统技艺的教习方式之中；传习所中课程的开设，具备了现代工艺教育的雏形，如开设素描、色彩等课，并且工读相济，这是一种大胆的尝试，在沈寿英年早逝后，南通女红传习所后继有人，直到1949年，苏州苏绣研究所的刺绣艺人依然在整个中国刺绣业中发挥着主导作用，与此有着很大的关系。从某种意义上说，沈寿可以说是在手工艺术教育中引入西式美术教育的第一人，其中的课程，如基础教学、写生、半工半读的体制，对后来的整个手艺教育不无启发。

为了在中外西服激烈的市场争夺中站住脚，自20世纪30年代起，一些服装职业学校成立起来，并采取多种形式培养传人。1946年5月，上海市西服业同业公会筹建了"上海市私立西服业工艺日业学校"，顾天云被聘为校长。学校组成校董会，设董事15人。董事的职权为筹措、审核经费、财务的保管监察并选拔校长，监督校务。1947年8月，举行首届学生毕业典礼，广植人才，以致实用。在顾天云倡导和执着的坚持下，该校培养了很多西服裁剪和缝纫的高手，后来都成为中国现代服装行业中的骨干。

1933年10月，顾天云编写中国第一部西服专业著作——《西服裁剪指南》，自己出资编印作为教科书。这是中国服装界一件具有划时代意义的大事。《西服裁剪指南》字体部分有6章。第一章是长袄系，第二章礼服系，第三章大衣系，第四章短袄系，第五章袖系，第六章披肩系。6章中又分40余节，按各种款式、各个部位分门别类详细阐述。这本书对初涉缝纫业者是极好的启蒙读物，从中可以领略到各种西装的设计、裁剪和缝纫的要领，又是经营服装业者难得的参考书。

为了顺应时代发展，1959 年，中央工艺美术学院染织系开始筹建服装设计专业，并开始对服装的研究，迈出了中国服装设计教育的第一步。1977 年中央工艺美术学院率先面向全国招生，于 1980 年在染织美术系招收了第一届服装设计大专班，1982 年招收了第一届服装设计本科班，从此拉开了高等院校服装设计学科教育的序幕。不久，苏州丝绸工学院、现为东华大学的西北纺织工学院、中国美术学院及其他部分综合院校都陆续建立了服装院系。

20 世纪 90 年代中期，随着中国改革开放的深化，经济发展的稳定，国内市场对于服装的质量和数量有了突飞猛进的变化，为了适应当时社会的用人需求，各服装院校开始对课程设置、师资配备、教育方针、教学内容及教学方法等方面进行调整，并开始设置服装工程类专业，以此弥补服装企业在生产技术管理上、服装结构板型设计上所需的人才。

进入 21 世纪，经过改革开放后近三十年的发展，可以说服装设计教育尽管存在不足，却日渐成熟。

（二）中国近现代服饰改革教育

1840 年，中国历史步入近代社会。女性服饰逐步摆脱了传统文化的禁锢，绽放出更加自由浪漫、灿烂绮丽的时代色彩。

此时最大的服饰变化，莫过于政府号召废除缠足陋习。晚清时节，随着女权运动的高涨，康有为在家乡广东南海县，与友人区谔良等人于 1883 年创立了"不缠足会"，教导女性要放弃缠足这一陋习，解放自己的身心。1879 年，梁启超、谭嗣同又在上海发起不缠足会，以上海为总会，其影响迅速向南方各省扩散。在此形势下，清政府于 1902 年正式表态，谕令劝止缠足，不少地方官府也顺势发出劝止缠足告示，使不缠足运动在全国范围内更大规模地展开。

辫子和缠足一样，是一种旧社会的陋习，被西方国家看成落后与野蛮的标志。所以当时一些进步人士也对这一陋习加以抨击，列举了留辫的种种弊端，教导人们要剪除发辫。有一些来自外国人的讽刺语言既刺激了中国人的民族自尊心，也使中国人产生了对愚昧落后的一种"自觉"或"自省"；此后，放足、剪辫成了爱国的民族主义新举，而"衣冠王国"赖以生存的社会制度已不复存在，服饰与名分的关系也开始淡化。龙袍已不能使人敬畏，紫袍也不再是知识分子终身追求的目标，人们开始重新审视服饰的价值了。

清末，大批青年出国留学，受到西方进步思想的影响，突破封建的藩篱，也加剧了"剪辫易服"的风潮。人们纷纷剪去发辫，穿起西服。1912 年，上海文明书局出版了由吴稚晖所撰的西服启蒙读物——《改装必读》，一种新的衣着程式的形成，固然有受制度影响的一面，但细而究之便可发现，它也包含了国人在民国特殊时代境遇下的穿着智慧。从当时一些中西混穿的搭配方式上可以看出，这一时期的人们在 20 年代大体上依然倾向于中式服装的外观形态，与西式元素的结合是基于充分的理性考量的，且着重于功能性的提升。正如民国学者张竞生的易服观点："我所要改易的新装当按上头所说的四个细目：最经济、最卫生、最合用、最美趣为标准。"①

（三）服装设计业发展进程

20 世纪 30 年代，中国的服装设计人士可以划分为几个阵营，一是名牌服装店的专有设计师，如鸿翔店的老板金鸿翔本人就是一位不错的服装设计师，其店中还雇有外籍设计师；二是社会上独立的服装设计师，他们通过向服装店出售设计图来发展事业；三是以画家为代表的非专业设计师，艺术家介入包括服装设计在内的现代设计领域，这不仅在当时的中国，在世界上也是一个引人注目的现象。在专业服装设计人才匮乏的中国，画家的艺术眼光、鉴赏力、运用时尚元素的能力更是被明星、店家和时尚画报的读者所推崇，因此从 20 年代中期起，中国出现了一种以媒体为平台，由艺术家设计服装的现象。

30 年代涉足服装设计或者说时装画绘画的中国画家，主要有叶浅予、万古蟾、万籁鸣、方雪鸪等人，他们的设计，无论从艺术元素的运用、整体风格的把握，还是从展示渠道的开通，都带有鲜明的纯艺术特征，体现着一定的理想化追求。也就是说，这些时装画的构思并没有直接和生产流程接轨，而是带有普及知识、弘扬理念的非功利性目的。不夸张地说，它们对中国当时社会时装流行的影响超过了许多服装店中专业的设计师。具体来看，这些画家笔下的服饰形象多是为自己的分析、教育、评论活动服务的，如方雪鸪

---

① 张竞生著：《张竞生文集》，广州：广州出版社 1998 年版，第 67 页。

在 1934 年的《美术园地》上利用自己设计的多张时装画，来向读者阐释一些更加人性化的着装观念和有益的着装搭配方面的忠告。

考虑到 20 世纪 30 年代各色画报是知识阶层和服装业界重要的信息来源，画家作品的意义也就不难估量了。他们汲取了西方时尚的最新流行因子，利用自己的艺术品位加以升华和东方化，并提供给众多读者参考。这些设计图激发了许多服装店的灵感，在此基础上制作出合季的时装，引发真正的时装流行风潮。而且，画家的创作，在普及服饰美学、服饰搭配理论，营造正确的服饰审美与消费氛围上都起到了巨大的作用。

第四节　中国以外国家服饰教育

一、服饰礼仪教育

在西方传统服饰文化中，礼仪至关重要。服饰礼仪的形成是西方漫长的服饰文化的结晶，伴随着历经各时期的服饰演变，约定俗成的服饰礼仪成为西方人服饰教育的重要内容，并一直延续至现代。现代人讲究着装的 T·P·O 原则也源于此。

（一）T·P·O 原则

英国作家莎士比亚曾经说，一个人的穿着打扮就是他教养、品位、地位的最真实的写照。西方国家，在正式社交场合衣着通常有严格的礼仪规范，最通行也是最基本的要遵循 T·P·O 原则。所谓 T·P·O 分别是英语中 Time、Place、Occasion 三个词的缩写字母，意思是时间、地点、场合。T·P·O 原则，要求服装仪表修饰因时间、地点和场合的变化而相应地调整。

服饰随时间变化。这里的时间有三层含义：一是指春夏秋冬季节的变化；二是指着装的人年龄档次；三是指时间的差异。着装应根据一年四季交替所形成的气候条件、自然背景及其对人们生理和心理的不同影响，并考虑与自己的年龄、成熟度相和谐，同时亦应顺应不同时代的风尚、潮流的界定，选择与之相适宜并协调的着装、妆饰和发型。

服饰随地点变化。地点在这里是指环境。当然穿衣戴帽要考虑是去哪里：

繁华都市或是边远乡村；豪华宾馆或海边小屋；晚宴舞厅或是保龄球馆……此时的人、服饰、环境须保持和谐相称，否则环境会对人形成排斥，使着装者在这个环境中显得格格不入甚而滑稽可笑。比如，做工精细色彩中性的职业套裙在办公室里显得端庄而干净，出现在晚会的舞场上就会令人别扭，裹紧的筒裙甚至没法让人旋转。所以，应尽量使服饰仪表与环境氛围融洽协调，从而产生良好的视觉效果。

　　服饰随场合变化。这里的场合指的是特定内容下的对象及气氛。上班或居家，喜事或丧事，商务谈判还是交际约会等，都有不同的形式、目的和与之相配的着装要求及约定俗成的礼仪规则。服饰仪表的整体效果只有合乎所处的这些特定场合及对象，并与其融洽和谐，同时合乎礼仪常规，才会使交际对象感觉到着装者的礼貌、诚意、教养和情趣，并在一开始就对之产生好感。

　　T·P·O 原则是国际通行的最基本原则，它要求人们的服饰应以和谐为美，着装要与时间、季节相吻合，符合时令；要与所处场合环境相符，与不同国家、区域、民族的不同习俗相吻合；符合着装者的身份；要根据不同的交往目的、交往对象选择

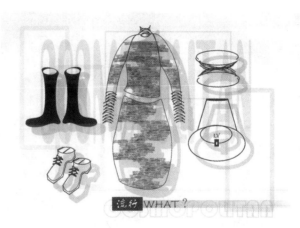

图 4-9　服饰穿着要遵循 T·P·O 原则

服饰，以便给人留下良好的印象。这方面的教育，主要来自长辈、领导、教师或社交媒体。（见图 4-9）

　　（二）男性服饰礼仪教育

　　根据国际惯例，男子的深色套装具有特定的礼仪内涵。深色套装其实是指黑色或深蓝色，意味着严肃、庄重的公务礼节，在非官方的国际商务和白领社交中都有规范的讲究，一般是由主办方在请柬上注明，以显示服饰礼仪的严肃性。自 19 世纪中叶出现了用同色同质面料制作的三件套装形式后，这

种朴素而实用的英国式黑色套装在资本社会实业家和普通市民中普及，并确立了按场合、用途穿衣的习惯，并一直延续至 21 世纪。

深色套装在国际社交界有特别的暗示：一是指男装的称谓；二是指在级别上继正式礼服之后的常礼服；三是指有特定的组合规则。深色套装在现代男装系统中具有核心地位。除此之外，鞋子、领带、衬衣等配件都要根据服装的级别与之配套，不能有丝毫的马虎。长久以来，刚刚涉足职场和社交界的新人都会受到较系统的服饰礼仪教育，甚至国家元首在出席国际社交前都会有专门的礼仪官加以指导，以此来维护国家形象并对他国示以尊重。

按照欧洲礼仪要求，晨礼服是白天穿用的正式礼服，如参加结婚典礼、参加落成典礼或宫中举行的仪式等。着装要黑色或深灰色上衣，面料通常是全毛的驼丝绵，内穿黑色背心，下穿带条纹的黑灰色背带裤，里衬白衬衫，领带通常为黑白条纹或驼色、灰色。穿黑皮鞋、黑袜子。

大礼服也称燕尾服，这是西方男服发展到一定程度上的典型产物。穿着场合为晚间的所有正式聚会，如级别较高、场面豪华的晚宴、舞会或招待会。上装为黑色、深蓝色，领为剑领并镶有缎面，质地为精纺毛品；西装背心用黑色丝绸或白色灯芯绒制作；裤子与上衣同料，裤边有缎带；衬衣为白色，衬衫胸部浆洗得硬挺或有衣褶，尖领；领带为白色灯芯绒蝴蝶结；袜子为黑色，着黑色浅口皮鞋；带白色丝绸手绢或麻纺手绢。

小礼服是近似于大礼服的晚上 6 时后穿的礼服。因大礼服价格昂贵，保养难度大，后来都用小礼服来代替。上装一般为黑色或深蓝色短上衣，单排扣、双排扣均可，衣领为圆领或剑领并镶缎面，质地为驼丝绵，在炎热的东南亚及夏日避暑地也有穿白色上衣的；背心用同料制作；裤子与上装同一布料（上衣为白色，裤子仍为黑色），边上饰有缎带；衬衣为白色，软领或燕子领，正统的衬衣正面有叠褶或刺绣，正面看不到扣子，里面有暗扣，衬衫面料为棉、缎子，袖口用玛瑙或贝卡子固定；领带为黑色蝴蝶结；袜子黑色；鞋为漆皮鞋或是式样讲究的黑皮鞋；上装兜内放白色麻质或丝绸手绢，一般不戴帽子和手套。

男士服饰除了套装，还有西装。办公室的男人穿一身正式西装总是合乎时宜的，尤其在经济低迷或萧条时期，男子西装都转为厚重的深色，以宽厚的肩膀表示他们愿意，也有能力承载社会的重任，双排纽扣暗示可容纳更大的体积。商务西装更多是按场合需要有些许的变化，它具有稳定性和国际通用性的特点，男人不愿改变自己的社会角色，稳定是男人追求的目标。在职场中，男性不希望因为个人不同的装束与周围的人、环境和气氛不和谐，而在心理上被排除在一定级别的社交圈外，服装的秩序性在这个氛围下，标志着教养、地位、自尊、意识等，社会生活如此，政治外交也如此，在这里，个人价值要服从共性价值。因此，有教养的人是需要从小时就接受服饰教育的。有人说，贵族和暴发户区别在哪？往往就在着装的细微之处。

在西装中，还有许多约定俗成的礼仪细节，如两粒扣西装只扣第一粒扣，三粒扣西装则只扣前两粒或只扣中间一粒，上下两粒不扣等；衬衣袖口一定要长于西装袖 2～3 厘米；深色西装必须配黑色正装皮鞋，袜子也必须是深色；居于显赫位置的领带系得如何，在很大程度上决定了着装者的修养指数。除了结婚戒指，男人一般是不戴首饰的，随件中的包、皮带、眼镜、手表、皮鞋等用品不一定要名牌，但一定要质量上乘、做工考究，杜绝假冒伪劣，否则男人的品位也会随廉价品一同掉了身价。

男性职员都有一条不成文的规则，就是每天都要换一套新的装束，男性只需更换衬衣和领带，没有更充分的理由和道理，只是出于礼仪的约定俗成，也许从这个举动中暗示着装者每天都按时回家，有着稳定平和的家庭生活。男子的衬衫必须保持干净和整洁，就像每天都要洗脸一样，衬衫每天更换，加上不同场合搭配不同西装，有时一天要换几件衬衫。不要认为服饰教育是小事，没有正确的教育，怎么会懂得服饰礼仪。

（三）女性服饰礼仪教育

现代男装自 19 世纪基本定型后，相对稳定，变化幅度较小，而欧美女装却花样翻新，不断受潮流影响变化多样。在受到社会变革中政治、经济、战争、文艺思潮、科学技术等诸多因素的影响后，往往极为敏感地做出积极的反映，女装的变化成了社会风云的一面镜子。因此，在服装界所说的时装，实际上主要指女装。女子正装相对于流行服装是较经典且略显保守的服装，但或多或少地也会体现出流行的印迹，只是功用性和目的性更强些。依据场合的不同，基本可分成三种传统的女士正式礼服：

日间礼服：也称常礼服，通常为上衣和裙子质地、颜色相同的套装，可以戴帽子和手套。

准礼服：也称小礼服，连衣裙式礼服，流行元素较多。

晚礼服：又称夜礼服、晚宴服、舞会服。面料考究、剪裁精致的拖地式或带有拖摆的连衣裙式服装，可以与帽子、长臂手套及各种头饰、首饰等构成华美的整体装束。

在通常的国际礼仪规范中，女子正装都是裙装，即使是日常套装也不能搭配裤子。按照传统观念，裤子是便服，显得不太正式。女性的正装比男人更具个性，但在服饰礼仪上也更加严格，在正式场合，女士着装短、露、透是被禁止的。穿套装裙时，上衣扣子必须全部系上，否则将被视为不庄重的举动，更不能当众随便将上衣脱下，不能将上衣披在身上或搭在身上。例如，那些平时穿便裤和斜纹软呢服的妇女，参加舞会时会盛装出席，礼服通常会很长，而且极其高雅。舞会对每一个女性来说是从保险柜里取出最珍贵的珠宝，好好地享受一番的机会。女士不能穿便裤参加舞会，如果这种便裤又肥又长，而且剪裁得像一件长长的舞会礼服，那就又当别论了。不仅妇女要讲究服饰，甚至年纪很小的客人参加舞会时也应穿上符合规范的衣裳。舞会的迷人之处在于必须高雅，同时又独具特色，所以每个参加舞会的人都应该在服饰、举止及谈吐上显示个人独特的魅力。

在西方，为初进社交界的少女举办的舞会有好几种，这正是成人对晚辈进行服饰礼仪教育的关键之处。第一最讲究的是私人舞会，这种私人舞会只有相当富裕的父母才有可能举办。第二比这规格略次的是小型舞会。第三是茶舞会。第四也是最大众化的，是给一群初进社交界的女孩儿或由她们自己举办的大型舞会。有时，这种舞会由若干女孩子的父母联合举办。他们聚集起来，为女儿们分摊"亮相"舞会的费用。这样的舞会可由一个组织举行，邀请一些女孩子参加。所谓组织，系指资助舞会的慈善事业的委员会，举办这种舞会可一举两得：姑娘们的父母要捐大量的钱给有关的慈善部门，以报答让他们的女儿参加这个舞会，因此，他们既满足了姑娘们的要求，也为慈善部门筹措了资金。在初进社交界的少女舞会上，少女穿她能买到的最漂亮的晚礼服。传统的礼服是白色的，但边上可以带点粉色或别的颜色。礼服不应该是深红或深蓝色，更不能是黑色的。无论这位少女认为自己穿上黑色会显得多么老练或别致，也不能穿黑色。在为少女举行的舞会上，姑娘们的母亲可以穿除了黑色以外的各种颜色的晚礼服。

衣服就像语言一样宣告着着装者是怎样的人，刚涉足职场的女孩儿经常被告诫着装诀窍：穿昂贵但是传统的灰色或深蓝色羊毛套装裙，裁剪精致的衬衫；不穿毛衣或长裤，不用很亮的颜色，裙子不开高衩，不留过长或过度卷曲的头发，这背后的缘由都与西方的服饰礼仪有关。在日常社交中，女性职业套装更显庄重、权威，要求质地精良，剪裁修身，衣

图 4 - 10　只有时尚度适中、符合职业身份的着装才是职场人永远恪守的标准

着必须整齐、清洁、高雅，并与工作相称，一般以套装的颜色来选择衬衣、鞋子、袜子、围巾、腰带和首饰，全身颜色不超过三种，注重整体搭配效果。（见图 4 - 10）

　　女性穿得过于考究被看作矫揉造作的表现，而过分简朴又被看作有损礼仪；衣着过于保守被看作古板守旧，热衷于流行装束又被看作没有品位。只有时尚度适中、符合职业身份的着装才是职场中人永远恪守的标准。在大多数情况下，这种标准存在于职场惯例中，穿套装裙、衬衫或典雅的连衣裙通常是可行的。在城市中，即使天气炎热，也要穿长裤或连裤丝袜，穿带鞋帮的正装皮鞋。一个人的着装方式不仅会向其同事、雇主、客户表明她对自己是怎样看的，而且会表明她希望人们如何看待她。在职场中得到快速提升的一位女性主管深有体会：套装确实有助于让人区分女孩儿和女人。如果想做社会圈子需要你做的那种人，那么"自我"就必须按照社会圈子的意见，在着装上具备某些特质，符合这一社会圈子的角色需要、符合这一角色的社会期待，这样，社会圈子会接纳并授予其一定的权利。当然，女孩子到女人，需要从母亲那里接受服饰礼仪教育，也可以在后来向社会学习，只是后来所接受的教育很难使一个女性真正从骨子里体现出有教养，难免捉襟见肘。

　　（四）佩饰礼仪教育

　　每一个人由于所处的社会环境不同、文化素养各异，因此佩戴饰物的方

法、水平与习惯也不一样。随着社会的发展，饰物不仅是财富的象征，它更应该是一个人文化素养、气质风度及审美格调的表现。它常常被用来弥补妆饰与着装上的不足或是营造整体风采；也用来传递有关个人的信仰、价值观念、婚姻状况等信息；还用来表示自己的个性特点、思想倾向等。因此在佩戴饰物时，与人的外在体型和内在气质和谐，起到扬长避短的作用，又要使饰品与衣服在意念、色彩、图案、款式造型上取得呼应，在整体效果上起到点缀、平衡、对比的作用。让整体的服装在原有基础上，因佩饰得当而产生层次、节律和情感的变化，使人的全身画面有和谐韵致的美感。佩饰在佩戴时应注意以下几个原则：首先，佩饰要注意场合差异。在不同的场合，要遵从不同文化背景的人们对佩饰的传统和习惯。在上班、运动或旅游时少戴首饰为好；晚宴、舞会或喜庆场合最适宜佩戴首饰；吊唁、丧礼场合只允许佩结婚戒指、珍珠项链和素色饰品；其次，佩饰要考虑性别差异。女性佩饰的种类很多，选择范围也很广，除男性特有的饰品外，基本上每种都能佩用。而男性能佩用的只有戒指、领饰、袖饰、项链等。所以，男性佩饰的原则是少而精，且场合越正规，男性佩戴饰物应越少越好。男性佩饰不要花哨繁杂和戴多枚戒指，否则会令人感到造作并有损男子的伟岸气度。最后，正式场合佩饰要考究，不佩粗制滥造的饰物，要戴就戴质地、做工俱佳的，尤其是中年人。不要将四个手指都戴上戒指。一般情况下，一只手上只戴一枚戒指，切忌同时戴两枚款式不同、风格迥异的戒指。在正式场合，应避免佩戴发光、发亮、发声的耳环。

另外，佩饰从古至今都是服饰中的重中之重，是权威、身份、地位、财富等象征，其中由帽饰引发的礼仪也变得格外重要。美国第一任总统华盛顿曾经在读中学的时候，看到了 16 世纪基督教牧师们为年轻人编写的一套箴言，他从中精选出 110 条人际交往和谈话中的礼仪规则，亲手抄写在作业本上，并以此作为行为准则。华盛顿所抄的《礼仪规则和人际交往中的得体言行》手稿第 26 条："对那些享有荣誉的人，如贵族、法官、牧师等人，要脱下帽子，向他们鞠躬致敬，鞠躬的深浅取决于当地良好教养的风俗以及那个人的品德。在与你相仿的人中间，不要总是希望别人都先向你致意。而不必要的脱帽致敬会被视为做作，在言语上向别人致意或是再敬意的方式要遵循最常见的习惯。"① 第 27 条："和别人寒暄时仍戴着帽子是不礼貌的，同样急于把帽子戴上也是不礼貌的，而最好是在被要求戴上以后，但最多不要等到第二次要求；这里谈论的得体的问候行为在坐座位时也应遵守，参加典礼落座时要是没有区界开来就麻烦了。"② 第 85 条："当谈话的人都比你有身份时，不要主动说话，除非有人向你提问，此时则应挺直身子站起来，摘下帽子，简明扼要地回答问题。"③ 如此繁复的礼仪规范，正如《礼仪大全》的作者埃米莉·波斯特所说，一个有教养的人不会刻意地去记什么礼仪规则，而是作为一种天性深深地记在脑子里。许多历史学家也从华盛顿整洁的笔迹看出，当时的他已经具有良好的自我约束意识了。

男子乘坐电梯时，遇到女子进来，要摘下帽子，拿在手里，等来到楼道后再戴上。公用楼道如同街道，但电梯却像是房间，男子在房间里遇到女子时是不应戴帽子的；在旅馆、俱乐部和住宅楼的电梯里都是这个规矩。而办公楼和百货商场的电梯却被视为和楼道一样的公共场所。而且，办公楼的电梯往往十分拥挤，男子唯一放置帽子的地方就是头顶。不过，即使在这种情况下，男子也可以用尽量不过于靠近女子的方法，表示自己对女士的敬意；男子在街上停住脚，与一个相识的女子谈话时，要用左手摘下帽子，留出右手以便右手握手，或者用右手摘下帽子，再转到左手上。如果他拿着手杖，就要左手持杖，右手脱帽，再把帽子转到左手，以便向女士伸出右手。如果他们一起往前走，他就可以戴上帽子，但如果一直站在街上说话，就不应该戴上。和一个女子戴着帽子讲话，嘴里还叼着香烟或雪茄，是最不礼貌的；女子进屋时，男子要起立。在公众场合，男子不必一有陌生女子走近便跳起来。但如果有女子与他打招呼，他就应该马上起立回答。在餐馆里，遇到女子表示敬意时，男子应欠身答礼，同时略鞠躬，然后坐下；女子为公事去男子的办公室时，男子应起立接待，请她坐下，而且等她坐下后自己再坐下。女子起身离开时，男子必须马上起立，直到她离开以后再坐下。在拥挤的电梯里，譬如百货商场或办公楼，不论有无女乘客，男子都不必脱帽。帽子放在手上更占地方，而且人特别多的时候容易被挤坏。在住宅楼或家用电梯里，

① 李超译：《华盛顿礼仪规则》，北京：中国商业出版社 2004 年版，第 30 页。
② 李超译：《华盛顿礼仪规则》，北京：中国商业出版社 2004 年版，第 31 页。
③ 李超译：《华盛顿礼仪规则》，北京：中国商业出版社 2004 年版，第 89 页。

女子进入电梯时，男子必须脱帽，而且让女子先出门，就像在屋里一样。

与男子不同，女子的帽饰通常不会摘下，它更注重装饰的作用，与服饰形象已融为一体，在英国传统的赛马会上，女宾的帽饰成为争奇斗艳装点赛事的另一道风景。男子的帽子除了象征威严的王冠、法官的法冠、制服的帽子具有至高特权不用摘下外，摘下帽子都是谦恭有礼的表现。有的帽子像洛可可时期法国流行的三角帽，甚至基本上不戴，只是拿在手里或夹在腋下以免弄乱发型，完全是附庸风雅的装饰品了。

二、服饰文化教育

（一）古代埃及服饰教育

埃及的古代文明，是世界上最古老的文明之一。古埃及服饰的发展与奴隶制的王权、社会组织、地理环境以及逐渐复杂化的宗教等文化观念，都有不可分割的联系，古埃及服饰也生动地体现出古埃及文明的这些特征。

君主神化理论是古埃及专制主义政权形成的主要根源，法老的神性使其成为威严无比的君主，他的永恒、崇高已深入人心。执行不同的职权，法老要穿戴不同的王冠和徽章。例如，佩戴白色修长的气球状王冠，代表上埃及；佩戴红色王冠，代表下埃及。后来融合白冠和红冠的特点形成红白双冠，象征"两权合一"——上埃及与下埃及的统一。在某些宗教仪式上，尤其在祭祀亡灵和复活之神奥利西斯时，法老就佩戴阿提夫王冠，在白冠的两边加上羽毛。

从希罗多德开始，古希腊、罗马史学家都认为古埃及女性地位相当高。这就使人们对古埃及女性地位有一种理想化的印象。女性，尤其是母亲，在埃及广受尊敬。这一时期的一份用纸草纸所写的文稿说明了这一点："永远不要忘记你的母亲。要记住，她经历了十月怀胎、一朝临盆的痛楚。整整三年，她得把你抱在怀里，给你哺乳。她养育了你，不会因为你的肮脏而嫌弃你。当你终于上学并在那获取读写和计算方面的教诲时，她每天都从家里带着面包和啤酒到你的老师那儿。"①

在古代埃及，镜子是每个高贵的妇女所必不可少的，在一篇叫作《伊甫

---

① [英]克雷克．著，舒允中译：《时装的面貌》，中央编译出版社 2000 年版，第 6 页。

味陈词》的文章里，作者痛诉王权衰落时期埃及全境黑白颠倒的悲惨境地，用了如下的对比形容了社会的动荡："那些干粗活的女仆们，她们原来只能在水里看见自己的脸，可是她们现在人手一把镜子。原来拥有镜子的贵妇现在变成一无所有的人，这是多么叫每个有感觉的人都心痛的事情！"①

上古时期的古埃及人，他们为了卫生清洁的目的，通常都会把头发全部剃掉，所以一般人是留着光头。只有贵族身份与特殊地位的男女，才可以戴上假发。其实戴假发对古埃及人而言，是具有一定意义的，其目的不仅是为了美观，更是为了表现宗教性以及社会性的象征意涵。例如，法老在祭典仪式时所戴的假发正是一种权贵的象征，而平日假发不戴时，由专人负责保管整理。

（二）古希腊、罗马服饰教育

古希腊是西方文明的发源地，是西方哲学思想的源头。而罗马在继承了古希腊文明成就后，成功地将其在更大范围内向世界传播。古希腊、罗马文化中诸多哲学家、思想家持有各种艺术观点去解释世界，其中不少教育观点对服饰文化产生深远影响，这些见解和论述都孕育了西方早期服饰教育的思想萌芽。

古希腊哲学家德谟克利特把心智的教育放在身体教育之上，认为灵魂之善高于身体之善。"人们比留意身体更多地留意他们的灵魂是适宜的，因为完善的灵魂可以改善坏的身体，至于身强力壮而不伴随着理性，则丝毫不能改善灵魂。"② 苏格拉底认为"美德乃是一种和谐"，并强调"美德是由教育来的"。他们的观点仅限于个人的言论，尚未形成系统的理论，真正发展为古希腊较系统的论述，是柏拉图和亚里士多德。

柏拉图在艺术教育方面有过许多论述，他认为艺术的目的是给人以教益，把真、善、美的东西送到鉴赏者的心灵里去。让受过良好教育的人，一看到美的东西就会赞赏它们，很快乐地把它们吸收到心灵里，作为滋养，使自己性格也变得高尚优美。他要求艺术家有责任把自然的优美方面描绘出来，使城邦的青年们像住在风和日暖的地带一样，周围一切都对身心有益。天天耳濡目染于优美的作品是亚里士多德的教育观点，基本上承袭柏拉图。对于艺

---

① ［英］克雷克．著，舒允中译：《时装的面貌》，中央编译出版社 2000 年版，第 8 页。
② ［英］克雷克．著，舒允中译：《时装的面貌》，中央编译出版社 2000 年版，第 6 页。

术教育，亚里士多德明确认为它不只是为某一个目的，而是同时为几个目的，那就是教育、净化和精神享受。他认为艺术教育可以达到陶冶情感的目的，既是情感的冲动，又是情感的教育。

这些教育观点影响着当时的服饰文化。以希腊和罗马为代表的地中海地区的服装造型彻底地以人为主体，衣服作为其附属品，必须忠实地服从于人的体形和人的活动机能。通常情况下，服装并不作为一种工艺品的独立形象而为人们所欣赏。从上古希腊的主要外衣基同和罗马的主要外衣托加来看，它们在穿用时，只需将长形布折成两折，头、手伸出，前后搭在肩上，然后用扣环和饰针等加以固定，这样就整装完毕，完全不用裁剪。这样的服装一旦离开人体，就只是一块布而已。一句话，这样的服装是被动地依附于人体，人是衣服的主导和骨架，衣服须通过人体而成型。

按照当地当时关于世界观的认识，既然物质对象是可测量的，美的形式就有精确的比例关系和具体的形式。西方美学的一个奠基性命题，就是毕达哥拉斯提出的美学命题：美是数的和谐。美不是主客体交融产生的朦胧意象，而是可以由人来规矩的形式：直线构成的最佳形式为"黄金分割"的矩形（长：宽 = 1:0.618）；曲线构成的最佳形式为立体的球形和平面的圆形；音乐的和谐则取决于发音体长度、直径和紧张程度的数量关系。再后，就把理想的人体体形视作匀称形式的标准。在各指之间，指与手的筋骨之间，手与肘之间，总之，一切部分之间都要见出适当的比例。他们认为服装不应妨碍人体美的展示，而应起衬托作用。这样就把衣服摆到了人的附庸位置，即衣服是属于人的。

另外，古希腊、罗马社会的女子大都默默无闻，有时甚至被关在家里，与外界隔离。荷马《伊利亚特》让人们对这时期的女子有了一定的了解。例如，叙事诗里的主人公赫克托尔不准他的妻子安朵玛克观看打斗，要求她回家织布，还向她描述普里阿摩斯国王如何在王宫内专门为女子修建了单独住所的事。不管社会地位如何，希腊女子的职责就是料理家务。妻子的主要责任就是生儿育女，照顾全家吃穿。当然，纺织也是女子一项特别重要的工作。正如荷马史诗所示，就连王后也得纺纱织布。纺纱织布过程，即相当于服饰教育的过程。

（三）基督教哲学中的服饰教育

从公元 4 世纪罗马帝国灭亡到 14 世纪这段历史时期，人文主义历史学家比昂多将其称为中世纪，中世纪的文化把古希腊文化、古罗马文化、日耳曼蛮族文化以及东方文化融合在一起，主要以基督教文化为主线，形成了基督教文化发展中的一个阶段，即拜占庭、罗马式和哥特式文化的集约。在这千年左右的时间里，由于宗教神学的束缚，社会和文化的发展十分缓慢，缺乏具有创造力的思想和著作，有人把它称为文化的"黑暗年代"，奥古斯丁把上帝说成美的根源，美是由上帝赋予万物的，审美就是心灵返回上帝。在服饰上即可见一斑，其中有显著的宗教特征。在服饰教育中普遍有这样的观念，只有抛弃身外的美，超越人性的欲望，才能投入上帝的怀抱，在上帝那里获得恩赐、快乐和幸福。这样审美彻底走向宗教，服饰教育成了宗教教育的组成部分。

西方宗教为一神论，基督教是西方非常普及的宗教，是对崇奉耶稣为救世主的各教派的统称。基督教的基本精神就是要实现灵魂对现实世界的超越。海涅指出："上帝的造成肉体，克服肉欲，精神的自我内省等，它带来了禁欲的、沉思的僧侣生活，而这才是基督教观念的最纯正的花朵。"[1] 按照基督教教义的要求，服饰成为禁欲的重要道具。因为服饰不仅可以定义社会、文化及历史情境，更可以通过符号化的外观起到教化统治的作用。基督教教义鄙视钱财，反对奢华，公元 9 世纪，查理曼大帝制定第一个着装法典，明确规定服装的支出限定的范围；在 13 世纪到 15 世纪限制衣服、食物和家具等生活支出的法律更为普及，颁布了衣食节制法、禁奢令、节俭令等。一系列根据道德和宗教的标准规范了人们的生活习俗，从而在法律上防止了个人生活的奢侈浪费，因此中世纪的服装完全成了为宗教服务的法衣。

基督教在发展的过程中，对人肉体的态度是鲜明的，这种态度深深地影响了西方古代服饰的发展和变化。基督教认为人是神创造的，兼具神圣和邪恶的双重性格。受其影响，中世纪的社会开始推行禁欲主义道德观。在这种以神为中心的社会环境中，人们苦恼于精神和肉体、理性和情念以及理想与现实相克的矛盾心理。着装上也出现了否定肉体（掩盖体形）和肯定肉体（显露体形）的两种矛盾现象。所以，中世纪欧洲服装在结构上以封闭性和造型宽大为特征，头巾的流行以及服装造型也不再像古典时期那样将人体的形

---

[1] ［德］海涅. 海安译：论德国宗教和哲学的历史，商务印书馆 1974 年版，第 16 页。

态美感作为表现对象，而是极力地掩饰人体自然形态，强调内敛自律和苦行，追求精神世界的理想之美。教众们佩戴具有宗教意义的符号：十字架，还有施舍用的零钱袋来标示自己的信仰，庄重的宗教服饰则表明人们的灵魂也同样接受了神的洗礼，这样，宗教性服饰就成为生活信条的喻义，教众们也通过规范的服饰来达到文化的归属感和彼此的认同感。

中世纪只有僧侣和教士才有受教育的机会，民众陷入文化的黑暗之中，得不到知识的指导。许多基督教徒并不识字，为了教导他们，公元 6 世纪末格雷戈里大教皇采用绘画的方式推广教义，那些图像就像给孩子们看的连环画一样有用处。他说："文章对识字的人能起什么作用，绘画对文盲就能起什么作用。"① 宗教画尽可能简明地表现教义的核心要义，以最佳的方式尽可能清楚、生动地叙述宗教故事，以使那些神圣事迹被广泛普及，独出心裁的教化方式使宗教服饰得到普及。在宗教思想的垄断下，人们的衣食住行都受到严格的规范，基督教提倡端庄正派，于是男女服装都将身体严严实实地裹住，衣身肥大，长至脚踝，几乎没有性别和个性的区别，大多为朴素的单色，穷人穿粗糙的羊毛和麻布面料。

为西方教会提供《圣经》的拉丁通俗译本而闻名拉丁教会的圣经学者杰罗姆（约 340—420 年），他的教育思想受隐修主义影响很大。杰罗姆认为，应当教育所有的年轻女子忠诚地献身于基督教理想，抑制其自我表现，控制乃至消除其身体的各种欲望。不允许他们使用化妆品以及饰品，应穿戴朴素、行为庄重。人们认定她们的身体不如男人的密封得严实。基督教对妇女服饰有特别苛刻的要求，禁欲主义者认定女子长发会引发人们邪恶的肉欲，是罪恶的渊薮。因此，女性的身体和头发都被要求严格地包裹起来，身着长袍，头披大头巾，全身上下只有脸露在外面。公元 692 年，君士坦丁堡的一次宗教会议，明确规定凡是基督教教民均不能卷发、染发和戴假发，否则便视为异教徒。当时妇女进教堂除了必须戴面纱，还得把头发包起来，不使其外露。此外，修道士们还强烈反对妇女妆饰，禁止女子涂口红、洒香粉。他们把罗马人的公共浴室称为"罪恶的温床"，并指责使用香水和加有香料发膏的女教徒为"胡乱修饰的娼妇"。从存留下来的早期基督教石棺雕刻、镶嵌画和牙雕

---

① ［英］贡布里希著，范景中译：《艺术发展史》，天津人民美术出版社 1998 年版，第 73 页。

作品上面可以看到，早期基督教时代的女子大都戴头巾穿长袍，此类头巾也叫披纱、面纱、面罩，也有人按英语发音读作韦尔（Veil），头巾长短大小不同，有的仅为盖头，齐肩长，也有的能遮盖大半身。

另外，中世纪的英国大学多发源于宗教机构，学者也多是神职人员，大学学者的装束是从教士服装演变而来的。英国贵族子弟进入公学的年龄一般为13岁左右，公学学习阶段比较艰苦，学生被要求衣着朴素简单，不允许穿时髦的服饰，特别是不允许穿来炫耀，学校有许多规章制度对他们加以约束：学生必须统一着校服、衬衣、领结和礼服，礼仪举止都有严格的规定。为了训练学生们的体质，学校有意将伙食弄得很差，晚上睡坚硬的板床，冬天开窗睡觉，洗冷水澡。公学实行寄宿制，学生按时起床、按时休息，自行整理内务，严格遵守学校纪律和规章制度，以至于规定学生头发的长短、进餐的姿势、走路的样子等。因此，伊顿公学的学生无奈地说："我们唯一的自由就是可以解开校服西装背心最下面的那粒纽扣，显一显我们的得意和潇洒"。①基督救济院的牧师们所穿带有领饰的长外套，是在当时所有的学生都被定义为教士的年代硕果仅存的学校制式服装。从中世纪晚期开始，我们所能看到的牛津大学学生装束基本没有留下中世纪前辈装束的烙印。此时期，大学在服饰方面日益追求富丽奢华，大学学者的装饰已明显地区别于教士服饰，服饰在款式、材质、颜色等方面都有很大的变化。各学院都有其特别颜色，不同学位也有不同的学袍饰物，其中博士的服饰包含丝绸、裘皮、长皮手套这些带有贵族色彩的名贵成分。此外，奢华也成为大学典礼的标志，如博士学位的授予典礼，竟是对中世纪骑士称号授予仪式的模仿。博士获得者要从大学校长手中接过学位帽、金指环和金腰带，它们是科学与骑士象征的标志，在西班牙甚至还有金马刺和佩剑，之后双方施亲吻礼，这俨然是对中世纪骑士称号授予仪式的模仿。

基督教对服饰的制约一直持续到11世纪左右，虽然11世纪以后，对基督的忏悔不再是基督教徒日常生活中的唯一精神支柱，但中世纪前期受基督教影响发展起来的服饰与纺织品，仍长时间地保留在世界各地的教会中，为基督信徒所用。

---

① 张选民：《今日英国公学》，《外国中小学教育》，1994年第3期。

（四）人文主义思潮中的服饰教育

人文主义是欧洲文艺复兴时期新兴市民阶层的一种社会思潮，主要是指在文艺复兴时期，通过研究古代希腊、罗马文化，重新发现人的价值，把中世纪崇尚宗教信仰转变为崇尚理性的一场思想文化运动。人文主义思潮呼吁要重新发现人在历史发展中的作用，肯定人的意识和行动的价值，恢复人的各种权利，包括人在上帝面前应有的地位。早期的人文主义者歌颂新兴商业资产阶级的积极进取和乐观主义精神，要求承认他们通过劳动而获得的人间幸福的合法性，文艺家和思想家把人置于宇宙万物的中心，高度赞扬人的理智和精神，反对禁欲主义对人间幸福的扼杀，带来了服饰文化的新曙光，是继古希腊、罗马之后欧洲文化艺术的又一高峰。

人文主义服饰设计师特别善于吸收希腊、罗马的科学主义精神。在文艺复兴时期，他们受到毕答哥拉斯、亚里士多德和柏拉图等哲学家的深深影响，追求柏拉图式的理想美，研究抽象的唯理主义的美学，把美的客观性用几何和数的比例关系固定下来，但是也沾上了基督教神学的气息。

在文艺复兴时期的美学思想中，认为对直观美的向往是人的天性，人是自然的主人，人必须担负起探索自然奥秘的新责任。人文主义教育尊重并因循人们热爱美、鉴赏美、追求美的事物的天性，充分利用文学、艺术和美学的发展成果，运用具体的文学与美术作品训练学生的审美意识以及感受美、鉴赏美和创造美的能力。这与中世纪教会教育压制泯灭人们的天性形成鲜明对照，一切都从中世纪那神的世界进入明朗的人的现实生活中，特别是那些商业城市，相当繁荣，人们尽情享乐，过着豪奢的生活。在这种崇尚人体美的思想传统的影响下，西方认为服饰的存在目的之一就是为了表现人体。因此这一时期的服装是以一种有异于前代服装，又区别于近代美术的风格和面貌出现的，服饰仪表空前地受到人们的关注，着装者也大有以个人理想将服装变成现实理念的气魄。于是服装款式屡屡更易，色彩、面料极度考究，纹饰图案和立体装饰极尽奢华与富丽，这就形成文艺复兴时期的服饰特色。

人性复归的思潮潜移默化地改变着人们的生活和观念，衣着上也充分地体现了人的价值和尊严。从外观上看，一反中世纪那种否定人的存在的绝对宗教性，不再用宽大的袍服遮掩身体。呈现出鲜明的两性差异，突出了两性的性征，男子通过宽大的上半身和紧贴肌体的下半身来强调男性的阳刚，女子则通过上半身胸口的袒露和紧身胸衣的使用与下半身膨大的裙子形成对比，表现出胸、腰、臀曲线毕露的女性特有的性感特征。文艺复兴时期，西方人对身体的审美态度不再像"人类美好健康的童年"的古希腊那样，坦然无邪不带情欲色彩地审视和表现人体，也不似泯灭人性的中世纪把人体看成罪恶丑陋的，而是强调人是有人性、有情欲的。两性的性征都得到了前所未有的夸张和强调，以鲜明的服装造型形成了两性对立的格局，这种造型在其后17世纪的巴洛克和18世纪的洛可可时期又得到了进一步的发展，形成了与西方古代及中世纪截然不同，与世界其他地区迥然相异的独特的"窄衣文化"。这种服饰文化根源，正是人文主义精神的体现，重视人、肯定人的存在，情欲得到合理的承认。

文艺复兴使个性解放和人文主义世界观得到尊重，同时，人们对科学表现出极大的热爱。在当时的人们看来，服装不能是用一块布缠绕在身体上那么简单，它应当像绘画、雕刻那样，属于一种造型艺术，而且这种造型还要联系实际的穿着功能，表现出穿着者的个性。于是，服装设计者们想尽一切办法进行服装形态方面的塑造，从而渐渐地冷落了原来流行的上下相连收腰而包着全身的宽大衣袍。从此，传统袍服开始让位于上下分开的衣裤或衣裙组合样式。原来平面化的服装构成方式也被视为过时而不常使用，流行的裁剪方法就像美术中采用透视法则一样，是一种三维立体的裁剪法。

文艺复兴盛期的王室成员和贵族们十分注意完善自我服饰形象，所佩戴的饰品也与衣服相得益彰，常在高级的天鹅绒衣上镶缀各类宝石与珍珠，以贵重的山猫皮、黑貂皮、水獭皮等装饰在衣服上，甚至马具上也镶嵌宝石，以此作为富有的标志。当这些还不足以表现奢华时，刺绣花边和金银花边被大量应用。与此同时，专门织制的花纹系带与技艺高超的透雕刺绣被作为重要的装饰而大量使用。丝绸织品的设计者和制作者，以及加工珠宝的金银工匠，都有幸得到艺术大师的热情鼓励和多方指导，纺织品和刺绣品早已达到相当完美的地步。手工艺人的技巧十分娴熟，他们生产出色彩绚丽的上等纺织布料，为贵族成员及富商提供了多种选择的机会。那些被精心绣制的透孔网眼以及五彩斑斓的花纹系带，将服装的装饰性进一步推向高峰，这种工艺的制作和使用一直沿用到16世纪以后，成为欧洲服装的特色之一。通过书本学习，欧洲男子深知如何让自己看上去更加时髦。卡斯提格莱恩的《有关朝臣的书》成为男子必备的手册指南。这本书不仅详细描述了各种完美的朝廷礼仪举止，而且对一些典型的男性活动，如打仗、狩猎以及体育运动等场合里，男子该如何着装也给予了建议。文艺复兴时期，男子的白色亚麻衬衫象征着财富。穿着一件干净整洁、熨烫平整的白色亚麻、丝绸或波纹绸制成的衬衫，就可以把自己与农民、工人区别开来。还有就是一位追求时髦的男子，其服饰的奢侈往往体现在长筒袜的选择上。因为匀称的腿形是男性刚毅的象征，在当时，长筒袜造价昂贵，并未被人们广泛接受，只有有钱人才能穿着。

（五）巴洛克运动中的服饰教育

在 16 世纪，欧洲各地产生了对教会的质疑、认为原始的基督教清贫朴素的精神已被扭曲，以梵蒂冈为中心的教会大权在握，成为争逐权力与财富的利益集团。于是各地纷纷时兴不同形式的宗教改革。当年，民间的理性知识抬头，伽利略、哥白尼等科学家对宇宙天体的研究，松动瓦解了教会"创世纪"的神学系统。整个 17 世纪，旧有的教会势力，努力维护和巩固自身的利益，反对宗教改革。另外，民间的理性思考与质疑的精神，开始建立新的美学思维方向。多元价值在新旧交替冲突的年代同时并存，在建筑、雕刻、城市景观规划、绘画上发生了全面的质变。这个贯穿 17 世纪，甚至延续到 18 世纪的欧洲美术运动被称为"巴洛克"（Baroque）。

巴洛克一词，据说源于葡萄牙语 Barroco 或西班牙语 Barrueco 一词，意思是"不合常规"。原意指畸形的珍珠，即"不圆的珍珠"。中世纪拉丁文 Barrueco，则意为"荒谬的思想"。因而被意大利人借用来表示建筑中奇特而不寻常的样式。后衍生为这一时期建筑上的过分靡丽和矫揉造作。所谓巴洛克风格，是从建筑上形成，进而影响到绘画、音乐、雕塑、环境艺术以及服饰的。建筑风格的普及自然带动服饰风格的改变，以普遍认同的审美观念创造出一致的视觉样式。在服饰上具体表现为配色艳丽，造型强调优美的曲线，装饰富于弯曲回旋，使人感到活泼奔放、富丽华美，但有矫揉造作之感。服饰上最具特色的是华丽的纽扣装饰、丝带缠绕和蝴蝶结，以及花纹围绕的边饰。可以说，服装上巴洛克风格是这一时代风格的产物、组成部分和表现形式之一。

巴洛克艺术事实上是欧洲君王权力扩张的一首颂歌。为"君权神授"的思想找到合理的解释。路易十四统治法国期间曾说过一句轰动一时的话："君主至高无上。"他自诩为太阳君，拥有无限王权。在他统治期间，法国在文化、经济、政治上统辖了整个欧洲，成了欧洲最高统治王国，因此路易十四组织颁布了 17 世纪服装法典，他意识到艺术、建筑和服饰对社会产生的深远影响，就把三者作为工具，强化对国民的中央集权式的思想灌输。正是这种至高无上的君权的体现，所有的装饰品，包括衣服、室内装饰、家具都无不反映出循规蹈矩地受控于政府的生活格调。当时的宫廷礼仪及生活方式一直被这位"太阳君"所奉行，他大兴土木修造凡尔赛宫，开辟巨大的园林。鼓励艺术创作，大批建筑家、画家、雕刻家、园艺家和工艺家云集巴黎。他指定人们如何吃、穿、住，以穷奢极欲来显示他的无限权威。

当年的宫廷服饰正反映出国王的古典品味。朝臣头戴卷曲的假发，脚穿高跟鞋，身穿做工精美，镶有花边丝带的外衣。宫廷妇女穿着奢侈的丝绸锦缎服，飘逸的拖地长裙则由年轻的男仆专门在后面照看着。无尽无休的饮宴、豪华的舞会场面，壮观的猎狩，随心所欲的赏赐，他把凡尔赛宫变成了一座销金窟，宫殿里到处都装满花纹，金碧辉煌，他一次宴会光蜡烛就要用四万根。装着巴黎最新时装的"潘多拉"盒子每月从巴黎运往欧洲各大城市，指导人们消费。在路易十四的支持下，法国成立了一个以服装为行业的协会，吸引了不少男女服装爱好者，设计师们鼓励顾

图 4 - 11　精致的贵族盛装

客尝试不同式样、长短、布料和颜色的服装。当年创刊的杂志《麦尔克尤拉·夏朗》把法国宫廷的新闻和时装信息向公众传播。用铜版画绘制的时装画也在这时出现和流传。这些都使法国成为新的世界中心，也就是从这时起，巴黎成为欧洲乃至世界时装的发源地。（见图 4 - 11）

还有，在一些文学创作中，诗人描述服装的目的不是为了逐一列举流行服饰的细节，更多的是为了把女性服装所显示的优雅面貌与宫廷贵妇的新形

象联系起来，描述服装是为了煞费苦心地赞美女性，进而把"优美的身体""宫廷的服饰"和"高贵的举止"完美结合起来。例如，法国贵族少年拉法耶特著的《克莱芙王妃》所描绘公主订婚仪式上，各色贵族服饰粲然毕陈，令人眼花缭乱。另外，作为宫廷爱情故事的范本，《克莱芙王妃》还对围猎、比武、宴饮、游艺，宫廷外交、皇家气派，政治权谋与人情世态等都有出色的描绘，展现了纷繁复杂的社会政治气候和现实生活情状，营建了巴洛克时代的物质与精神文化氛围，这些物质与精神文化的呈现也从一个侧面印证了社会审美态度和时尚观念的变迁。

另外，一些宫廷画家也以宫廷贵族为主题绘制肖像，以高超的技法描绘出贵族的非凡气质，传达出他们不可一世的仪容，使人们相信他们是"君权神授"的真命天子。例如，委拉斯凯兹几幅著名的《公主像》，以近似书写的技法描绘公主身上金银彩绣的衣裙。委拉斯凯兹画中几乎所有国王和贵族的脖子上都有一个宽宽的、硬硬的白衣领。这种白领是腓力四世（法国卡佩王朝国王）引以为豪的东西，因为那就是他自己发明的。他非常为自己这个新发明自豪，为此他还特地举行了一次大型的庆祝活动，活动结束后他还带领臣民庄严地游行到教堂，感谢上帝的恩赐。

尽管 17 世纪妇女得到了更多的自由，但是她们还不能参与政治或商业活动。上层女性们开始接触沙龙，在那里，作家、政客、记者及其他人士可以聊最新话题，交流各自的思想。她们保持敏锐目光，憧憬着充满生机和活力的未来。沙龙通常由引领时尚的贵妇人主持，如卡洛琳·荷兰女士、德斯黛媛勒和德舍芙赫斯夫人。妇女的意见和思想很快备受关注。哲学家雷内·笛卡尔和德拉巴赫各自阐述了性别新理论。笛卡尔提出，灵魂和肉体是分开的，因此不应从生物学上来考虑性别。德拉巴赫认为灵魂是无性别的。他相信，如果妇女受到和男人同等的教育，女人本身所固有的弱点将会消失。但是，尽管这些思想在各画室、宫廷和家庭沙龙上进行过热烈讨论，实质上仍然未触及社会的任何一个阶层。即便是一位主张男女平等的人士也认为，妇女应顺从她们的丈夫，其理由倒不是说丈夫做事总是有理，而主要是为家庭和睦着想，所以这一时期的女性服装上反映出的自由风格显示了一种新的文化格调。

（六）洛可可运动中的服饰教育

17 世纪，在欧洲出现的启蒙运动，追求政治民主、权利平等和个人自由。

到 18 世纪，启蒙思想家风起云涌，法国则是这方面的代表，他们宣扬天赋人权，立法、司法、行政三权分立，提倡自由、平等、博爱，产生了广泛的影响。发生在 18 世纪的这一切变化基本上是围绕英、法两国进行的，然后扩展到全欧洲。当时在艺术风格上基本是以法国为中心，新兴资产阶级不断积累财富，封建王朝渐渐失去活力，处于没落的前夜。在上流社会，出现了与宫廷相对的资产阶级沙龙文化，到路易十四的晚年，朝政里的高级官员和新兴资产阶级成为一种取代旧贵族的社会势力。资产阶级和贵族更乐于出入沙龙，新兴资产阶级和文化人在贵族的沙龙里也很受欢迎。于是，沙龙成了新的社交中心。沙龙中的人们追求现实的幸福和功能的享乐，这就使人们的感官异常敏锐和高雅，形成了不同于巴洛克宫廷文化的另一种文化形态，即洛可可风格。18 世纪的文化就是从贵族和新兴资产阶级的社交生活中产生和形成的。

所谓洛可可风格，是指 18 世纪欧洲范围内所流行的一种艺术风格，它是法文"岩石"和"贝壳"构成的复合词（Rocalleur），意即这种风格是以岩石和蚌壳装饰为特色；也有翻译为"人工岩窟"或"贝壳"的，用来解释洛可可艺术善用卷曲的线条，或者解释为受到中国园林和工艺美术的影响而产生的一种风格，它也对中国特别是清代服装风格影响巨大。这种艺术风格在各艺术门类中的普遍存在，自然也使 18 世纪的服装表现出空前的风貌。

对于这种风格的形成，美学家认为，洛可可风格排除了古典主义严肃的理性和巴洛克喧嚣的恣肆，充满着清新大胆的自然感，富有生命力，体现着人对自然和自由生活的向往。例如，装饰多用自然材料做成曲线，流线变幻，趋向烦冗堆砌，同时讲究娇艳的色调和闪烁的光泽，如多用粉红、粉绿、淡黄等。室内装饰还大量使用镜子、幔帐、枝形玻璃吊灯等贵重物品做装饰，显得豪华又亲切，细致却不失灵活。女装充分体现了人们对情欲的大胆表达，对女性性特征的表现达到了登峰造极的程度。这个时期的"视觉艺术强调的特点是愉悦眼睛，而不是特别重视阐述概念和表现理智。……人们的身心从来没有像这个时代这样能够在自己的天地里自由舒展"[1]。洛可可艺术没有雄厚的知识性内容，也不受哲理支配，它反映了道德风气的变化，宗教不再是争议的焦点，上层社会变得温文尔雅，对肉体享乐也泰然自若。女装的人工

---

[1] 王新伟：《西方人体艺术风格流变史略》，南昌：江西美术出版社 1990 年版，第 44 页。

修饰美成为现实中可触摸得到的生活享受，也成为男子们视觉享受的盛宴。

当时，不少具有洛可可艺术风格的画家也加入服装设计的行列之中。他们一方面将所流行的服装再加以理想化的描绘，在画布上表现出来，另一方面又迎合人们的审美倾向而大胆创作一些从未有过的色彩和田园诗般的款式，可以说，在流行洛可可风格服装的过程中，宫廷画家曾起到推波助澜的作用。例如，布歇所画的蓬巴杜夫人肖像，反映了 18 世纪中期妇女所穿的具有洛可可风格的宫廷服装。还有就是著名宫廷画家华托的作品反映了摄政时代和洛可可的优雅时装风格，他的名字也成了女性时装的代名词。出现在杰赫森店牌上的华托长袍，成了当时时髦妇女衣柜里最主要的收藏品。

妇女早在 16 世纪就穿紧身胸衣，到了 18 世纪，紧身胸衣成了艺术品。尽管它看起来富有魅力，但是穿起来很不舒适。用鲸骨做的箍紧紧撑着，衬里是用原色的粗糙的棉布。紧身胸衣尽管被指责会引起很多疾病，如皮肤刮裂、肝脏受损、肋骨挪位，但在凸显女性体型上却功不可没。紧身胸衣也是一种地位的象征：阻止女性过分发挥，明确表明妇女的地位是属于有闲阶层的。1770 年，一本名为《鲸骨胸衣导致人种退化》的小册子出版。从此，反对紧身胸衣的浪潮开始席卷全法国。激进主义者在这小册子里表达了他们的观点，哲学家卢梭是其中最激昂的一位。

（七）新古典主义中的服饰教育

18 世纪末，法国封建制度极度腐朽，顽固地阻碍各种改革，严重地束缚着社会经济的发展，终于在 1789 午爆发了推翻路易王朝的资产阶级大革命。大革命后，有过数年的混乱。1804 年，拿破仑称帝，法国又进入第一帝政时代。拿破仑对内整顿革命后的混乱局面，强化中央集权的国家机器，颁布了《拿破仑法典》，确立了资本主义社会的立法规范，鼓励发展工商业、发展教育和科技事业。

另外，自 18 世纪中叶起，由于意大利、希腊和小亚细亚地区古代遗址的发现、勘察和考古研究的兴起，引起人们对古典文化的兴趣，这就出现了新古典主义思潮。这种思潮与英国的自然主义相呼应，对法国大革命后人们的思想、文化、服饰以及生活方式影响很大。在服饰上，人们以健康、自然的古希腊服装文化为典范，追求古典的、自然的纯粹形态。特别是女装，造型极为简练朴素，与装饰过剩，矫揉造作的洛可可风格形成强烈的对比：这是一种用白色细棉布制作的衬裙式连衣裙，裙子很长，柔和、优美的垂褶自腰身处一直垂到地上，而且这种长裙越来越长，以致使女士们走路时不得不用手提着裙子，这种优雅的姿态也成为一种流行。

1784 年，在制作一座乔治·华盛顿塑像时，一个亟待解决的问题就是华盛顿出现应穿着哪一种衣服——古代或现代？当时华盛顿对这一问题的回复为：对于雕刻艺术不具有充分的知识，不便提出与鉴赏家的品位相对抗的判断。我们无从得知华盛顿对当代服饰的重要性与含义了解到什么地步。但是他极可能希望使自己远离于欧洲君主的肖像模样，后者通常穿戴古代的服装。杰弗逊坚定地相信古代服装适用于这种作品中，并在几年后写道，他确信，在欧洲每位有品位的人都会赞成罗马服饰，其效果无疑具有一种不同的秩序。我们的靴子与军服所产生的效果非常微弱。然而，尽管表面上显得羞怯谦虚，华盛顿清楚表达了他对现代服饰的偏好，这也是《乔治·华盛顿》这尊雕像最终采用的服饰。

1804 年，拿破仑称帝后，他非常崇拜罗马文化，为了尽快恢复国力，他采用鼓励奢华推动经济的发展，一方面，大兴土木营造宫殿，复兴丝绸、天鹅绒和丽丝等纺织工业，奖励工艺美术事业；另一方面，在着装上追求华美的贵族趣味，他让画家为自己设计礼服，不许宫廷朝官和上层女性在同一场合穿同样的衣服，这使法国宫廷掀起一股奢华之风，同时期的英国以及欧洲其他诸国都望尘莫及，只好盲目追随。这种着装风气促进了法国纺织业和服装业的发展，给当时许多手工业者提供了就业机会。例如，《拿破仑和约瑟芬的加冕》即充分反映了当时的新古典服饰风格。

（八）浪漫主义运动中的服饰教育

19 世纪早期，浪漫主义运动兴起，并很快在德国和英国站稳了脚跟。它体现了拿破仑沦陷后弥漫整个欧洲的困顿气氛。浪漫主义表现了对未知世界的不安，它唾弃了资本主义所倡导的风靡西方的自由思想，而重视人的情感，以中世纪文化的复活为理想。这种思潮无论是在文学、艺术，还是在服装上都有明显表现。

特别是女性，为了强调女性特征和教养，社交界的女士们经常手里拿着扇子或手绢，斯文地擦拭眼角或文雅地遮在嘴上，故作纤弱、婀娜的娇态，好像是久病未愈，弱不禁风。与之相应地，女装也创造出一种充满幻想色彩的典雅气氛，甚至男装也受其影响，出现收细腰身的造型。

　　在巨大变革的 19 世纪，数以百万计的人们离开世代耕作的土地，远离了农业生产，转向大城市寻求新的生存方式，城市化进程加速度发展。生产方式的改变，使文学、艺术甚至哲学都发生了颠覆性的变革，一种新的流行文化孕育而生。欧洲漫长的文化传统的权威性和垄断性被慢慢消解，为新兴阶层所利用渐渐普及开来，通过让人消费得起的书籍、期刊、博物馆、音乐厅，来供更多人利用。先前有许多人被挡在受教育之外，被挡在高雅的文化圈之外，这时他们可以步入其中。随着资本主义工商业对专门技术人才需求的日益增加，以往被贵族子弟垄断的高等教育逐渐为中产以下阶层的子弟敞开了大门，一些无教派限制、不寄宿、收费低廉、传授现代学术、自然科学等实用科目的大学普及起来。

　　科学文明的发达改变着人们的生活方式和思想意识。赫胥黎是 19 世纪科学主义教育思潮的最大代表。他在 1868 年的《自由教育，何处寻找》中提出，教育应是体育、智育（以自然科学知识为主）、美育相结合的，使青年的知、情、意各方面协调发展，既不受禁欲主义桎梏，又令情欲从属于意志和良心，从而具有高尚的道德品质、强壮的体力、富有逻辑的理智。他认为："一切知识之主题可分为两组，科学事项与艺术事项；只占据推理能力的一切事物归于科学领域之下；而在最广的意义内，不是在今天我们习惯使用艺术一词的狭窄的技术性意义之内，一切可感知的，激起我们情感的事物归于艺术的术语之下，这是在审美能力的主题意义之内。"[①] 科学与艺术是相通的，为此赫胥黎主张在科学教育中挖掘、唤起、引导、鼓励美感，在艺术教育中培育、陶冶、发扬科学的理智感。这一主张具有巨大进步意义，赫胥黎的科学教育观不仅在基础教育、中等教育，也在高等教育中得到了大量推广，在很大程度上改变了英国从中世纪沿袭下来的古典教育的面貌。为了适应资本主义工商业发展需求的教育课程体系，除了设置内容广泛的课程，还增加了实用的技术知识，在这些课程的教学中，他强调把书本知识与周围环境、人、物的交往、操作结合起来，鼓励学生参加劳动。

　　西方社会形态及经济制度的转变，极大地刺激了人们对服饰的态度，因

_____

　　① Aldous Huxley 著：《赫胥黎自由教育论》，北京：商务印书馆 1947 年版，第 89 页。

为以往为之存在的社会环境已经不复存在，取而代之的是新的服饰语境，服饰的指代喻义也随之转变。一些传统观念还在延续，但更多的是现代规则的出现。早在18世纪中叶，英国进入产业革命期间，贵族作为社会的偶像已退出历史舞台，夸张奢侈的男性盛装即被简练素朴的毛料礼服所取代，男子着装的主流观念转变为以不张扬不显眼为高雅，顺应了社会中坚力量——中产阶级的价值观，他们工作勤勉、追求财富、热衷教育，不懈地向上进取，他们只专注于生活上这些严肃的事，对服装上累赘的装饰不屑一顾，男士的服装几乎不再追求什么变化，时装几乎成了女士的专利。19世纪中期出现的实证主义和现实主义思潮直接反映于男装，向贵妇人献殷勤的骑士风度已成为遥远的过去，朴素而实用的英国式黑色套装在资产阶级实业家和一般市民中普及，出现了用同色同质面料来制作三件套装的形式，并确立了按用途穿衣的习惯，一直延续至今。女性服饰形象也有了新变化，贵族不再是时代的偶像，时装也不再是他们的专属，进入了中间阶层的生活，甚至随着生活方式的改变还被赋予了不同的社会功能。

（九）装饰艺术运动中的服饰教育

"装饰艺术运动"对服装产生了相当显著的影响，装饰艺术运动是活跃于20世纪20年代至30年代间一场设计运动，它起源于美术领域，并在建筑、家具、纺织品和服装上流行，它以面向工业、回归自然的思想引领了世界潮流。在设计特点上，装饰主义运动主张从传统艺术和设计中汲取创造元素，并提倡机械美学和趋于简洁的几何形态设计，对直线、曲线等相反要素的再次结合创造出新的现代感。

在20世纪初期，也就是装饰艺术运动刚刚兴起时，气质优雅的法国贵族淑女们有时每天要换六次衣服，那时服装的风格是突出细致的手工和合身的裁剪，修长的晚礼服能完美的呈现女性玲珑有致的身体曲线，而服装上各种精美的自然图形也透出当时设计潮流的影响力。这个时期的服装样式往往不是出于功能上的考虑，而是取决于社会交往与身份展示的需要。鲍德里亚曾提出"商品——符号"的理论，他强调在一定的社会情境中，一些物质产品的使用，体现的不仅是实用价值，更是社会身份的标志，物品成为被赋予某种社会含义的符号。这种物品的符号化被认为是消费文化的一个重要内涵。将服饰作为展示社会身份的符号，这种服饰文化自路易十四以来在法国历史上一直存在，在 20 世纪初的服饰中也是这样。但在装饰运动时期，法国女性服饰开始注重其功能性，而非仅仅注重它的展示效果。

"随着妇女的生活在 20 世纪 20 年代、20 世纪 30 年代和 1940 年经历了越来越快的变化，女性观的矛盾之处也越来越多，妇女在家庭里的自主性逐步增加……妇女此时的职责是'保卫家庭的健康和快乐，而不仅仅是家庭的社会地位'"① 因此，在装饰艺术运动时期，女性乐于展露自己健康的形象，服装对身体的包裹程度大大减少，使女性获得了较大的自由。一些生活富足的女性可以旅行、骑马、打高尔夫球，女性还可以参加社会工作等，这种新女性的现实导致了"新女性"服装风格的出现。所谓"新女性"服装的特点就是抛弃紧身胸衣，解放女性的胸部，女性穿上了健康胸衣。"新女性"服装中有一个明确的倾向，即女装具有男装的风格。因为它便于活动，如适宜骑自行车、打球等，因此成为极适合当时社会的一种服装风格。由于汽车和快艇的出现，女性乘坐敞篷汽车和快艇出游成为时尚，女服款式也发生了很大变化，如衣领处收紧、裙摆用皮圈收紧等。高尔夫球衣更要求女裙长度缩短到踝部，上身紧衣，衣袖虽宽松，但袖口收紧，这样便于肘部活动又干净利落。

三、服饰审美教育

（一）社会综合审美教育

在服饰审美教育中，社会的影响也是一项重要的因素之一，特别是透过"社会风气"与"社会规范"的潜移默化，来达到一种审美价值变迁的境界。在社会中，服饰教育被当作一种道德规范来严格执行，通过着装表达一个人的教养。服装要与一个人的社会地位相匹配，国王和贵族应该通过华丽、繁复的服饰来彰显身份，如果和百姓一样，则失去了尊严。人在幼年时期穿成年人服装，小女孩穿得像个妇人，则会被认为是不恰当的，也是缺乏教养的。衣服怎么穿和穿着它怎么活动都是人类社会教育的重要内容。

就 19 世纪英国的服装发展而言，在维多利亚时期，服装受当时风气的影响，发展出一套"以性别角色扮演来作为服饰标准"的模式。男士在这个模式系统下被打造成一家之主的形象，也因此在男士服饰上出现"高耸的礼帽"

---

① ［英］克雷克著，舒允中译：《时装的面貌》，中央编译出版社 2000 年版，第 69 页。

"硬挺高紧的领子"以及"笔挺的服装款式"等服装样式，来表现男士所具备的刚强硬挺的男子气概。而西方女性的理想形象，则塑造成附属在男士形象下的弱势形貌与特质，因此女性透过服饰尽可能地表现出一种"柔弱""含蓄""优雅""婉约"等象征语汇的女性气质。

女性为了能达到淑女的气质特性，还特别以"束缚性"的服饰穿着方式来显现。由服饰束缚所造成的不便，不但能在外观上抑制女性的动作，在精神上也可压抑女性内在的意识。经由"具束缚性的方法"来凸显女性气质，除了可被用来表现"男为主体，女为附属"之两性所处地位及其关系外，也被用来作为社会阶层区分的准则，因为女性若穿着具束缚性的服饰，则代表她是属于中上层社会的女性，表示她是有女佣的服务，不需要劳动的。而由服装所造成的不方便所形成的优雅矜持的举止，更能显现出女性的高贵身份、气质和教养。故女性为了表达她的性别具有一定的角色扮演之外，另外又要显现她在社会阶层中所处的地位与身份，因此她们别无选择，必须在社会规范的压力下而接受有害身体健康的不方便的流行服饰款式。

由于女性明显的性别特征，使人们认为女性天生低人一等，被称作第二性。在社交场合，把女子当作愉悦视觉的花瓶，不需她们有自己的思想和见解，是沙龙中供男性观赏和追求的"艺术品"和宠物。索普·费奈隆能代表当时人们对女性教育的态度，费奈隆在关于培养女孩的论著中，把女性描述成天生善变的、愚蠢的、饶舌的和自负的，因此必须严格培养她们，但决不能开发她们的智力或让她们学习知识；对她们的教育应该是以压制其"天性"为目的，把妇女培养成好的妻子和母亲，娇滴滴、弱不禁风的未婚女子成为这个时代女性美的标志，从某种意义上说，穿得漂亮时髦就是她们的功课。

下层社会的女孩儿从小在家庭中被教导过一种简单的生活，学习对未来生活有益的生活技能，她们的穿衣模式应是俭朴而适宜的，以和自己的社会地位相适合。身为侍女和女仆更被严格规定着装规范，从面料、色彩到款式，乃至装饰细节都有具体要求，不可僭越。

出于对17世纪英国革命后资本主义经济发展对新式人才的需求，17世纪英国教育思想家洛克主张教育要培养一种新型的"绅士"，一种具有"德行、智慧、礼仪和学问"四项特质的绅士。具体而言，洛克主张培养的"绅士"，应该熟悉英国上流社会的礼仪和交往风尚，拥有资本主义经济发展和海外商品市场开拓的全面能力、机敏和自信，掌握多个学科领域，尤其是实用学科领域的渊博知识，并且具有乐观、合作、文雅、时尚等品性。在家庭服饰教育中，提倡对子女的自然着装原则，无论冬夏都不宜过暖，要保持清洁凉爽。优雅得体的礼仪装束也是一个绅士的基本道德素养。礼仪的效用还表现在对其他道德品质的作用上，"美德是精神上的一种宝藏，但是使它们生出光彩的则是良好的礼仪"①。17世纪以来欧洲上流社会的社交界有这样的流行，即男士对女士的优雅风度 galanterie 一词，有对女性的"殷勤""恭维"，以及"情书""爱情"等意思，后衍生为男子服饰上的配饰，把男装上使用的缎带称作"galant"。

（二）时装表演会的示范作用

服饰审美教育中，时装表演会起示范作用。1979年，法国著名服装设计师皮尔·卡丹率先来到中国，并带来了服装表演的新概念。皮尔·卡丹服装公司驻中国代表在事后回答记者提问时曾说，客观地讲，我们在1979年来到中国的时候，当时中国大陆的服装市场确实如法国服装界朋友的描述，是一片沙漠。比如，时装模特的概念就是皮尔·卡丹先生最早引进中国的。在皮尔·卡丹进入中国的时候，时装模特是个让人奇怪的词汇。我至今仍然可以清晰地回忆起皮尔·卡丹在北京饭店搞的第一台服装表演。其实，在现在看来，当时的那台表演规模其实很小，但现场却有如临大敌的气氛。政府的许多工作人员控制包括后台化妆间在内的全部现场。那时候，暴露是被绝对禁止的。所有人对时装模特抛来的眼神都充满疑惑。我想，我们当时表演，更多的是一种诠释。

但从那时起，中国人对服装模特开始有了初步的认识，并随着思想意识的解放而认可了这一职业，直至许多身材优美的女孩争做服装模特，再也不会出现80年代末，被家长批评的情景。改革开放多年后，中国不但形成了有相当规模的时装表演公司，还定期举行模特大赛，出现了令人羡慕的"名模"和"国际名模"。

说起来，以时装模特来进行表演的初期，主要是为了展示服装新风采，推销新创作，借以刺激大家的购买欲，从而产生影响。19世纪下半叶，在巴

---

① ［英］约翰·洛克，傅任敢译：《教育漫话》，北京：人民教育出版社1985年版，第91页。

黎首先做此尝试的女装设计师，英国
人查尔斯·沃思即通过其妻子玛利亚
的穿着向社会推出自己作品的。（见
图4-12）1901年，英国服装设计师
露西尔女士正式聘请时装模特在美国
进行时装表演。在考究的剧场内安排
了淡雅的橄榄色绉绸背景、华丽的地
毯、银灰色织锦帐幕，同时由管弦乐
队演奏愉快的乐曲。但是，对大多数
女士来说，对因时装设计新颖而成为
美国社会中时髦的新闻人物露西尔来
说，时装表演的着眼点还是应该首先
放在时装设计上，或者说应该放在与
生活密切结合而只是超前一步的审美
意识上。露西尔在美国表演的150件
服装就是专门为美国妇女设计的。法

图4-12　查尔斯·沃思设计的高级时装

国服装设计大师伊夫·圣·洛朗和皮尔·卡丹之所以享此盛誉，也是因为他
们的设计符合西方文化心理和审美标准，并且在此基础上给人以服装更新的
启示。时装表演虽然不能简单地解释为服饰教育，但其起到的作用，无疑是
起到服饰教育作用的，甚至超过书本的说教。

（三）时装杂志的媒体价值

以印刷技术为基础的报纸杂志引导着人们的服饰观念。18世纪以前，时
装文化开始在欧洲兴起。1693年，出现第一本妇女杂志《女士守护神》，是
由一位伦敦书商约翰·邓坦出版发行的，专门刊登时装画面和包括爱情、婚
姻和习俗方面的文章。18世纪以后，时装年刊——年历和日志开始发行。刊
印的日历和信息是专对妇女读者群的。1731年，一位英国印刷商爱德华·卡
维发行他的《男士杂志》时首次使用了"杂志"这两个字。自此，他重新抄
写或者修改原先出版的书刊，以杂志的形式加以出版。这时，时装杂志也开
始反映生活方式，时尚不再只局限于服装方面。法国的《服装陈列窗》介绍
新时装并附有彩图。按照《服装陈列窗》下的定义，"时尚"包括家居、室

内装潢、车子、珠宝，甚至更多。

德国的时装杂志出现于 18 世纪晚期。1786 年出现第一本《时装期刊》，刊登有雕刻或服装的彩图，最令人注目的是由格哈弗罗和莫侯·珍尼设计的服装。最初，杂志所针对的读者群是知识分子，后来范围逐渐变广。家庭主妇和仆人们由于想学一些现行的服装裁剪，都成了杂志的热心读者。时装杂志推动了社会文明的进步。

瓦勒黑·斯迪勒注意到，法国的时装杂志使大众变得对时尚更加敏感了，人们紧跟着巴黎服装的步伐。在 20 世纪 30 年代，好几种报纸的发行量都尤为可观，《巴黎晚报》1939 年的发行量达到 180 万份，《小巴黎人报》的发行量也高达 100 万份，除此之外，一些妇女杂志随着技术的发展也销量很好，1937 年的《玛丽——克莱尔》和 1938 年的《知心话》两种杂志的发行量迅速跃升为 100 万份，这两种杂志都开创了妇女报刊的新风格；《知心话》增加了战后照片小说；《玛丽——克莱尔》则开创了战后妇女杂志的先河，"它帮助香奈尔等女装设计师把资产阶级沙龙里的女性时尚推广到了街头巷尾"①，大大推动了服装的消费。这些女性杂志成了女性生活的"好姐妹"，它们的畅销为女性带来新的思想，改变了女性的传统观念和生活方式，同时也带来女性服饰的改变。

随着印刷技术的发展，图像也逐渐成为印刷品中的主角。正如法国报刊巨头让·普鲁沃在 1932 年所宣称的："图像变成了我们时代的王后。"因此，除了女性杂志外，以图像为主的法国时尚杂志也活跃于这个时期，如 1860—1937 年的《时尚画报》、1880—1967 年的《时尚小回音》，还有 1880—1955 年的《时尚艺术》等。巴黎的《时尚导报》还以六种外国语言发行：德语、英语、俄语、意大利语、西班牙语和葡萄牙语。② 足见巴黎在欧洲的时尚地位。女性杂志和时尚杂志的内容涉及社交礼仪、时装、美容以及家庭管理，女性们通过时尚杂志可以了解当前的流行风格并对自己的装扮做出适时的调整，这形成了女性追求流行服装的大环境，这种气氛为女性服饰的发展提供

---

① ［英］科林·琼斯著，杨保筠、刘雪红译：《剑桥插图法国史》，北京：世界知识出版社 2004 年版，第 53 页。

② 让－皮埃尔·里乌、让－弗朗索瓦·西里内利：《法国文化史》，上海：华东师范大学出版社 2006 年版，第 140 页。

了更大的发展空间。《Mode du Jour》是法国 20 世纪 20 年代的缝纫图案时尚杂志，它具有装饰艺术风格，于 20 世纪 20 年代在巴黎出版，旨在向人们展示缝纫图案，提供如何缝制女装的制作方法和各类服装材料的价格。这些纸杂志成为反映当时女性生活与服饰发展的一面镜子，同时也更强化了法国的时尚中心地位。大众媒介传播的发展也使时尚不再是上流社会的特权，各阶层的女性都有条件和可能关注时尚并参与进来。

（四）著名服装设计师的教育观

20 世纪的主要成就之一就是性别近乎平等。英国的妇女解放运动由艾纳林·潘克斯特率先发起。19 世纪末，她成为妇女社会政治联盟的领导，带领妇女们争取选举权。整个 20 世纪，积极参与改革的妇女们都在继续潘克斯特未竟的事业。英国女作家弗吉尼亚·伍尔夫在《个人空间》里谈到有关阻止妇女取得成就的障碍，法国女作家西蒙·波伏瓦在《第二性》里强调妇女在多方面遭受的压迫。1972 年，作家格洛里亚·施坦内姆发行了《女士》杂志，对妇女应否拥有平等权进行了理智的讨论。这种男女同权的思想，在 20 世纪 20 年代被强化与发展，女性的角色和地位的改变，造成了西方女性服装的变革，强调功能性成为女装款式发展的重点，出现了否定女性特征的独特样式。

在这个世纪里，服装设计师层出不穷。他们的思想也影响着当时的服饰观念。在服装设计上率先进行身体解放改革的设计师就是法国时装设计师保罗·波烈。他是最早也是第一个提出"减少束缚"，并对女性穿着"束缚"的情形提出批判的人。他主张放弃束腰造型和紧身胸衣，"把女性从紧身胸衣的独裁垄断中解放出来"成为他时装革命的口号，并用文胸终结了紧身胸衣的样式，开创了强调人体基本体型的设计。"以自由的名义宣布文胸的兴起"，这是他对服装革命的根本思想。在这种思想基础之上，他将服装设计重心放到女性身体的自然表达上，强调服装的支点不在腰上而在肩部，从而让腰际摆脱了钢丝架的重量，他说："这时我对传统的束身衣已有成熟的看法，那就是从颈到膝都被束缚的女性躯体必须要求解脱。"①

"永远的时装设计女王"可可·香奈尔的哲学就是"整体效果"，她的基

---

① 叶立诚著：《服饰美学》，北京：中国纺织出版社 2001 年版，第 266 页。

**图 4 - 13 香奈尔本人最完美地
演绎了她的服装品牌风格**

本理念就是，个人的服装并不重要，重要的是装饰品和服装的巧妙搭配。综合香奈尔的服饰观点，即希望创出"苗条、帅气、简洁、自由、朝气、富现代感"的美学风格，为女性塑造出一种年轻不受拘束的新形象。而这种设计风格也正好有别于过去西方女性服饰一直所追求的"优雅、曲线、玲珑有致和柔顺"的女性化审美观点。（见图 4 - 13）

意大利籍的服装设计师夏帕瑞丽在她的服装设计之中，出现了一些极富趣味性的设计，如她运用心理学里的"完形学派"观念，表现在她的设计之中，并结合艺术风格作为她设计的表现。当然夏帕瑞丽最具代表性的设计精神，就是她将"女性化"与"超现实主义"两者相互融合，成为她在设计时所表现的主要风格特色。夏帕瑞丽这种具突破性的创意设计，不但为当时的高级女装流行服装设计界开创了新页，也为日后服装设计的趣味性奠定了发展的基础。

无可置疑，著名服装设计师的服饰观，恰恰可以通过他的作品显示出来，进而在大众中产生出一种形象化十足的服饰教育效果。

（五）服饰教育观走向多元与国际

由于民众生活中科技的引入，无形中拓展了现代时装的内容与形式，许多时装品牌和设计师都拥有专门的研发机构来为自己的时装产品提供与众不同的面料和辅料支持，人们力图在传统的纺织材料中融入新型的科学技术，使简洁的服装造型和裁剪工艺再配合独树一帜的材料成为设计师们的作品服务。功能、舒适和环保将是 21 世纪服饰产品的新趋势。超越视觉和触觉范畴，兼顾专门功能的服饰品成为现代科技的重要组成部分，服饰设计与科学技术紧密结合不可分割。一方面，服饰教育的普及深化是高、精、尖科技人才的坚实后盾，源源不断地为服饰产业提供新型人才；另一方面，高性能的服饰产品也越发需要服饰教育要紧密结合新观念新手段，推陈出新并不断完善教育理念和教育方法。

20世纪后半叶的服饰朝着东、西融合的国际化方向发展，服装中涌现了许多出自东方的宽松样式，即不强调合体、富有曲线、宽松肥大的非构筑式设计，与西方传统的构筑式窄衣结构形成艺术上的对比，以此为契机，一些东方的设计师登上了世界时装的舞台，他们的服饰观念为世人提供一种新的选择。例如，日本设计师高田贤三以一个东方人特有的观察和表现方式，把欧洲、非洲、中国、日本等完全异质的文化巧妙地融为一体，他适时地为正在抛弃和否定自己传统的欧洲年轻消费层提供一种全新的选择。他在回忆录中这样写道："来到巴黎的四五年间，我一直在观察巴黎女人所拥有的时髦和高雅感觉究竟意味着什么？巴黎的衣服，无论是高级时装还是高级成衣，都做得非常合体，无可挑剔的裁剪和精美的做工，充分地表现出女性那优美的立体曲线，我想这大概就是巴黎女人的高雅之所在。而且，我发现制作这种立体感很强的衣服，在这里有一整套约定俗成的思维方式、观察方法和表现技巧，从造型设计、素材选择到色彩搭配，甚至连着装方式也都形成一个完整而根深蒂固的传统审美标准，或者说人们被长期禁锢在这一套既成的传统审美模式中。开始，我为其优美和巧夺天工而惊叹，久而久之，就觉得有一种透不过气来的压抑感。就在这时，我遇到一本民族服装集《民族服装的裁剪与造型》，十分吃惊，书中的民族服装几乎全都是平面构成和直线裁剪的。这一大发现，使我产生一个大胆的念头——把衣服做得宽大一点，把身体从那既成的禁锢中解放出来！于是，我不再使用那塑造立体曲线的省，我喜欢直线所具有的大气和大方，面料无论冬夏都使用棉织物，而且不要里子，把鲜艳的原色组合在一起，自然花纹与条纹、格子纹自由地搭配——我喜欢把许多不同的东西混合在一起……我的设计，我的事业从这里出发。"[1]

20世纪60年代和70年代的"年轻风暴"带来的避世风、嬉皮风、朋克等所形成的以反传统为特色的反体制思潮，宽松式时代的非构筑式冲击，已经屡屡打破西方正统的构筑式窄衣文化和传统的 T·P·O 着装常识。年轻的消费层自我意识增强，特别是经济上完全独立的年轻女性已经形成一个"自

---

[1]　潘福晶等编著：《时尚服饰新概念》，北京：中国林业出版社2002年版，第63页。

立派"新阶层，其人生观、价值观、审美观与过去那些依附于男性的贵夫人、阔小姐完全不同，这一时期的服饰设计并不是为那些有意讨别人喜欢的女人服务的，而是希望被那些具有"自我意识"的知音者穿用。例如，日本著名设计师川保久玲大胆地打破华丽高雅的女装传统审美习惯和着装常识，她有意把裙下摆裁成斜线形，毛衣上故意做出像被虫蛀了似的破洞；衣服边缘毛茬暴露着，或有意保留着粗糙的缝纫针脚；袖子经常从莫名其妙的地方伸出来；头从哪儿伸出来都可以。她把一些完全异质的东西组合在一起，极薄的乔其纱和厚毛毯。或是粗花呢和毛衣的一部分拼接起来。运动型的日装和优雅的晚装；泥土味浓郁的民族服装与洋味十足的摩登样式等，都可以同用。她从各种对立要素那里寻求组合的可能性，她说"我的思路和灵感届时不同，我从各个角度来考虑设计，有时从造型，有时从色彩，有时从表现方法和着装方式，有时有意无视原型，有时则根据原型，但又故意打破这个原型，总之，是反思维的。"①

进入90年代以来，欧美经济一直处于不景气状态，日新月异的工业化带来的巨大副作用——工业污染对人类居住环境的破坏，促使人们反省，能源危机进一步增强了人们的环境意识，"重新认识自我""保护人类的生存环境""资源的回收和再利用"成为人们的共识。60年代末70年代初，首先在先进国家出现"ecology"这个对公害引起的地球环境问题的研讨新课题，进入80年代，在复古思潮的推动下，回归自然的呼声越来越高，特别是1988年人类发现臭氧层被破坏，1989年联合国召开环境计划会议，对此进行专题讨论。从此，生态环境问题在各种国际会议上都成为非常重要的议题，敏感地反映着社会思潮的时装设计中，而且在人们的现实生活中也不断普及。"ecology"（生态学）就成了一个重要的主题，对这一主题的表现，有几种方式：其一，"保持大自然原味"的返璞归真倾向，如自然色（海滩色、泥土色、森林色、天空色、冰川色、麦田色以及非洲原始民族的自然色彩都是非常受欢迎的流行色），无束缚感、舒适自然的造型，民间的、田园式的远离现代工业社会的乡土味、古典风重新成为时髦。其二，伴随着生态保护意识同时出现的是人类对资源的珍视，一种新的节俭意识兴起，从旧物的再利用到故意作

---

① 潘福晶等编著：《时尚服饰新概念》，北京：中国林业出版社2002年版，第98页。

旧处理的后加工，从暴露衣服的内部结构到有意撕裂，做出破洞，"贫穷主义"成为一种新的前卫派设计的象征和标志。其三，仿毛皮及动物纹样面料流行，由于人们认识到保持生态平衡之重要，所以许多国家禁止捕杀野生动物。在消费者中出现了拒绝穿真皮、真裘的倾向，仿毛皮、仿皮革以及印或织有动物纹样的面料很受欢迎。其四，新素材的开发。90 年代是一个"素材的年代"，人们不仅注重节约资源，有一种衣着简化意识，而且在新素材的开发方面取得了许多突破性的进展，山本耀司发表的"木板套装"，三宅一生的"纸装"，都是对新材质开发的一种暗示。在这种意识指导下，国际上新素材不断涌现，彩色生态棉，生态羊毛，再生玻璃，与此相应地，无污染的马铃薯粉表面加工处理新技术，还有尽量避免染色时使用化学药剂的水染法、有机染色法也应运而生。这些设计理念迎合了当时人们对 80 年代初的大量消费的反省，反对流行，反对浪费资源，反对过量消费，回归自然等"石油危机"时代的消费意识逐步形成。

（六）服饰人才培养与特定学校的发展

1563 年，伊丽莎白女王为确保农村劳动力稳定供给和基本技能，制定了徒工法。纺织厂商等将自己的孩子或年额为二英镑以上的土地所有者的孩子收为徒工，经营纺织业或织补业的人每有三个徒工可雇佣一个工人。师傅对徒弟负有教育的义务，徒弟在师傅的指导下提高技艺。此后，各行各业都相继实行工厂化，如成衣、靴鞋等。从手工作坊变为工厂，对妇女和儿童这样的低工资劳动力的需求也迅速增加。新的劳动组织形式的形成以及技术的进步，对劳动者的知识和技能提出了新的要求。

17 世纪末，具有慈善性质的工读学校、女子学校相继兴办。这些学校主要面向贫民子女进行宗教教育和基本的职业技能教育，向学生传授纺织、缝纫、编织、辫编等技术，旨在使学生学到简单的劳动技能，是一种济贫性质的职业教育。例如，在根据洛克的"贫苦儿童劳作学校计划"而开办的"劳动学校"里，学校只收3～14 岁贫苦儿童，学校为他们开设了有关纺织、编织以及其他毛织品制作的手工业课程。劳作学校一般附设于羊毛工厂，贫苦儿童在这里边劳作边接受简单的技术训练。1798 年，在诺丁汉为该市从事花边和线袜编织工作的青年女工成立了第一所成人学校。除了实行的徒工制及少量的济贫职业学校外，可以认为在 18 世纪后半叶开始的产业革命以前的时期，没有真正意义上的服装职业教育。

在西方出现了一批与服装教育有关的学校。其中对服装职业教育发挥最大作用的是伦敦市议会创办的职业学校。例如，伦敦市议会 1896 年创立的"工艺中心学校"，1906 年创立的肖里迪茨女子职业学校，1914 年成立的巴瑞特街女子职业学校。这些学校为 14 岁到 16 岁的女孩子提供为期 2 年的课程，课程包括：服装设计、刺绣、男女衣裁剪、毛皮制作、剧院服装制作等。学生的三分之二课程与制衣有关，三分之一的课程是文化课。授课教师为兼职的服装业能工巧匠，他们不但向学生传授各种实际技能，也为学生们提供了与服装设计师们实地接触的宝贵机会。由于职业学校的学习主要以夜间学习为主，所以受到在职青少年的欢迎。

到 20 世纪初，与服装教育有关的学校仅在伦敦市就发展到 7 所，夜间制在校生近 1 万人。除了职业学校外，1879 年"伦敦城市基尔特会"成立。其主要任务是负责各种技术职业课程的设置，要求及考核等工作。学生为工人、学徒及领班等，以后又为管理及制造商设立了相应的课程。基尔特会颁发的证书为工业界普遍承认，是学员申请较好工作或晋级的资本。从课目的行业上看，基尔特会初期的课程以纺织为主。总之，到了 19 世纪末，由于制衣业所雇佣的具有熟练技能的工人人数的上升，旧时的学徒制已无法完全适应社会化大生产发展的需要。职业学校成为培养服装人才的有效途径。肖里迪茨、巴瑞特街和克拉彭这几所学校是由伦敦市议会教育委员会建立的，目的是把学生培养成技术熟练的劳动工人。几乎所有毕业的学生都获得了就业机会。女学生进入伦敦西区的成衣行业或者伦敦东区的时装制衣业以及相关行业，主要分布在南肯星顿和牛津大街地区。在这一区域从业的女性技术极其娴熟，她们在伦敦早期缝纫学校接受培训并从事素质要求很高的高级时装业工作。

在二次世界大战后，英国政府颁布"1944 年教育法"，1964 年颁布"产业训练法"，1973 年，颁布"雇佣与训练法"。上述法律具有重大意义，它们以法律的形式确定了职业技术教育的地位，使服装教育在英国义务教育、中等教育和继续教育中都有较大发展。义务教育阶段：在最后 2 年，由综合中学内开设的技术选修课中普遍设立"裁缝"这一科目，每周 2～4 节，这些学生在年满 16 岁离校后可参加"普通中等教育证书"考试，其结果为社会所承认，可作为学生今后升学或就业的参考依据。由于战后英国服装业的发展，每年都有以女孩子居多的几百人参加裁缝课程的教育证书考试。中等教育阶段：在英国的教育体制中，义务教育结束后，为 16～19 岁的年轻人在第 6 级学院中开设职业、专业团体的考试课程和证书课程。例如，"伦敦市区成人教育协会"为期一年的 CGLI（伦敦技术学院）基础课程，这些课程是依据一组互相有联系的职业和产业而设计的，如纺织、服装。在课程结束时，考试合格者可获得一种详细表明个人能力的证书。继续教育：1964 年，政府颁布了"工业训练法"。该法不但确立了新的原则还设立了工业训练委员会。1970 年年底，纺织工业训练委员会成立。根据该法要求，纺织工业训练委员会必须履行两项法律义务：第一，确保纺织部门中的每个人，从管理者到从事最低级体力劳动的工人，都接受适当的训练。第二，委员会必须强行向管辖的企业征税，用税收充当训练费用。这些训练可在继续教育机构（如各高等院校）、工业训练中心或某些企业以及委员会自己设立的训练中心进行。同时在服装企业，企业培训也提到了议事日程。服装企业内职工的职业技术培训一般也是以参加各种培训机构所提供的有关职业技术课程或训练计划为主要途径。一些大的服装企业则有自己的培训中心。企业职工一般以学习"连续性间断脱产学习制"和"完全夜间制"课程为多。

自 1986 年以来，英国政府开始在许多行业建立和推行国家职业证书制度。该制度将全国职业资格从低到高划分为 5 个等级，用以反映从刚工作的新手到高级行政管理人员的技能和知识层次。职业资格的标准由全国不同行业的专家和企业家共同制定。这一标准是职业技术教育机构制订教学计划、组织教育培训、企业招聘人员及资格考核和发证的依据。在英国服装行业的就业大军中，目前约有 80% 的雇员获得不同等级的职业资格证书。其中有50% 达到了职业资格证书 2 级，其余大都是 1 级或 3 级，达到 4、5 级的人数还比较少。大多数服装企业大量需要同时具有学历文凭和职业资格证书的人。职业技术资格证书与普通教育证书相通。持有这种文凭或证书的青年可望进入高等院校深造。多年来，服装职业教育为英国培养了大批服装业所需的技术人才，造就了大批合格的劳动力，为英国经济发展做出了重要的贡献。英国作为现代纺织业的标杆，与之相匹配的服饰教育也成为各国服饰教育的示范，由此掀开了现代服饰教育的新篇章。

日本服装教育起步较早，20 世纪 20 年代就开办了服装专门学校，但直到

60 年代中期才开始有大的发展。全国有服装院校上千所，其中较具规模的三百余所，分布各大中城市。创建于 1922 年的文化服装学院是日本规模最大、影响较广的一所服装教育综合性学院。文化服装学院的特点是针对服装产业界的各种需要来培养学生，所以发展较快，在服装产业界拥有众多毕业生。它比较注重扎实严格的工艺实践，有日本最新的缝纫设备供学生实习使用。

创建于 1932 年田中千代服饰专门学校包括芦屋学院（大阪）、东京学院本部、名古屋学院、九州学院和短期大学。田中千代先生是日本著名服装设计家、教育家、理论家和活动家，五十多年来，他除了创办一所服装学院，设计制作了大量高级服装，培养了几代服装设计人才，编著了二十几种专业书刊和论著外，还周游五大洲几十个国家和地区，搜集民族服饰资料，为服装事业做出了杰出的贡献。

创建于 1964 年的装道和服学院，二十多年来培养了六万多名学员。这是一所典型的推广传统和服的普及教育机构（不设计或制造和服），是讲解和服的优点、穿法（腰带有几百种结法），以及穿上和服时的礼仪、言行、仪表美与内在美等，以期推广和服，提倡民族自尊自爱的业余学习场所。学员不分年龄，交费入学。经过 240 学时的学习，通过笔试和实穿考试合格者，发给资格证书。理事长山中典士先生是一个服装哲学家，在装道和服学院和前面讲到的几所学院兼授生活哲学课程。1981 年，他曾率领一个百人的和服表演团访问过中国。这些年他又带领这个团访问过 57 个国家。在继承和发扬民族传统服饰文化方面，有值得借鉴学习之处。

1976 年，在法国记者皮尔·伊夫·基朗的努力下，由珠宝商"卡尔蒂埃"赞助，专为高级时装设计师设立了一个荣誉大奖——金顶针奖，每个季节的发表会全部结束后，来自世界各国的在高级时装店协会登记注册的记者们便聚集一堂，投票评选，得票过半数者即为当季的金顶针奖得主。为保持巴黎在世界时装中的领导地位，法国政府一方面支付费用，鼓励高级时装在世界各地展示，对其出口给予广告等方面的补贴，电视台免费为其播放和推广；另一方面采取对外开放政策，不分国籍，不分民族，为所有的设计师创造良好的施展才华、平等竞争的环境，吸引全世界有才华的设计师到巴黎来展开自己的事业。1981 年密特朗总统上台，更大力扶持曾为法国经济和文化做出过卓越贡献的时装业，把过去分散进行的高级时装发表会集中到罗浮宫美术馆里来举行。经过扩建后的罗浮宫地下设立了专供时装设计师发表作品的场所。1983 年 3 月 12 日，密特朗总统在爱丽舍宫亲自授予伊夫·圣·洛朗荣誉勋位团骑士级勋章；1992 年 12 月 2 日，皮尔·卡丹正式被接纳为法兰西学院院士；每年的金顶针奖由巴黎市市长夫人亲自颁发……法国人从各个角度为保住高级时装这杆大旗而努力。

到 20 世纪后半叶，科学技术成了第一生产力，科学技术的进步是提高劳动生产率和整个经济增长的源泉，新技术革命使整个经济结构特别是产业结构发生了重大变化，人们的价值观也随之改变，科学技术的发展对服饰教育产生了直接影响。顺应生活节奏的加快和生活方式的改变，服饰也越来越强调合理性和机能性，以美国为代表，时装产业大规模地走上了成衣化的道路，这就需要大量的服装专门化人才充实到服装产业的各个环节中去，因此服饰的职业化教育应运而生。

第五节　现代服饰教育的主体与形式

一、服饰教育主体

（一）施教者的含义与范围

施教者是创造、提供、选择、运用教育媒介，组织、引导受教者参加教育活动，使受教者产生服饰教育效应的主体。施教者组织服饰教育活动，是服饰教育中的主导因素。

广义上讲，服饰教育的施教者非常广泛，它既包括历代创造和执行服饰教育的教育者、教师、家长、服饰工作者，也包括各种服饰传媒的大众传播者，以及服饰专业教师，各类教育机构、文化机构中从事服饰教育活动的教育工作者。狭义上讲，施教者特指现代各级学校从事服饰教育活动的教师，这里所说的教师，不单指专门从事服饰专业教学和职业培训的教师，而是指所有从事教育工作的教师。

（二）受教者的含义与范围

受教者，是服饰教育的对象。服饰教育的效应，最终要在受教者身上得以体现，使受教者形成一定的审美观念，获得相关的着装知识和礼仪，以及一定的专业知识与技能。

一般来讲，服饰教育的受教者包括以各种方式接受服饰教育的各个年龄段的人。具体来说，服饰教育的受教者包括非服饰专业在校学生、社会群体及服饰专业的学生。非服饰专业的学生，指那些以提高综合素质为目的非服饰类专业的在校学生；社会群体受教者是指不一定以在校学习的方式，而更多是以通过大众传媒或其他方式获得服饰教育的人群；服饰专业学生特指各类服饰院校的在校生，也指社会上各类服饰专业培训的学员，后者的教育主要以掌握服饰技能为目的。

二、服饰教育主体的能力与要求

（一）服饰教育者的专业素质与能力

服饰教育者需要具备较高的艺术修养、审美修养；具备良好的职业素质和文化修养，对社会大众和受教群体肩有使命感和责任感；对服饰文化、服饰动态、服饰潮流有敏锐的洞察和思辨能力，从事服饰专业教育的教师还要具有现代教学观念和专业知识结构。

服饰教育者应保有最活跃和最富原动力的教育观念，对服饰教育事业怀有满腔热情。教育信念是对教育问题的一种观念，对执教者的教育行为起着主导作用。每一个服饰教育的教师都有自己的认知，并将其付诸教育实践策略。发展水平较高的教师，其教育智慧表现为理论形态和具有个人特色的实践能够有效结合。因此，教育智慧是一种教育文化，是一个教师把握服饰教育学的一种方式，有自己独特的把握方式。只有不断获得专业知识，具有较高的学习能力和研究能力，才能更好地把这些知识传递给新生一代，得以更大程度地发挥自己的特长，在服饰教育领域做出更大贡献。（见图4-14）

教师是人才培养的具体实施者，提高教师素质是培养专业人才的重要途径。有市场经验的教师才能培养出有实战能力的学生。因此，教师应该适当地在服饰企业里任职，研究相关课题，开展校企合作，开发最新产品，这样才有助于市场观念的形成。教师深入企业实践的目的在于：感受企业的经营模式，学习企业型服装设计，认识市场、了解市场、培养市场把握能力和调

图 4-14　浙江省举行的第六届红帮文化节校园"时尚之星"评选

控能力，学习产品的科学搭配及合理生产，懂得通过销售信息分析市场需求，把自己的设计思路实践于社会，从而丰富本专业的课堂教学内容，给学生带来他们关注和需要的信息，正确引导学生思路，生动地解答学生提出的问题，以自己的专业能力影响、感染、塑造学生。

（二）服饰受教者的素质与能力要求

以服饰设计专业的学生为例，分析受教者应具备的基本素质及能力。不能把服饰受教者仅仅当作被动接受教育的客体，而应把他们看作有自己独特心灵世界、有充分主体意识的人。每个受教者都是独具个性，充满个体差异的人，是作为共性存在的教育对象。

1. 先天条件

先天的艺术禀赋是影响服饰教育成果的因素之一。在实际教学中，有的学生一点就通，有的学生则要下很大功夫才能让其感知同样的问题，原因之一就是先天的禀赋。在艺术史上，号称"音乐之父"的德国作曲家 J. S. 巴赫，他的家族在两百年间产生了 50 位音乐家；而公认的音乐天才莫扎特，曾被人怀疑他手上的戒指是否有魔法，甚至有人怀疑是否在他最深的大脑结构中有一种特殊的物质。服饰艺术也具有艺术的共性，如受教者对艺术有较强的感知力与悟性，则为服饰设计教育提供了先天的条件，但它并不决定一切，后天的文化素质培养也是服饰教育得以完成和有效实施所不可或缺的。

2. 综合修养

在这里仅就服装设计的学习者而言，要求其对生活中直接或间接知识的汲取，对知识中所体现出的民俗风情的熟知与领悟，是服装设计者进行设计基础训练的必修课，其学习成效如何，影响到服装设计的深度和高度。

首先，对生活情趣的捕捉。"捕捉"一词源于狩猎动物，带有机警、敏感的深刻含义。随时捕捉周围生活中一纵即逝的现象或从中传出的情趣，不是每一个人都能做到的，然而是每一个服饰设计者都应该具备的能力。

生活是五光十色的，生活情趣就好像是水面激起闪光的浪花，欢快地跳跃着。对生活充满爱心、充满激情的人会为此所吸引；而感觉不甚敏锐的人也许会对此毫无觉知。服装设计者可以随时在生活观察中捕捉种种情趣，当然，捕捉的能力和效果取决于对职业的热爱程度和专业的敏感性。

古往今来，有多少服装造型由设计者对生活情趣捕捉的能力而来。单从名称来看就可以形象地感知服装造型，如沙漏衫、蝙蝠衫、喇叭裙、萝卜裤、陀螺裙、气球裙、鱼鳞百褶裙……当然，高明的服装设计师，必须具有这种敏锐的感受力和非凡的观察力，而且还总能够把他对外在世界的敏锐感受和迅疾的捕捉结果同他意识中的内在视觉语言结合在一起。只有当感受与内省、观察与内视之间不断地、快速地往返流动、相互转化、彼此融会，才有可能更准确、更及时地捕捉到生活情趣，也可以说只有这样，才有可能使捕捉到的生活情趣直接或经过提炼运用到创作中去。这是设计师必须具备的艺术素质，也是必须的综合修养之一。天赋略差的人可以通过有意培养，或是通过对服装设计专业浓厚发生兴趣引发而来。要达到能随时发现美，不但要提高自己的审美能力，而且要培养自己对时尚的敏感性。审美能力也就是人们在对自然界和社会生活的各种事物和现象做出审美分析和评价时所必须具备的感受力、判断力、想象力和创造力。

另外，是对书本知识的领悟。出色的服装设计师就是出色的艺术家。艺术创作中所表现出来的灵气，不仅取决于设计者的天赋，更取决于他对知识的汲取。设计师无论怎样强调个性与自我意识，他如果没有知识做底蕴的话，这种个性与自我意识根本无法生成。而且仅凭个人的社会实践，所得知识毕竟有限，只有广泛、深入地从书本上学习知识，才有可能为设计奠定坚实的基石。俄国文学家高尔基曾说，不断积累和丰富知识，是"印象的库藏，知识的总量"，而创作就是"从知识和印象的库藏中间抽出最显著和最有特征的事实、景象、细节，把它们包括在最确切、最鲜明、最被一般理解的语言里。"高尔基说的语言是以文字的形式出现，服装设计者的艺术语言是以服装的视觉、听觉兼触觉、嗅觉形象出现的，但是其中的道理并无二致。

　　常见到不少非常自负的服装设计者，对色彩、造型等美术条件非常敏感，但是他们的服装创作为什么不能有更高层次的突破呢？原因主要在于孤陋寡闻，不读书的悲哀不仅直接影响到他作品的水平，而且还阻碍他认识生活的能力和表现生活的技巧。也就是在实际上影响了他作品的深度和高度，其中还阻碍他认识生活的能力和表现生活的技巧。也就是在实际上影响了他作品的深度和高度，其中最显而易见的是品位格调上不去。

　　只看书，不消化也不行。如果将不读书的聪明人和读了不少书的愚笨人放在一起的话，他们总会有很多相似之处。中国儒学创始人孔子说："学而不思则罔，思而不学则殆。"还是切中要害的。因此，对书本知识的领悟，不是照搬照抄。文学作品、各种历史、哲学、美学等书籍，都会给人情操上的熏陶，在不知不觉中融入个人的意识之中，然后再在专业设计中以美术的形式体现出来。在一些服装设计者看来，也许中国古人那些"立象尽意""神与物游""大音希声，大象无形""无法之法，乃为止法"的理论有些与服装设计风马牛不相及，世界上那些有关美的本体论中："美""丑""崇高""滑稽""自然人化"和"美的规律"又太玄妙、太遥远，无法与服装设计联系起来，这种错误就是不理解在领悟书本知识之后还要有一定的独立见解。

　　"悟"字，按辞典解释为了解、领会。悟性在德国古典哲学术语中是 Verstand，意译到中国为"知性"。主要指学习中的独立思考，既重视学习知识，又重视不刻板照搬。以从中知悟出的某种情感、某种意蕴，融会贯通于服装设计之中，这是服装设计者所应具有的综合素质之一。

　　还有就是，对全人类历史风情的熟知。对于一名社会科学研究者来说，掌握各类知识，包括直接生活实践和间接阅读书籍所得到的知识，也就是说拥有知识财富的多少，明显地决定了他的作品的力度。对于一名服装设计者来说也是这样，只不过后者要求形象资料的掌握要比前者更显得重要些。例如，了解人类服装的民族特色以及与此相关的风俗、风物、风情，对服装设计的视野和水平都会直接起到作用。

中国服装设计师只知道中国人的服装演变和中国人的服装风格；或是日本服装设计师只知道日本四岛的服装款式，只知道和服，只知道日本的禅宗、茶道和花道，应付一般的服装设计也许还过得去，作为一般的服装设计师也许还不至于影响他一时的工作。但是，如果作为一名成熟的服装设计师来说，显然是不够的，不了解其他国家、民族和地区的服装，又怎么能确定自己的服装风格呢？没有比较就难以形成某种立论的，风格本身就是在比较中产生。因此，更谈不上取人之长，补己之短了。

就民族来说，自19世纪后半叶"民族"一词在汉语中出现以后，民族与种族、国家的概念逐步区分清晰了。据1980年统计表明，全世界共有大小民族两千多个。这些民族在种族成分、语言系属、宗教信仰、分布地区、经济文化和社会发展水平等方面都有所差异，也有所互通。他们在服饰形象上更呈现出千姿百态的变化，这正是服装设计师都应该了解的。

各民族的服装形成不是出于偶然，也不是一朝一夕就能完全体现出特点来。这些服装反映了这些民族的综合文化，包括经济和政治的发展历程。由于服装与每一个人都有关系，因而它必然与那一个民族的风情紧密相关。这里谈到的风情特指服装设计师要了解全人类各民族的风采、情趣，其中包括了风采、情趣形成的原因，如地理环境和气候条件等，当然主要落点应放在民族情趣和风采上，因为它直接关系着服装的审美价值。

如果能亲自去世界各地领略一下各民族的服装风采，那将是服装设计师最值得自豪的。因为那是汲取知识、借鉴风格的诱人途径。但是个人的具体情况和世界各民族人现代的着装情况不一定那么理想。因此，当有人将不同的人类风情见闻诉诸图书之时，也是服装设计师不容忽视的一个知识来源。无论是亲身去领略，还是亲身采风与翻阅图书相结合，了解全人类的服装风采及其形成原因都是很有必要的。

假如不了解古人的黥面文身，怎么能诱发起人在衣服上的绣绘纹饰，直至人体彩绘？不了解阿拉伯人的蒙面衣衫和以比基尼命名的欧美海岸上的三点式泳衣，怎么能把握本国服装的袒露分寸？道理就在于，了解得越多，视野越开阔，知识越丰厚，设计的服装也才越有特点。集众长于己身，融古今为一体，这是一名出色的服装设计师所应该追求的。了解各民族服装风格，才能着眼于"化"字。它也许是阿拉伯人的宽袍大袖，也许是欧罗巴的削肩紧身，也许是北极的毛锋四出，取其精华，去其不适己用部分，便可推出富有人情风情味的创新设计。国际交往日趋广泛，设计师不了解一个国家或民族的服装风格，特别是偏爱与禁忌，怎么能投其所好，取得预想的效果？尊重全人类服饰文化的智慧，才能开发出自己的服装新思路。

3. 审美基础

在学习服装设计过程中，培养和提高审美能力是非常重要的。审美能力强的人，能迅速地发现美，捕捉住蕴藏在审美对象深处的本质性东西，并从感性认识上升为理性认识，只有这样才能去创造美和设计美。单凭一时感觉的灵性而缺少后天的艺术素养的培植，是难以形成非凡的设计才情的，这也正是为什么一些在设计大赛中取得优异成绩的学生昙花一现的原因。设计创作的最初灵感和线索往往来自生活中的方方面面，有些事物看似平凡或者微不足道，但其中也许就蕴含着许多闪光之处，如果设计师对此熟视无睹，不能发现它们的存在，就不能及时地去捕捉它们和利用它们，那么，许多有用的设计素材就会失之交臂。审美力的提高是一种综合能力，不是一蹴而就可以速成的，它与一个人的文化知识、教育环境、眼界及自身的感知能力、品位息息相关，只有经过长期有意识地训练才能提高。审美能力也是服装设计学习者必须具备的修养之一。

4. 掌握运用信息情报能力

学习服装设计也是一个从量变到质变的过程，因此专业资料和各类信息的收集、积累在服装设计的学习过程中尤为重要，并需持之以恒不能懈怠。有许多学习者在做设计时，常常会为不能获得创意而感到很苦闷，这是一种正常现象。因为人的思维能力增强是通过不断的学习和实践获得的，人脑对某类信息接收和储存得越多，相关的思维能力也就越强。因此，要想改变这种状况，必须要做好专业类资料的收集和积累。当然，在学习过程中，光靠积累本专业的信息资料是远远不够的，因为从服装中再生服装的设计方法，尽管很实用，但从更高要求来看，它很难摆脱他人构思的影响，难以获得创新和超越。为此，我们需要更广泛地获取专业以外的各种信息，如科技发展的成果、文化的发展动态、各种艺术门类的作品以及存在于文学、哲学、音乐中的反映意识形态的各种思潮和观念等，以此来拓宽知识，以科学的思维、科学的手段，通过各种渠道去了解服装流行的最新动向，预测服装发展趋势，然后在此基础上谋求新的服装设计理念和表现题材，从中获得更多的启迪产生更好的想法。

5. 创造性的想象力

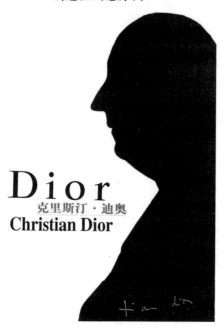

图 4 - 15　迪奥的名字 Dior 在法语中是"上帝"和"金子"的组合

服装设计学习者还必须具备创造性的想象力。当艺术家凭借想象力，把零星的、分散的、粗糙的原型、印象、意图等元素构成极富表现力和感染力的艺术形象时，作品才能打动人给人以美的享受。服装设计师同样应该以创造性的想象力，把基于现实的和想象的各种形象素材累积起来，让它们得到升华，得到释放，得到具象的服装艺术的结晶。只有插上想象的翅膀，服装艺术品才会在艺术的氛围中升腾、变幻，开辟出一片新的天地。（见图 4 - 15）

服装设计是一种产品设计，也是一种艺术创作。因此，创造性的想象力对于服装设计师就显得至关重要。曾被誉为"时装之王"的法国高级时装设计大师克里斯汀·迪奥就是具备了建筑、绘画、音乐等多方面知识的一位时装界巨匠，他的接任者伊夫·圣·洛朗也是一位艺术才华横溢的天才，从圣·洛朗的作品中，可以看到他设计灵感来源之广，可以感受到当代艺术大师们的影响：热情奔放的西班牙风格，华美多姿的俄罗斯情调，单纯豪放的非洲风格，端庄鲜明的中国风格，还有那古典味浓郁的委拉斯凯兹式的婚礼服、色彩明朗的毕加索风格，简洁明快的蒙德里安抽象艺术和波普艺术等，都在其作品中有着独特的运用和发挥。现在活跃于国际时装舞台上的设计大师们，也都是一些艺术才华出众的艺术家，深厚的艺术想象决定了他们无穷的创造力。

6. 专业技能的掌握

服饰设计专业的学习者需要掌握一些美术基本功，包括绘画的造型能力和对人体结构的理解，对设计对象的表现能力以及对人物造型、色彩搭配等美术方面的专业知识。对于一名普通的美术工作者来说，也许只需要了解艺人用人体解剖知识，掌握人体在静态和动态变化中骨骼肌肉的变化就可以了，但是作为一名服装设计师，不仅需要了解人体结构，更要对人体结构与服装造型的关系予以充分重视和深刻理解。因为在人体运动中，服装的形态变异和是否符合人体活动功能，都是服装设计师必须掌握的，否则服装不能和身体有效结合。此外，没有熟练的绘画技巧，就不能在设计服装时将服装预想效果准确地描绘出来，无法准确地把设计方案付诸视觉形象的，只能独立操作，无法与创作团队进行有效沟通，阻碍工作效率的提升，因此，掌握绘画技巧是服装学习者要具备的基本专业技能之一。

会画时装效果图只是掌握了一种表达设计意图的工具而已，在整个设计过程中，画设计图仅仅是设计的开始，只会纸上谈兵把设计构思画在纸上，不能说是设计的完成，那仅仅是设计的开始。设计构思能否实现，还有待于运用具体的衣料，通过一定的裁剪技巧、制作工艺来完成后序工作。因此，作为设计师，如果衣料的性能、裁剪方法和制作技术等实际操作技能一无所知的话，其构思肯定是不着边际的，掌握裁、制作的基本技能对于设计师不仅十分必要，而且必不可少。事实上，许多设计的技巧，设计的感觉，不是在纸面上，而是在实际制板、裁剪和缝制的过程中。服装上所谓的"线条"和"造型"，绝不是纸面上的线和形，而是立体上的三维空间中的线和形，这种感觉只有在三维空间的实际操作中才能实现。无论是巴黎的高级时装设计师，还是一般成衣企业的设计师，除了用绘画的形式表达自己的设计意图外，主要是在立体的衣服造型上来把握设计。因此，无论是巴黎的高级时装店协会附属服装学校，还是纽约的时装工科学院以及日本的文化服装学院，在培养设计人才时，制板、裁剪和制作技术都是学员们的必修课程。

三、服饰教育形式

服饰教育主要有两种形式。一种是以社会为媒介的传播教化方式，另一种是以学校为母体的传授教育方式。

以社会为媒介的传播教化第一种教育方式主要是指各种以社会行为而展开的活动，如时装表演、影视及文艺演出活动、知名人物的辐射影响、民族文化的升华和延伸、世俗文化的演化、外来文化的冲击等，这些都以独特的方式向广大民众进行直接的和间接的服饰文化方面的教育，由于这种活动建立在非常广泛的社会基础和群众基础之上，所以目前这种以社会为媒体的传播方式仍是对大众进行服饰教育的主流，对服饰文化的发展及变革有着非常重要的影响。第二种教育方式便是指以学校为中心而展开的系统教育。前者的教育是基于偶然性中产生的一种带有突发性的结果，它的必然性中经常有某种程度的被动因素，学校里进行的服饰文化教育是基于必然性之上的理论联系实际的自觉活动，必然中带有鲜明的主动倾向性，是服饰文化的继承者和延续者。

现代传媒的发达使信息飞速发展，不同文化相互交叉渗透，现代文化的两大领域——科学技术和文化艺术都已不能孤立存在，科学技术的发展越来越带有艺术性，文化艺术的进步越来越需要科学技术，这就使服饰文化教育的内容变得越来越繁杂，深度和难度越来越大，传统的传、帮、带的教育形式再也不能满足社会的需要，学校的系统教育就显得越来越重要了。因为学校里进行的服饰教育是建立在有计划、有目的、有组织、有需求的社会基础之上，理性、科学、进取的教育观念奠定了它无限发展的光明前途，使其可以胜任历史使命。

（一）家庭服饰教育

家庭教育是指父母或其他年长者在家庭内自觉地、有意识地对子女进行的教育。这种教育是对儿童、青少年进行教育的一个重要方面，是一个国家和社会的整个教育体系的有机组成。

其起讫年龄各国主张不尽相同，据史料记载斯巴达克的儿童，7岁前受家庭教育，7岁后男孩被送入国家教育机关学习；雅典未满7岁的儿童，在专职的男女奴隶监护下受家庭教育，从7岁起男童便入学校求学；而委内瑞拉则把胎儿期到6岁的儿童列为家庭教育的对象，并把这段时期的儿童教育列为智力开发部规划的第一项工作。就大多数国家而言，则把初生到16岁的孩子作为家庭教育主要对象。一般公认，儿童在7岁前受家庭教育的影响最深，鉴于家庭教育对新一代成长的重要意义，新中国已把它作为中华全国妇女联合会的工作重点之一。

前面章节我们已经提到，中国古代就已经很重视家庭教育了，如魏晋南北朝颜之推的《颜氏家训》，唐代无名氏的《太公家教》，宋代王应麟的《三字经》和司马光的《家范》等，清代孙奇逢的《教子家训》和朱柏庐的《朱子治家格言》等，这些童蒙课本大多宣扬封建伦理纲常和处世哲学，但是，其中关于家庭教育的理论也有不少可取之处。例如，颜之推提出了家庭教育的特殊作用和重要性。他提出的家庭教育应及早实施，而且越早越好；父母对子女应严格要求，勤于督导，把爱与教结合起来，足以为我们今天所借鉴。

服饰是大人、孩子每天都离不开的生活必需品，更是现代社会讲求礼仪重视仪表，优质生活质量的体现，是生活中的美育教育。让孩子感受服饰美、欣赏服饰美、评价服饰美和创造服饰美的过程中受到美的熏陶，服饰美的教育是一种提高孩子审美能力的有效途径和方法，可以激发其热爱生活，使孩子充分感受和正确理解服饰艺术美，具有爱美的修养与创造性地美化自身的能力。

人的童年犹如一张白纸，其父母和亲人对儿童所进行的服饰方面的有意教育，对树立一个社会的人的着装观念起着根深蒂固的先导作用。例如，很多大人拍着儿童的未能用衣服遮挡住的臀部告诉他"害羞"，这就使从婴儿期向幼儿期过度的儿童意识到衣服应该遮掩哪个部位；而对全部落入都以裸体为清白的非洲丛林中人们来说，根本不存在这个教育内容，代之而进行的教育有些是文身、穿鼻、断齿才算美男子，穿缀贝饰才能显示勇气等。当儿童进入少年期以后，能够逐渐自觉地认识和评价自己的个性品质时，就会将家长平时所讲的一些片断的、不连贯的着装规范逐步概括为抽象的逻辑思维：去学校时穿哪件衣服好，哪个式样的服装得体，衣服质料和价钱应维持在哪一个水平线上，怎样穿着不会使同学们取笑，有了较明确的认识。未开化民族则将族徽、毅力、性别的显示提高到教育与受教育的更高一层要求上；随着视野渐广，知识增多，逐渐对人生目的、意义及周围世界开始形成一般观念时，他就会对家长的有关服饰的有意教育采取较为冷静的态度，意欲从中选取有直接社会效益的教育内容，而排斥他自己认为已不适宜这个年龄段或不适宜时代潮流的服饰。

无论人的幼儿期、学龄前期、少年期直至青年期对服饰教育的态度如何，接受程度如何，家长对于子女的着装意识的形成都负有责任，家长的关于服饰社会化的有意教育的作用都是不可低估的。

在人的成年期以前，有关服饰社会化的有意教育还有相当一部分来自师长，包括学校内外授课的教师和对本人有教益的非家属长辈，这些师长有关服饰的有意教育往往是导向式的，或是对其着装给予的反馈态度。再一个普遍的特点，则多是以社会化的规范语言，或是以传统意识中理性化的内容，尽力去启发受教育者并尽力调动受教育者的主观能动性，让其感知什么是正确的符合社会规范的着装。中国儒家启蒙教材《三字经》有这样两句话："养不教，父之过；教不严，师之惰。"就是强调的这种家长与师长并行的有意教育。至于说由于家长和师长的文化素质过低，道德水准偏下所引起的有意教育质量的低劣，另当别论。严格地说，不管教育水平如何，以上谈到的都属于有意教育，而有意教育都是按照长辈的行为取向去教育下一代，塑造其服饰社会化着装意识。

还应该看到，社会总是不断向前发展，特别是当社会发生急剧变革时，年轻一代极易于较为年长者发生意识上的冲突，即形成所谓"代沟"。从服饰文化角度上看，两代人生活的时代背景不同，价值观和生活感受不同，使其在装意识上也存在着明显的差异，这时就需以科学的态度去看待这种差异，因为没有下一代对上一代的否定，就不会有社会的进步。青年人是社会进步的自然接替者，他们对新生活、新文化的兴趣和探索精神总会首先表现在服饰上，因为着装形象最鲜明又最利于表达，可以最有力地显示其精神诉求和对生活的态度。

（二）学校服饰教育

爱因斯坦曾说："学校是把传统的财富从一代传到下一代的最重要的手段。与过去相比，学校教育更加适合于今天。由于现代社会经济的快速发展，作为传统和教育的传递者的家庭教育已削弱了。因此，比起以往来，人类社会健康的延续，要在更高程度上依靠学校。"[①]

学校教育泛指学生在各级各类学校中接受的教育。主要包括学前教育、初等教育、中等教育、职业教育、高等教育、教师在职教育、干部教育、业余教育、职工教育、农民教育、少数民族教育、社区教育、成人教育、函授教育、军事教育、特殊教育、残疾人教育、劳动改造教育等。

---

① 爱因斯坦文集，第3卷. 北京：商务印书馆，1979：143.

1. 服饰专业教育

服饰专业教育在学校系统地学习服饰专业知识，面向服饰行业的专业特点而培养的专门人才，包括专科、本科、硕士研究生和博士研究生。在学校系统学习中掌握服饰专业知识，专科和本科阶段的培养目标是应用型人才，而在硕士研究生及博士研究生阶段侧重服饰文化研究，培养的是研究型人才。

当然，时代在发展，硕士研究生阶段的培养模式也在改变。从美国兴起的 MFA，即艺术硕士教育，也强调培养一线展演人才。具体到服装专业上，中国应该培养有一定服装设计能力，同时懂得服饰文化，又能搞设计又能搞研究的复合型人才。

2. 非服饰专业教育

在学校里，从幼儿园到高等院校都有接受服饰教育的机会，如学校对服饰礼仪、着装规范的要求；在技能课上学习基本的缝纫、裁剪等技能；在美术课上学习色彩搭配、形式美感等知识。

21 世纪以来，中国非常重视传统文化的回归，除了对服饰专业学生进行必要的手工工艺训练和女红文化的教育以外，各地高校，如上海同济大学、上海大学等也相继开设了女红课。据专家介绍，现代女学生学习女红等传统"手艺"，是为了弥补现代女学生在接受了男女一致的通识教育后，反而在"女人课程"上的缺失。插花、烹饪、茶道和刺绣、编织等课程的渗透是提升素质，培养生活情趣的一个重要途径，因为现代社会中的女性，人生角色不能是单一的，除了担任正常社会工作外，还要承担女性传统的角色——妻子和母亲，如何在那么多角色中谋得平衡？女性除了凭借出色的工作来证明自身价值以外，也需要贤惠、温柔的形象来赢得另一种认可，女红课的开设正是乡土教育与民间艺术教育的最好形式。

3. 教师服饰形象具有的教育功效

（1）审美教育

服饰是教师精神面貌的反映，对教师的风度仪表起着衬托作用，并具备定位教师社会角色的作用。教师注重服饰，对优化教师的个体形象，增强教师的教学魅力，提高教师的威信，具有重要作用，也是教师进行成功教学的良好开端和必要条件。教师的服饰形象关系到学生及自身的心理感受，能给教师以角色暗示，树立教师的形象，如着装与教学内容相匹配，更能促使教师以饱满的情绪进入角色，加深学生的情景记忆。

在具有强烈好奇心和追求欲的学生面前，教师的服饰形象是最好的美育教材。美育是一种潜移默化的教育，它可以通过美的事物和可感形象来感染人、触动人的情感实现，因此，作为现代教师应该把个人着装与教育学生巧妙结合，给学生以美的示范。中外教育家历来都十分重视教师风度的培养，他们一致认为，教师的仪表是一种强有力的教育因素，而服饰是体现风度的重要媒介，是体现教师形象的重要组成，教师要充分发挥服饰美在教学过程中不可替代的"身教"作用。

与其他职业不同，为人师表要求教师要处处体现师者风范，教师注重服饰形象是热爱生活、积极向上的表现，会给学生以健康的审美引导，对学生有一种示范作用，并有助于提升教师的自信心，有助于教学工作的开展。在学生的心目中，老师是智慧的象征，人生的楷模，老师的一切包括服饰打扮都是美好的、正确的，都是仿效的榜样。所以，一方面，学生会从教师的服饰上得到穿着打扮，色彩美学方面的感性认识，另一方面，教师个人良好的服饰品位又会影响学生对整洁、朴实、高雅、爱美等良好文明习惯和高尚生活情趣的形成。

教师的服饰形象就是一种语言，它具有非常奇妙的教育功效。因为人类社会的发展，使服饰不再仅仅只做蔽体之用，而有了更多的美学价值。学生心目中理想的教师形象具有一种独特的光彩，学生在学校期间接受大量的道德及知识教育的同时，往往对教师提出了一种强烈的审美需要。事实证明，师生交往中，教师给学生的第一印象就是服饰，教师的服饰是最先对学生产生影响的因素，而且学生们心目中的好教师的服饰特色往往被学生们效仿，尤其是小学生对教师的崇拜更为明显。经常有家长听到孩子建议自己买其班主任那样的裙子或鞋等，有的教师梳短发，会带动女学生使短发在班上流行，这就是服饰潜移默化的教育作用。如果教师的服饰表达是准确的，便可以符合学生心目中的角色期待，润滑师生关系；相反，不拘小节的教师往往因为服饰的因素而陷入尴尬，服饰的失态会成为学生的笑料，甚至影响到学生的尊重度，甚至由教师服饰的错误导向所构成的刺激，会影响整个班级全体学生的审美倾向。我们都有过这样的体验，曾经被某位衣着整洁得体的教师的气质和风度所征服，对利落、干净、潇洒的教师我们格外喜欢，因为他（她）

赏心悦目，油然而生一种信赖和尊重。学生从教师洁净端庄、高品位的服饰中得到美的熏陶和感染，一位让学生尊敬和喜爱的教师，由服饰构筑的个人形象会使学生终生难忘。

教师的服饰形象问题至关重要，因此教师必须具备一定的审美修养和对服饰文化的理解和应用，才能每时每刻给予学生以美的教育和服饰文化的渗透，这种无声但却生动的教育现象可以提升学生审美品位，对生活的态度，注重服饰礼节上的严谨，直接影响其综合素质的提高。

美学家一致认为：适中就是美。教师的着装问题在国际上没有一致的标准，但教师在校园内的着装风格应该是一致的，即大方、端庄、自然、平稳、协调、恰当、和谐。盲目的赶时髦、穿奇装异服、浓妆艳抹、花枝招展、过于性感都会背离教师应该有的庄重和文雅。教师的服饰打扮要充分考虑到能否对学生的思想修养、文明行为、审美情趣等产生积极影响，并注意尽量避免产生消极的负面影响。张伯苓先生曾为天津南开中学题写镜箴：面必净、发必理、衣必整、纽必结。头容正、肩容平、胸容宽、背容直。气象：勿傲、勿暴、勿怠。颜色：宜和、宜静、宜庄。师生共勉。

长期以来，中国广大教师一直遵守着一些"规矩"，如男教师夏天不能穿背心、短裤上讲台，女教师忌讳穿薄、露、透的服装；另外，教师不能穿颜色太艳丽、图案太花哨的衣服，因为这样会干扰学生的注意力，影响教学效果。

作为现代教师，只是一味地运用以上着装理念打扮自己会因过度保守而与时代背离，显得暮气。适度的时尚装扮也是现代教师与时俱进热爱生活的表现，但要把握好流行与教师职业特征的关系，面对多彩的流行服装和时尚理念，教师也应敏锐地做出反应，对传统的"素雅""端庄"等的理解应该添加一些新的内容，如化点淡妆，恰到好处的装饰物，打破常规的服装款式，简洁、精巧的首饰，能给人以柔和而警醒之感的色彩，得体、高雅的套装等。与传统的教师形象相比，随意和谐、富有都市韵味的服饰打扮，更能展示当代教师的风采。总之，教师对服饰的选择应该有独特的审美眼光，要考虑在学生中如何树立更有正面魅力的形象。

（2）服务教学

教师的衣着除了有美感要求外还要有职业尺度的把握，既要有利于提高教学效果和学习质量，又要减少和避免对学生学习产生干扰和不良影响。

心理学中"注意原理"告诉我们，新奇刺激会分散人的注意力，所以教师第一次穿新衣服，或做了一个新发型，上课之前，要先到学生中走一走，消除学生的新鲜感，避免上课时突然出现分散学生听课的注意力。另外，教师的服饰打扮尽量与教学内容相协调，如给学生讲思想品德课中有关艰苦奋斗生活俭朴的内容，教师就不应该光鲜艳丽，打扮入时；而在教育学生要讲究卫生时，教师的衣服更不能皱巴巴不修边幅，与教育内容相悖。

苏联教育家马卡连柯十分重视教师的整洁对学生的影响，他曾指出，对教育机关中的教师和其他工作人员都必须要求衣服整洁，头发和胡须都弄得像样，鞋袜洁净，双手清洁，修好指甲和经常备有手帕。强调皮鞋应该经常刷干净，办不到这一点，那还谈什么教育？不仅牙齿应该刷，连皮鞋也一定要刷。衣服上不应当有一点灰尘，也要经常剪发。他甚至认为从口袋里掏出来揉皱了的脏手帕的教师，已经失去了当教师的资格了。

中国颁布的《教师法》和《教师职业道德规范》中明确规定教师要为人师表，现实生活中，仪表端庄、举止大方、服饰文雅整洁，是教师的基本要求。教师的服饰打扮不仅是一种个体的需要，还要受到教师角色身份的制约，遵循教书育人的需要，绝不能随心所欲，自由选择。

（3）为人师表

教师穿着讲究、注重仪表，首先是对学生的尊重，其次会直接影响到授课效果，还会影响到学生审美观念的建立。很多敬业的教师视上课为舞台般隆重，正容整装，一丝不苟，显示出对学生和知识充分的重视。

针对不同教育对象，教师的服饰要求和服饰风格也有所不同，按教育阶段划分主要有幼儿园教师、小学教师、中学教师、高校教师。

幼儿园教师面对的是幼儿，在着装上可轻松自然、便于活动，合乎小朋友的审美观和心理需求，在风格上应以卡通、童趣、休闲为主，色彩搭配淡雅柔和。值得注意的是，幼儿园教师不应该穿明度特别高的衣服，因为从生理学上讲，刺目的色彩会过于刺激孩子的视觉，影响其发育，但并不代表要穿颜色暗沉的衣服，深色服装会有严肃威严的感觉，给幼儿一种压抑感，因此，幼儿园教师的着装颜色应该活泼多彩，但一定要注意色彩明度的调控，同时，尽量是标准化服装便于幼儿识别。

小学教师的着装更应注意亲和性，因为当孩子步入小学，有了一定的认知能力，教师在孩子的心目中是权威的化身，教师的形象在孩子心目中有了一定的心理期待，并有一些惧怕感。过于肃穆的衣着会加重孩子的压力，显得不亲切，但过于花哨艳丽的服饰又会让孩子觉得不像老师，给孩子带来困惑。因此，教师着装在朴素大方的基础上还要注重亲和力，面料选用柔软清雅的棉麻布料，色彩采用高明度中彩度的冷色系，尽量贴合孩子们的角色期待。很多高年级的小学生视老师为偶像，会觉得自己的老师没有缺点，什么都是对的，在发饰和着装等方面对老师的模仿能力最强，在服装的风格上，小学教师应以自然、朴实、轻松、职业为主。

中学教师的着装应以庄严、高雅为主旋律，因为中学生处于青春期，往往对美的感受能力容易走极端，对美的感知能力敏锐，但缺乏判断性。教师着装的品位会在潜移默化中给学生以启示，教师着装是否有品位，是否合乎审美要求，将直接影响孩子对美的感受能力。

高校教师的着装关键要看所教科目，如果是艺术类教师，是可以大胆地追求个性的，但品位要高，因为艺术类学生个性强，对美的感知极其敏锐，教师的着装如果缺乏美感和个性，会让学生对其审美能力产生怀疑，艺术类教师的着装风格已经成为教学中不可缺少的环节，因为一位教师只有真正对美、对艺术有了深刻的理解和感悟，才能使自己的着装体现出恰到好处的个性美。如果是非艺术类的教师，则要根据自身的条件塑造自我形象，走上讲台，仪容端庄、着装高雅是树立教师形象最基本的要求。

另外，教师年龄也是影响其服饰风格的重要因素。中老年教师的服饰应衬托出其成熟、干练之美；青年教师的服饰应体现出青春活力，又不失教师的庄重。除此之外，肤色、形体、气质、性格等都是影响教师服饰风格的因素。

在树立威信方面，男教师的权威感比较强，通常的装束都要比女教师显得更职业化。也许是习惯使然，也许是传统意识的局限，许多男教师除了夏季偶尔穿着浅色衣服外，其他季节总是穿色彩很深暗的服装，如黑色、深蓝色、深灰色等极具威慑力的色彩，越发显得强势。所以，要削弱与学生的距离感，与学生形成融洽的和谐关系，年轻男教师可着便装或商务休闲装。

总之，教师是培养人的职业，其衣着打扮必须与职业相协调。现代教师不能只专注在学术上下功夫，还要懂得服饰美是教学中的非语言因素之一，是教师综合素质和修养的体现，对学生的影响和教育作用是不容忽视的。追求个人形象与品位，也是塑造教师形象的一个关键环节。所以，教师的服饰美感已经不是个人行为，它代表的是教师的整体形象和素质，同时，也是教书育人的重要组成部分，得体的服饰恰当的装束是每位教师的必修课。

4. 学生制服具有的教育功效

学生制服在欧美和日本的学校中相当普及，整齐划一，易于识别。穿着制服给学生的正面影响和作用是积极的，只是在一定程度上压抑了青春期学生求新求异的心理需求，也正是在一定程度上限制的个性，才凸显了同一性，统一的着装使学生具有了集体感。

学生穿着制服有诸多好处，其一，具有安全性，便于社会大众和学校掌控学生的校外活动，避免学生在校外逗留引起的危险，较强的识别性便于管理，此外，明显的学校标识也利于学生自律。

其二，穿着正装款式的校服时，往往是举行仪式的场合，如升旗仪式、毕业典礼等，使学生能够感知仪式的庄严，受到环境感染的功效，产生责任感和归属感。

其三，校服一般都标有学校的标识，一些知名度高的学校代表了优秀和卓越，让在此求学的学子油然产生自豪感和荣誉感，愿意穿着校服以示荣耀，同时，也愿意表现得更优秀为学校争光。

其四，推广穿着校服，还可强化学生身份，给学生一定的心理暗示，使其专注于学习，不把心思过多地关注于穿着打扮上。

其五，整齐、单纯的制服看起来有朝气，显精神，避免奇装异服带来的审美误区，让家长、老师伤脑筋。避免学生之间的攀比心理，给家长省钱、省心。

欧洲学校制服由来已久，至今学生制服所带来的教育作用仍在发挥功效。英国著名设计师约翰·加利亚诺在 2005 年秋冬男装系列中，一款衬衣袖口上用手写体绣了这样一句话："The Battle of Waterloo was won on the playing fields of Eton"，这句话是出自英国海军名将威灵顿公爵的一句名言，"滑铁卢的胜利是在依顿公学的操场上赢得的。"他说这话的意思是指在他的带领下，英国之所以能够打败拿破仑领导的法国，凭借的是他曾经在依顿公学的操场上参加的体育竞技，是通过这些活动培养出来的团队精神和国家使命感，这种高贵的精神是战无不胜的力量。

伊顿公学是英国最好的中学，由亨利六世于 1440 年创办。以"精英摇篮""绅士文化"闻名世界，是英国王室、政界经济界精英的孕育之地。伊顿的校规严格，不论是权贵之后，还是富贾世家，进了伊顿都必须穿着校服，所有学生一律平等。伊顿的校服类似绅士的黑色燕尾服、白色衬衫、圆领扣、黑色的马甲、长裤和皮鞋，这套行头就要 700 英镑，加上配套的成打衬衫、领带等，装扮一个伊顿学子至少要好几千英镑。在黑色燕尾服中，有一些带披风的，那是国王奖学金获得者的标志；有些穿不同颜色马甲的，是伊顿五年级的"明日之星"，他们是从所有获奖者中选出的佼佼者；如果配有银色扣子，则代表最高级别的优秀学生，他们有权参与学校政务。通过这些服饰细节上的变化，突出竞争中优胜者的地位，使他们理所当然地鹤立鸡群，让学生充分体会优胜者的优越感、荣誉感。此外，校长、教务长、舍监和各学科负责人，也有等级分明的黑色学袍，在正式场合都要穿着宫廷朝服般的学袍，由此，肃整的风貌和庄重的仪式感让学子们不由得心生荣誉感和责任感。

日本采用统一校服是从明治维新就开始了，男学生穿的是陆军士官制服，女学生穿水兵服。因为在明治维新时期，全世界的现代学校几乎都是军校，当时法兰西帝国和普鲁士中学的学生制服，完全是彻头彻尾的军服，而且学生最重要的课程就是军事体育课。日本沿袭了这一做法，所以男女学生穿的分别就是陆军和海军制服。

日本的教育非常注重锻炼身体，以此来磨炼意志。小学校要求学童一年四季着短装，冬天同夏天一样，光着两条腿在户外开展课间活动，旨在培养他们的耐寒能力。孩子的身体处在发育阶段，好动的天性使身体始终处于运动状态，对寒冷有一定的耐受力，从幼儿园开始年复一年地经历冬季的抗寒磨炼，御寒能力就会大大提高，体质也会不断增强。让孩子着短装的目的就是培养耐寒能力，而更深层次的则是日本人的另一素质——意志力，他们把这看作一个人能否正确履行生活职责的必备条件。鼓励女生从小穿裙子，反而视穿长裤为叛逆行为，根据日本的传统，女孩子穿裤子是很不雅的行为，虽然现在有所变化，但是这个理念已经根深蒂固了，所以日本的校服男生着短裤，女生着裙装成为基本款式。

在日本，除了校服整齐划一外，连书包都是统一样式，男生黑色女生红色全国统一，不允许背其他样式的书包，并且保持多年不变。除了增强集体观念外，还可以避免贫富差异带来的攀比心理，保护家境贫寒学生的自尊心。

新中国，中小学也相继实行校服制，进入 20 世纪后，在城市中基本普及，但经济较落后的偏远农村实行的较少。款式上效仿日本校服的样式较多，除正装制服外，还以运动服的样式为多。近几年，根据问卷调查显示，正值青春期具有叛逆心理的中学生，不论男女学生对穿着学生制服的意愿都不高，只要学校不要求，超过半数都不想穿。如果是声誉和知名度较高的学校，会有较多的学生更愿意穿着校服。如果面料更舒适一些，样式上更贴近学生的审美要求，学校再给予一些正面引导，学生会对校服接受度高些，从总体上看，校服的功效是利大于弊的，且具有一定的教育功能。

5. 体现教育精神的学位服

在学士、硕士、博士学位授予典礼上，中国高校学生也穿戴起学位服，学位服是学位获得者在学位授予仪式上穿戴的表示学位的正式礼服。从样式到学位授予的制度和仪式其实都是西方大学制度的舶来品，伴随着新中国的教育发展，现代学位服已成为一种新的历史传统的代表，它所象征的西学精神是中国走向近现代的成长根基，是新文化传播的时代印记。

图 4-16 现代学位服

全世界学位服风格大致趋同，中国在 1994 年 5 月以前，没有关于学位服的统一规定。1994 年 5 月 10 日，根据国务院学位委员会第十二次会议制定了一套既有中国特色又符合世界惯例、统一规范的学位服，学位服由学位帽、流苏、学位袍、垂布等四部分组成。学位帽为方形黑色；博士学位帽流苏为红色，硕士学位帽流苏为深蓝色，校长帽流苏为黄色；博士学位袍为黑、红两色，硕士学位袍为蓝、深蓝两色，校长袍为红、黑两色；垂布饰边处按文、理、工、农、

医和军事六大类分别为粉、灰、黄、绿、白和红色。（见图4-16）

现代学位服带有欧洲中世纪僧侣袍的印记，但其沿革和继承的服饰形象都是审美观念和历史文化的表现，体现了文化传统的延续。学位服虽源起于西方教会，但它的文化内涵却是和大学教育所体现的现代精神相吻合，学位服的穿着凸显了仪式感，带给人庄重和肃穆精神也是文化价值观念的延伸。从日常着装的常态到仪式特殊着装的转变，正是日常生活到文化生活转向的标志，仪式着装所体现的文化感毫无疑问是与仪式本身散发的文化信息相一致的。

当快节奏的现代生活稀释了传统文化精神时，在学位授予仪式活动上穿着学位服正是对教育精神的强化，唤起着装者的荣誉感和成就感。三大学位的颁发是对高等教育的总结，穿学位服接受学位是一种传统仪式的回归，体现了现代教育所要体现的文化诉求，要求学子肩负社会使命，效力社会，意味着踏上征途的开端。

（三）服饰的社会教育

1. 社会教育的概念

就广义而言，很多学者纷纷阐述自己的观点，蒋雯认为，社会教育是"整个社会生活影响于个人身心发展的教育。"① 陈孝彬认为，社会教育是"以社会各界人士为教育对象，以经济、政治、文化、生活为内容的多种形式进行的教育。"② 张念宏认为，社会教育是"通过学校及学校以外的社会文化教育机构对青少年和人民群众进行的教育。"③ 就狭义而言，厉以贤认为，"社会教育是学校与家庭以外的社会文化机构及有关的社会团体或组织对社会成员，特别是青少年所进行的教育。"④

据《中国大百科全书·教育》对社会教育的解释可知：广义的社会教育指一切社会生活影响于个人身心发展的教育，狭义的教育则指学校教育以外的一切文化教育设施对青少年、儿童和成人进行的各种教育活动。现代社会教育是学校教育的重要补充。不同社会制度和国家或政权，实施不同性质的

① 蒋雯. 社会教育［M］. 教育管理辞典. 海南人民出版社，1989：15.
② 陈孝彬. 社会教育［M］. 教育管理辞典. 海南人民出版社，1989：118.
③ 张念宏. 服装百科辞典［M］. 北京：中国农业科技出版社，1988：382.
④ 厉以贤. 现代教育原理［M］. 北京：北京师范大学出版社，1988：334.

社会教育。学术界认为，从广义和狭义两个方面来理解社会教育是比较全面和科学的。

2. 社会教育中的服饰教育

古代服饰的社会教育主要体现在思想意识的灌输上，而现代服饰的社会教育主要体现在流行时尚的信息传播上。

所谓有意教育，是区别于社会群体内部不自觉的反馈所形成的无意教育过程，因而它的内容是有所依据的，力图通过语言教育和行为教育。语言教育是指以生动的语言符号，告诉受教育者应在何时穿哪一类服装，服饰与人的年龄和民族有什么关系，整体着装中应如何搭配，从而取得好的效果等。行为教育则是由教育者身体力行，以达到上行下效的目的，如家长平时穿衣的习惯，选择服饰的标准，或是服饰美学家、服装设计师在公开社交活动中，以自己的整体着装形象说明服饰适应场合的需要；说明服饰色彩协调美学道理等，都不一定借助语言，就可以起到教育作用。当然，不付诸语言的教育，往往要借助生动的有说服力的同时可视性强的形象。

有意教育的教育者，一般来讲，主要是家长、师长和有关专家。其重要教育源分别为家庭和社会。至于说到受教育者的范围就相当广泛了，可以说每一个生活在正式社会中的人都是受教育者，只有为数极少的从小被狼或猪等低级动物哺养成人的孩子才不在此范围之内。而且不分年龄，即使他早已子孙满堂，也应处在成年人继续社会化的受教育过程之中，因为整个社会通过传播媒介总在不断地教育人们，使人们逐渐形成并不断巩固一种信念、习惯和传统。服饰风格的不断演化也是教育的内容之一。

有意教育的最终目的，是试图使受教育者在掌握一定的行为规范之后，在通过实践使知识内化变成自己的观念思想、动机和行为，从而形成独到的见解。由于各区域人民的传统服饰文化各具特色，因而有意教育者和接受教育者在整个授受行为中所强调和侧重的也有所不同。

服饰社会性内因中，潜性评判标准和有意教育之间的关系是互动的，既相互制约，又相互影响。长久以来，人类在社会生活中所表现出来的着装意识明显受到潜性评判标准和有意教育的所谓潜在性影响，尽管其方式是显在性的。

有意教育的形式，属于服饰社会性的外因，有意教育在培养人类社会化中所起到的作用，也就是它对服饰适应社会的潜意识所起到的导引作用，却属于服饰社会性的内因。人为了使自己的着装形象适应所在社会并顺应时代发展，因而有接受教育的需要，这种需要成为人类不断进步的动力，它在主动接受教育的同时，自然会促进有意教育的改进和发展，于是在相互之间积极的活动之中，矛盾的双方得到辩证统一。接受教育的需要和有意教育的结合，就成为人的社会化实质。具体到服饰上来，完全可以体现出有意教育对服饰社会性所起到的社会化作用。

社会构成的主体是人，而每个人进入社会交往中都必须考虑自己的着装。社会的服饰教育形式是非常丰富的，可以通过服饰讲座、商业宣传、大众媒体等途径进行，大众媒体主要通过服饰书籍、服饰报刊、广播、电视、电影、网络等进行。

文学著作和传播媒介的导向也是信息传递中尤为重要的一个方面：人从童年时期即开始阅读形象性很强的画报，画报中除了直接反映儿童生活的题材，还有很多是间接反映儿童生活题材的，那就是将动物拟人化。童话王国里的形象，无论是小猫，还是小狗、小熊都赋予人格化，都会与人一样穿衣服，款式也与人的衣服大同小异，只是根据其体形特点有所改进或加以美化。应该说，文学著作对人着装的影响从这时就开始了，甚至会在儿童幼小的心灵中留下深深的烙印。特别是服饰色彩，它对人一生的服饰审美都起到难以想象的奠基作用。

当人掌握了足以阅读文学著作的文学认知能力以后，小说中的人物着装形象都会给人留下深刻的印象，甚或给人以启迪。托尔斯泰的《安娜·卡列尼娜》女主人公着黑色天鹅绒长裙出现在舞会上所引起的惊艳效果的描写，几乎令全世界读过这本名著的人都记忆犹新。作者在书中以寥寥几笔所显示出的文明社会的着装观，所涉及的服饰美学原理，都给人们留下一个永远可借鉴并引用的例子，给人们留下远远的联想和深深的思考。

比起文学著作来，现代电子媒介在社会化服饰教育方面则显示出时速的优势。网络、电台、电视台都是现代化的产物，在非常短的时间里，根据人们对服饰的需求，对服饰社会化的敏感性问题的探讨做出及时的反映，它是现代社会中最有效的媒介，它拥有无数的受众。

与利用电子媒介的传播者想法相契合的是，广大受众群体也非常热衷于从这些信息中汲取新知识和新观念，对大众媒介在服饰方面的导向尤为关注，并愿意快速顺应或迎合，因为人们认为这里显现出的是一种最能体现服饰社会性的标准化概念，不跟上其节拍，唯恐会成为服饰新潮流中的落伍者。受众越是对有关服饰的报道表示好感越会刺激新闻媒介尽快捕捉服饰信息，而且同时登载适应不同层次人士的文章，以求满足大众的需求。社会越发展，现代信息传播的导向作用越明显，影响力也越大，人们也会越发地重视，不断调试自己的观念以求同社会保持一致。

现代传播媒介，除了传播快速以外，最突出的特点，是能提供可视图像，服饰图像或人的着装形象可以同时呈现，较之单纯文字的抽象表达更直接、更实在，当然也更能受一切有意接受者的欢迎，也更对一切无意接受者施行强制的影响，使之无法回避，在此情况下潜移默化地影响大众对社会化服饰的感知，促进了服饰社会化的发展。

互联网时代的到来，从根本上改变了人们感知生活、感知流行的方式。地球真的成了平的，无论身在何处，只要有网络，普通人也可以向时装编辑一样，第一时间看到时装发布会现场，平民博主 Piksi 在自己的博客上展示 H&M、ZARA 评价时装的个人秀，竟让像蝴蝶效应般，在世界的某个角落可能造成 H&M 某款时装的脱销。另一位网络红人 Cory Kennedy 掀起的一股海洛因风格 Heroin Chic，她的一举一动都成为网友们效仿的对象……网络呈几何阶梯式的传播倍率，让隐藏在世界各个角落的时装谜们聚集在了一起。永远走在最前沿的时尚圈在面对网络时代的到来也不甘落后，无论是设计师、品牌，还是公关、媒体，都意识到新的时代的来临，网络的影响力，正在蔓延开来，服饰教育也伴随着这种新形式侵浸其间，且这一波来得无声无息却声势浩大铺天盖地，新一轮的风潮风雨欲来初见端倪。